EUL
VERLAG

Kundenwissenscontrolling
-
Wissenschaftliche Einordnung, konzeptionelle Grundlagen und empirische Ergebnisse im deutschen Textil- und Bekleidungseinzelhandel

Dissertation

zur Erlangung des akademischen Grades eines

Doktors der Wirtschaftswissenschaften

(Dr. rer pol.)

durch die Fakultät für Wirtschaftswissenschaften der

Universität Duisburg-Essen, Campus Essen

vorgelegt von

Gabriele Schettgen

aus Mülheim an der Ruhr

Essen 2013

Tag der mündlichen Prüfung: 14.03.2013

Erstgutachter: Prof. Dr. Hendrik Schröder

Zweitgutachter: Prof. Dr. Christoph Lange

Reihe: Kundenorientierte Unternehmensführung · Band 6
Herausgegeben von Prof. Dr. Hendrik Schröder, Essen

Dr. Gabriele Schettgen

Kundenwissenscontrolling

Wissenschaftliche Einordnung, konzeptionelle Grundlagen und empirische Ergebnisse im deutschen Textil- und Bekleidungseinzelhandel

Mit einem Geleitwort von Prof. Dr. Hendrik Schröder,
Universität Duisburg-Essen

Bibliografische Information der Deutschen Nationalbibliothek

Die Deutsche Nationalbibliothek verzeichnet diese Publikation in der Deutschen Nationalbibliografie; detaillierte bibliografische Daten sind im Internet über <http://dnb.d-nb.de> abrufbar.

Dissertation, Universität Duisburg-Essen, 2013

ISBN 978-3-8441-0249-9
1. Auflage Mai 2013

JOSEF EUL VERLAG GmbH
Brandsberg 6
53797 Lohmar
Tel.: 0 22 05 / 90 10 6-6
Fax: 0 22 05 / 90 10 6-88
E-Mail: info@eul-verlag.de
http://www.eul-verlag.de

Bei der Herstellung unserer Bücher möchten wir die Umwelt schonen. Dieses Buch ist daher auf säurefreiem, 100% chlorfrei gebleichtem, alterungsbeständigem Papier nach DIN 6738 gedruckt.

Geleitwort

Die Literatur zur Unternehmensführung und zum Controlling hat in den letzten zwei Jahrzehnten eine kaum noch zu überschauende Zahl an Publikationen hervorgebracht, mit Autoren sowohl aus der Wissenschaft als auch aus der Praxis.

Nun legt Frau Gabriele Schettgen eine Dissertation mit dem Titel „Kundenwissenscontrolling" vor. Auf den ersten Blick mag man sich fragen, ob es einer solchen Arbeit bedarf. Dies genau ist der Ausgangspunkt der Untersuchung. Wenn sich doch viele Disziplinen mit dem Wissen befassen und wenn doch die Kundenorientierung und das Controlling so viele Ausprägungen erfahren hat, wie steht es dann um die Verbindung dieser drei Bereiche: Kunden, Wissen und Controlling?

Die Leistungen von Frau Schettgen setzen sich aus drei Teilen zusammen. In einer Bestandsaufnahme der Literatur zum Kundencontrolling, zum Wissensmanagement, zum Kundenwissensmanagement und zum Wissenscontrolling zeigt sie auf, dass dem Kundenwissen, gemeint ist das Wissen der, über und für die Kunden, im Controlling bislang kaum Raum gegeben ist. Angesichts des Primats der kundenorientierten Unternehmensführung muss das Ergebnis überraschen.

Ausgehend von dem koordinationsorientierten Controllingverständnis entwickelt Frau Schettgen eine Konzeption für das Kundenwissenscontrolling, insbesondere für kundenwissensorientierte Aufgaben und Instrumente. Das Kundenwissen erfasst sie mit einer Informationskomponente, das sind qualitative und quantitative Kundeninformationen, und einer Anreicherungskomponente, das sind Erfahrungen, Einstellungen, Fähigkeiten und Fertigkeiten der personellen Wissensträger.

Abgerundet werden die theoretischen und konzeptionellen Ausführungen durch empirische Untersuchungen, die Frau Schettgen über mehrere Jahre hinweg im deutschen Textil- und Bekleidungseinzelhandel durchgeführt hat. Die Ergebnisse lassen erkennen, dass das Controlling auf dem Gebiet des Kundenwissens noch ausbaufähig ist.

Das Werk bietet den Lesern aus Wissenschaft und Praxis einen guten Überblick über mehrere Disziplinen, die sich mit dem Management und dem Controlling von Wissen befassen, und zahlreiche Anregungen für die Auseinandersetzung mit dem Kundenwissenscontrolling.

Essen, im Mai 2013 Univ.-Prof. Dr. Hendrik Schröder

Vorwort

Meine Promotion ist ohne die Unterstützung von vielen Seiten nicht denkbar gewesen. An dieser Stelle bedanke ich mich daher bei einer Reihe von Personen ganz besonders.

Zunächst gilt mein besonderer Dank meinem Doktorvater, Univ.- Prof. Dr. Hendrik Schröder, für die wissenschaftliche Begleitung meiner Arbeit während der gesamten Entstehungszeit. Insbesondere die zahlreichen, teilweise sehr kontrovers und lebhaft geführten Diskussionen und die hiermit verbundenen Anregungen und Hilfestellungen haben maßgeblich zur Entstehung meiner Arbeit beigetragen. Herrn Univ.-Prof. Dr. Christoph Lange danke ich sehr herzlich für die Übernahme des Zweitgutachtens. Bei meinen Kollegen und Kolleginnen bedanke ich mich für die gemeinsame Zeit am Lehrstuhl sowie die inspirierenden Doktorandenkolloquien.

Ohne die Unterstützung meiner Familie wäre die Entstehung dieser Arbeit aber keineswegs möglich gewesen: Meinem Mann bin ich zutiefst dankbar für seine liebevollste und motivierende Unterstützung, den Freiraum, den er mit gegeben hat, seinen Ansporn bei unseren intensiven Gesprächen und damit letztendlich das Duchhaltevermögen für diese Arbeit. Meiner Tochter danke ich für ihr liebenswertes und ausgeglichenes Wesen, ohne das die Entstehung dieser Arbeit nicht möglich gewesen wäre. Meiner Mutter danke ich sehr herzlich für die warmherzige und selbstlose Förderung meines Lebensweges sowie das stets klaglose und äußerst sorgfältige Korrekturlesen. Meinen Schwiegereltern bin ich für ihre freundschaftliche und jederzeitige Unterstützung sehr dankbar. Ohne den Glauben meiner Familie an den erfolgreichen Abschluss dieser Arbeit, hätte ich meinen Lebenstraum nicht verwirklichen können.

Meiner Familie ist deshalb diese Arbeit gewidmet.

Gabriele Schettgen

Inhaltsverzeichnis

Abkürzungsverzeichnis

akt.	aktualisiert
BDU	Informationsdienst des Bundesverbandes Deutscher Unternehmensberater BDU e.V.
BFuP	Betriebswirtschaftliche Forschung und Praxis
BSC	Balanced Score Card
B2B	Business to Business
B2C	Business to Consumer
bspw.	Beispielsweise
bzw.	Beziehungsweise
CAPM	Capital Pricing Model
CE	Customer Equity
CLV	Customer Lifetime Value
CRM	Customer Relationship Management
CKM	Customer Knowledge Management
DBW	DIE Betriebswirtschaft
de	Fachzeitschrift für das Elektrohandwerk
Diss.	Dissertation
f.	folgende (Seite)
ff.	fortfolgende (Seiten)
Hrsg.	Herausgeber
IuK	Information und Kommunikation
IO	Industrielle Organisation
Jg.	Jahrgang
Kap.	Kapitel
KC	Kundencontrolling
KM	Knowledge Management
KM-Controlling	Kundenmanagement-Controlling
krp	Kostenrechnungspraxis – Zeitschrift für Controlling, Accounting und Systemanwendungen
KWC	Kundenwissenscontrolling
KWM	Kundenwissensmanagement
Marketing ZFP	Marketing Zeitschrift für Forschung und Praxis

Nr.	Nummer
o.S.	ohne Seitenangabe
o.O.	ohne Ort
o.V.	ohne Verfasserangabe
PuK	Planungs- und Kontrollsystem
S.	Seite
Sp.	Spalte
überarb.	überarbeitete
u.a.	unter anderem
u.U.	unter Umständen
Vol.	Volume
vollst.	vollständig
WiSt	Wirtschaftswissenschaftliches Studium
ZfB	Zeitschrift für Betriebswirtschaft
Zfbf	Schmalenbachs Zeitschrift für betriebswirtschaftliche Forschung
ZfO	Zeitschrift Führung und Organisation
zit.	zitiert
z.T.	zum Teil

1 Einleitung

1.1 Einordnung des Themas

Die Marketing- und Controllingwissenschaft hat in den letzten Jahren eine grundlegende Neuausrichtung erfahren, die wesentlichen Einfluss auf die Entstehung und Entwicklung des Kundenwissenscontrollings ausübt. Einerseits richtet sich das Controlling seit Beginn der 1980er-Jahre an einer wertorientierten Unternehmensführung aus, während gleichzeitig das Marketing durch das Gedankengut der marktorientierten Unternehmensführung geprägt wird. Dabei basiert die **wertorientierte Unternehmensführung** auf dem Shareholder-Value-Ansatz und bezeichnet die effiziente Ausrichtung aller Unternehmensaktivitäten auf die Unternehmenswertmaximierung.[1] Demgegenüber zielen die Aktivitäten im Sinne einer **marktorientierten Unternehmensführung** auf die konsequente Ausrichtung der gesamten Unternehmung auf den Markt und seine sämtlichen Teilnehmer, also an den Ansprüchen der Wettbewerber, Absatzmittler, Zulieferer, Mitarbeiter, Anteileigner oder Fremdkapitalgeber.[2]

In den letzten Jahren wurde diese Sichtweise der marktorientierten Unternehmensführung konsequent auf eine zentrale Marktkraft, den Kunden fokussiert, so dass vielerorts von einer **kundenorientierten Unternehmensführung** gesprochen wird.[3] Im Mittelpunkt dieser Wirkungskette einer marktorientierten Unternehmensführung steht die Schnittstelle der Unternehmung zum Kunden, mit dem Ziel der bestmöglichen, d.h. effektiven Befriedigung der Kundenbedürfnisse durch das Leistungsangebot. Die Ausrichtung der Unternehmenskultur, der Führungsteilsysteme sowie der Informations- und Lernprozesse an den Kunden zielt auf die Verbesserung

---

[1] Vgl. Bauer/Stokburger/Hammerschmidt (2006), S. 21; Hoitsch (2000), S. 77; Rappaport (1986, 1992).

2 Eine allgemeingültige Definition von Marktorientierung besteht zwar nicht, dennoch betonen die meisten Autoren die Orientierung der marktorientierten Unternehmensführung an den Kundenbedürfnissen. Als Vertreter gelten u.a. Backhaus/Schneider (2007), S. 13 ff.; Reinecke (2004), S. 40; Becker (1999), S. 24; Grönroos (1994), S. 4 ff., Backhaus/Weiber (1989), S. 2.

3 Vgl. Greve (2010), S. 4; Deshpandé/Farley/Webster (1993), zit. nach Homburg/Krohmer (2006), S. 1278; Bruhn (2002, 2009); Bruhn/Meffert/Wehrle (1994).

der Kundenzufriedenheit, Kundenloyalität und Preisbereitschaft, um den wirtschaftlichen Unternehmenserfolg nachhaltig zu steigern.

Mit der Etablierung der Maximierung des Unternehmenswertes im Sinne des Shareholder Value als oberstem Ziel der Unternehmung,[4] setzt sich auch die Erkenntnis durch, dass „without customer value there can be no shareholder value."[5] Traditionell werden im Rahmen der Unternehmensbewertung insbesondere materielle Vermögensgegenstände, z.B. Gebäude und Maschinen, betrachtet. Um jedoch die Höhe des zukünftigen Unternehmenswertes bestimmen zu können, rückt die Identifikation und Bewertung der immateriellen Vermögensgegenstände verstärkt in die Betrachtung des Controllings. Letztlich gilt es auch, diejenigen Vermögensgegenstände auf Potentiale zur Wertsteigerung hin zu untersuchen, die aufgrund der Erstellung intangibler Leistungen bisher kaum Gegenstand quantitativer Untersuchungen waren.[6] Unter diesen immateriellen Vermögensgegenständen versteht man „a claim to future benefits that does not have a physical or financial embodiment."[7] Der Kunde nimmt dabei unter den intangiblen Vermögensgegenständen die entscheidende Rolle ein, da allein seine individuelle Kaufentscheidung wertsteigernd wirkt.[8] Da der Shareholder Value wesentlich von den zukünftigen Cash Flows abhängt und deren Höhe wiederum von den wertsteigernden Kaufentscheidungen der Kunden, stellt der Wert des Kunden einen wesentlichen Einflussfaktor auf die Höhe des Unternehmenswertes dar. Durch eine Integration der wertorientierten und kundenorientierten Unternehmensführung ergibt sich ein erweitertes Controllingverständnis mit dem Kundenwert als entscheidender Verbindungsgröße. Der Kundenwert dient hierbei sowohl der Umsetzung einer wertorientierten Unternehmensführung vor dem Hintergrund des obersten Ziels der Unternehmenswertmaximierung als auch zur Messung und zum Management der Kundenbeziehung im Sinne einer kundenorientierten Unternehmensführung.

---

[4] Vgl. Bauer/Stokburger/Hammerschmidt (2006), Hoitsch (2000), Rappaport (1986)
[5] Rappaport (1998), S. 76.
[6] Vgl. Bauer/Stokburger/Hammerschmidt (2006), S. 1.
[7] Lev (2001), S. 5.
[8] Vgl. Tewes (2003), S 72; Bauer/Hammerschmidt/Brähler (2002), S. 325.

Seit Beginn der 1990er Jahre dominieren in zunehmendem Maße Begriffe wie Beziehungsmarketing, Beziehungsmanagement, Kundenbeziehungsmanagement und Kundenbindungsmanagement die kundenorientierte Managementliteratur.[9] Ihr gemeinsames Anliegen besteht darin, die Kundenbeziehung als Betrachtungsobjekt verstärkt in den Mittelpunkt der Diskussion zu stellen. Der Kern dieser Perspektive besteht in dem Verständnis, dass der Aufbau und die Erhaltung langfristiger (für die Unternehmung profitabler) Kundenbeziehungen zu einer zentralen Herausforderung für die gesamte Unternehmung werden.[10] Dabei bewertet die Unternehmung die Profitabilität des Kunden mit dessen Kundenwert, der als der von einem Anbieter wahrgenommene, bewertete Beitrag eines Kunden, einer Kundengruppe bzw. des Kundenstammes zur Erreichung der monetären und nicht-monetären Ziele des Anbieters verstanden wird.[11] Der so definierte Kundenwert spiegelt den quantitativen und qualitativen Erfolgsbeitrag des Kunden aus der Perspektive der Unternehmung wider. Mit dieser Sichtweise geht eine Abkehr der bis dato häufig vorzufindenden Fokussierung auf einzelne Transaktionen des Kunden einher, zugunsten der Fokussierung auf die gesamte Geschäftsbeziehung zwischen der Unternehmung und dem Kunden über ihre vollständige Lebensdauer hinweg.[12] Demzufolge wird das klassische Beziehungsmarketing durch den Kundenwert zu einem wertorientierten Beziehungsmarketing ausgebaut. Die Kundenorientierung stellt nicht länger einen Selbstzweck dar, sondern es müssen sich alle Marketingziele am Beitrag zu den Unternehmenszielen und damit letztendlich an ihrem Beitrag zur Unternehmenswertmaximierung messen lassen.[13]

Gleichzeitig erfordert die kundenorientierte Unternehmensführung Steuerungsmechanismen, die die Koordination der kundenorientierten Managementaktivitäten durch die Versorgung mit entscheidungsrelevanten In-

---

[9] Eine Abgrenzung der kundenorientierten Begriffe und eine Auswahl ihrer Vertreter findet sich in Anhang 1.

[10] Vgl. Bruhn (2008), S. 35 ff.; Grabner-Kräuter/Schwarz-Musch (2006), S. 176; Tewes (2003), S. 61.

[11] Vgl. Schermuth (1996), S. 19; Cornelsen (2000), S. 3; Gelbrich (2001), S. 5.

[12] Vgl. Reichheld/Sasser (1990), S. 142 f.; Stauss (2000), S. 16; Bruhn (2001), S. 46 ff; Stauss (2006), S. 421 ff.; Stauss/Seidel (2007), S. 26.

[13] Vgl. Schneider (2007), S. 1; Tewes (2003), S. 2.

formationen über den Wert und somit die Profitabilität der Kunden übernimmt sowie im gesamten kundenorientierten Managementprozess beratend und unterstützend wirkt. Der konzeptionellen und empirischen Untermauerung dieser Aufgabe hat sich das **Kundencontrolling** erstmals zu Beginn des neuen Jahrtausends angenommen.[14] Kundencontrolling wird als koordinierende Informationsversorgung zur Unterstützung des Kundenmanagement verstanden und dient zur Planung, Steuerung und Kontrolle der auf profitable Kunden gerichteten Aktivitäten im gesamten Wertschöpfungsprozess.[15] Dieses vorherrschende Verständnis sieht eine Ausrichtung aller Aktivitäten des Kundencontrollings auf den Aufbau und die Pflege einer Kundeninformationsbasis vor, die quantitative und qualitative Informationen über den Kunden umfasst. Dabei zielt die Informationsanalyse auf die Ermittlung der Kundenwerte ab, um die Kundenstruktur nach profitablen Kunden zu durchleuchten und die gewonnenen Erkenntnisse an das Management weiterzuleiten. In diesem Sinne kann von einem informationsbasierten wertorientierten Kundencontrolling gesprochen werden.

In der jüngsten Vergangenheit ist eine zunehmende Anzahl von Veröffentlichungen zum Thema **Wissensmanagement** als ein weiteres neues Forschungsgebiet in der Managementliteratur erkennbar, so dass sich die Frage nach dessen Auswirkungen auf das Kundencontrolling stellt. Ihren Ursprung findet es in den weltweiten Umstrukturierungsprozessen in der Wirtschaft und Gesellschaft, innerhalb derer sich die derzeitige Industriegesellschaft hin zu einer so genannten Informations- und Wissensgesellschaft transformiert.[16] Den Hintergrund bildet zum einen der strukturelle Wandel hochtechnologisierter Volkswirtschaften, bei denen Wissen zur entscheidenden Ressource wird und neben die traditionellen Produktionsfaktoren Arbeit und Kapital tritt. Zum anderen beeinflusst im Rahmen der zunehmenden Internationalisierung der Märkte und der damit einherge-

---

[14] Eine erste konzeptionelle Erarbeitung des Kundencontrollings erfolgte durch Schmöller (2001). Weitere Abhandlungen stammen u.a. von Preißner (2003, 2000); Graßhoff/-Krey/Marzinzik/Niederhausen (2003, 2000); Witt (2000).

[15] Vgl. Schmöller (2001), S. 13.

[16] Vgl. North 2011, S. 15 ff.; Al-Laham (2003), S. 1 f.; Lehner (2012), S. 1 ff..

henden Globalisierung der Unternehmungstätigkeit eine zeitnahe Verfügbarkeit von Wissen die Standortentscheidungen und determiniert Entscheidungen über die Konfiguration im Wertschöpfungsprozess. Beschleunigt wird diese Entwicklung durch die zunehmende Etablierung moderner Informations- und Kommunikationstechnologien, die zu neuen Formen der Informationstransparenz führen. Zusätzlich stellt das multioptionale Verhalten der Konsumenten weitere Anforderungen an die Steuerung der Kundenbeziehung, zu deren Lösung die Verfügbarkeit von relevantem Kundenwissen an Bedeutung gewinnt. Die Folge ist, dass die Beherrschung der Spielregeln eines wissensbasierten Wettbewerbs zu einer zentralen Herausforderung der Unternehmensführung wird. In diesem Sinne wird bereits von einer **wissensorientierten Unternehmensführung** gesprochen, deren Ziel in der Gestaltung, Lenkung und Entwicklung der organisationalen Wissensbasis zur Sicherstellung des oberstem Unternehmensziel besteht.[17] Die Wissensbasis einer Unternehmung stellt die Gesamtheit des zu einem bestimmten Zeitpunkt im Rahmen der Unternehmensprozesse und/oder Unternehmensaufgaben verfügbaren, an personelle, materielle und/oder kollektive Wissensträger gebundenen Wissens dar.[18] Unter dem Begriff Wissensträger werden diejenigen körperlichen Trägermedien subsumiert, in denen sich Wissen manifestieren kann.[19] Zur Erhebung, Analyse und Weiterleitung des für die wissensorientierte Unternehmensführung relevanten Kundenwissens werden Methoden und Konzepte des Controllings erforderlich, die eine Koordination aller kunden- und wissensorientierten Managementaktivitäten im gesamten Wertschöpfungsprozess gewährleisten.

Im Zusammenhang mit der in der vorliegenden Arbeit vorherrschenden Fokussierung auf den Kunden als Bezugsobjekt des Kundenwissenscontrollings ist es bereits an dieser Stelle notwendig, auf begriffliche Unschärfen hinzuweisen und eine Abgrenzung für diese Arbeit vorzunehmen. Während in der deutschsprachigen Literatur neben dem Begriff Kunde

---

[17] Vgl. North (2011) S. 223 ff., Schmidl (2005), Schimmel (2002), Zack (1999).
[18] Vgl. Amelingmeyer (2004), S. 84.
[19] Vgl. Amelingmeyer (2004), S. 53.

verschiedene weitere Bezeichnungen wie Käufer, Konsument oder Verbraucher anzutreffen sind, werden in der englischsprachigen Literatur die Begriffe Customer, Consumer oder Shopper verwendet.[20] Diese Uneinheitlichkeit in den Begriffsbezeichnungen ist sowohl verwirrend als auch wenig trennscharf, da in den meisten Fällen keine eindeutige Unterscheidung zwischen den Funktionen Entscheidung, Bezahlung, Kauf und Konsum erfolgt.[21] Andererseits ist diesen Ansätzen gemein, dass als konstituierendes Merkmal eines Kunden dessen regelmäßige Bedarfsdeckung durch den Kauf eines Produkts oder einer Dienstleistung angesehen wird.[22] Diese Definitionsweise verkennt jedoch, dass die Kunden heutzutage nicht mehr nur das Endprodukt einer Kette von Beeinflussungsversuchen und Bearbeitungsmaßnahmen der Unternehmung darstellen. „Als Kunde versteht sich auch, wer sondiert, Wünsche äußert, Initiativen ergreift, Fähigkeiten prüft, Reaktionen testet – ohne bereits mit dem Kaufabschluss zu winken."[23] Insofern wird im Rahmen der vorliegenden Arbeit der Begriff Kunde im Umfang des gesamten numerischen Kundenpotentials verwendet, das sowohl die *aktuellen Kunden*, die sich aus den Stammkunden, Wechselkunden und Erstkunden zusammensetzen, als auch die *potentiellen Kunden* und die *verlorenen Kunden* umfasst. Entscheidend ist dabei nicht ausschließlich die Bedarfsdeckung durch den Kauf eines Produktes, sondern das Vorhandensein einer gewissen, wenn auch nicht zwangsläufig mehr aktuellen Affinität zum Leistungsangebot der Unternehmung.[24] Auf Bezeichnungen wie Konsument oder Verbraucher wird nur dann zurückgegriffen, wenn sie in der zugrunde liegenden Literatur verwendet werden.

---

[20] Vgl. in der deutschsprachigen Literatur z.B. Diller (2001), Nieschlag/Dichtl/Hörschgen (2002), Homburg/Krohmer (2006), Hippner (2006), Trommsdorff (2011) sowie in der englischsprachigen Literatur z.B. Blackwell/Miniard/Engel (2001), Schiffman/Kanuk (2004).

[21] Bspw. unterscheidet Trommsdorff ((2011), S. 17) auf der Basis der Funktionen Entscheiden, Zahlen und Verbrauchen fünf verschiedene Arten von Konsumenten. Während Diller ((2001), S. 812) einen Konsumenten ganz allgemein als Letztverbraucher von materiellen und immateriellen Gütern auffasst.

[22] Vgl. Nieschlag/Dichtl/Hörschgen (2002), S. 40.

[23] Stahl (2000), S. 1.

[24] Vgl. hierzu Diller (2001), S. 845; Cornelsen (2000), S. 23 f.; Lippmann (1992), S. 4; Dutka (1994), S. 19; Stahl (2000), S. 1 f.; Schmöller (2001), S. 7.

1.2 Begriffsabgrenzung und Forschungsbedarf

Vor dem Hintergrund der dargestellten Entwicklungen von einer markt- und kundenorientierten hin zu einer wissensorientierten Unternehmensführung werden eine Vielzahl von Einflüssen erkennbar, denen das Forschungsgebiet Kundenwissenscontrolling ausgesetzt ist. Zum einen fordern die Autoren der modernen Controlling- und Managementliteratur die Bewertung des Kunden anhand seines Kundenwertes zur effizienten und effektiven Unternehmenssteuerung. Zum anderen widmet sich die neuere Wissensmanagementliteratur zunehmend dem Aufbau und der Gestaltung der organisationalen Wissensbasis zur wissensorientierten Steuerung der Unternehmung. Ein entscheidungsrelevantes Element der Wissensbasis des Unternehmens stellen die verschiedenen Arten von Kundenwissen dar, welches das im Unternehmen vorhandene Wissen über, der und für den Kunden umfasst.

Zur Untermauerung der dargestellten Entwicklungen finden sich gegenwärtig in der Literatur zahlreiche Veröffentlichungen zum **Management der Kundenbeziehung** im Rahmen einer kundenorientierten Unternehmensführung.[25] Ebenso existieren neben der Grundlagenliteratur zum Unternehmenscontrolling diverse Beiträge zum **wertorientierten Controlling** im Rahmen einer wertorientierten Unternehmensführung.[26] Der **Kundenwert** als Steuerungsmaß einer kundenwertorientierten Unternehmenssteuerung wird gleichsam in aktuellen Veröffentlichungen des Forschungsgebietes Marketing facettenreich diskutiert.[27] Gleichzeitig nimmt

---

[25] Als Beispiele seien hier Veröffentlichungen zum Customer Relationship Management sowie zu den Konstrukten der Kundenbeziehung genannt, u.a. vgl. Hippner/Wilde (2011), Raab (2009), Hinterhuber/Matzler (2009), Bruhn/Homburg (2008), Krafft (2007), Rapp (2005), Ahlert et al. (2002), Bruhn (2001, 2002), Link (2001), Reichheld/Sasser (1990) genannt.

[26] Als Beispiele für die Grundlagenliteratur im Controlling sind Horváth (2011), Küpper (2008) und Reichmann (2011) zu nennen. Beiträge zur wertorientierten Unternehmensführung finden sich bspw. bei Pape (2010), Böhl (2006), Palli (2004), Coenenberg/Salfeld (2003), Lattwein (2002), Jakubowicz (2000), Riedl (2000), Knorren (1998), Nicklas (1998), Günther (1997), Brune (1995), Bischoff (1994), Bühner (1990), Rappaport (1986).

[27] Beispiele finden sich bei Rödl (2010), Krafft (2007), Panzer (2006), Lissautzki (2005), Rust/Lemon/Zeithaml (2004), Tewes (2003), Wangenheim (2003), Eberling (2002), Rudolf-Sipötz (2001), Bruhn/Georgi/Treyer/Leumann (2000), Cornelsen (2000, 2006), Homburg/Schnurr (1999).

die Anzahl an Veröffentlichungen zum **Wissensmanagement** deutlich zu,[28] während sich erste vereinzelte Beiträge zum **Wissenscontrolling** in der Literatur finden.[29] Das **Kundencontrolling** lässt sich nach wie vor als junges, in der Wachstumsphase befindliches Forschungsfeld begreifen,[30] während noch keine Beiträge zum **Kundenwissenscontrolling** vorliegen. Entsprechend viele Fragestellungen sind bisher noch nicht oder nur unzureichend beantwortet worden. Hierzu zählen insbesondere:

- Werden die Ziele und Aufgaben der Konzeption des Kundencontrollings den Anforderungen einer wissensorientierten Unternehmensführung gerecht?
- Mit welchem Betrachtungsobjekt befasst sich das Kundencontrolling: den Informationen über die Kunden und/oder dem Kundenwissen als Wissen der, über und für die Kunden?
- Wie grenzen sich Informationen von Wissen im Allgemeinen und Kundenwissen im Speziellen ab?
- Weisen die in der vorhandenen Literatur zum Kundencontrolling genannten Instrumente Lösungen auf, um die Ressource Kundenwissen zu messen und zu bewerten?
- Welche Formen, Eigenschaften und Komponenten umfasst die Ressource Kundenwissen?
- Welchem gestalterischen Einfluss sieht sich die Konzeption des Kundencontrollings durch die Forderungen und Erkenntnisse der neueren Wissensmanagement- und Wissenscontrolling-Literatur ausgesetzt?
- Welche Bedeutung hat das Kundenwissen im Vergleich zu den Kundeninformationen für die konzeptionelle Gestaltung des Kundencontrollings?

---

[28] Vgl. hierzu u.a. Hippner/Wilde (2011), Lehner (2012), Keuper (2009), Bäppler (2008), Jaspers (2008), Amelingmeyer (2004), Al-Laham (2003), Kolbe et al. (2003).

[29] Vgl. North (2011), Wittner (2009), Hanke (2006), Rose (2007), Güldenberg (2003), Weber/Grothe/Schäffer (1999).

[30] Vgl. Preißner (2000, 2003, 2008), Stüker (2008), Chen (2007), Schröder/Schettgen (2002, 2003, 2004 a,b, 2006a, b), Schmöller (2001).

Aus den offenen Fragestellungen wird das vorliegende Forschungsdefizit erkennbar, das in der Entwicklung einer Konzeption des Kundencontrollings mit dem Kundenwissen als Betrachtungsobjekt besteht.

Gleichzeitig wird ein grundsätzliches Problem bei der Bearbeitung des vorliegenden Themengebiets offensichtlich: Die Eingrenzung der für das Kundencontrolling relevanten Themenkreise determiniert zum einen die als bekannt vorauszusetzenden thematischen Grundlagen und deren wissenschaftlichen Veröffentlichungen. Zum anderen geben sie den Rahmen für diejenige Literatur vor, die systematisch aufbereitet und themenorientiert anzuwenden ist. Dabei öffnen die verschiedenen Forschungsrichtungen entsprechend ihren unterschiedlichen Zielsetzungen und den ihnen eigenen Perspektiven jeweils den Blick auf spezifische Fragestellungen des behandelnden Gebiets und verdeutlichen gleichzeitig den offenen Forschungsbedarf im Kundencontrolling. Angesichts dieser Problematik wurde die folgende Vorgehensweise gewählt:

Die Literatur der **kundenorientierten Managementkonzeptionen** wird als bekannt vorausgesetzt und nur dann explizit zitiert, wenn sie unmittelbar zur Erkenntnisgewinnung eines Aspektes des zu bearbeitenden Themas beiträgt. Der Grund für diese Vorgehensweise besteht in dem grundsätzlich abgrenzbaren Aufgabengebiet der kundenorientierten Management-Konzeptionen gegenüber dem Kundencontrolling. Während der Schwerpunkt der kundenorientierten Managementliteratur primär in der *Steuerung* der auf den Kunden gerichteten Unternehmensaktivitäten besteht, stellt die *Koordination* dieser Managementaktivitäten und die Beratung und Unterstützung in den Phasen des Managementprozesses die zentrale Aufgabe des Kundencontrollings dar. Darüber hinaus wenden die kundenbeziehungsorientierten Managementkonzeptionen den Kundenwert als Steuerungsgröße bei der konkreten Ausgestaltung der Kundenbearbeitungsstrategie an, während das Kundencontrolling die erforderlichen Kundendaten erhebt und analysiert, die Höhe der Kundenwerte berechnet und diese dem kundenorientierten Management zur Verfügung stellt. In diesem Zusammenhang wird das Verständnis des Kundenwertes in der vorliegenden Arbeit anhand der aktuellen Veröffentlichungen dargestellt, ohne den Anspruch auf Vollständigkeit erheben zu wollen. Gleichwohl verdeutlichen die vielfältigen Veröffentlichungen zum Themengebiet der kundenorientierten Managementkonzeptionen den wachsenden Bedarf an quantitativen und qualitativen Informationen über profitable Kundenbeziehungen, um auf ihrer Basis die Marketingaktivitäten auf die wertvollen Kunden zu konzentrieren und somit einen effektiven und effizienten Beitrag zur Unternehmenswertmaximierung zu leisten. Dabei stellt die Marketingeffektivität ein Beurteilungskriterium dafür dar, inwieweit eine Marketingaktivität in der Lage ist, die Erwartungen der Kunden zu erreichen oder gar zu übertreffen.[31] Bei der Marketingeffizienz wird zusätzlich der unternehmerische Mitteleinsatz zur Zielerreichung berücksichtigt und ergibt sich somit aus dem Verhältnis von Marketinginput und Marketingoutput.[32]

Ferner erfolgt eine grundlegende Systematisierung der „klassischen" **Controllingkonzeptionen**, der sich eine zusammenfassende Darstellung der Aufgaben des Controllings anschließt. Dabei soll eine Controlling-Konzeption theoretisch fundiert die Funktion des Controllings darstellen und deren Merkmale charakterisieren.[33] Sie stellt einen gedanklichen Entwurf zur zielorientierten Lösung einer spezifischen Problemstellung des Controllings dar.[34] In Anlehnung an *Barth/Barth*[35], *Link/Weiser*[36] *und Schaefer*[37] werden die „klassischen" Controlling-Konzeptionen in informationsorientierte, koordinationsorientierte, rationalitätsorientierte und reflexionsorientierte Controllingkonzeptionen unterschieden.[38] Die Autoren weisen jedoch darauf hin, dass eine derartige Unterteilung nicht überschneidungsfrei sein kann. Die Zuweisung zu einer dieser Konzeptionstypen basiert auf dem wesentlichen Fokus der jeweiligen Konzeption. Dabei basiert die Unterscheidung im Grundsatz auf den Merkmalen *Unternehmensziel-*

---

[31] Vgl. Kuß (2006), S. 873.
[32] Vgl. Schneider (2007), S. 3.
[33] Vgl. Küpper (2008), S. 8; Barth/Barth (2008, S. 17).
[34] Vgl. Friedl (2003), S. 5.
[35] Vgl. Barth/Barth (2008), S. 16 ff.
[36] Vgl. Link/Weiser (2011), S. 12 ff.
[37] Vgl. Schaefer (2008), S. 17 ff.
[38] Vgl. Kap. 2.1.2.

bezug und *Funktionsbreite* der *Controlling-Konzeption*.[39] Hinsichtlich des Unternehmenszielbezugs stellt sich die Frage, auf welche Ziele sich das Controlling konzentriert, wobei zwischen Leistungs-, Erfolgs-, Finanz- und sonstigen Unternehmenszielen unterschieden wird. Mit dem Merkmal Funktionsbreite wird die Verschiedenartigkeit der Aufgaben des Controllings gekennzeichnet. Hierbei stellt sich die Frage, auf welche Führungsteilsysteme das Controlling einwirkt bzw. welche Aufgaben es übernimmt. Als Führungsteilsysteme kommen das Planungs-, Kontroll-, Informationsversorgungs-, Personalführungs- und Organisationssystem in Frage.

Des Weiteren finden sich in der aktuellen **kundenorientierten Controllingliteratur** verschiedenartige Wortkonstrukte, die eine inhaltliche Nähe zum Themengebiet Kundencontrolling aufweisen. Sie können in die folgenden zwei Gruppen untergliedert werden:

- In der *ersten Gruppe* befinden sich kundencontrollingorientierte Wortkonstrukte, bei denen es sich um **Synonyme zum Kundencontrolling** i.S. eines „bedeutungsähnlichen oder -gleichen Worts"[40] handelt. Zu dieser Gruppe zählen die Wortkonstrukte „Controlling der/von Kundenbeziehungen", „kundenorientiertes Controlling" oder „kundenbezogenes Controlling".[41]
- Zu der *zweiten Gruppe* zählen kundencontrollingorientierte Termini, bei denen man aufgrund der Wortgestaltung ein **Subsystem des Kundencontrollings** assoziiert. Unter einem Subsystem wird dabei ein Bereich innerhalb eines Systems verstanden, der selbst Merkmale eines Systems aufweist.[42] Zu ihnen zählen u.a. das Kundenmanagement-Controlling, das Kundenwert-Controlling und das Kundenbindungs-Controlling.[43]

---

[39] Vgl. Zenz (1998), S. 34 ff.
[40] Kraiff (2007), S. 708.
[41] Vertreter synonymer Themengebiete zum Kundencontrolling sind u.a. Köhler (2005, 2006, 2008), Bruhn (2008, 2003, 2002), Werner/Beutin (2000), Bruhn/Georgi/-Treyer/Leumann (2000), Homburg/Werner (1998), Diller (1995 a-d).
[42] Vgl. Kraiff (2007), S. 700.
[43] Vertreter von Subsystemen des Kundencontrollings sind u.a. Diller (2001), Köhler (2001), Weber/Lissautzki (2004), Diller/Haas/Ivens (2005), Reich (2003), Reinecke/Keller (2006), Wolf (2006), Mödritscher (2008).

Die Uneinheitlichkeit der Begriffe verdeutlicht die unterschiedlichen Perspektiven, aus denen heraus die Diskussion über einen Steuerungsmechanismus im Rahmen einer wert- und kundenorientierten Unternehmensführung geführt wurde. Ihr gemeinsames Ziel besteht in der Sicherung und Steigerung der Effizienz und Effektivität des Kundenmanagements durch Koordination der Managementaktivitäten im gesamten Führungssystem.[44] Neben der Planungsunterstützung und Erfolgskontrolle zählt die am Kundenwert orientierte Informationsversorgungsfunktion zu ihren primären Aufgabengebieten.[45] Neben den traditionellen statisch ausgerichteten qualitativen und quantitativen Verfahren des Controllings zur Bewertung der Kunden, rückt aufgrund der dynamischen Betrachtung der Kundenbeziehung der Customer Lifetime Value in den Mittelpunkt eines die gesamte Wertkette der Unternehmung umspannendes Kundenwertverständnisses. Aufgrund der hohen inhaltlichen Übereinstimmung des Gedankenguts der kundencontrollingorientierten Wortkonstrukte mit den Zielen, Aufgaben und Instrumenten des Kundencontrollings werden diese Begriffe im Folgenden synonym zum Begriff des Kundencontrollings verwendet. Des Weiteren wird auf die Erkenntnisse der kundencontrollingorientierten Termini der zweiten Gruppe zurückgegriffen, wenn ihr Gedankengut wesentlich zur Erkenntnisgewinnung im Rahmen der vorliegenden Problemstellung beiträgt.

Ferner erfolgt eine Einschränkung auf die **deutschsprachige Controllingliteratur**, da der aus dem Englischen stammende Begriff „Controlling“ im deutschen Sprachgebrauch der wissenschaftlichen Theorien und auch der betrieblichen Praxis in einer anderen Bedeutung als im angloamerikanischen Bereich verwendet wird. In der englischsprachigen Literatur meint „Controlling“ die Wahrnehmung von „Management Control“, d.h. die Beherrschung, Lenkung, Steuerung und Regelung von Prozessen.[46] Damit gehört im Englischen das Controlling zu den allgemeinen Führungsaufgaben, während die Unterstützung der Führung bei der Ausübung

---

[44] Vgl. Diller/Haas/Ivens (2005), S. 337; Köhler (2006), S. 54.
[45] Vgl. Reinecke/Keller (2006), S. 259.
[46] Vgl. Bischop (2002), S. 8.

dieser Aufgabe als „Controllership“ bezeichnet wird. Der Begriff „Controlling“ in der deutschsprachigen Literatur entspricht daher am ehesten diesem „Controllership“ und damit gerade nicht dem angloamerikanischen „Controlling“.[47] Allerdings dürfen das deutschsprachige „Controlling“ und das englischsprachige „Controllership“ nicht gleichgesetzt werden. Insbesondere im Hinblick auf den Aufgabenumfang bestehen sowohl in der betriebswirtschaftlichen Theorie als auch in der Unternehmenspraxis deutliche Unterschiede, so dass an dieser Stelle auf eine nähere Erläuterung des „Controllership“ und der englischsprachigen Literatur verzichtet wird.[48]

Neben der grundlegenden kundenorientierten Management- und Controllingliteratur liefern die wissenschaftlichen Veröffentlichungen zum **Kundencontrolling, Wissensmanagement**, **Kundenwissensmanagement** und **Wissenscontrolling** relevante Beiträge zur Klärung des vorliegenden Forschungsbedarfs. Daher werden die einzelnen Veröffentlichungen im Folgenden systematisch erfasst und themenorientiert aufbereitet.

In der vorhandenen Literatur zum **Kundencontrolling** wird schwerpunktmäßig seine Informationsversorgungsfunktion thematisiert. Zu diesem Zwecke werden eine Reihe von ein- oder mehrdimensionalen auf monetären und/oder nicht-monetären Kundendaten basierenden Instrumenten diskutiert, die auf der Basis gewonnener Kundendaten periodenbezogene oder periodenübergreifende Kundenwerte zur Analyse der Kundenstruktur ermitteln.[49] Die so gewonnenen Informationen über den Wert der Kunden werden an das Management weitergeleitet. Bislang wird in der Literatur zum Kundencontrolling ausschließlich von Informationen über den Kunden gesprochen, die erhoben, analysiert und weitergeleitet werden. Inwieweit es sich bei den genannten Informationen definitionsgemäß um Kundenwissen handelt, bleibt bislang ungeklärt.[50] Die Autoren sind sich jedoch einig, dass zu den weiteren Aufgaben des Kundencontrollings die Unterstüt-

---

47 Vgl. Binder (2006), S. 52 f.

48 Ein ausführlicher Vergleich und Übersichten über Darstellungen in der Literatur und empirische Studien finden sich bei Horváth (2011), S. 18 ff.

49 Zu den Instrumenten des infomationsbasierten Kundencontrolling vgl. Kapitel 2.2.4.

50 Eine Abgrenzung der Begriffe Daten,Informationen und Wissen erfolgt in Kap. 2.1.1.

zung des Managements im Kundenbearbeitungsprozess sowie die Erfolgskontrolle zählen. Die Koordination der Managementaktivitäten wird als übergeordnetes Ziel des Kundencontrollings betrachtet.

Gleichzeitig sieht sich das Kundencontrolling zunehmend mit den Anforderungen einer wissensorientierten Unternehmensführung konfrontiert, deren Ziele und Aufgaben seit Ende des 20ten Jahrhunderts unter dem Begriff **Wissensmanagement** thematisiert werden.[51] Heutzutage existieren bereits zahlreiche Veröffentlichungen und Untersuchungen mit unzähligen Konzepten, Methoden und technischen Hilfsmittel zum Thema Wissensmanagement.[52] Gleichzeitig unterstreichen erste Ansätze zum **Wissenscontrolling** die zunehmende Aufmerksamkeit, die der Erhebung und Analyse der Ressource Wissen zuteil wird.[53] Gerade die Dynamik der Entwicklungen in den letzten Jahren verdeutlicht aber auch eine Reihe von Unstimmigkeiten in der Begriffsbildung und Lücken in der Aufbereitung des Themas. So sind sich Praktiker und Wissenschaftler zwar darüber einig, dass die Verfügbarkeit relevanten Wissens zu einem wesentlichen Erfolgsfaktor der Unternehmung wird.[54] Gleichzeitig besteht aber wenig Einigkeit über die definitorische Abgrenzung der grundlegenden Begriffe wie „Wissen“, „Kundenwissen“ und „Informationen“.

Grundsätzlich stellt Wissen eine Bezeichnung für ein in Individuen, Gruppen und sonstigen Kollektiven vorhandenes kognitives Schema dar, das, an der Erfahrung orientiert, die Handhabung von Sachverhalten, Situationen sowie den Bezug zur Umwelt auf eine zumindest angenommene zuverlässige Basis von Informationen und Regeln gründet, die sich ihrerseits anhand der Kriterien Prüfbarkeit, Nachvollziehbarkeit und Begründbarkeit

---

[51] Vgl. Albrecht (1993), Schüppel (1994, 1996), North (1998, 2011), Nonaka/Takeuchi (1997), Quintas/Leffer/Jones (1997), Probst/Romhardt (1997), Hasenkamp/Rossbach (1998), Weissenberger-Eibl (2000), Amelingmeyer (2004), Ahlert/Blaich (2004), Probst/ Raub/ Romhardt (1997, 2010).

[52] Eine Systematisierung der Methoden und softwaretechnischen Werkzeuge des Wissensmanagements findet sich bei Maier (2004), S. 299 ff. und Lehner (2000), S. 269.

[53] Vgl. North (2011), Probst/Raub/Romhardt (2010, 1997), Weber/Grothe/Schäffer (1999), Güldenberg (2003), Rose (2007), Wittner (2009).

[54] Vgl. Amelingmeyer (2004), S. 1.

bestimmen lassen.[55] In diesem Sinne gründet Wissen auf individuellen Erfahrungen als Kenntnisse und Verhaltensweisen, die zur Interpretation von Informationen in einer spezifischen Situation eingesetzt werden.[56] Aus dieser Perspektive heraus betrachtet ist die Verfügbarkeit relevanten Wissens somit unmittelbar an die Erhebung der individuellen Erfahrungen der personellen und kollektiven Wissensträger gebunden und geht damit über die reinen Informationen hinaus. Informationen wiederum basieren auf Daten, die in einen Kontext individueller Relevanzkriterien eingebunden sind und quasi den Rohstoff darstellen, aus dem Wissen entsteht.[57]

Eine andere in der Literatur vertretene Sichtweise stellt Informationen als zweckorientiertes Wissen dar.[58] Informationen werden demnach für einen bestimmten Zweck, und zwar das Treffen von Entscheidungen genutzt. Letztlich zeigt sich der Wert einer Information also in der Qualität der Entscheidungen, die auch von der internen Aufbereitung der Daten und der Ableitung richtiger Schlussfolgerungen abhängig ist. Die Information stellt eine Nutzung von Wissen dar, d.h. erst wenn man das Wissen zweckgerichtet nutzt, wird dieses zur Information.[59] Informationen gehen damit über das reine Wissen hinaus. Eine Informationsnutzung setzt also eine Wissensveränderung voraus.

Allein diese beiden Ansätze veranschaulichen die semantische Unschärfe und Vieldeutigkeit der Begriffe „Information" und „Wissen".[60] Gleichzeitig verdeutlichen sie, dass Informationen und Wissen nicht nur als Objekt oder etwas klar Abgrenzbares begriffen werden können, sondern dass sie sich auch über ihre Verfügbarkeit, Zugänglichkeit, Auffindbarkeit und/oder Herleitbarkeit erschließen. Zur Abgrenzung des offenen Forschungsbedarfs wird daher im Folgenden eine systematische Abgrenzung und Charakterisierung der Ressource Wissen, Kundenwissen und Informationen

---

[55] Vgl. Brockhaus (2006), S. 1365.
[56] Vgl. o.V. (2012a).
[57] Vgl. North (2011), S. 15.
[58] Vgl. Wittmann (1959). S. 14.
[59] Vgl. Kortzfleisch (1973), S. 551.
[60] Eine detaillierte Aufbereitung des Begriffs Wissen sowie verwandter Begriffe erfolgt in Kapitel 3.1.

erfolgen. Ferner werden die Grundlagen des Wissensmanagements und Kundenwissensmanagements sowie des Wissenscontrollings und Kundencontrollings dargestellt, die zur konzeptionellen Entwicklung der auf der Ressource Kundenwissen basierenden Konzeption des Kundencontrollings relevant sind.

1.3 Problemstellung und Zielsetzung der Arbeit

Die vorangegangenen Überlegungen verdeutlichen einerseits, dass in der wissenschaftlichen Diskussion im Marketing der Kunde, die Kundenbewertung sowie das Kundenmanagement im Fokus stehen. Andererseits liegen seitens des Controllings sowohl Konzepte eines wertorientierten Unternehmenscontrollings als auch erste Ansätze eines kundenwertorientierten Kundencontrollings vor. Deren bislang erklärtes Ziel besteht in der Entwicklung eines unternehmensbereichsübergreifenden Konzeptes zur Steuerung und Koordination der profitablen Kundenbeziehungen auf der Grundlage qualitativer und quantitativer Kundeninformationen zur Ermittlung der Kundenwerte. Ob es sich bei dem Betrachtungsobjekt des Kundencontrollings tatsächlich um Kundeninformationen oder vielmehr um Kundenwissen handelt, bleibt bislang unbeantwortet. Andererseits ist zu beobachten, dass sich die meisten Veröffentlichungen von der Marketingseite her an die Konzeptionierung einer wissensbasierten Kundensteuerung annähern, mit dem Ziel einer Steigerung des Unternehmenswertes. Häufig bleiben dabei Fragen hinsichtlich der Planung und Kontrolle der Ressource Wissen, speziell des Kundenwissens, ausgeklammert. Hinzu kommen eine große Uneinigkeit und Unübersichtlichkeit der zugrunde liegenden Begriffe und deren Abgrenzungen.

Das Kundencontrolling sieht sich daher mit den folgenden grundlegenden Problemen konfrontiert: Auf der Grundlage welches Betrachtungsobjektes erfolgt bislang die Gestaltung der Konzeption des Kundencontrollings? Stehen die Kundeninformationen auf der Basis der Kundendaten im Mittelpunkt der bisherigen Informationsversorgungsfunktion? In diesem Fall soll im weiteren Verlauf der Arbeit von **„Kundencontrolling"** gesprochen werden. Oder aber handelt es sich tatsächlich um eine Kundenwissensversorgungsfunktion mit dem Kundenwissen als Betrachtungsobjekt? In diesem Fall wird zukünftig von **„Kundenwissenscontrolling"** gesprochen. Um eine Antwort hierauf zu finden, stellt sich zunächst die Frage, anhand welcher Merkmale und Eigenschaften das Kundenwissen grundsätzlich zu klassifizieren ist. Handelt es sich ausschließlich um das im Unternehmen vorhandene **Wissen über und für die Kunden** oder wird zusätzlich das **Wissen der Kunden**, das in die Unternehmung hineinfließt, zu betrachten sein. Die Antworten auf diese grundlegenden Fragen stellen die Voraussetzung zur Koordination der Aktivitäten des kundenwissensorientierten Managements durch das Kundenwissenscontrolling dar.

Vor dem Hintergrund der aufgezeigten Problemstellung besteht das primäre Ziel dieser Arbeit in der Verringerung der aufgeführten Forschungsdefizite. Hierfür werden in einem ersten Schritt die **begrifflichen und konzeptionellen Grundlagen** erläutert. Insofern erfolgt zunächst eine definitorische Abgrenzung der relevanten Begriffe „Daten", „Informationen" und „Wissen" sowie verwandter wissensorientierter Termini. Anschließend wird ein Überblick über den Stand der Literatur zum **Kundencontrolling** gegeben sowie das gegenwärtige Verständnis des in der Literatur diskutierten Kundencontrollings mit seinen Zielen, Aufgaben und Instrumenten erläutert. Das Ziel ist eine umfassende Einführung in und ein ganzheitlicher Überblick über das Forschungsgebiet Kundencontrolling zu geben.

Aufbauend auf den vorgestellten Grundlagen wird zu untersuchen sein, welchen Beitrag das Kundencontrolling zur Koordination der kundenorientierten Managementaktivitäten durch die Versorgung mit entscheidungsrelevantem **Kundenwissen** leisten kann und auf der Basis des gewonnenen Kundenwissens im gesamten Managementprozess beratend und unterstützend wirken kann. Dieses setzt eine Ausrichtung aller Aktivitäten auf den Aufbau und die Pflege einer Kundenwissensbasis im Sinne des Kundenwissenscontrollings voraus. Aus diesem Grund, aber auch im Interesse einer Weiterentwicklung, wird nicht nur eine Ordnung in die Vielfalt an

Begriffen, Theorien und Ansätzen gebracht, die heute in Verbindung mit dem Kundencontrolling im allgemeinen diskutiert werden. Vielmehr sollen auf den Charakteristika der Ressource Kundenwissen basierend die Anforderung des Kundenwissensmanagements an eine Versorgung mit Kundenwissen herausgearbeitet werden. Zu diesem Zwecke werden die Ziele und Aufgaben des **Wissensmanagements und Kundenwissensmanagements** dargestellt und ausgewählte Ansätze erläutert. Ferner wird der Frage nachgegangen, ob das Kundencontrolling mittels seiner zur Verfügung stehenden **Instrumente** eine Generierung von entscheidungsrelevantem Kundenwissen gewährleisten kann oder ob es sich gleichsam des Instrumentariums verwandter Themengebiete, insbesondere des **Wissenscontrollings**, bedienen sollte. Hierzu ist zunächst eine Systematisierung und Abgrenzung der Ressource Kundenwissen erforderlich.

Ein weiteres Ziel der vorliegenden Arbeit besteht darin, die Ergebnisse der **empirischen Untersuchung** aus dem Jahr 2008 im deutschen Textil- und Bekleidungseinzelhandel zur konzeptionellen Gestaltung des Kundencontrollings und Kundenwissenscontrollings darzustellen. Da es sich hierbei um die dritte Befragung ihrer Art zum Kundencontrolling handelt,[61] können Aussagen über Veränderungen bei der Gestaltung der Aufgaben und dem Einsatz der Instrumente des Kundencontrollings sowie der erhobenen personenbezogenen Kundendaten aus geeigneten Informationsquellen abgeleitet werden. Ferner sind als ausgewählte Fragestellungen zur Vertiefung des Kundencontrollings-Verständnisses die Art und Weise der Ermittlung des unternehmensspezifischen Kundenwertes und die Bedeutung, die die Unternehmungen diesem als Steuerungsgröße beimessen, von besonderem Interesse. Darüber hinaus wurde erstmals nach den Aktivitäten zur Versorgung des kundenorientierten Managements mit Kundenwissen als Aufgabe des Kundenwissenscontrollings gefragt.

Vor dem Hintergrund der praktischen und theoretischen Bedeutung der Themenstellung besteht das Ziel des Forschungsvorhabens darin, das

---

[61] Die Ergebnisse der ersten beiden Befragungen aus den Jahren 2001 und 2005 werden in Kapitel 2.2.5.3 als ausgewählte emprische Studien des Kundencontrollings dargestellt.

Kundenwissenscontrolling in die wissenschaftliche Diskussion einzuordnen und konzeptionelle Grundlagen zu erarbeiten. Diese Zielsetzung lässt sich in folgende Teilziele untergliedern:

- Definitorische Abgrenzung der relevanten **Begriffe** Daten, Informationen und Wissen sowie Klassifikation des Kundenwissens zur Abgrenzung der Betrachtungsobjekte,
- Darstellung der Merkmale des **Kundencontrollings** zur Erläuterung der Ziele, Aufgaben und Instrumente des Kundencontrollings in der deutschen Literatur und deren Veranschaulichung anhand ausgewählter Ansätze,
- Erläuterung der Merkmale des **Wissensmanagements** und **Kundenwissensmanagements** zur Erläuterung der Anforderungen an eine Versorgung des Managements mit Kundenwissen und deren Beschreibung anhand ausgewählter Ansätze,
- Beschreibung der Merkmale des **Wissenscontrollings** zur Systematisierung der Instrumente zur Messung und Bewertung von Wissen und deren Erläuterung anhand ausgewählter Ansätze,
- **Entwicklung einer Konzeption des Kundenwissenscontrollings** als einer auf der Ressource Kundenwissen basierenden Konzeption des Kundencontrollings zur Koordination der wissensorientierten Aktivitäten der kundenorientierten Unternehmensführung,
- Darstellung der Ergebnisse der **empirischer Untersuchung** zum Kundencontrolling und Kundenwissenscontrolling im deutschen Textil- und Bekleidungseinzelhandel aus dem Jahr 2008 zur Ermittlung der konzeptionellen Entwicklungen des Kundencontrollings sowie eines ersten Überblicks über den Stand der Aufgaben des Kundenwissenscontrollings.

Vor dem Hintergrund der aufgezeigten Zielsetzung stellt sich die Frage nach den Zielen der wissenschaftlichen Erkenntnisgewinnung. Die Wissenschaftstheorie unterscheidet zwei globale **Wissenschaftsziele**:[62] Das

---

[62] Vgl. Schanz (2004), S. 85 ff.

kognitive und das praktische Wissenschaftsziel. Das *kognitive Wissenschaftsziel* begründet sich aus der intellektuellen Neugier des Menschen und findet seinen Ausdruck im Streben des Menschen nach Erkenntnissen, welches sich in Erkenntnisfortschritt und Erkenntniswachstum niederschlägt (Erkenntnisinteresse). Im Vordergrund stehen Erkenntnisse über die Realität und ihre Zusammenhänge in Form von deskriptiven Aussagen und der Erklärung von Fakten (reine Wissenschaft). Das *praktische Wissenschaftsziel* ergibt sich aus dem Streben der Menschen nach Lageverbesserung. Soweit die Wissenschaft einen Beitrag zur Lösung von Problemen der Lebensbewältigung leisten kann, wird von einem Gestaltungsinteresse gesprochen (angewandte Wissenschaft).

Die der vorliegenden Arbeit zugrundeliegenden Ziele sind inhaltlich weit gefasst, so dass sie sich nicht auf eines der genannten Forschungsziele reduzieren lassen. Vielmehr orientieren sie sich mit der Entwicklung von Gestaltungshilfen und Handlungsempfehlungen für die betriebliche Praxis zur Entwicklung und Implementierung einer Konzeption des Kundenwissenscontrollings einerseits am **praktischen Wissenschaftsziel.** Auf diese Weise soll der Kenntnisstand der Praxis verbessert und Entscheidungen unterstützt werden. Hierin kommt der Anwendungsbezug der Forschungsergebnisse zum Ausdruck, die jedoch im Sinne der von *Popper*[63] postulierten Restriktionen wissenschaftlicher Aussagen im realwissenschaftlichen Kontext nur vorläufig sein können.

Den Ausgangspunkt jeder wissenschaftlichen Arbeit bildet die Definition von Begriffen, die in der Fachsprache verwendet werden sollen. Welche Möglichkeit es gibt, diese zu definieren und wie z.B. Klassen von Gegenständen durch begriffliche Attribute abgegrenzt werden können, sagt die Begriffslehre. Letztendlich dient die wissenschaftliche Beschreibung der Sprachregulierung zwischen den Forschern und Anwendern und gibt Anhaltspunkte dafür, auf welche einzelnen empirischen Tatbestände sich die zu formulierenden Aussagen beziehen.[64] In der vorliegenden Arbeit be-

---

[63] Vgl. Popper (2005), S. 269.
[64] Vgl. Schweitzer (2004), S. 71.

steht daher ein wesentlicher Schritt zur Erreichung der Forschungsziele in der Bildung und Präzisierung von allen relevanten Begriffen und Definitionen des Kunden- und Wissenscontrollings, des Wissens- und Kundenwissensmanagements sowie letztendlich des Kundenwissenscontrollings. Diese Vorgehensweise dient der Gewinnung von Erkenntnissen zu den relevanten Begriffen und konzeptionellen Grundlagen der betrachteten Wissenschaftsgebiete und dient der Umsetzung des **kognitiven Wissenschaftsziels**. Die Erkenntnisse sind dabei hauptsächlich beschreibender Natur. Damit wird der vorherrschenden Auffassung gefolgt, dass sich die Betriebswirtschaftslehre als angewandte Wissenschaft mit den in der Wirklichkeit vorhandenen Problemen und Tatsachen befasst.[65] Allerdings kann sie „nur dann zur Lösung praktischer Probleme beitragen, wenn sie das notwendige Handwerkszeug klare und aussagefähiger Begriffe zur Verfügung hat“[66].

Im Zusammenhang mit den Zielen wissenschaftlichen Handelns zur Erkenntnisgewinnung stellt sich die Frage nach der anzuwendenden **Forschungsmethode**, mit deren Hilfe offene Fragen eines Fachgebietes beantwortet werden sollen. Diese Methoden stellen ein intersubjektiv nachvollziehbares und systematisch beschriebenes Verfahren zur Lösung von Problemen oder zur Erreichung von Zielen dar.[67] Die betriebswirtschaftliche Forschung ist grundsätzlich durch einen Methodenpluralismus gekennzeichnet, der es erlaubt, eine Vielzahl anerkannter Methoden zum Zwecke der Erkenntnisgewinnung einzusetzen oder eine neue Methode zu entwickeln.[68] Jedem Anwendungsbereich in Form der Aussagen- bzw. Erkenntniszusammenhänge lassen sich verschiedene Forschungsmethoden zuordnen. Zu diesen werden die Induktion und Deduktion, die Klassifizierung und Typisierung, die Abduktion und Hermeneutik, die Modellierung und Algorithmik gezählt.[69]

---

[65] Vgl. Schweitzer (1992), S. 20.
[66] Vgl. Hax in Wittmann (1956) o.S.
[67] Vgl. Zelewski (2008), S. 31.
[68] Vgl. Chmielewicz (1994), S. 39 ff.
[69] Einen Überblick über die Methoden geben Bea/Dichtl/Schweitzer (2009), S. 67 ff.; vgl. ebenfalls Zelewski (2008), S. 32 ff.; Schweitzer (2004), S. 70 ff.; Grochla (1976), S. 634 ff.

Die Umsetzung der vorgestellten Forschungsziele folgt in der vorliegenden Arbeit einem **deduktiven Erkenntnisweg**. Dabei beschreibt die Deduktion die logische Ableitung des Besonderen aus dem Allgemeinen, indem aus Grundaussagen (Axiomen) durch logisch-wahre Ableitungen bestimmte Konklusionen hergeleitet werden.[70] Zu diesem Zweck wird auf den vielfältigen in der wissenschaftlichen Literatur diskutierten Merkmalen des Wissensmanagements und des Kundenwissensmanagements sowie des Kundencontrollings und des Wissenscontrollings basierend eine theoretische Konzeption des koordinationsorientierten Kundenwissenscontrollings entwickelt, die in der Lage ist, das Kundenwissen als spezifisches Betrachtungsobjekt zu berücksichtigen. Durch diesen Erkenntnisweg soll die dem menschlichen Denken entstandene Theorie des koordinationsorientierten Kundenwissenscontrollings und den daraus deduzierten Gestaltungsmerkmalen sowohl einer logischen als auch einer empirischen Überprüfung zugeführt werden.

Zusätzlich werden die jüngeren Ansätze der betriebswirtschaftlichen Forschung zur Erklärung des Unternehmenserfolges herangezogen, zu denen u.a. die Ansätze der Neuen Industrieökonomik, der Ansatz des Relationship-Marketing, der prozessorientierte Ansatz sowie der ressourcenorientierte Ansatz gezählt werden.[71] In der vorliegenden Arbeit kommt dem ressourcenorientierten und dem hierauf basierenden wissensbasierten Ansatz die Bedeutung zu, eine Erklärung für die Erlangung nachhaltiger Wettbewerbspotentiale durch eine unternehmensspezifische Ausstattung mit der Ressource Kundenwissen zu liefern, die zur Steigerung des Kundenwertes aus Unternehmenssicht als obersten Unternehmensziel und damit zur Sicherung des Unternehmenserfolges beiträgt. Der **ressourcenorientierte Ansatz** basiert zunächst auf der Grundüberlegung, dass empirisch beobachtbare Erfolgsunterschiede der Unternehmungen einer Branche mit deren heterogener Ressourcenausstattung verbunden

---

[70] Vgl. Bea/Dichtl/Schweitzer (2009), S. 70; Heinrich (2001), S. 98.
[71] Vgl. Schröder (2002), S. 18.

sind.[72] Die Unternehmung wird als ein Portfolio einzigartiger, strategisch-relevanter Ressourcen verstanden, die ihrerseits als unternehmensspezifische Ressourcenbündel die Quelle des Unternehmenserfolges bzw. Unternehmensmisserfolges darstellen. Die aktuelle Ressourcenausstattung ergibt sich dabei aus einem historischen Prozess der Ressourcenakkumulation, bei dem Entscheidungen der Vergangenheit Auswirkungen auf die gegenwärtige und zukünftige Entwicklung der Unternehmung haben und somit auf die weitere Ressourcenbildung. Demzufolge verfügt jede Unternehmung über eine einzigartige Ressourcenausstattung an physischen, intangiblen, finanziellen und organisationalen Ressourcen.[73] Um nachhaltige und der Unternehmung aneignungsfähige Wettbewerbsvorteile generieren zu können, müssen die Ressourcen bestimmte interdependente Eigenschaften erfüllen:[74] geringe Abnutzbarkeit, schlechte Transferierbarkeit über die Faktormärkte, unvollkommene Imitierbarkeit und unvollkommene Substituierbarkeit. Ausgehend von der Annahme, dass sich Unternehmungen hinsichtlich ihrer Ressourcenausstattung unterscheiden, werden dann vor allem strategische Unternehmensentscheidungen – etwa hinsichtlich Wachstum, Diversifikation, Internationalisierung, Integration etc. – mit Blick auf ihre Gewinnpotentiale im ressourcenorientierten Ansatz diskutiert.

In vielen jüngeren Arbeiten zum Ressourcenansatz ist im Zusammenhang mit der strategischen Unternehmensführung eine verstärkte Konzentration auf Wissen als besonders relevante Ressource festzustellen.[75] Diese als **wissensbasierte Ansätze** bezeichneten Arbeiten basieren auf der Vorstellung, dass die spezifische Wissensausstattung von Unternehmungen

---

[72] Zu den grundlegenden Arbeiten des Ressourcenansatzes zählen neben der frühen Arbeit von Penrose (1959) vor allem Wernerfelt (1984), daneben Collis/Montgomery (1998, 1995), Nolte (1998), Campbell/Sommers-Luchs (1997), Krüger/Homp (1997), Prahalad/Hamel (1990), Schendel (1996), Bamberger/Wrona (1996 a und b), Knaese (1996), Rühli (1995); Rasche (1994), Mahoney/Pandian (1992), Conner (1991). Eine grundlegende Kennzeichnung des Ressource-based View nimmt Freiling (2001), S. 5 ff. vor.

[73] Eine Charakterisierung der verschiedenen Arten von Ressourcen findet sich bei Bamberger/Wrona (2012), S. 41 f.

[74] Vgl. Bamberger/Wrona (1996a).

[75] Aus diesem Grunde werden teilweise die Bezeichnungen "knowledge based theory" oder „knowledge based view“ gewählt. Vgl. Spender/Grant (1996), S. 6; Mowery/-Oxley/Silverman (1996), S. 77; Grant (1997); Al-Laham (2003).

sowie die Fähigkeiten, Wissensbestandsänderungen durch Lernprozesse herbeizuführen, zentrale Determinanten der Unternehmensheterogenität darstellen und folglich für den empirisch beobachtbaren Erfolgsunterschied verantwortlich gemacht werden können.[76] In diesem Zusammenhang verweist *Penrose*[77], deren Ansatz als einer der Ausgangspunkte der ressourcenorientierten Unternehmensführung gilt, auf die Eigenschaften von Wissen sowie seine Bedeutung für die Unternehmung, da Unternehmungen in ihrem evolutionären Wachstum wesentlich vom Wachstum ihres kollektiven Wissens abhängen. Entsprechend wird Wissen als dynamische Ressource betrachtet, deren Verfügbarkeit innerhalb einer Unternehmung der wesentliche Treiber für Unternehmenserfolg i. S. des Zielerreichungsgrades der gesetzten Ziele ist und daher dieser Ressource eine Sonderstellung eingeräumt wird. **Wissen** kann in Anlehnung an *Bamberger/Wrona*[78] als nachhaltige und wertvolle intangible Ressource der Unternehmung betrachtet werden. Die Identifikation, Generierung, Nutzbarmachung, Übertragung, Akkumulation usw. von Wissensbeständen innerhalb einer Unternehmung wird im wissensbasierten Ansatz als dynamischer Prozess aufgefasst und konzeptionalisiert. Diese dynamisch orientierte Perspektive unterscheidet sich primär von der statisch ausgerichteten Sichtweise des ressourcenorientierten Ansatzes. Die Wertstiftung der Ressource Wissen, die essentiell für die Nachhaltigkeit der Erfolgspotentiale und Wettbewerbsvorteile einer Unternehmung erforderlich ist, ist dann gesichert, wenn Wissen über eine geringe Abnutzbarkeit, Transferierbarkeit, Imitierbarkeit und Substituierbarkeit verfügt.[79] Insofern liefert der wissensbasierte Ansatz eine Erklärung für die Relevanz von Kundenwissen als strategisches Erfolgspotentials zur Erlangung nachhaltiger Wettbewerbsvorteil zur Erreichung des obersten Unternehmensziels der kundenorientierten Unternehmensführung.

---

[76] Vgl. Spender/Grant (1996).
[77] Vgl. Penrose (1959).
[78] Vgl. Bamberger/Wrona (1996a), S. 132 f.
[79] Vgl. Grant (1991), S. 114 ff.; Bamberger/Wrona (1996), S. 131.

1.4 Gang der Untersuchung

In ihrer Grundstruktur gliedert sich die vorliegende Arbeit in einen theoretisch-konzeptionellen und einen empirischen Teil. Der theoretisch-konzeptionelle Teil erläutert in **Kapitel 2** die **Merkmale des Kundencontrollings**. Zunächst erfolgt eine Abgrenzung der für das Controlling relevanten Begriffe Daten, Informationen und Wissen, der sich eine Systematisierung der Controllingkonzeptionen sowie eine Darstellung der Aufgaben des Controllings anschließt (Kap. 2.1). Nachdem ein Grundverständnis des Begriffs „Kundenwert“ dargestellt wird, erfolgt die Erläuterung der Ziele, Aufgaben und Instrumente des Kundencontrollings in der deutschen Literatur (Kap. 2.2). Hierdurch werden eine grundsätzliche Einordnung der Perspektiven des Kundencontrollings und ein strukturierter Literaturüberblick gegeben. Neben einer Systematisierung der Instrumente des Kundencontrollings wird auf den Customer Lifetime Value Ansatz als ausgewähltem Instrument des Kundencontrollings zur Bewertung der Kundenbeziehung mittels monetärer und nicht-monetärer Wertkomponenten eingegangen. Im Anschluss daran erfolgt eine Darstellung des derzeitig in der deutschen Literatur vorherrschenden theoretisch-konzeptionellen Verständnisses des Kundencontrollings anhand ausgewählter Ansätze, zu denen der informationsorientierte Ansatz von *Schmöller* und der wertorientierte Ansatz von *Stüker* zählen. Durch die Darstellung der Ergebnisse der empirischen Studien von *Schröder/Schettgen* wird das praktische Verständnis von Kundencontrolling im deutschen Textil- und Bekleidungseinzelhandel erläutert. Das Ziel ist es, einen umfassenden Überblick über das in der deutschen Literatur und Praxis vorherrschende Verständnis von Kundencontrolling und der dort verwendeten Begriffen zu geben.

Kapitel 3 behandelt die **Merkmale des Wissensmanagements, des Kundenwissensmanagements** sowie **des Wissenscontrollings**. Das Kapitel beginnt mit der Definition der grundlegenden Begriffe, zu denen das Wissen, die Wissensträger, die Wissensverfügbarkeit und die Wissensbasis der Unternehmung zählen (Kap. 3.1). Im Wissensmanagement (Kap. 3.2) liegt neben der Erläuterung der Ziele und Aufgaben sowie einer

Systematisierung der Wissensmanagementansätze der Schwerpunkt auf der Darstellung der ausgewählten Ansätze von *Nonaka/Takeuchi, Probst/-Raub/Romhardt* und *Amelingmeyer.* Sie beschreiben auf unterschiedliche Art und Weise die Entstehung und Verbreitung von Wissen in der Unternehmung und gehen auf die hieraus entstehenden Aufgaben im Wissensmanagementprozess ein. Das Kundenwissensmanagement (Kap. 3.2.4) befasst sich mit der Erfassung, Speicherung, Bereitstellung und Nutzung des Wissens über, von und für die Kunden, dem die Darstellung und Klassifizierung des Betrachtungsobjekts Kundenwissen vorangestellt wird. Der Systematisierung der Ansätze des Kundenwissensmanagements folgt die Darstellung der ausgewählten Ansätze von *Stauss* und *Korell,* die der Beschreibung der Prozesse zur Gestaltung der Kundenwissensstruktur und der Kundenwissensflüsse in der Unternehmung dienen. Abschließend werden die Grundlagen und Instrumente des Wissenscontrollings in Kap. 3.3 systematisiert. Nach erfolgter Systematisierung der Ansätze des Wissenscontrollings werden die ausgewählten Ansätze von *Güldenberg, Rose* und *Picot/Neuburger* dargestellt, die den konzeptionellen Zugang über die Instrumente zur Messung und Bewertung des Wissens oder die Integration verhaltenswissenschaftlicher Aspekte in das koordinationsorientierte Controllingverständniss herstellen. Das Ziel des Kapitels besteht in der Darstellung eines strukturierten Literaturüberblicks, der die unterschiedlichen Schwerpunkte und Begriffsverständnisse des Wissensmanagements, Kundenwissensmanagements und Wissenscontrollings aufzeigen soll.

Auf der Basis der Erkenntnisse der vorangegangenen Kapitel erfolgt in **Kapitel 4** die **Entwicklung einer Konzeption des Kundenwissenscontrollings**. Dafür wird vorab das in der vorliegenden Arbeit verwendete grundlegende Verständnis von Kundenwissen abgeleitet, bevor die spezifische Problemstellung und Zielsetzung des auf dem koordinationsorientierten Controllingverständnis basierenden Kundenwissenscontrollings erläutert wird. Diese Vorgehensweise unterstreicht, dass ein klares Begriffsverständnis von Kundenwissen ausschlaggebend für die Entwicklung und das Verständnis der Konzeption des Kundenwissenscontrollings ist. Anschließend erfolgt eine systematische Darstellung der Aufgaben des Kundenwissenscontrollings im Planungs-, Kontroll- und Kundenwissensversorgungsprozess, bevor im Anschluss an eine Systematisierung der Instrumente des Kundenwissenscontrollings auf das Kundenwissensattraktivitäts-Portfolio, Kundenwissens-Scorecards und Kundenwissenskarten als ausgewählte Instrumente eingegangen wird. Das Ziel des Kapitels besteht in der Entwicklung eines konzeptionellen Verständnisses des Controllings der Ressource Kundenwissen.

Kapitel 5 der Arbeit umfasst den empirischen Teil der Arbeit mit der Darstellung der Ergebnisse der **empirischen Studie zum Kundencontrolling und Kundenwissenscontrolling im deutschen Textil- und Bekleidungseinzelhandel** aus dem Jahr 2008.

Kapitel 6 beinhaltet eine **Zusammenfassung** der Ergebnisse und zeigt die Grenzen der Arbeit auf.

2 Merkmale des Kundencontrollings

2.1 Grundlagen des Controlling

2.1.1 Abgrenzung von Daten, Informationen und Wissen

Die Entwicklung einer Konzeption des Controllings setzt ein klares Begriffsverständnis der relevanten Begriffe Daten, Informationen und Wissen zur Bestimmung des controllingspezifischen Betrachtungsobjektes voraus. Die Abgrenzung und Bedeutung dieser Begriffe ist jedoch ein nach wie vor aktuelles Thema in Theorie und Praxis vieler verschiedener Fachgebiete. Sowohl die Betriebswirtschaftslehre, Organisationslehre, Wirtschaftsinformatik, Kommunikationswissenschaften als auch die Soziologie und Erkenntnistheorie setzen sich mit Fragen auseinander, die sich mit dem Verständnis von Wissensprozessen und mit der Handhabung von Wissen beschäftigen. Dabei werden Wissen und Informationen in der Literatur vielfach als identische Begriffe verwendet. Genauso häufig wird der Begriff Daten verwendet, wenn die eigentliche Rede von Informationen ist. Eine Unterscheidung und richtige Verwendung der Begriffe ist jedoch wichtig, da ihnen durchaus eigene Bedeutungen beizumessen sind, auch wenn die Abgrenzungen nicht immer ganz eindeutig sind. Schon *Davenport/Prusak* stellten fest, dass „Erfolge und Misserfolge von Unternehmen ... unter Umständen entscheidend davon ab(hängen), dass man weiß, ob Daten, Informationen oder Wissen benötigt werden, was davon vorhanden ist und was mit dem einen oder anderen bewirkt werden kann.“[80]

Zur Abgrenzung der Begriffe Daten, Informationen und Wissen wird in der betriebswirtschaftlichen Literatur zumeist auf die Erkenntnisse der Semiotik als Lehre von den Zeichen und Zeichenketten zurückgegriffen. In der Semiotik werden mit der syntaktischen, semantischen und pragmatischen Ebene drei Hauptebenen der Sprache unterschieden.[81] Während die ersten beiden Sprachebenen die strukturelle Beziehung von Zeichen untereinander (formaler, syntaktischer Aspekt) bzw. ihre Fähigkeit, auf Sachverhalte hinzuweisen und diese zu vertreten (inhaltlicher Aspekt) untersuchen, befasst sich die pragmatische Ebene mit der Anwendung und Wirkung des durch die Zeichen mitgeteilten Inhaltes (Verwendungsaspekt). Ausgehend von dieser Systematik werden die Begriffe Daten, Informationen und Wissen jeweils einer der Ebenen zugeordnet:[82]

- **Daten** entstehen „durch das mittels Ordnungsregeln festgelegte Aneinanderfügen von Zeichen. Sie sind insofern rein syntaktischer Natur“[83]. Insofern sind Daten syntaktisch korrekte Zeichenketten eines bestimmten Alphabets, deren inhaltliche Bedeutung nach außen „klar“ ist. *Güldenberg* definiert Daten weiterhin als alle „in gedruckter, gespeicherter, visueller, akustischer oder sonstiger Form verwertbaren Angaben

[80] Davenport/Prusak (1999), S. 25.
[81] Vgl. Jakobsen (1992), S. 22; Morris (1972).
[82] Vgl. Willke (2001), S. 7-12.
[83] Eulgem (1998), S. 24.

über verschiedenste Dinge und Sachverhalte. Sie sind objektiv wahrnehmbar und potentiell verwertbar“[84].

- **Informationen** sind dagegen Daten, die in einen Problembezug (Kontext) eingeordnet wurden und zur Erreichung eines Zieles verwendet werden.[85] Eine Information erlangt erst dann einen bestimmten Nutzen oder Wert, wenn der Empfänger sie verwertet oder bewertet hat: „Daten und Informationen unterscheiden sich dadurch, dass die in Daten angelegte Semantik durch den Empfänger erschlossen wird.“[86] Informationen sind somit in einem bestimmten Kontext und auf der Basis von bestimmten Zielvorstellungen wahrgenommen Daten.
- **Wissen** ergibt sich aus der Verarbeitung von Informationen durch das Bewusstsein, indem über einen längeren Zeitraum hinweg verschiedenste Informationen interpretiert und kombiniert werden, um mit dem so entstandenen Wissen aktuelle Aufgaben und Probleme zu lösen. Insofern fallen Informationen unter den Oberbegriff des Wissens.[87] „Informationen werden erst dann zu Wissen, wenn sie das Handlungspotential eines Individuums oder einer Organisation vergrößern. Dies ist dann der Fall, wenn Individuen und Organisationen die neuen Informationen mit der verfügbaren Wissensbasis verbinden und dies zugleich erweitern.“[88] Wissen ist somit als Ergebnis eines Lernprozesses zu verstehen.

Zusammenfassend kann festgehalten werden, dass die Beziehungen zwischen der syntaktischen, semantischen und pragmatischen Sprachebene als ein Anreicherungsprozess konzipiert werden: „Zeichen werden durch Syntaxregeln zu Daten, welche in einem gewissen Kontext interpretierbar sind und damit für den Empfänger Informationen darstellen. Die Vernetzung von Informationen ermöglicht deren Nutzung in einem bestimmten Handlungsfeld, welches als Wissen bezeichnet werden kann.“[89] Im Sinne eines pragmatischen Verständnisses kann Wissen somit als miteinander

[84] Güldenberg (2003), S. 155.
[85] Vgl. Rehäuser/Krcmar (1996), S. 4.
[86] Eulgem (1998), S. 24.
[87] Vgl. Kosiol (1966), S. 162.
[88] Müller-Stewens/Osterloh (1996), S. 18.
[89] Romhardt (1998), S. 39.

in Beziehung gebrachte Informationen bezeichnet werden, d.h. Informationen werden erst dann zu Wissen, wenn sie in einen Gesamtkontext gebracht werden können, aus dem heraus sich die Sinnhaftigkeit und Glaubwürdigkeit der Informationen ergibt.[90]

Das folgende Beispiel soll die Abgrenzung von Zeichen, Daten, Informationen und Wissen verdeutlichen: 1 bzw. P stellen zunächst Zeichen dar. Die Zahl „129“ und das Wort „Preis“ sind dagegen bereits Daten, die einer bestimmten Syntax entsprechen. Gibt man diesen Daten eine Bedeutung – „der Preis des Mantels beträgt € 129“ – handelt es sich bei dieser Aussage um eine Information. Wird diese Information durch die Kenntnis um die Bedürfnisse von Kunden und die Möglichkeit der Entscheidung zum Kauf bzw. Nicht-Kauf des Mantels von einer Person verarbeitet, spricht man von Wissen. Führt dieses Wissen eines Mitarbeiters zu einer Aktion (Verkauf eines Mantels an den Kunden), die dem Unternehmensziel entspricht, handelt es sich um für das Unternehmen relevantes Wissen.

2.1.2 Systematisierung der Controllingkonzeptionen

Die Wissenschaft ist bislang weit davon entfernt, einen Konsenz über ein allgemein anerkanntes Begriffsverständnis des Controllings zu erzielen. An diesem Umstand konnte auch eine jahrelang geführte wissenschaftliche Diskussion über das spezifische Aufgabengebiet des Controllings und dessen Berechtigung als eine eigenständige Teildisziplin der Betriebswirtschaftslehre nichts ändern. Der Ansicht von *Küpper* zufolge kann sich Controlling nur dann zu einer allgemein anerkannten betriebswirtschaftlichen Teildisziplin entwickeln, wenn ihm eine eigenständige Problemstellung zugewiesen werden kann, es eine theoretische Fundierung erhält und sich als eigenständigen Aufgabenbereich in der Praxis bewährt.[91] Bislang konnte lediglich hinsichtlich der Problemstellung des Controllings weitgehend Einigkeit erzielt werden, dass das Controlling auf die Informations- und Entscheidungsprobleme dezentralisierter Organisationen zu be-

[90] Vgl. Eulgem (1998), S. 22.
[91] Vgl. Küpper (2008), S. 6 f.

ziehen ist.[92] Den Entwurf einer controllingspezifischen Theorie bleibt das Controlling nachwievor schuldig.

Ein wesentliches Hindernis bei der Konsensfindung einer allgemein anerkannten Controllingkonzeption stellt der Umstand dar, dass die Controllingforschung bisher überwiegend mit der Formulierung stets neuer Controllingkonzeptionen und der Etablierung entsprechender „Controllingschulen" zur Standortbestimmung innerhalb der Betriebswirtschaftslehre beschäftigt war.[93] Als Folge existiert eine Vielzahl von z.T. sehr unterschiedlichen und inhomogenen Definitionsansätzen des Controllings. Im Folgenden wird der **Systematisierung** der „klassischen" Controllingkonzeptionen nach *Schaefer*[94] in Anlehnung an *Schweitzer/Friedl*[95] gefolgt, die primär zwei Sichtweisen konzeptioneller Controllingansätze differenziert: die informationsorientierten Controllingkonzeptionen und die koordinationsorientierten Controllingkonzeptionen. Beide Konzeptionen werden in der jüngeren Zeit als kontextabhängige Ausprägung der Controllingaufgabe einer Sicherstellung der angemessenenen Führungsrationalität gesehen und in Abhängigkeit von der Ausgestaltung des jeweils vorliegenden Rationalitätsengpasses unter die rationalitätsorientierten Controllingkonzeptionen subsumiert.[96] Die von *Pietsch/Scherm*[97] entwickelte reflexionsorientierte Controllingkonzeption ergänzt die Diskussion der rationalitätsorientierten Controllingkonzeptionen um die Darstellung zentraler Aspekte der perspektivenorientierten Entscheidungsreflexion, die die Probleme bei der Abgrenzung informations- und koordinationsorientierter Controllingkonzeptionen verringern und dazu beitragen, die Controllingtheorie und Controllingpraxis enger miteinander zu verbinden.

[92] Vgl. Schaefer (2008), S. 14.
[93] Vgl. Schaefer/Lange (2004), S. 103.
[94] Vgl. Schaefer (2008), S. 17.
[95] Vgl. Schweitzer/Friedl (1992), S.144 ff.
[96] Vgl. Schaefer/Lange (2004), S. 103.
[97] Vgl. Pietsch/Scherm (2001a), S. 307ff.

Abb. 1 veranschaulicht die Systematisierung der „klassischen" Controllingkonzeptionen nach *Schaefer*, wobei eine derartige Zuordnung nach Auffassung der Literatur nicht überschneidungsfrei erfolgen kann.[98]

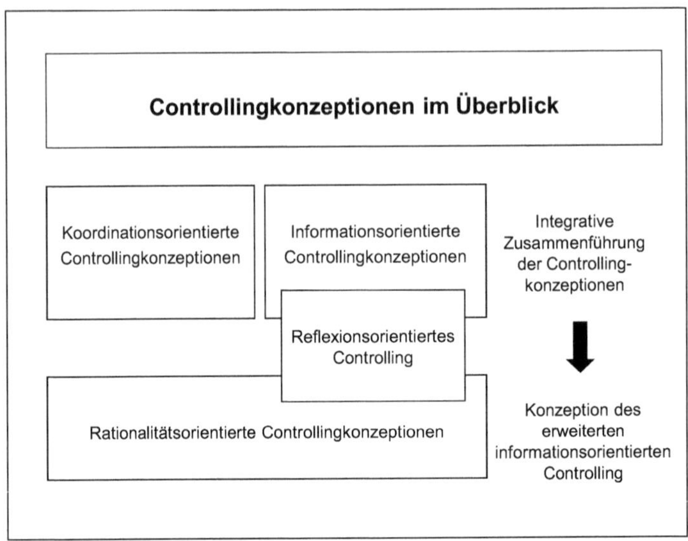

Abb. 1: Systematisierung der Controllingkonzeptionen nach *Schaefer* (Quelle: Schaefer (2008), S. 18)

Die Informationsorientierung entspricht historisch betrachtet der ältesten Controllingauffassung **(Informationsorientierte Controllingkonzeption)**. Den informationsorientierten Controllingkonzeptionen wird im Wesentlichen die Aufgabe der bedarfsgerechten Bereitstellung entscheidungsrelevanter Informationen zugewiesen.[99] *Reichmann* sieht Controlling als „zielbezogene Unterstützung von Führungsaufgaben, die der systemgestützten Informationsbeschaffung und Informationsverarbeitung zur Planerstellung, Koordination und Kontrolle dient; es ist eine rechnungswesen- und vorsystemgestützte Systematik zur Verbesserung der Entscheidungsquali-

[98] Vgl. Schaefer (2008), S. 18; Barth/Barth (2008), S. 19.

[99] Vertreter des informationsorientierten Controllingansatzes sind insbsondere Reichmann (2011), Serfling (1992), Heigl (1989), Müller (1974).

tät auf allen Führungsstufen der Unternehmung."[100] *Reichmann* stellt somit die Kommunikations- und Informationsverarbeitungsaufgaben in den Mittelpunkt des Controllings, wobei der Entscheidungs- und Erfolgszielbezug eine wesentliche Rolle spielt. Als Hauptquelle für die entscheidungsrelevanten Informationen sieht er das betriebliche Rechnungswesen an, wobei die bedarfsgerechte Bereitstellung von Informationen die originäre Aufgabe des Controllings darstellt. Funktionen des Controllings wie Planung und Koordination werden zwar genannt, spielen jedoch im Vergleich zur Informationsversorgung nur eine untergeordnete Rolle.

Mit dem Ausbau des Rechnungswesens, insbesondere der Internen Unternehmensrechnung zu einem entscheidungsorientierten Instrument der Unternehmensführung und dem Einsatz entsprechender IT-Systeme erhält ein so verstandenes informationsorientiertes Controlling die informatorische Basis für die problemadäquate Bereitstellung von entscheidungsrelevanten Informationen. Die Kritiker des informationsorientierten Ansatzes werfen ihm vor, dass eine bedarfsgerechte Aufbereitung und Übermittlung insbesondere aus dem Rechnungswesen abgeleiteter Informationen zur Fundierung von Führungsentscheidungen noch nicht eine eigenständige Controllingkonzeption begründet. Vielmehr kann sie als eine notwendige Weiterentwicklung des traditionellen Rechnungswesens angesehen werden.[101] Zudem berücksichtigen informationsorientierte Controllingkonzeptionen nur ansatzweise die asymetrische Informationsverteilung zwischen den Entscheidungsträgern einer Unternehmung, so dass auch Interessenkonflikten eine untergeordnete Bedeutung beigemessen wird. Entsprechend wird eine Integration insbesondere von Aspekten der Verhaltenssteuerung und Vertrauensbildung in die informationsorientierten Controllingkonzeptionen gefordert.[102]

In der Controllingforschung bestand lange Zeit eine weitgehende Übereinstimmung darin, nicht die Informationen, sondern die Koordination von

---

[100] Reichmann (2011), S. 13.
[101] Vgl. Schaefer (2008), S. 20, Schaefer/Lange (2004), S. 105 f.
[102] Vgl. Schaefer/Lange (2004), S. 106.

Führungs(teil)systemen als zentrale Aufgabe des **koordinationsorientierten Controllings** anzusehen.[103]. Nach *Horváth* stellt „Controlling … – funktional gesehen – dasjenige System der Führung dar, das Planung und Kontrolle sowie Informationsversorgung systembildend und systemkoppelnd ergebniszielorientiert koordiniert und so die Adaption und Koordination des Gesamtsystems unterstützt“[104]. Hieraus ergeben sich als Ziele des Controllings die „Sicherung und Erhaltung der Koordinations-, Reaktions- und Adaptionsfähigkeit der Führung, damit diese die Ergebnis- und Sachziele der Unternehmung realisieren kann“[105]. Nach *Horváth* umfasst Controlling als Subsystem der Führung die systemkonforme und systemkonstituierende Koordination der Führungsteilsysteme Planung, Kontrolle und Informationsversorgung zur Anpassung und zur Unterstützung des Gesamtsystems.[106] Im erweiterten Ansatz von *Küpper* zählt auch die wechselseitige und unabhängige Koordination der Organisation und Personalführung zu den Aufgaben des Controllings.[107] Des Weiteren bezieht sich die Controllingfunktion bei *Küpper* auf das gesamte Zielsystem, d.h. sowohl auf die Formalziele als auch auf die Sachziele.[108]

Der Koordinationsbezug des Controllings und mit ihm das Ausmaß der Koordinationsaufgabe ist in der aktuellen Controllingdiskussion nicht unumstritten. Analysen zur Ausgestaltung des Controllings in der Praxis weisen darauf hin, dass eine auf das gesamte Führungssystem ausgedehnte Koordinationskonzeption nicht der Realität entspricht.[109] Kritik wird insbesondere hinsichtlich der mangelnden Überschneidungsfreiheit der Koordinationsaufgaben und der Auslegung der koordinationsorientierten Controllingsicht laut. *Link* schlägt daher in seinem kontributionsorientierten Ansatz die Koordinationsentlastung der Unternehmensführung sowie die Entscheidungsfundierung und Entscheidungsreflexion als Controllingaufgabe

---

[103] Vgl. hierzu die Ergebnisse der empirischen Untersuchungen von Ahn (1999), S. 109 ff.
[104] Horváth (2011), S. 129.
[105] Horváth (2011), S. 127.
[106] Weitere Vertreter des koordinationsorientierten Controllingansatzes sind Küpper (2008), Link/Weiser (2011), Ahlert (1997).
[107] Vgl. Küpper (2008), S. 28 ff.
[108] Vgl. Küpper (2008), S. 32 f.
[109] Vgl. Amshoff (1994), S. 303 ff; Schäffer (1996), S. 344.

vor.[110] Auf diese Weise verbindet er die zentralen Gedanken der Koordinationsorientierung mit der von *Pietsch/Scherm*[111] in die Controllingdiskussion gebrachten Reflexionsorientierung, auf die im weiteren Verlauf der Arbeit näher eingegangen wird.

Weber/Schäffer sehen die Aufgabe des Controllings in der Rationalitätssicherung der Führung gleichsam der Sicherstellung der Effizienz und Effektivität der Führung **(Rationalitätsorientierte Controllingkonzeption)**.[112] Dabei wird Rationalität als Zweckrationalität interpretiert.[113] Zur Konkretisierung der Rationalitätssicherungsaufgabe des Controllings beschreiben die Autoren den Prozess der bewussten Willensbildung im Rahmen eines idealtypischen Führungszyklusses. Dieser Modellvorstellung zufolge trägt das Controlling durch das „Ausbalancieren des Spannungsverhältnisses“[114] zwischen **Reflexion** – verstanden als wissensbasierte Willensbildung – und **Intuition** dazu bei, Rationalitätsdefizite der Führung zu überwinden und antizipierte Zweck-Mittel-Beziehungen zu erreichen. Rationalitätsengpässe bzw. Rationalitätsdefizite des Managements können durch Wollens- und Könnensbeschränkungen der Manager entstehen. Die Rationalitätssicherungsfunktion des Controllings sehen *Weber/Schäffer* in Abhängigkeit von Umfang und Ausprägung der Rationalitätsdefizite der Führung. Je umfassender die Wollens- und Könnensdefizite des Managements ausfallen, desto mehr gewinnt das Controlling als Träger der Transparenz Verantwortung. Das Controlling trägt durch eine Kombination aus Entlastungs-, Ergänzungs- und Begrenzungsaufgaben seinerseits zu einer optimalen Allokation der Aufmerksamkeit des Managements bei.[115] Im Kern handelt es sich hierbei um die effiziente Versorgung mit relevanten Informationen zur Entlastung des Managements, um die Ergänzung des Fach- und Methodenwissens des Managements um controllingspezifisches und problemlösungsbezogenes Wissen sowie um die Vor-

---

[110] Vgl. Link (2004), S. 417.
[111] Vgl. Pietsch/Scherm (2001a, b, c, 2003).
[112] Vgl. Weber/Schäffer (2011), S. 41 ff.; Weitere Vertreter des rationalitätsorientierten Controllingansatzes sind: Mann (1973, 1987), Welge (1988), Hahn/ Hungenberg (2001), Franz (2004), Peemöller (2005), Deyhle (2008).
[113] Vgl. Weber/Schäffer (2011), S. 30.
[114] Vgl. Weber/Schäffer (2011), S. 77.
[115] Vgl. Weber/Schäffer (2011), S. 38 ff.

beugung von opportunistischem Verhalten seitens des Managements durch das Controlling.[116] Insofern kann neben der Führungseffizienz auch die Führungseffektivität durch die Beratung des Managements unterstützt werden.

Der zentrale Einwand gegen die rationalitätsorientierte Controlling-Konzeption nach *Weber/Schäffer* als eigenständige Controllingkonzeption sehen *Küpper* und *Lingnau* in der fehlenden eigenen Problemstellung.[117] Sie sehen die Rationalität und ihre Sicherung vielmehr als ein Merkmal an, das in der Wirtschaftswissenschaft für alle Bereiche und Entscheidungen angestrebt wird. Insofern „erscheint es äußerst fragwürdig, in ihr das Spezifische zu sehen, was Controlling von anderen Funktionen unterscheidet."[118] Daher verweist *Küpper* auf einen erweiterten koordinationsorientierten Controllingansatz, der zwar eine enge Beziehung zu der rationalitätsorientierten Controllingkonzeption aufweist, jedoch von anderen Basiszwecksetzungen ausgeht. „Der Unterschied liegt in der Betonung des Koordinationsaspektes."[119] *Küpper* definiert Controlling als Subsystem der Führung, mit der Funktion der führungsinternen ergebniszielorientierten Koordination.[120] In dieser weiterentwickelten Konzeption wird eine umfassendere Koordinationsfunktion zugrunde gelegt als bei den informations- und rationalitätsorientierten Controllingkonzeptionen.

Zur Präzisierung und Eingrenzung der rationalitätsorientierter Controllingaufgaben entwickelten *Pietsch/Scherm* die **reflexionsorientierte Controllingkonzeption**, die Controlling auf die Koordinationsentlastung sowie die perspektivenorientierte Entscheidungsfindung und Entscheidungsreflexion und daraus abzuleitende Informationsversorgungsaufgaben fokussiert.[121] Sie verwenden den Reflexionsbegriff – anders als *Weber/Schäffer* – unmittelbar zur Begründung der Controllingaufgabe, so

[116] Eine ausführliche Darstellung der Entlastungs-, Ergänzung- und Begrenzungsaufgaben des Controllings findet sich bei Weber/Schäffer (2011), S. 92 ff.
[117] Vgl. Lingnau (2010), S. 13 f.; Küpper (2008), S. 25 ff.
[118] Küpper (2008), S. 19.
[119] Küpper (2008), S. 27.
[120] Vgl. Küpper (2008), S. 31.
[121] Vgl. Pietsch/Scherm (2001a, b, c), Scherm/Pietsch (2003).

dass der Führungsrationalität letztlich nur mittelbar über den Reflexionsbegriff Bedeutung zukommt. Dabei setzen sie der Reflexion nicht den Begriff der Intuition, sondern der Selektion entgegen. Diese soll alle Führungshandlungen umfassen, welche vor dem Hintergrund der begrenzten Informationsverarbeitungskapazität von Individuen auf die Reduktion von Komplexität ausgerichtet sind. Im Einzelnen kann Selektion „sowohl Resultat bewusster Überlegungen als auch Ergebnis intuitiver Prozesse sein“[122]. Diese soll alle Führungshandlungen umfassen, welche auf die Reduktion der Entscheidungskomplexität in den Führungsfunktionen Planung, Organisation und Personalführung ausgerichtet sind.[123] Die Reflexion soll dagegen stets eine „distanzierte kritische Gedankenarbeit“[124] darstellen. Sie dient der kritischen Beurteilung von Selektionsleistungen, um unzulässige Informationsverkürzungen aufzudecken und Fehlsteuerungen zu vermeiden. Auf diese Weise trägt die reflexionsorientierte Controllingkonzeption deutlich zur Verringerung der Probleme bei der Abgrenzung der informations- und koordinationsorientierter Controllingkonzeptionen bei und verbindet die Controllingtheorie enger mit der Controllingpraxis. Gleichzeitig attestiert die Literatur dem reflexions- und rationalitätsorientierten Ansatz, „neue Impulse für die weitere Controllingforschung“[125] gegeben zu haben. Hierfür spricht, dass er zwar nicht grundsätzlich die Notwendigkeit einer Weiterentwicklung der Controllinginstrumente in Frage stellt, sondern sich vielmehr von einer einseitigen instrumenten-dominierten Controllingforschung löst.

Der **integrative Ansat**z von *Schaefer* sieht – verkürzt formuliert – Controlling als „Führungsunterstützung durch Informationsbereitstellung zur Verhaltensbeeinflussung“[126]. *Schaefer* entwickelt ein erweitertes Controllingverständnis, das definiert ist als eine sowohl strategisch als auch operativ ausgerichtete Führungsunterstützung mit dem Ziel, auf allen Hierarchieebenen dezentralisierter Organisationen die Rationalität der Entscheidun-

[122] Pietsch/Scherm (2001b), S. 210.
[123] Vgl. Pietsch/Scherm (2000), S. 405.
[124] Pietsch/Scherm (2001b), 210.
[125] Schaefer (2008), S. 33.
[126] Schaefer (2008), S. 35.

gen zu erhöhen.[127] Dabei entwickelt die Autorin keine grundlegend neue Controllingkonzeption. Vielmehr zielt sie auf eine Zusammenführung der bislang diskutierten Controllingkonzeptionen zu einer integrativen Konzeption ab, da allen bisherigen Konzeptionen die Informationsorientierung und Verhaltensorientierung gemein ist. „Hierzu wird die Informationsaufgabe des Controllings vor dem Hintergrund der Probleme der Entscheidungsdelegation konkretisiert und um ausgewählte Aspekte der in der Literatur beschriebenen Controllingaufgaben erweitert."[128] Inhaltlich erfolgt eine Integration von Aspekten der Verhaltenssteuerung sowie der Vertrauensbildung in das informationsorientierte Controllingverständnis, wobei dem Controlling weiterhin koordinationsbezogene Aktivitäten zugewiesen werden. Die Art und der Umfang koordinationsbezogener Controllingaktivitäten werden im Wesentlichen von der Komplexität des Entscheidungsproblems, dem Grad der Dezentralisierung des Entscheidungsprozesses und den Persönlichkeitsmerkmalen der Entscheidungsträger determiniert.[129] Die Aufgabe des Controllings sieht die Autorin darin begründet, „durch den Auf- und Ausbau von Informations- und Instrumentenwissen zur Lösung komplexer Entscheidungsprobleme beizutragen und zugleich das Informations- und Entscheidungsverhalten von zentralen und dezentralen Entscheidungsträgern zu beeinflussen"[130].

An dieser Stelle bleibt festzuhalten, dass die Diskussion um die „richtige" Controllingkonzeption noch nicht beendet ist. Gleichzeitig ist aber hinsichtlich der durch das Controlling wahrgenommenen Aufgaben und Funktionen eine Übereinstimmung zwischen der koordinationsorientierten und informationsorientierten Richtung festzustellen. So divergieren die Vertreter der jeweiligen Schulen in ihren Standardwerken zwar im Hinblick auf die von ihnen vertretene Controllingkonzeption, sprechen aber nachfolgend jeweils weitgehend die gleichen Funktionen an.[131] Insofern erfolgt im Weiteren eine Darstellung der Aufgaben des Controllings.

---

[127] Vgl. Schaefer (2008), S. 319.
[128] Schaefer (2008), S. 35.
[129] Vgl. Schaefer/Lange (2004), S. 121.
[130] Schaefer (2008), S. 319.
[131] Vgl. Günther (2003), S. 341.

2.1.3 Aufgaben des Controllings

Neben der Koordination gehören die Planung, Kontrolle sowie die Informationsversorgung zu den wesentlichen **Aufgaben des Controllings.**[132] Bevor diese auf der Grundlage der Überlegungen von *Reichmann*, *Horváth* und *Weber/Schäffer* zusammenfassend erläutert werden,[133] wird vorab eine grundlegende Differenzierung der Controllingaufgaben nach *Horváth* vorgestellt, die ...

- im Hinblick auf die Unternehmensziele in operative und strategische Controllingaufgaben unterscheidet,
- mit Blick auf den Verrichtungsaspekt nach systembildenden und systemkoppelnden Aufgaben differenziert und
- hinsichtlich des Objektaspektes Aufgaben, das Planungs-, Kontroll- und Informationsversorgungssystems betreffend, charakterisiert.[134]

Während die operativen Aufgaben des Controllings die Unternehmensführung bei der Nutzung vorhandener Erfolgspotentiale unterstützen, dienen die strategischen Aufgaben des Controllings der Schaffung, Sicherung und dem Ausbau zukünftiger Erfolgspotentiale.[135] „Ganz allgemein versteht man unter dem Erfolgspotential das gesamte Gefüge aller relevanten produkt- und marktspezifischen erfolgsrelevanten Voraussetzungen, die spätestens dann bestehen müssen, wenn es um die Erfolgsrealisierung geht."[136] Erfolgspotentiale stellen im Kontext der unternehmenswertorientierten Steuerung den Barwert aller zukünftigen Rückflüsse dar und drücken insofern den zukünftigen Erfolg der Unternehmung aus. Folglich

---

[132] Zusätzlich wird von *Küpper* (2008, S. 33) und *Zünd* (1979, S. 22) die Anpassungs- und Innovationsfunktion als Aufgabe des koordinationsorientierten Controllings angesehen, die sie als Koordination der Unternehmensführung mit ihrer Umwelt interpretieren. Ihre Bedeutung für ein koordinationsorientiertes Controlling konnte sich bislang jedoch nicht durchsetzen. Desweiteren spricht *Küpper* von der Zielausrichtungsfunktion, die inhaltlich an die Planungsfunktion des koordinationsorientierten Controllingansatzes angelehnt ist, sowie von der Informationsversorgungsfunktion als Servicefunktion des Controllings (vgl. Küpper (2008), S. 33 ff.).

[133] Vgl. Horvath (2011), Reichmann (2011), Weber/Schäffer (2011).

[134] Vgl. Horváth (2011), S. 128 sowie S. 98 ff. und S. 145 ff.

[135] Vgl. Buchholz (2009), S. 44 f., Schmeisser/Claussen (2009), S. 27.

[136] Vgl. Gälweiler (2005), S. 26.

können die Erfolgspotentiale monetär als Unternehmenswert gemessen und abgebildet werden.[137]

Die **Koordinationsaufgabe** des Controllings bezieht sich zum einen auf die Koordination der generellen Zielausrichtung sowie andererseits auf die Abstimmung des Planungs- und Kontrollsystems mit dem Informationssystem.[138] Grundsätzlich wird zwischen der systembildenden und systemkoppelnden Koordination unterschieden. Erstere umfasst die Schaffung einer Gebilde- und Prozessstruktur, die zur Abstimmung von Aufgaben beiträgt.[139] Für die Controllingfunktion bedeutet dieses, die Bereitstellung eines funktionsfähigen Planungs-, Kontroll- und Informationssystems sowie laufende Gestaltungs-, Anpassungs- und Abstimmungsaufgaben innerhalb dieser Teilbereiche vorzunehmen. Mit der systemkoppelnden Koordination sind alle Koordinationsaktivitäten gemeint, die im Rahmen der gegebenen Systemstruktur zur Problemlösung sowie als Reaktion auf Störungen stattfinden und in einer Aufrechterhaltung sowie Anpassung der Informationsverbindungen zwischen den Teilsystemen bestehen, d.h. insbesondere die Abdeckung des Informationsbedarfs von Planungs- und Kontrollprozessen durch das Rechnungs- und Berichtswesen.[140] Die Koordinationsaufgabe des Controllings bezieht sich auf die Koordinationsvorgänge innerhalb des Führungssystems, um die einzelnen Subsysteme der Führung miteinander zu verbinden. Diese Sekundärkoordination ermöglicht erst die Primärkoordination des Ausführungssystems durch die Unternehmensführung.

Als Grundlage für die **Planung** dient das ganzheitliche Zielsystem der Unternehmung, wobei die Zusammenführung seiner Teilziele sowie der Zielbildungsprozess an sich durch das Controllingsystem unterstützt werden. Die Pläne und Teilpläne sind aufeinander abzustimmen, indem Planungsunterlagen erstellt, Teilpläne zeitlich koordiniert und aggregiert, eine Über-

---

[137] Vgl. Baum/Coenenberg/Günther (2012), S. 6.

[138] *Küpper* (2008) erweitert die Koordinationsfunktion des Controllings auf alle Führungsteilsysteme, so dass auch das Personalführungs- und Organisationssystem berücksichtigt wird.

[139] Vgl. Horváth (2011), S. 106.

[140] Vgl. Horváth (2011), S. 107.

prüfung auf Zielkonformität erfolgt sowie die Planungsschritte eingehalten werden. Dabei bleibt die inhaltliche Planung dem Management überlassen. Im Planungsprozess an sich werden die Planwerte durch das Controlling fixiert, dokumentiert und im Sinne von wertmäßigen Sollvorgaben hinsichtlich der zu erreichenden Planziele budgetiert.

In der Literatur wird die Planung „funktional als Einheit mit der Funktion der Kontrolle (ge)sehen“[141]. Im Rahmen der **Kontrollfunktion des Controllings** werden die erreichten Ist-Werte mit den wertmäßigen Sollvorgaben (und mithin die Einhaltung vorgegebener Budgets) verglichen (Umsetzungskontrolle) und bei gegebenen Abweichungen Ursachenanalyse und Folgeeinschätzungen vorgenommen. Hinzu kommt das Aufzeigen eines eventuellen Handlungsbedarfs durch das Controlling und die Auslösung steuernder Aktivitäten zur Zielerreichung durch das Management. Durch die Erstellung von Prognosen des erwarteten Geschäftsverlaufs (Prognoserechnung) sollen frühzeitig potentielle Abweichungen der Istwerte von den Sollwerten erkannt werden, damit das Management vorausschauend im Sinne der Zielerreichung handeln kann (Vorauskontrolle). Entsprechend unterscheidet *Horváth* nach dem Kontrollobjekt in die ergebnisorientierte (i.w.S.) und verfahrensorientierte Kontrolle.[142] Die ergebnisorientierte Kontrolle (i.w.S.) liefert Informationen über das betriebliche Handeln, indem durch den Vergleich der geplanten und der tatsächlich realisierten Gestaltung aufgezeigt wird, ob das antizipierte Handlungsergebnis eingetreten ist. Demgegenüber beinhaltet die verfahrensorientierte Kontrolle den Vergleich zwischen den tatsächlich angewandten und den vorgeschriebenen Planungsprozessen. Sie resultiert aus den Unzulänglichkeiten der Führung und stellt somit auch eine Verhaltenskontrolle dar.

Um die für die Planung und Kontrolle benötigten Informationen mit dem notwendigen Genauigkeits- und Verdichtungsgrad am richtigen Ort und zum richtigen Zeitpunkt zur Verfügung zu stellen, gilt: „Planung und Kon-

---

[141] Horváth (2011), S. 150 sowie die dort angegebene Literatur.
[142] Vgl. Horváth (2011), S. 151 f.

trolle bedürfen der Informationsversorgung“[143]. Dabei erfolgt die **Informationsversorgung** des Managements durch das Controlling mittels der regelmäßigen Weitergabe von komprimierten und strukturierten Informationen, die in Form von Kennzahlen zur Fundierung von betrieblichen Entscheidungen vorliegen und dem betrieblichen Berichtswesen entnommen werden. Sie betreffen die Bereitstellung und Verdichtung aller abgelaufenen wirtschaftlichen Vorgänge (Ist-Werte) in auswertbarer Form sowie den Vergleich mit Sollwerten aus der Planung. Diese ergebniszielorientierten Informationen bilden die Grundlage für die Überwachung der Wirtschaftlichkeit und für die Beurteilung der Geschäftsentwicklung. Es handelt sich bei ihnen um verdichtete, verknüpfte, relevante und akzeptierte Führungsinformationen, die zur Lösung von Führungsaufgaben benötigt werden. Die Gestaltung und Pflege von EDV-basierten Controllingsystemen unterstützt die Informationsversorgung für Planungs-, Steuerungs- und Kontrollzwecke. Zusätzlich unterstützt das Controlling durch Beratung das Management, indem Entscheidungen betriebswirtschaftlich fundiert, Ergebnisauswertungen abgeschätzt und Ursachen defizitärer Prozesse ermittelt werden.

An dieser Stelle bleibt festzuhalten, dass mit der andauernden Diskussion über die Inhalte und Ausrichtung der Controllingkonzeptionen insbesondere im Hinblick auf die zunehmende Bedeutung der Verhaltensorientierung gleichzeitig eine fortlaufende Auseinandersetzung mit den Funktionen des Controllings verbunden ist. In diesem Zusammenhang stellt sich insbesondere die Frage: Wenn der „Controller das Ziel verfolgt, die Wahrnehmungs- und Handlungsmuster des Managers kritisch zu hinterfragen, um so einem kritischen Dialog neue Perspektiven der Unternehmensgestaltung aufzudecken“[144], kommt ihm dann nicht auch die Versorgung mit Wissen jeglicher Art zu? Schließlich weisen auch *Pietsch/Scherm* in diesem Zusammenhang darauf hin, dass „die Stärken des Controllers in seinem methodisch-instrumentell fundiertem Wissen“[145] liegen, leiten aus dieser

---

[143] Horváth (2011), S. 295.
[144] Pietsch/Scherm (2001a), S. 310.
[145] Pietsch/Scherm (2001a), S. 311.

Erkenntnis jedoch ausschließlich die Informationsversorgungsfunktion als Controllingaufgabe ab. Im Laufe der Jahre haben sich in der Literatur aber gerade die Auffassungen darüber, welche Sachverhalte die Informationsversorgung erfassen soll, stark gewandelt. „Zunehmend wird heute erkannt, dass Markt und Kunden die Quelle aller ergebniszielorientierten Informationen darstellen."[146] Im Folgenden wird daher zunächst das in der deutschen Literatur vertretene konzeptionelle Verständnis des Kundencontrollings vorgestellt und auf seine Funktion der Versorgung mit Kundeninformationen eingegangen. Im Anschluss hieran wird in Kapital 3.3 die aktuelle Diskussion zum Wissenscontrolling vorgestellt. Sie soll Rückschlüsse darauf erlauben, inwieweit die Informationsversorgungsfunktion des Controllings zukünftig zu einer Wissensversorgungsfunktion erweitert wird.

2.2 Kundencontrolling

Obwohl seit geraumer Zeit die Forderung nach einer Verankerung der Kundenperspektive in den Controllingsystemen der Unternehmungen zur Unterstützung der Managemententscheidungen besteht,[147] finden sich in der Literatur bislang nur eine begrenzte Anzahl von Veröffentlichungen, die sich mit der Diskussion und Erarbeitung einer Konzeption des Kundencontrollings befassen. Zudem ist in den vergangenen Jahren ein Paradigmenwechsel zu beobachten, der in Richtung einer Wertorientierung als vorherrschende Denkhaltung ausgerichtet ist. Dabei steht mit der zunehmenden Bedeutung des Customer Relationship Managements und den damit verbundenen Investitionen in die Kunden die Messung der Wertbeiträge des einzelnen Kunden zum Unternehmenswert zunehmend im Blickpunkt der Wissenschaft und Praxis. Demzufolge beschreiben *Weber/Lissautzki* die Aufgabe eines am Kunden ausgerichteten Controlling wie folgt: „Wesentliche Aufgabe des Controllings ist es hierbei, eine Informationsgrundlage für kundengerichtete Strategien zu schaffen, um herauszufinden, welche Maßnahmen (Marketing-Mix) zu welchem Zeitpunkt

---

[146] Horváth (2011), S. 295.
[147] Vgl. Knöbel (1995), S. 8; Engelhardt/Reckenfelderbäumer (1997), S. 76 ff.

(Timing) bei welchen Kunden (Zielgruppensegmentierung) positiven Einfluss auf den Unternehmenswert haben."[148] Als Informationsgrundlage werden kundenbezogene Informationen hinsichtlich der Profitabilität und des Erfolgspotentials der Kunden benötigt. Hieraus leitet *Stüker* als zentrale Aufgabe des Kundencontrollings die Ermittlung des Kundenwertes durch die Bereitstellung der entsprechenden Instrumente zur Kundenplanung, -bewertung, -steuerung und Kontrolle ab.[149] Dieser Auffassung folgen die bisherigen Arbeiten zum Kundencontrolling, indem ihr Fokus im Wesentlichen auf einer Darstellung der Instrumente zur Kundenbewertung liegt.

Im Folgenden wird daher zunächst der Begriff des Kundenwertes abgegrenzt, bevor eine Darstellung der Ziele und Aufgaben des Kundencontrollings erfolgt. Anschließend werden die bis dato verwendeten Instrumente zur Kundenbewertung im Rahmen des Kundencontrollings überblickhaft dargestellt. Abschließend erfolgt eine Darstellung der Kundencontrolling-Ansätze von *Schmöller* und *Stüker*, deren Arbeiten insbesondere vor dem Hintergrund der Frage nach dem Betrachtungsobjekt des Kundencontrollings – Daten, Informationen oder Wissen – zur Bewertung der Kunden dargestellt werden. Erste Anhaltspunkte über die Verbreitung des Kundencontrollings im deutschen Textil- und Bekleidungseinzelhandel liefern die empirischen Studien von *Schröder/Schettgen*.

2.2.1 Grundverständnis des Begriffs Kundenwert

2.2.1.1 Der Begriff „Wert"

In der wirtschaftswissenschaftlichen Literatur wird der Fokus des Begriffs „Wert" in Anlehnung an die Neoklassik auf den Gebrauchswert eines Gutes gerichtet. Demnach wird der Wert eines Gutes zum einen durch unterschiedliche effiziente und objektiv messbare Inputfaktoren bestimmt, zum

---

[148] Weber/Lissautzki (2006), S. 277.
[149] Vgl. Stüker (2008), S. 39.

anderen auch durch das subjektive Wertempfinden im Zuge dessen Gebrauchs.[150]

In der entscheidungstheoretischen Wertlehre[151] wird dieser Gedanke der Neoklassik insofern fortgeführt, als dass der Fokus auf den subjektiven Nutzen eines Gutes gerichtet wird, der vor dem Hintergrund der Ziele, Alternativen und der Kontextbedingungen bewertet wird. Es handelt sich insofern um einen gerundiven Wert, der sich auf den situativen Verwendungszusammenhang von Gütern bezieht.[152] An diesem gerundiven Wertverständnis ansetzend definiert *Engels* Wert als Maßstab für die Vorziehenswürdigkeit eines Subjektes, Objektes oder einer Aktion.[153] Die Vorziehenswürdigkeit resultiert hierbei aus den Zielsystemen, d.h. als Bewertungsmaßstab ist der Beitrag zur Erfüllung des Zielsystems anzusehen.[154] Der Wert eines Gutes ergibt sich aus einem Bewertungsprozess, bei dem die Ziele, Alternativen und die Umweltvariablen berücksichtigt werden. Die zentrale Determinante stellen die Ziele dar, wohingegen die Alternativen und die Umweltbedingungen als Datum gelten. Dadurch kann der gerundive Wert zwar als wiederum subjektiver Wert interpretiert werden, der jedoch insofern objektiv ist, als dass er durch entsprechende Indikatoren (z.B. die Zielerreichung) überprüft werden kann.

Engels grenzt mit seiner Definition die Betrachtungsperspektive des Wertbegriffs der Neoklassik insofern ein, als dass er den ökonomischen Wert nicht nur im Sinne eines objektiven auf monetären Wertgrößen basierenden Wertes interpretiert, sondern gleichzeitig auch subjektive Wertkomponenten integriert, die jedoch quantifizierbar und damit in monetäre Größen überführbar sind.[155] Dieser **gerundive Wert** nach *Engels* wird vor dem Hintergrund der Zielsetzungen des Bewertenden und der ihm zur Erreichung der Zielsetzung offen stehenden Handlungsmöglichkeiten ermittelt.

---

[150] Vgl. Stützel (1976), S. 4408 ff.
[151] Vgl. Wöhe (2010), S. 76 ff.; Wittmann (1956),S. 31 ff.
[152] Vgl. Cornelsen (2000), S. 27; Engels (1962), S. 11 ff.
[153] Vgl. Engels (1962), S. 12; Reinecke/Janz (2007), S. 421.
[154] Vgl. Heinen (1976), S. 152 f.
[155] Vgl. Engels (1962), S. 11 ff.

Für die vorliegende Arbeit wird unter Berücksichtigung der unterschiedlichen Wertverständnisse ein gerundives Wertverständnis zugrunde gelegt. Damit ist weder allein ein objektiver Wert noch allein ein subjektiver Wert isoliert betrachtet ausreichend für die Bewertung einer Kundenbeziehung. Auf diese Weise wird zum einen der aktuellen Diskussion im Kundencontrolling Rechnung getragen. Zum anderen erlaubt dieses auf monetären und nicht-monetären Größen basierende Wertverständnis mit Blick auf die zugrunde liegende Problemstellung eine Diskussion über die Integration von Wissen in die Bewertung von Kundenbeziehungen. Zusätzlich werden die Kundenbeziehungen entsprechend ihrer Vorziehenswürdigkeit bewertet. Ein Kunde gilt dann als vorziehenswürdig und besitzt folglich einen hohen Wert für die Unternehmung, wenn er einen direkten oder indirekten Beitrag zur Zielerreichung der Unternehmung beiträgt. Dieser Beitrag kann entsprechend der Diskussion über Wissen als unternehmerische Ressource im Wissen der Unternehmung über und für seine Kunden und im Wissen der Kunden liegen.

2.2.1.2 Der Kundenwert aus Kundensicht und aus Unternehmenssicht

Neben dieser grundsätzlichen Abgrenzung eines entscheidungstheoretischen, gerundiven Wertbegriffs gilt es weiterhin, den spezifischen Begriff des Kundenwertes abzugrenzen. In der Literatur finden sich hierzu eine Vielzahl von verschiedenen Begriffen für den Kundenwert und verwandte Konstrukte, die die Heterogenität über Begriff und Inhalt des Kundenwertes wiederspiegeln. Da nach *Hax* in der Betriebswirtschaftslehre als angewandte Wissenschaft nur die in der Praxis existierenden Begriffe verwendet werden dürfen,[156] werden zunächst zwei Sichtweisen unterschieden: der Kundenwert aus Kundensicht und der Kundenwert aus Unternehmenssicht.

[156] Vgl. Hax in: Wittmann (1956), o.S.

Der **Kundenwert aus Kundensicht** ist der in einer Geschäftsbeziehung enthaltene oder noch zu erwartende Nettonutzen, den ein Kunde als Entscheidungshilfe für die Aufrechterhaltung oder Beendigung einer Geschäftsbeziehung heranzieht.[157] Die Kunden wählen dabei jenes Leistungsangebot eines Anbieters aus, welches im Vergleich zu alternativen Leistungsangeboten der Wettbewerber den höchsten Wertzuwachs im Sinne eines „Value of Money" verspricht.[158] Der Kundenwert aus Kundensicht ergibt sich demnach als Überschuss des Nutzens über den Kosten eines Leistungsangebotes.[159]

Für den **Kundenwert aus Unternehmenssicht**, der in dieser Arbeit als Kundenwert bezeichnet wird, gibt es nach wie vor noch keine einheitliche Begriffsverwendung.[160] Gemeinsam ist den unterschiedlichen Definitionen, dass sie letztlich den Kundenwert als Instrument zur Bewertung der Attraktivität einzelner Kunden und Kundengruppen charakterisieren.[161] Die deutschsprachigen Autoren beziehen sich bei der Abgrenzung des Kundenwertes aus Unternehmenssicht auf die der Kundenbewertung zugrunde liegenden Methoden. Hierzu werden zur Typologisierung und Charakterisierung des Kundenwertbegriffs zunächst die Bestimmungsgrößen des Kundenwertes (Sachdimension), der Zeitbezug (Zeitdimension) und die Aggregationsebene (Objektdimension) herangezogen:[162]

1. Die *Sachdimension* beschreibt die Art der berücksichtigten Kundenwertkriterien. So sind einige Ansätze lediglich auf *monetäre Größen* ausgerichtet, die z.B. den Umsatz, den Kundendeckungsbeitrag oder kundenbezogene Ein- und Auszahlungen betrachten. Andere Ansätze richten sich zusätzlich oder ausschließlich auf *nicht-monetäre Größen*,

---

157 Vgl. Rödl (2010), S. 9; Eggert (2006), S. 48 ff.; Tewes (2003), S. 53 f.; Cornelsen (2000), S. 33 ff.

158 Vgl. Gale (1994), S. 25.

159 Vgl. Tewes (2003), S. 54.

160 Einen Überblick über ausgewählte Definitionen für den Kundenwert aus Unternehmenssicht gibt Rödl (2010, S. 13 ff.).

161 Vgl. Eggert (2006), S. 45.

162 Vgl. Stüker (2008), S. 42 ff.; Schneider (2007), S. 26 f.; Reinecke/Janz (2007), S. 421 ff.; Cornelsen (2000), S. 39, Rudolf-Sipötz/Tomczak (2001), S. 9; Günter/Helm (2006), S. 9.

wie die Kundenzufriedenheit, das Referenz- oder Informationsverhalten. *Eindimensionale Kundenwertanalysen* beziehen sich lediglich auf ein Kundenwertkriterium und sind dementsprechend entweder monetär oder nicht-monetär. Demgegenüber verbinden *mehrdimensionale Ansätze* Kriterien gleicher oder unterschiedlicher Art miteinander, so dass rein monetäre, rein nicht-monetäre oder kombinierte Ansätze unterschieden werden.

2. Gemäß der *Zeitdimension* lassen sich *periodenbezogene* bzw. statische Ansätze von *periodenübergreifenden* bzw. dynamischen Kundenwerten und *periodenunabhängige* Betrachtungen unterscheiden. Andererseits lässt sich ein Unterschied bei der Bewertungsgrundlage des Kundenwerts erkennen: Neben Kundenwertmodellen, die *retrospektiv* auf realisierten Größen basieren, existieren *prospektive* Kundenwertanalysen, die auf Erwartungsgrößen mittels Schätzungen bzw. Hochrechnungen von Werttreibergrößen errechnet werden. Während es sich bei den einperiodigen bzw. statischen Modellen um eine Gegenwartsaufnahme der aktuellen Kundenbeziehungen handelt, wird bei mehrperiodigen bzw. dynamischen Modellen die Länge der Kundenbeziehung berücksichtigt. Der Kundenwert ergibt sich über die Summe aller abdiskontierten Auszahlungsüberschüsse des Kunden. Dieser verbreitete Kapitalwertansatz vernachlässigt jedoch, dass die Einzahlungen und Auszahlungen sowie die Lebenszeit eines Kunden stochastischen Schwankungen unterliegen.

3. Die *Objektdimension* bezieht sich auf die Aggregationsebene, d.h. darauf, ob der einzelne *Kunde*, *Kundensegmente* oder der gesamte *Kundenstamm* bewertet werden. Soll der Wert des Kundenstamms ausgedrückt werden, so wird häufig der aus dem Englischen stammende Begriff *„Customer Equity“* verwendet.[163] Der Customer Equity stellt den als dynamisch zu berechnenden Gesamtwert aller Kunden dar, den *Rust/Lemon/Zeithaml* definieren „as the total of the discounted lifetime

---

[163] Vgl. Krafft (2007), S. 33; Rust/Zeithaml/Lemon (2000), S. 4.; Blattberg/Deighton (1996), S. 137 f. Allerdings wird der Begriff Customer Equity in der Literatur nicht einheitlich für den Wert des gesamten Kundenstammes verwendet.

values summed over all of the firm´s current and Potential customers“[164].

Ferner können je nach Definition quantitative und qualitative bzw. monetäre und nicht-monetäre Größen Bestandteil des Kundenwertes sein.[165] Unter den an **monetären** Größen orientierten Verfahren beziehen sich einige zunächst auf periodenbezogene Erfolgsgrößen. Während teilweise die negativen finanziellen Wirkungen vernachlässigt werden, indem auf kundenbezogene Umsatzwerte abgestellt wird (z.B. umsatzbezogene ABC-Analyse), verwendet die Mehrzahl der Autoren den Kundenwert als kundenbezogene Erfolgsgröße (z.B. Kundenprofitabilität oder die Kundenrentabilität). Im Wesentlichen unterscheiden sich die statischen Verfahren zur Kundenwertbestimmung in der Operationalisierung des Kundenerfolgs durch die unterschiedliche stufenweise Zurechnung der kundenbezogenen Erlöse und Kosten.

Neben den periodenbezogenen Kundenwertdefinitionen existieren auch vielfältige periodenübergreifende und auf die Dauer der Kundenbeziehung bezogene Definitionen. Dieser monetäre periodenübergreifende Kundenwert wird u.a. als Customer Lifetime Value, Kundenkapitalwert oder Kundenlebenszykluswert bezeichnet.[166] Diese Begriffe beziehen sich auf eine an die dynamische Investitionsrechnung angelehnte Betrachtung, im Rahmen derer die zukünftigen Zahlungsströme des Kunden als Investitionsobjekt diskontiert und als Kapitalwert bewertet werden.

Dieser Betrachtung des Kundenwertes als ausschließlich monetäre Größe steht die Berücksichtigung lediglich **nicht-monetärer** Größen gegenüber. Derartige Verfahren können sowohl eindimensional als auch mehrdimensional sein. Erstere beziehen sich zumeist auf die Kundenzufriedenheit oder –loyalität und werden im Rahmen von Kundenscores erfasst,[167] wo-

---

[164] Rust/Lemon/Zeithaml (2004), S . 110; vergleichbar Blattberg/Deighton (1996), S. 137.
[165] Vgl. im Folgenden Reinecke/Keller (2006), S. 257.
[166] Vgl. Rödl (2010), S. 37 ff.; Krafft (2007); Rudolf-Sipötz/Tomzcak (2001); Schmöller (2001); Reinartz/Krafft (2001); Krafft/Marzian (1997); Reichheld/Sasser (1990).
[167] Vgl. Schmöller (2001), S. 147 ff.

hingegen mehrdimensionale nicht-monetäre Kundenwertkriterien, z.B. in Form von Kundenportfolios berücksichtigt werden.[168]

Soll der Kundenwert **sowohl monetäre als auch nicht-monetäre** Wertbestandteile einschließen, so gibt es hierfür eine Vielzahl von Möglichkeiten. Zur Bewertung des Kundenpotentials eignet sich die Integration von Kriterien wie Entwicklungs-, Ausstrahlungs-, Innovations-, Einfluss- und Kooperationspotential der Kunden.[169] Auch kundenbezogene Verhaltenskomponenten, die für den Anbieter nutzenstiftend sind, können integriert werden. Hierzu zählen Elemente wie der Referenz-, Informations- und der Cross-Selling Wert.[170] Mit Blick auf das Kundenwissenscontrolling ergeben sich insbesondere bei der Betrachtung des Informationswertes mögliche Anknüpfungspunkte für eine Integration des Wertes des Kundenwissens in die Ermittlung des Kundenwertes. Der Informationswert integriert bis dato alle vom Kunden an das Unternehmen fließende Informationen.[171] An dieser Stelle stellt sich die Frage, ob es sich hierbei tatsächlich um reine Informationen als in einen Kontext gesetzte Daten handelt oder doch um das Wissen der Kunden in Form von mit Erfahrungen vernetzten Informationen. In der Praxis wird eher selten auf nicht-monetäre Kriterien zurückgegriffen, da die Nutzenwirkung schwer zu quantifizieren ist. Demgegenüber werden den monetären Kriterien die wichtigste Planungs-, Steuerungs- und Kontrollfunktion für das Unternehmensmanagement zugeschrieben, auch wenn sie letztendlich nur einen begrenzten Ausschnitt der Kundenbeziehung darstellen.

Je nach Sach-, Zeit- und Objektdimension gibt es unterschiedliche Anlässe und Gründe für die Kundenwertberechnungen: Der Kundenstammwert kann als Bewertungsmaßstab für den Einfluss und auch die finanzwirtschaftlichen Auswirkungen von Marketinginvestitionen auf das gesamte Unternehmen, bspw. durch den Verkauf des gesamten Kundenstamms, herangezogen werden. Segment- und einzelkundenspezifische Kunden-

[168] Vgl. Rieker (1995), S. 71.
[169] Vgl. Rieker (1995), S. 58 f.
[170] Vgl. Cornelsen (2000), S. 42.
[171] Vgl. Rudolf-Sipötz (2001), S. 119 f.

wertberechnungen unterstützen insbesondere das operative Marketingmanagement, bspw. im Rahmen von Kundenportfolioentscheidungen.

Der Kundenwert aus Kundensicht und der Kundenwert aus Unternehmenssicht stehen zudem in einer engen Wechselwirkung zueinander. So kann eine Nutzenmaximierung des Kunden zu gesteigerten Kosten für die Unternehmung führen. In diesem Fall steht ein hoher Kundenwert aus Kundensicht einem geringeren Kundenwert aus Unternehmenssicht gegenüber. Andererseits kann eine Reduzierung der Kosten für die Kundenbeziehung zu einem gesteigerten Kundenwert aus Unternehmenssicht bei gleichzeitig gesunkenem Kundenwert aus Kundensicht führen.

Letztlich bleibt festzuhalten, dass eindimensionale Ansätze zur Ermittlung des Kundenwertes aus Unternehmenssicht, die lediglich auf einer sachlichen Bestimmungsgröße basieren, zu kurz greifen. Sie berücksichtigen nicht die zusätzlichen Nutzenwirkungen für die Unternehmung, die die verschiedenen kundenbezogenen Verhaltenskomponenten aufweisen. Daher wird in der Literatur überwiegend von einer Mehrdimensionalität des Kundenwertes ausgegangen, bei der monetäre und nicht-monetäre Größen einfließen und die eine periodenübergreifende Betrachtungsperspektive einnehmen.[172] Diese zukunftsorientierte Perspektive des Kundenwertes erlaubt Aussagen über die für strategische Entscheidungen relevanten zukünftigen Wertbeiträge des Kunden, so dass Informationen über Erfolgspotentiale der Einzelkunden und Kundengruppen zur Verfügung stehen.[173] Den mehrdimensionalen Ansätzen mangelt es jedoch größtenteils noch an einer umfassenden Konzeptionalisierung und Operationalisierung der Bestimmungsgrößen.

---

172 Vgl. Bauer/Hammerschmidt/Brähler (2003); Tewes (2003); Wangenheim (2003); Eberling (2002); Rudolf-Sipötz (2001); Cornelsen (2000); Plinke (1989).

173 Vgl. Rödl (2010), S. 13.

2.2.2 Definition und Ziele des Kundencontrollings

Zwar kann der Beginn der wissenschaftlichen Diskussion zum Kundencontrolling auf das Jahr 1986 datiert werden.[174] Das Gros der Veröffentlichung findet sich jedoch erst nach der Jahrtausendwende. Zu diesem Zeitpunkt hat sich *Schmöller* der konzeptionellen Erarbeitung des Kundencontrollings gewidmet.[175] In den folgenden Jahren erschienen einerseits Artikel zum Kundencontrolling in Fachzeitschriften[176] sowie Kapitel im Rahmen von Veröffentlichungen zum (Handels)Controlling[177]. Sofern Monografien zum Kundencontrolling veröffentlicht wurden, befassten sich diese schwerpunktmäßig mit den Instrumenten des Kundencontrollings.[178] 2008 entwickelte *Stüker* im Zuge der Diskussion einer kunden- und wertorientierten Unternehmensführung ein wertorientiertes Kunden-Controlling-System.[179] Im Jahr 2001 führten *Schröder/Schettgen* die erste empirische Untersuchung zum Kundencontrolling im deutschen Textil- und Bekleidungseinzelhandel durch, der sich eine zweite vergleichbare Studie im Jahr 2005 anschloss.[180] Insgesamt kann das Forschungsgebiet „Kundencontrolling" zwar noch als jung bezeichnet werden, so dass eine ausführliche wissenschaftliche Diskussion seiner Elemente noch weitgehend fehlt. Dennoch zeigt insbesondere die Arbeit von *Stüker* die zunehmende Bedeutung einer am Kundenwert orientierten Bewertung der Kunden zur Planung, Steuerung und Kontrolle der Kundenbeziehung. Abb. 2 soll einen Überblick über vorhandene Ansätze zum Kundencontrolling geben und deren wesentlichen Inhalte darstellen.

---

[174] Die erste Veröffentlichung zum Kundencontrolling stammt von Deyhle (1986).

[175] Schmöller veröffentlichte 2001 ihre Dissertation zum Thema „Kundencontrolling – Theoretische Fundierung und empirische Erkenntnisse" am Lehrstuhl für Unternehmensrechnung und Controlling von Prof. Dr. Th. Fischer an der Handelshochschule Leipzig.

[176] Vgl. Burgartz (2005), Schröder/Schettgen (2003, 2004 a,b, 2006 a,b).

[177] Vgl. Preißner (2008), Graßhoff/Krey/Marzinzik/Niederhausen (2000, 2003), Witt (2000).

[178] Vgl. Preißner (2008, 2003, 2000), Rapko (2001), Chen (2007).

[179] Vgl. Stüker (2008).

[180] Vgl. Schröder/Schettgen (2002, 2006a).

Autoren	Definition / Ziele
Deyhle (1986, S. 111)	„Kundencontrolling heißt vom Kunden her zu erfüllende (Ergebnis-) Ziele, Ortsbestimmung zum Termin heute und Erwartungsrechnungen."
Witt (2000, S. 147)	„Das Kundencontrolling rückt in strategischer Sicht die gesamtheitliche und damit periodenübergreifende Geschäftsbeziehung zu einem (Groß)Kunden oder zu einer Kundengruppe (und) den periodisierten Kundenerfolg im operativen Controlling in den Vordergrund."
Graßhoff/Krey/ Marzinzik/ Niederhausen (2000, S. 44 f.)	„Die Aufgabe des Kundencontrollings ist demzufolge, Instrumente bereitzustellen, die es ermöglichen, die Kundenwünsche zu ermitteln. Darüber hinaus koordiniert das KC den Einsatz der Instrumente und sorgt für die Weitergabe der kundenbezogenen Erkenntnisse an die Unternehmensführung zur Ableitung operativer Maßnahmen und strategischer Anpassungsentscheidungen im Sortiment oder im Rahmen der Betriebstypenentwicklung."
Rapko (2001, S. 16)	„Das Ziel des Kunden-Controlling wird hier in der Sicherstellung der Koordination und Informationsversorgung des Führungssystems gesehen, um die wirtschaftlich sinnvolle Ausrichtung der Unternehmenstätigkeit am Kunden zu erreichen."
Schmöller (2001, S. 13)	„Das Kundencontrolling stellt die koordinierende Informationsversorgung zur Unterstützung des Kundenmanagements von Unternehmen dar und dient zur Planung, Steuerung und Kontrolle kundenbezogener Aktivitäten im Wertschöpfungsprozess."
Schröder/ Schettgen (2004 b, S. 378)	„Kundencontrolling bedeutet, kundenbezogene Daten zu gewinnen, auszuwerten und zu verarbeiten, dass sich einzelne Kunden und Kundengruppen zielgerecht bearbeiten und der Erfolg der Maßnahmen messen lässt."
Burgartz (2005, S. 757)	„Somit stellt das Kunden-Controlling die koordinierende Informationsversorgung zur Unterstützung des Kundenmanagements von Unternehmen dar und dient zur Planung, Steuerung und Kontrolle kundenbezogener Aktivitäten im Wertschöpfungsprozess."
Chen (2007, S. 21)	„Kundencontrolling beschreibt eine koordinierende Informationsversorgung im Rahmen des Kundenmanagement von Unternehmen. Dabei dient es vor allen Dingen einer systematischen und strategischen Planung, Steuerung und Kontrolle speziell kundenorientierter Aktivitäten im Wertschöpfungssystem."
Stüker (2008, S. 38)	Bei einem wertorientierten Kunden-Controlling geht es darum, „die aktuellen und potentiellen Kunden zu analysieren, zu bewerten und zu steuern, um auf diese Weise die wertvollsten Kunden zu identifizieren und zukünftig die vorhandenen Ressourcen des Unternehmens sinnvoll mittels Fokussierung auf diese Kunden einzusetzen".
Wortmann (2012, S. 13)	„Kundencontrolling (stellt) die koordinierende Informationsversorgung zur Unterstützung des Kundenmanagements von Unternehmen dar und (dient) zur Planung, Steuerung und Kontrolle kundenbezogener Aktivitäten im Wertschöpfungssystem mit dem Ziel, Gewinn und Nachhaltigkeit von Kundenbeziehungen zu optimieren."

Abb. 2: Definition und Ziele des Kundencontrollings in der deutschen Literatur

Der Mehrzahl der dargestellten Ansätze zum Kundencontrolling ist gemein, dass sie den konzeptionellen Zugang über den koordinationsorientierten Controllingansatz erhalten.[181] *Graßhoff/Krey/Marzinzik/Niederhausen* leiten die Ziele des Kundencontrollings unmittelbar aus den Zielen des koordinationsorientierten Controllingansatzes von *Horváth* ab:[182] Demzufolge umfasst das Kundencontrolling den Gesamtprozess von der Zielsetzung über die Planung, Koordination, Steuerung bis zur Kontrolle und Analyse abgelaufener Kundenprozesse aus betriebswirtschaftlicher Sicht und die Unterstützung der Unternehmensführung im Rahmen einer ergebniszielgerichteten Steuerung der Kundenprozesse. Hieraus ergibt sich unmittelbar das Sachziel des Kundencontrollings, das in der Sicherung und Erhaltung der Koordinations-, Reaktions- und Adaptionsfähigkeit des Kundenmanagements besteht, damit dieses die kundenbezogenen Ergebnis- und Sachziele der Unternehmung realisieren kann.

Auch *Schmöller* folgt dem koordinationsorientierten Controllingansatz von *Horváth*.[183] Sie sieht die Notwendigkeit eines Kundencontrollings zur Erfassung und Aufbereitung kundenspezifischer Informationen darin begründet, dass Kundenbeziehungen wertvolle immaterielle Vermögensgegenstände darstellen und deren Wert zudem von einer Vielzahl betrieblicher Funktionsbereiche (bspw. Produktentwicklung, Marketing, Vertrieb, Finanz- und Rechnungswesen) sowie unterschiedlicher Geschäftseinheiten eines Unternehmens beeinflusst werden.[184] Analog zu ihren allgemeinen Ausführungen zum koordinationsorientierten Controlling unterscheidet *Schmöller* zwischen den Zielen des operativen und strategischen Kundencontrollings:[185] Das Ziel des operativen Kundencontrollings sieht die Autorin in der Sicherstellung von Liquidität sowie in der Generierung von Erfolg im Rahmen der Nutzung vorhandener Erfolgspotentiale. Demgegenüber ist die Bereitstellung von Informationen für die längerfristige Auswahl von

---

[181] Vgl. Schmöller (2001), S. 8 ff; Rapko (2001), S. 9 ff. Graßhoff/Krey/Marzinzik/Niederhausen (2003), S. 5 ff.; Burgartz (2005), S. 757; Chen (2007), S. 21 ff.; Stüker (2008), S. 39; Wortmann (2012), S. 13.
[182] Graßhoff/Krey/Marzinzik/Niederhausen (2003), S. 5 ff.
[183] Vgl. Schmöller (2001), S. 9 f.
[184] Vgl. Schmöller (2001), S. 13.
[185] Vgll. Schmöller (2001), S. 14 ff.

Kunden sowie für die Planung von kundenbezogenen Strategien zum Zwecke der Gewinnung neuer Erfolgspotentiale das Ziel des strategischen Kundencontrollings.

Da sich die Arbeiten von *Chen* und *Burgartz* an der Arbeit von *Schmöller* ausrichten, basieren ihre Ziele des Kundencontrollings ebenfalls auf dem koordinationsorientierten Controllingansatz. Nach *Burgartz* stellt das Kundencontrolling einen systematischen Bezugsrahmen zur unternehmensinternen Steuerung von Kundenbeziehungen dar, innerhalb dessen alle relevanten kundenbezogenen Informationen ermittelt, entscheidungsorientiert aufbereitet und bereitgestellt werden. „Das Ziel besteht in einer möglichst exakten Darstellung der Erwartungen und Anforderungen des Kunden zur entscheidungsorientierten Unterstützung des Managements“[186], wobei die Einhaltung von Wirtschaftlichkeitsaspekten im Mittelpunkt steht. Entsprechend sieht *Chen* das Ziel des Kundencontrollings in der Sicherstellung der Koordination und Informationsversorgung des Führungssystems, um die wirtschaftlich zweckmäßige Ausrichtung der Unternehmenstätigkeiten am Kunden zu erreichen.[187] Das Kundencontrolling übernimmt dabei Aufgaben im Planungs-, Kontroll-, Informations-, Organisations- und Personalführungssystem, mit dem Ziel, die kundenorientierten Aktivitäten des Unternehmens zielorientiert zu gestalten und die Koordinations-, Reaktions- und Adaptionsfähigkeit des Kundenmanagements zu verbessern.[188]

Die Ergebnisse der empirischen Analyse zum „Entwicklungsstand des Kundencontrollings in der Unternehmenspraxis“[189] von *Wortmann* liefern u.a. Anhaltspunkte über die Bewertung der Ziele des Kundencontrollings

---

[186] Burgartz (2005), S. 757.
[187] Vgl. Chen (2007), S. 21.
[188] Vgl. Chen (2007), S. 22.
[189] Das Ziel der empirischen Untersuchung bestand in der Ermittlung des Entwicklungsstandes des Kundencontrollings im B2B-Markt durch die Analyse der Ziele und Anforderungen der befragten Unternehmungen an das Controlling und die Bewertung von Kunden. Ferner sollten die Zusammenhänge zwischen den Zielen, den vorliegenden Kundeninformationen und den eingesetzten Methoden analysiert werden. Zu den Zielen der Untersuchung vgl. Wortmann (2012), S. 66.

in der betrieblichen Praxis.[190] Demnach stellt die Erreichung nachhaltiger Kundenbeziehungen das wichtigstes Ziel des Kundencontrollings im B2B-Markt dar (Vgl. Abb. 3).[191] Ebenso werden die Außendienststeuerung, die Erkennung von Kundenpotentialen sowie Plan-Ist-Kontrollen ebenfalls als vorrangige Ziele des Kundencontrollings ermittelt. Als eher nachrangig bewerten die befragten Unternehmungen die Kundenwertmaximierung, die Optimierung der Kundenstruktur, die Informationsversorgung und die Marketingsteuerung.

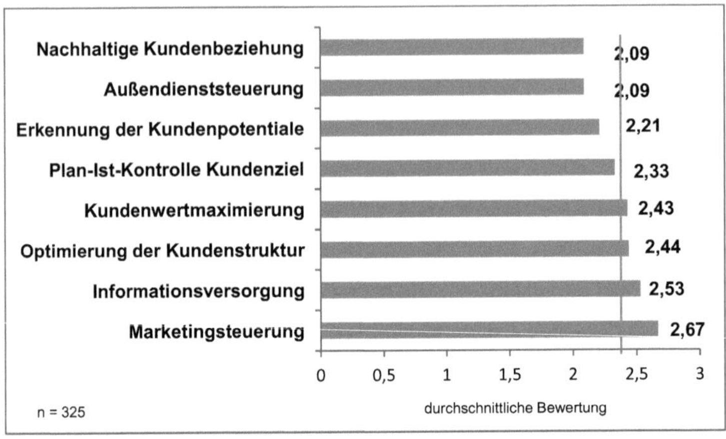

Abb. 3: Ziele des Kundencontrollings (Quelle: Vgl. Wortmann (2012), S. 80)

190 *Wortmann* führte im Jahr 2011 eine branchenübergreifende schriftliche Befragung von 2.251 Unternehmungen aus der Industrie, dem Dienstleistungsgewerbes, dem Handels und dem Finanzsektor durch, die Produkte und Dienstleistungen an Geschäftskunden vertreiben (B2B-Markt). Der versendete Fragenbogen enthielt 13 geschlossene und halb-geschlossene Fragen. Mit einer Rücklaufquote von 14,4% lagen ihm 325 Fragebögen zur quantitativ-statistischen Auswertung zur Verfügung. Zum Forschungsdesign vgl. Wortmann (2012), S. 67 ff.

191 *Wortmann* verwendete zur Bewertung der im Fragebogen angegebenen Ziele eine Skala zwischen 1 und 6, wobei 1 eine hohe Übereinstimmung der Unternehmung mit dem Ziel symbolisiert, 6 hingegen eine geringe Übereinstimmung. Zur Datenauswertung wurden für die vorliegenden nominal skalierten Werte pro Ziel ein Durchschnittswert ermittelt. Dieser zielspezifische Durchschnittswert wurde mit dem zielübergreifenden Durchschnittswert von 2,35 verglichen. *Wortmann* bewertete diejenigen Ziele als überdurchschnittlich, deren Bewertung zwischen 1 und 2,35 lag. Entsprechend wurden Ziele mit einer Bewertung von 2,36 bis 6 als unterdurchschnittlich bewertet. Zur Datenauswertung vgl. Wortmann (2012), S. 80 f.

Diese Ergebnisse geben „Anlass zur Vermutung, dass eine teilweise Diskrepanz beziehungsweise Differenz zwischen den Zielen des Kundencontrollings laut Theorie auf der einen und laut Praxis auf der anderen Seite bestehen könnte“[192]. Da *Wortmann* das koordinationsorientierte Kundencontrollingverständnis von *Schmöller* zugrunde legt, zählen die **Kundenwertmaximierung** als Ausdruck der Profitabilität der Kundenbeziehung, die **Nachhaltigkeit der Kundenbeziehungen** zur Schaffung langfristiger kundenbezogener Erfolgspotentiale sowie die **Informationsversorgung** zur Unterstützung des Kundenmanagements bei der Planung, Steuerung und Kontrolle kundenbezogener Aktivitäten zu den zentralen theoretischen Zielen und Aufgaben des Kundencontrollings.[193] Während sich das Ziel der Nachhaltigkeit der Kundenbeziehung und der Erkennung von Kundenpotentialen auch als zentrales Ziel des Kundencontrollings in der Befragung wiederfindet und damit eine Übereinstimmung zur Theorie vorliegt, wird die Kundenwertmaximierung entgegen der Theorie als weniger wichtiges Ziel des Kundencontrollings in der betrieblichen Praxis angesehen. Als Gründe hierfür ermittelte *Wortmann* „eine nachrangige Bewertung von Kundeninformationen mit direktem Bezug zur Kundenprofitabilität“ [194] sowie den Einsatz überwiegend quantitativer eindimensionaler Instrumente, die eine auf quantitativen und qualitativen Größen basierende Ermittlung des in der Theorie diskutierten mehrdimensionalen Kundenwertes nicht erlauben.[195] Die nachrangige Bewertung der Informationsversorgungsfunktion sieht *Wortmann* insofern als vertretbar an, wenn sie nicht als Ziel, sondern als Aufgabe zur Erreichung der anderen Ziele betrachtet wird. In diesem Sinne dient die Informationsversorgung zur Erreichung der überdurchschnittlich bewerteten Ziele, z.B. der Erkennung der Kundenpotentiale oder der Plan-Ist-Kontrollen. Allerdings ergibt seine Untersuchung auch, dass die verwendeten Informationen die Unternehmungen nur „suboptimal“ bei der Verfolgung ihrer Ziele unterstützen.[196] „Grundsätzlich besteht die Differenz zwischen Theorie und Praxis demnach nur für die beiden

---

[192] Vgl. Wortmann (2012), S. 81.
[193] Vgl. Wortmann (2012), S. 81.
[194] Vgl. Wortmann (2012), S. 85.
[195] Vgl. Wortmann (2012), S. 88 f.
[196] Vgl. Wortmann (2012), S. 87.

Ziele Kundenwertmaximierung und Marketingsteuerung (als Ausdruck der Unterstützungsfunktion des Kundencontrollings), da diese von der Praxis als weniger signifikant eingeordnet werden.“ [197]

Bei der Betrachtung der Ergebnisse muss kritisch berücksichtigt werden, dass neben den von *Wortmann* zur Bewertung angegebenen Zielen auch weitere Ziele des Kundencontrollings in der Praxis verfolgt werden können. Zudem wurden den befragten Unternehmungen die angegebenen Antwortmöglichkeiten nicht differenziert erläutert, so dass ein unterschiedliches Begriffsverständnis der Teilnehmer zu variierenden Ergebnissen führen kann. Ferner liegen die Durchschnittswerte der einzelnen Ziele alle zwischen zwei und drei, so dass nur geringfügige Bewertungsunterschiede erkennbar sind. Außerdem wurde die Befragung im B2B-Markt und dort branchenübergreifend durchgeführt, so dass eine vergleichbare Befragung im B2C-Markt oder für einzelne Branchen zu anderen Ergebnissen führen kann.

An dieser Stelle bleibt festzuhalten, dass die Autoren die Ziele des Kundencontrollings analog zum koordinationsorientierten Controllingansatz von *Horváth* in der Unterstützung der kundenorientierten Unternehmensführung durch die wertorientierte Steuerung der Kundenprozesse zur Erreichung der obersten Unternehmensziele sehen. Aus den Kundencontrollingzielen lassen sich deduktiv die Kundencontrollingaufgaben ableiten. Dabei besteht unter den Autoren weitgehende Einigkeit hinsichtlich der Planungs-, Kontroll-, Informations- und Koordinationsaufgaben als Kernaufgaben des Kundencontrollings, die im Folgenden näher erläutert werden.

2.2.3 Aufgaben des Kundencontrollings

Auf der Grundlage des koordinationsorientierten Controllingansatzes können die Aufgaben des Kundencontrollings „mit der Erarbeitung und Aus-

---

[197] Vgl. Wortmann (2012), S. 82.

gestaltung des Planungs-, Kontroll- und Informationssystems sowie der Abstimmung zwischen diesen Systemen umschrieben werden"[198]. *Graßhoff/Krey/Marzinzik/Niederhausen* weisen zusätzlich darauf hin, dass alle Aufgaben des Kundencontrollings darauf ausgerichtet sind, das Kundenmanagement auf allen Führungsebenen im Hinblick auf die Verbesserung der Effizienz ihrer Aufgabenstellung zu unterstützen.[199] Abb. 4 gibt einen Überblick über die von den einzelnen Autoren genannten Aufgaben des Kundencontrollings.

Autor(en)	**Aufgaben des Kundencontrollings**
Deyhle (1986, S. 113f)	▪ Kontrolle der Zielerreichung ▪ Informationsversorgung mit relevanten Kundeninformationen ▪ Beratung und Unterstützung des Managements
Witt (2000, S. 147)	▪ Informationsversorgung
Rapko (2001, S. 14 ff.)	▪ Systembildende und systemkoppelnde Koordination des Planungs-, Kontroll-, Informations-, Organisations- und Personalführungssystems ▪ Planung und Kontrolle ▪ Informationsversorgung
Schmöller (2001, S. 8ff.)	▪ systembildende und systemkoppelnde Koordination im Planungs-, Kontroll-, Informationssystem ▪ Beratung und Unterstützung ▪ Informationsversorgung
Graßhoff/Krey/Marzinzik/ Niederhausen (2003, S. 44 f.)	▪ Koordination ▪ Planung und Kontrolle ▪ Informationsversorgung
Preißner (2003, S. 12ff.)	▪ Koordination des gesamten Führungssystems ▪ Operative und strategische Planung und Kontrolle ▪ Informationsversorgung
Schröder/Schettgen (2006a, S. 274) sowie Schröder (2006, S. 1048)	▪ Zielorientierte Koordination ▪ Beratung und Unterstützung des Managements bei der Planung, Führung und Kontrolle ▪ Aufbau und Pflege eines Informationssystems sowie Informationsversorgung

[198] Graßhoff/Krey/Marzinzik/Niederhausen (2003), S. 20 f.
[199] Vgl. Graßhoff/Krey/Marzinzik/Niederhausen (2003), S. 9.

Autor(en)	Aufgaben des Kundencontrollings
Burgartz (2005, S. 757f.)	▪ Koordination des Führungssystems Planung und Kontrolle kundenbezogener Aktivitäten ▪ Informationsversorgung
Chen (2007, S. 21)	▪ Koordination ▪ Informationsversorgung
Stüker (2008, S. 39 f.)	▪ Koordination ▪ Planung und Kontrolle ▪ Informationsversorgung
Wortmann (2012, S. 13 ff.)	▪ Koordination ▪ Planung und Kontrolle ▪ Informationsversorgung

Abb. 4: Aufgaben des Kundencontrollings

Aufgrund der engen Verzahnung des Kundencontrollings mit anderenTeilbereichen des Controllings bezieht sich nach *Schmöller* die **Koordinationsfunktion** des Kundencontrollings auf die Abstimmung verschiedener Wertschöpfungsstufen, wie etwa der Produktion und dem Vertrieb.[200] „Insofern beinhaltet die Koordinationsfunktion im Rahmen des Kundencontrollings sowohl die Koordination innerhalb und zwischen den kundenbezogenen Führungsteilsystemen (wie bspw. der operativen und strategischen kundenbezogenen Planung) als auch die Koordination mit dem Controlling anderer Bereiche (bspw. die Koordination zwischen der kundenbezogenen Planung und der Produktionsplanung) und zudem die Koordination mit dem Unternehmens-Controlling (bspw. die Einbindung der kundenbezogenen Planung in die Unternehmensplanung)."[201] *Schmöller* hebt auf diese Weise die Bedeutung der systemkoppelnden Koordinationsfunktion des Kundencontrollings hervor. Andererseits müssen diese Abstimmungsprozesse innerhalb des gegebenen Systemgefüges durch Abstimmungstätigkeiten im Rahmen der Entwicklung von Planungs-, Kontroll- und Informationssystemen (systembildende Koordination) ergänzt werden.[202]

[200] Eine ausführliche Darstellung des informationsorientierten Ansatzes des Kundencontrolling von *Schmöller* erfolgt in Kap. 2.2.5.1.
[201] Schmöller (2001), S. 14.
[202] Vgl. Schmöller (2001), S. 14.

Stüker[203] konkretisiert als zentrale „Aufgabe des wertorientierten Kunden-Controlling, den Kundenwert durch Bereitstellung der entsprechenden Instrumente zur Kundenplanung, -bewertung, -steuerung und –kontrolle zu ermitteln“[204]. In diesem Sinne werden im Rahmen der **Informationsversorgungsfunktion** die kundenbezogenen Informationen bereitgestellt, die der Bewertung der Kunden sowie der Planungs- und Kontrollaufgaben dienen.[205] Letztendlich müssen diese Kundeninformationen hinsichtlich der Art, Quantität und Qualität derart gestaltet sein, dass sie zur Entscheidungsunterstützung bei kundenbezogenen Entscheidungen unterschiedlichster Art herangezogen werden können. Im Rahmen des **Planungsprozesses** erfolgt die Planung der Kundenwerte, deren Operationalisierung sowie die Vorgabe von Soll-Werten hinsichtlich der zukünftigen aus der Kundenbeziehung resultierenden Wertbeiträge. Letztendlich soll der Kundenwert den Entscheidungsträgern Antworten bspw. auf die Fragen geben: Soll eine Kundenbeziehung intensiviert, der Status Quo beibehalten oder die Kundenbeziehung sogar abgebrochen werden? Lohnt sich die Neukundenakquisation des Kunden X? Im anschließenden **Kontrollprozess** werden Abweichungsanalysen zur Bestimmung der Ursachen bei festgestellter Soll-Ist-Abweichung der Kundenwerte durchgeführt. Letztendlich resümiert *Stüker*: „Ohne den Kundenwert ist eine Planung, Steuerung und Kontrolle der Kunden nicht möglich.“[206]

Schröder/Schettgen[207] resümieren aus den Ergebnissen ihrer **empirischen Untersuchungen** in den Jahren 2001 und 2005 im deutschen Textil- und Bekleidungseinzelhandel als Hauptaufgabe und „Erfolgsrezept“ des Kundencontrollings die „Erhebung und Analyse personenbezogener Kundendaten, die als quantitative und qualitative Informationen zur Verfügung stehen sollen“[208]. Diese primäre **Informationsversorgung** schließt die Weiterleitung der relevanten Informationen an das Customer Relation-

---

[203] Eine ausführliche Darstellung des wertorientierten Kundencontrollingsansatzes von *Stüker* erfolgt in Kap. 2.2.5.2.
[204] Stüker (2008), S. 39.
[205] Vgl. Stüker (2008), S. 39 ff.
[206] Stüker (2008), S. 41.
[207] Eine ausführliche Darstellung der Ergebnisse der empirischen Untersuchungen von *Schröder/Schettgen* erfolgt in Kap. 2.2.5.3.
[208] Schröder/Schettgen (2006a), S. 274.

ship Management zur Entscheidungsunterstützung ein.[209] Darüber hinaus ergaben ihre Befragungen, dass die teilnehmenden Unternehmungen ihre Aktivitäten innerhalb des Informationsprozesses sowie im Planungs- und Kontrollprozess systematisch ausgebaut haben. Vor allem die an beiden Befragungen teilnehmenden Unternehmungen steigerten ihre Aktivitäten im Kundencontrolling. „Die Firmen haben den Kunden als Erfolgsfaktor erkannt und sind bestrebt, ihre Anstrengungen auf ihn abzustimmen."[210]

Die **Aufgaben des Kundencontrollings** verdeutlichen, dass der Informationsversorgungsfunktion des Kundencontrollings neben der Koordinationsfunktion eine hervorgehobene Bedeutung beigemessen wird.[211] Im Rahmen der Informationsversorgungsfunktion besteht die Aufgabe des Kundencontrollings in der Erhebung von kundenbezogenen Informationen sowie deren Analyse mittels Instrumenten zur Bewertung der Kunden, um „zu einer langfristig profitablen und risikobewussten Strukturierung der Kundschaft bei(zutragen)"[212]. Zu diesem Zweck werden überwiegend monetäre, quantitative Größen aus einer adäquaten internen Unternehmensrechnung berücksichtigt, die um nicht-monetäre, qualitative Informationen zur langfristigen Auswahl potentialträchtiger Kunden erweitert werden.[213] Auf der Grundlage dieser Informationen werden unter Zuhilfenahme der Verfahren zur Kundenbewertung der Wert der einzelnen Kunden berechnet und zur Steuerung der Kundenprozesse verwendet. Im Folgenden wird daher ein Überblick über die im Kundencontrolling verwendeten Verfahren zur Kundenbewertung gegeben.

2.2.4 Instrumente des Kundencontrollings

Die Instrumente des Kundencontrollings zielen auf die Analyse von kundenbezogenen Informationen zur Bestimmung des aktuellen und zukünftigen Wertes einer Kundenbeziehung ab, um auf diese Weise die wertvoll-

---

[209] Vgl. Schröder/Schettgen (2003), S. 4.
[210] Schröder/Schettgen (2006a), S. 274.
[211] Vgl. Schröder/Schettgen (2006), S. 275.
[212] Preißner (2000), S. 60.
[213] Vgl. Schmöller (2001), S. 189; Burgartz (2005), S. 757.

sten Kunden zu identifizieren und zukünftig die vorhandenen Ressourcen der Unternehmung sinnvoll mittels Fokussierung auf diese Kunden einzusetzen.[214] Die Bestimmung dieses Kundenwertes ist jedoch ein gleichsam komplexes wie bis dato nicht abschließend diskutiertes Problem. Die Literatur zu diesem Thema ist schier unüberschaubar, da sich in nahezu allen aktuellen Veröffentlichungen zum (Kunden)Controlling und Marketing Ansätze, Konzepte, Reflexionen und Anwendungsbeispiele zum Thema Kundenwert finden lassen.[215] Im Folgenden werden aufbauend auf dem in Kapitel 2.2.1.2. dargestellten Grundverständnis des Begriffs Kundenwert aus Unternehmenssicht die Instrumente des Kundencontrollings zur Ermittlung der Kundenwerte systematisiert. Abschließend wird das Modell des Customer Lifetime Value als das aktuell am häufigsten diskutierte Verfahren des Kundencontrollings vorgestellt und mit Blick auf die zugrunde liegende Problemstellung gefragt, in wieweit dort Informationen oder Wissen in die Bewertung der Kundenbeziehung einfließen bzw. sich hieraus ein zusätzlicher Forschungsbedarf eröffnet.

2.2.4.1 Systematisierung der Instrumente des Kundencontrollings

Die Systematisierung der Verfahren zur Ermittlung des Kundenwertes nach *Bruhn et al.* unterscheidet zunächst zwischen heuristischen und quasi-analytischen Verfahren und unterteilt diese anschließend nach der Verwendung monetärer bzw. nicht-monetärer Größen und dem Zeitbezug in statische oder dynamische Verfahren.[216] Während **heuristische** Verfahren die Struktur des Kundenportfolios eines Unternehmens abbilden und Hinweise zur Kundenbewertung geben, zielen die auf mathematischen Verfahren beruhenden **quasi-analytischen** Verfahren auf eine Bewertung des Kundenportfolios und ermöglichen somit den quantitativen Vergleich von Kunden.[217] Abb. 5 veranschaulicht die Systematisierung der Verfahren zur Kundenbewertung nach *Bruhn et al.*

---

[214] Vgl. Stüker (2008), S. 38.
[215] Vgl. Mödritscher (2008), S. 155 f.
[216] Vgl. Bruhn et al. (2000), S. 167 ff.
[217] Vgl. Bruhn et al. (2000), S. 169.

Klassifikation			Berechnungskonzepte/Analyseinstrumente
heuristisch	nicht-monetär	statisch	• Demografische und ökonomische Segmentierung • Klassifikationsschlüssel • Positiv Cluster • Kundenportfolio • Kundenzufriedenheitsanalysen
		dynamisch	• Loyalitätsleiter
	monetär	statisch	• ABC-Analyse
		dynamisch	• ABC-Analyse mit dynamischen Werten • Kundenlebenszyklusanalyse
quasi-analytisch	nicht-monetär	statisch	• Scoring-Tabelle • Scoring-Tabelle mit mikrogeografischen Daten
		dynamisch	• Scoring-Tabelle mit Potentialwerten (RFMR-Tabelle)
	monetär	statisch	• Kundendeckungsbeitragsrechnung • Kundenbezogene Erlösrechnung • Kundenbezogene Rentabilitätsrechnung • Kundenbezogene Kostenrechnung
		dynamisch	• Kundendeckungsbeitragspotential • Customer Equity • Customer Lifetime Value

Abb. 5: Systematisierung der Verfahren zur Kundenbewertung nach *Bruhn et al.* (Quelle: Bruhn et al. (2000), S. 170)

Eine andere Systematisierung der Bewertungsmethoden zur Bestimmung des Kundenwertes im Kundencontrolling vertritt *Schmöller*, die nach **Instrumenten des operativen und strategischen Kundencontrollings** unterteilt (Vgl. Abb. 6).

Da der Fokus des operativen Kundencontrollings auf der Sicherstellung der Liquidität sowie der Generierung von Erfolg liegt, stellen die Erlös-, Kosten- und die kundenbezogene Erfolgsrechnung auf Einzelkunden- bzw. Kundengruppenebene die Instrumente des operativen Kundencontrollings dar.[218] Die zur Berechnung erforderlichen quantitativen monetär

[218] Vgl. Schmöller (2001), S. 15 ff. und 20 ff.

Instrumente des operativen Kundencontrolling	Instrumente des strategischen Kundencontrolling
• Kundenbezogene Erlösrechnung • Kundenbezogene Kostenrechnung • Kundenbezogene Erfolgsrechnung	*Erkennung von Erfolgspotentialen* • Kundenzufriedenheit • Kundenloyalität • Beschwerden • Kundenpotentiale • Kundenbezogene Kennzahlen • Kundenlebenszyklus • ABC-Analyse • Kundenportfolio • Kundenbezogene SWOT-Analyse *Bewertung von Erfolgspotentialen* • Kundenkapitalwert • Qualitative Bewertung von Kundenpotentialen • Kundenbezogener Optionswert • Kundenbezogener Entscheidungswert

Abb. 6: Systematisierung der Instrumente des Kundencontrollings nach *Schmöller* (Quelle: Schmöller (2001), S. 16)

messbaren Größen werden aus dem internen Rechnungswesen einer Unternehmung entnommen. Im **strategischen** Kundencontrolling kommen diejenigen Instrumente zur Ermittlung der Kundenwerte zum Einsatz, die der Erkennung und Bewertung von Erfolgspotentialen dienen.[219] Zur **Erkennung** von kundenbezogenen Erfolgspotentialen eignen sich nach *Schmöller* u.a. die Analyse der Kundenzufriedenheit, Kundenloyalität und des Kundenpotentials sowie eine kundenbezogenen SWOT-Analyse. Zur **Bewertung** von kundenbezogenen Erfolgspotentialen empfiehlt *Schmöller* die Verwendung des Kundenkapitalwertes, der um Scoring-Modelle als Bewertungsverfahren der qualitativen Wertkomponenten und um die monetäre Bewertung von kundenbezogenen Realoptionen ergänzt werden sollte.[220] Durch die Aggregation dieser drei Größen (Kundenkapitalwert, qualitativer Wert, Optionswert) zu einem monetären Entscheidungswert erfolgt die Bewertung von kundenbezogenen Erfolgspotentialen im Rahmen des strategischen Kundencontrollings. Dabei gibt die Autorin jedoch zu bedenken, dass zwar der Kundenkapitalwert und der kundenbezogene

[219] Vgl. Schmöller (2001), S. 15 f. und S. 108 ff.
[220] Vgl. Schmöller (2001), S. 171 ff.

Optionswert eine monetäre Größe darstellen und deren Zusammenführung in einem erweiterten Barwert einfach ist.[221] Schwieriger wird die Aggregation dieses finanziellen Wertes mit dem qualitativen Wert des Ressourcenpotentials, da für dieses Näherungswerte eines in Geldeinheiten ausgedrückten Äquivalents gefunden werden muss, um eine Gewichtung zu ermitteln.

Die Instrumente des strategischen Kundencontrollings zeichnen sich insbesondere dadurch aus, dass sie zukunftsorientierte Informationen generieren, wie dieses etwa bei der Berechnung des Customer Lifetime Value oder der Ermittlung von Indikatoren für den Kundennutzen der Fall ist (Kundenzufriedenheit, Kundenloyalität, kundenbezogene SWOT-Analysen); zum anderen werden solche Instrumente eingesetzt, die nichtmonetäre Informationen (z.B. die Kundenzufriedenheit) liefern sowie der Aufbereitung qualitativer Informationen dienen (bspw. zur Bewertung von indirekten Kundenpotentialen oder zur Analyse der Kundenstruktur mit Hilfe der Portfolio-Analyse).[222] Da eine überschneidungsfreie Zuordnung der Instrumente zum operativen und strategischen Kundencontrolling nicht eindeutig möglich ist, ist die Systematisierung der Instrumente nach *Schmöller* kritisch zu betrachten.

Aufgrund der vielfältigen Literatur zu den Verfahren zur Kundenbewertung wird an dieser Stelle auf deren ausführliche Darstellung verzichtet und stattdessen auf die umfangreiche Literatur zu diesem Thema verwiesen.[223] Grundsätzlich bleibt jedoch festzuhalten, dass der zentrale **Kritikpunkt** der statischen Kundenbewertungsverfahren in deren periodenbezogenen und damit kurzfristigen Perspektive besteht, die der zunehmenden Bedeutung von mehrperiodigen Geschäftsbeziehungen der Kunden nicht gerecht wird. Im Rahmen solcher Geschäftsbeziehungen fallen zu Beginn üblicherweise hohe Akquisationskosten an, die sich erst in den späteren Peri-

---

[221] Vgl. Schmöller (2001), S. 181.
[222] Vgl. Schmöller (2001), S. 15.
[223] Vgl. Rödl (2010), S. 26 ff., Schneider (2007), Tewes (2003), Rudolf-Sipötz (2001), Schmöller (2001), Cornelsen .2000), Homburg/Schnurr (1999), Rieker (1995).

oden amortisieren.[224] Erfassen bspw. die Ansätze zur kundenbezogenen Erfolgsrechnung, bei denen Einzel- und Gemeinkosten durch Schlüsselung verursachungsgerecht den Kunden und Kundengruppen zugerechnet werden, eine Periode zu Beginn der Geschäftsbeziehung, wird der Kunde tendenziell zu schlecht beurteilt. Demgegenüber werden Kunden gegen Ende der Geschäftsbeziehung tendenziell zu gut bewertet, da die bereits in den Vorperioden investierten Kosten aus der Betrachtung herausfallen.[225] Demzufolge eignen sich die periodenbezogenen Kundenerfolgsrechnungen nur sehr eingeschränkt für die Identifikation dauerhaft wertsteigernder Kunden. Das Kundencontrolling wird vielmehr verleitet, Kunden, die unregelmäßig, wenig und mit vergleichsweise hohem Betreuungsaufwand bei der Unternehmung kaufen, als potentiell unprofitabel zu bewerten und im Sinne einer wertorientierten Unternehmensführung als nicht zielführend einzustufen. Damit wird u.U. jedoch übersehen, dass solche Kunden auch Neukunden am Anfang einer längerfristigen Kundenbeziehung sein können, die potentiell profitabel sein kann. An dieser Stelle wird ein Anwendungsproblem der statischen Bewertungsverfahren offensichtlich, die auf rein monetären Größen basieren, auch wenn sie den Unternehmungen gleichsam die Möglichkeit bieten, Kunden anhand ihrer Profitabilität in der Vergangenheit zu bewerten.[226]

Sofern im Rahmen der statischen Bewertungsmodelle neben monetären Größen auch **nicht-monetäre** Faktoren berücksichtigt werden, werden in der unternehmerischen Praxis insbesondere die Scoring-Modelle und Kunden-Portfolios eingesetzt. **Scoring-Modelle** ermöglichen neben der Berücksichtigung von monetären Größen (z.B. Umsatz) auch die Einbeziehung von nicht-monetären, kaufverhaltensrelevanten Größen (z.B. Kundenzufriedenheit oder Kundenloyalität), die unter Einbeziehung von Gewichtungsfaktoren mit Punkten zu einem Gesamtscore verdichtet werden. Allerdings weisen auch sie eine Reihe von Problemen auf, die u.a. in der Subjektivität ihrer Kriterienauswahl, ihrer Gewichtung sowie ihrer Be-

---

[224] Vgl. Henseler/Hoffmann (2003), S. 132.
[225] Vgl. Cornelsen (2000), S. 132.
[226] Vgl. Stahl/Matzler/Hinterhuber (2003), S. 186.

wertung, in der oft fehlenden Berücksichtigung von Interdependenzen zwischen den Kriterien und den mathematisch unzulässigen Operationen bei rangskalierten Werten bestehen.[227] Demgegenüber müssen bei den **Portfolio-Analysen** die monetären und nicht-monetären Faktoren nicht auf dem gleichen Skalenniveau gemessen werden, und in ihrer Anschaulichkeit und Praktikabilität besteht ihr entscheidender Anwendungsvorteil. Allerdings steht in ihrem Mittelpunkt die Gestaltung des gesamten Kundenstamms, während die Bewertung der individuellen Kundenbeziehungen nur einen Bestandteil darstellt. Da die abgeleiteten Normstrategien in der Regel undifferenziert und theoretisch kaum begründbar sind, sollten Empfehlungen für die Verhaltensweisen gegenüber individuellen Kunden nicht abgeleitet werden.[228]

Die Ausführungen haben aufgezeigt, dass die ausschließliche Ausrichtung auf periodische Kundenwerte zu einer Priorisierung kurzfristiger Marketingmaßnahmen führt und dem Ziel der Steigerung des Periodenerfolgs dient. Dies steht im Konflikt zur Wertorientierung und dem Ziel der Unternehmenswerterhöhung. Daher ist die Betrachtungsperspektive zu ändern, indem Bewertungsverfahren auf die zukünftigen monetären und nicht-monetären Wertbeiträge eines Kunden zu richten sind. In einer periodenübergreifenden Betrachtung werden hierbei die Kundenbeziehungen als Investitionsobjekt betrachtet, die langfristig einen Beitrag zu den Unternehmenszielen leisten. Allerdings müssen sich auch diese Verfahren zur Berechnung eines dynamischen Kundenwertes einer Reihe von Anforderungen stellen. *Mödritscher* zählt zu diesen insbesondere die Herausforderungen, die sich durch die Entscheidungssituation an sich, die Einschätzungs- und Prognoseunsicherheit sowie durch die gegebenen Handlungsspielräume des Managements ergeben.[229] Gleichzeitig sind kostenseitige Verrechnungsprobleme, Risikoeinschätzungen sowie der Zeitpunkt der Berechnung maßgeblich für die Aussagekraft der dynamischen Bewertungsverfahren. Als zentrale Herausforderungen sieht *Mödritscher* an, „ei-

---

[227] Vgl. Plinke (1997), S. 140; Link/Hildebrand (1997), S. 170; Schermuth (1996), S. 84; Rieker (1995), S. 68.
[228] Vgl. Helm/Günter (2006), S. 20; Plinke (1997), S. 144 f.
[229] Vgl. Mödritscher (2008), S. 203 ff.

nerseits Unsicherheiten in der Bewertung zu reduzieren, andererseits Flexibilitäten bei den Entscheidungen zur Gestaltung der Kundenbeziehung in die Analysen zu inkludieren“[230]. Außerdem können die dynamischen Verfahren zur Kundenwertermittlung nur dann erfolgreich in der Unternehmung implementiert werden, wenn im Sinne der Informationsökonomie die Ausgangswerte mit vertretbarem Aufwand beschafft werden können und die eingesetzten Verfahren nachvollziehbar und verständlich sind. Demzufolge werden derzeit in der Unternehmung überwiegend „robuste“ Schlüsselzahlen, wie Umsatz, Absatz, Deckungsbeitrag oder Kundenzufriedenheit etc. eingesetzt, da diese am ehesten informationsökonomisch gewonnen werden können.[231]

Gleichzeitig finden in der Literatur zum Kundencontrolling die quasianalytischen und dynamischen Verfahren zurzeit eine besondere Aufmerksamkeit, wobei an erster Stelle das Konzept des Customer Lifetime Value (CLV) zu nennen ist.[232] Dieses Konzept wurde in einer Reihe von Arbeiten auf die theoretische Fundierung, praktische Tauglichkeit und empirische Relevanz hin untersucht.[233] Es kann vorweggenommen werden, dass dieses Konzept trotz mehrfacher positiver Aspekte, wie etwa Hinweise auf eine wertorientierte Steuerung der Kundenbasis, nicht unkritisch betrachtet wird. Auch wenn der Customer Lifetime Value die gegenwärtigen und zukünftigen Wertbeiträge eines Kunden berücksichtigt, werden als Hauptkritikpunkte der hohe Aufwand der Berechnung und die zu geringe und zum Teil problematische Einbeziehung qualitativer Aspekte angesehen. Andererseits bietet es vor dem Hintergrund der vorliegenden Problemstellung wertvolle Anknüpfungspunkte für eine Bewertung der Kundenbeziehung unter Einbeziehung des Kundenwissens als nicht-monetäre Bestimmungsgröße und soll daher als ausgewähltes Instrument des Kundencontrollings dargestellt werden.

---

[230] Mödritscher (2008), S. 258.
[231] Vgl. Reinecke/Reibstein (2002), S. 22.
[232] Vgl. Schmöller (2001), S. 151 ff.; Stüker (2008), S. 167 ff.
[233] Vgl. Rödl (2010), S. 37 ff.; Mödritscher (2008), S.157; Tewes (2003), Eberling (2002), Rudolf-Sipötz/Tomczak (2001), Cornelsen (2000).

2.2.4.2 Customer Lifetime Value Ansatz als ausgewähltes Instrument des Kundencontrollings

2.2.4.2.1 Das Konzept des Customer Lifetime Value

Der Customer Lifetime Value stellt ein quasi-analytisches, monetär dynamisches Verfahren für die Bewertung von Einzelkunden dar. *Dwyer* entwickelte Ende der 1980er Jahre als einer der ersten den Customer Lifetime Value mit dem Ziel, die kundenbezogene Erfolgsrechnung über die gesamte Dauer der Kundenbeziehung zu dynamisieren.[234] Prinzipiell bewertet der CLV einzelne Kunden anhand der ihnen zurechenbaren zukünftigen Einzahlungen und Auszahlungen über die gesamte Dauer der Kundenbeziehung.[235] Der CLV basiert auf investitionstheoretischen Grundlagen, so dass er im Gegensatz zu kostenrechnerischen Verfahren nicht Kosten- und Erlösgrößen, sondern Ein- und Auszahlungen berücksichtigt.[236] In diesem Sinne handelt es sich beim Customer Lifetime Value um den Barwert aller zukünftigen Zahlungsströme eines Kunden.[237]

In der Literatur wird die Berechnung des CLV teilweise mit dem Kundenlebenszyklus verbunden, der die Kundenbeziehung in die Phasen des Werdens und Vergehens einteilt.[238] *Rödl* führt jedoch kritisch an, dass im Falle häufiger Käufe, kleiner Kaufsummen und einer fehlenden vertraglichen Kundenbeziehung, die Identifikation einer sich entwickelnden oder endenden Kundenbeziehung kaum möglich ist.[239] Da dieses Verhalten auch nicht pauschal für einen Händler, eine Einkaufsstätte oder eine Warengruppe gelten muss, sondern bspw. von Händler zu Händler oder Warengruppe zu Warengruppe variieren kann, erscheint der Kundenlebenszyklus als allgemeingültiges Konzept zur phasenbezogenen Einteilung der Kundenbeziehung für nicht geeignet. Vielmehr ergaben die Untersuchungen von *Rödl,* dass der Haushaltslebenszyklus im Lebensmittelhandel für die Be-

---

234 Vgl. Dwyer (1989), S. 8 ff, Dwyer (1997), S. 6 ff.
235 Vgl. Rödl (2010), S. 37; Reinartz/Kumar (2000), S. 18; Weiber/Weber (2000), S. 485
236 Vgl. Plinke (1989), S. 316; Rudolf-Sipötz (2001), S. 16; Schmöller (2001), S. 163.
237 Vgl. Dwyer (1989), S. 9.
238 Vgl. Böhrs (2005), S. 71; Kirchner (2003), S. 272; Bauer/Hammerschmidt/Brähler (2002), S. 326; Stauss (2000), S. 15 ff.; Cornelsen (2000), S. 132 ff.
239 Vgl. Rödl (2010), S. 38.

rechnung des Customer Lifetime Value relevant ist.[240] Werden diese Erkenntnisse auf den Bekleidungseinzelhandel mit seiner für den Kollektionseinkauf und -verkauf charakteristischen saisonalen Gliederung in eine Frühjahr/Sommer- und Herbst/Winter-Saison übertragen, bietet sich ein „Saisonlebenszyklus“ von Kunden an. Die empirische Untersuchung und konzeptionelle Erarbeitung eines „Saisonlebenszyklus“ zur phasenbezogenen Einteilung der Kundenbeziehung im Bekleidungseinzelhandel gehört zu den Aufgaben zukünftiger Forschungsvorhaben.

2.2.4.2.2 Bewertungsfaktoren des Customer Lifetime Value

Die Aufdeckung der relevanten Bewertungsfaktoren des Customer Lifetime Value und die Bildung eines logisch-konsistenten Werttreibersystems bezeichnen *Weber/Lissautzki* als „Herzstück und größte Herausforderung der Kundenwertforschung“[241]. Dieses liegt nicht zuletzt daran, dass in der Literatur keine Einigkeit über eine Systematisierung der Bewertungsfaktoren des Customer Lifetime Value besteht.[242] Es werden monetäre/nicht-monetäre[243], quantitative/qualitative[244], markt-/ressourcenbezogene[245] und ökonomische/vorökonomische[246] Faktoren unterschieden. Die Unterscheidungskriterien streben mit einer Ausnahme die Messbarkeit der Bewertungsfaktoren an, so dass bspw. quantitative umsatz- und kostenbezogene Bewertungsfaktoren als direkt monetär messbare Größen und qualitative Faktoren als indirekt messbare Größen unterschieden werden können.[247]

Die Wissenschaft hat sich intensiv mit der Entwicklung und Operationalisierung von qualitativen **Kundenbewertungsfaktoren** be-

[240] Vgl. Rödl (2010), S. 38.
[241] Weber/Lissautzki (2004), S. 18.
[242] Vgl. Bauer/Stokburger/Hammerschmidt (2006), S. 49; Böhrs (2005), S. 57; Weber/Lissautzki (2004), S. 86 ff.; Bauer/Hammerschmidt/Brähler (2002), S. 327 ff.; Cornelsen (2000), S. 170 ff.
[243] Vgl. Gelbrich (2001), S. 54; Gust (2001), S. 60; Krüger/Stromayer (2000), S. 114.
[244] Vgl. Homburg/Schnurr (1999), S. 2; Rieker (1995), S. 50.
[245] Vgl. Rudolf-Sipötz/Tomczak (2001), S. 15.
[246] Vgl. Friedrichs-Schmidt (2003), S. 24; Eberling (2002), S. 130.
[247] Vgl. Rödl (2010), S. 39.

fasst, mit dem Ergebnis, dass eine Vielzahl von Begriffen in der Literatur diskutiert wird. Neben dem Referenzpotential[248], Informations[249]- und Cross-Selling-Potential[250] finden sich auch die Begriffe Ausstrahlungspotential[251], Loyalitäts-/Kundenbindungspotential[252], Kooperationspotential[253], Synergiepotential[254] oder Innovationspotential.[255] Bereits die Vielzahl der diskutierten qualitativen Konstrukte lassen nicht nur die Schwierigkeiten bei der Operationalisierung und Messung der qualitativen Faktoren und den hohen methodischen Anspruch an deren Einbeziehung in den quantitativen Customer Lifetime Value, sondern auch die mangelnde Trennschärfe der Konstrukte erahnen.[256]

Mit Blick auf die vorliegende Problemstellung und die im folgenden Kapitel vorzustellenden Ansätze des Kundencontrollings von *Schmöller* und *Stüker* wird im Folgenden das Modell des Kundenwertes nach *Rudolf-Sipötz* vorgestellt.[257] Grundsätzlich definiert die Autorin den **Kundenwert** als „quantifizierten Nutzen, den das Unternehmen durch den Kunden erfährt"[258]. Sie folgt damit dem gerundiven Wertverständnis[259] nach *Engels*, wonach der Kundenwert als Maßstab für die Vorziehenswürdigkeit des Kunden verstanden werden kann. Hierdurch löst sie sich von der engen Interpretation des Wertes als ausschließlich monetäre Größe und bezieht nicht-monetäre Größen zur Bewertung des Kunden mit ein. Entsprechend liegt der Schwerpunkt ihrer Betrachtung auf der Darstellung der qualitativen nicht-monetären Bewertungsfaktoren und bietet Ansatzpunkte für eine Integration des Kundenwissens in den Customer Lifetime Value. Grund-

---

[248] Vgl. Cornelsen (2006), S. 183 ff.; Diller (2002), S. 307 f.; Rudolf-Sipötz (2001), S. 108 f.; Homburg/Schnurr (1999), S. 6 f.
[249] Vgl. Schneider (2007), S. 116 ff.; Gelbrich (2001), S. 58; Rudolf-Sipötz (2001), S. 113 ff.; Cornelsen (2000), S. 224.
[250] Vgl. Friedrichs-Schmidt (2003), S. 26; Gelbrich (2001), S. 57; Cornelsen (2000), S. 172 ff.
[251] Vgl. Rieker (1995), S. 58 f.
[252] Vgl. Tewes (2003), S. 110.
[253] Vgl. Schneider (2007), S. 116 ff.; Friedrichs-Schmidt (2003), S. 29 f.; Rudolf-Sipötz (2001), S. 121 ff.; Homburg/Schnurr (1999), S. 5.
[254] Vgl. Rudolf-Sipötz (2001), S. 129 ff.
[255] Vgl. Homburg/Schnurr (1999), S. 5.
[256] Vgl. Rödl (2010), S. 42; Eberling (2002), S. 153 f.; Rudolf-Sipötz (2001), S. 122 f.
[257] Vgl. im Folgenden Rudolf-Sipötz (2001).
[258] Rudolf-Sipötz (2001), S. 14.
[259] Vgl. Kap. 2.2.1.1.

sätzlich unterscheidet *Rudolf-Sipötz* zwischen dem einen direkten Beitrag zum Unternehmenserfolg leistenden Marktpotential des Kunden und dem einen indirekten Beitrag leistenden Ressourcenpotential. Abb. 7 veranschaulicht die Kundenwertkomponenten nach *Rudolf-Sipötz.*

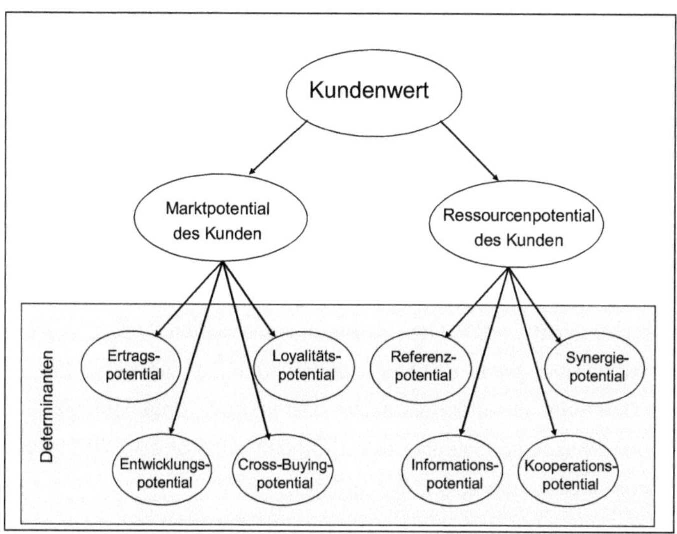

Abb. 7: Kundenwertkomponenten nach *Rudolf-Sipötz* (Quelle: Rudolf-Sipötz (2001), S. 95)

Das **Marktpotential** eines Kunden stellt den Verkaufserfolg dar, den ein Kunde gegenwärtig oder zukünftig als Abnehmer von Leistungen im Rahmen der Geschäftsbeziehung dem Unternehmen verschafft.[260] Der Kunde wird hier als reiner Umsatz- und Kostenträger angesehen, so dass direkte ökonomische und vorherrschend quantitative Größen als Indikatoren für das Marktpotential herangezogen werden.[261] Folglich setzt sich das Marktpotential aus seinem gegenwärtigen monetären Beitrag zum Unternehmenserfolg (Ertragspotential) sowie seinen aus seiner Bedarfsentwicklung heraus resultierenden zukünftigen Erträgen (Entwicklungspotential) zusammen. Darüber hinaus basiert das Marktpotential eines Kunden auf

---

[260] Vgl. Rudolf-Sipötz (2001), S. 95.
[261] Vgl. Rudolf-Sipötz (2001), S. 93.

sämtlichen zusätzlichen unabhängigen Geschäften, die der Kunde in anderen als den bisherigen Geschäftsbereichen und in einem bestimmten Zeitraum zu tätigen beabsichtigt bzw. prinzipiell von seinem Bedarf ausgegangen werden kann (Cross-Buying-Potential). Letztlich bezeichnet das Loyalitätspotential eines bestimmten Kunden die Affinität des Kunden zur Kontinuität in der Beziehung mit einem bestimmten Anbieter.

Den Schwerpunkt der Betrachtung der Kundenwertkomponenten legt *Rudolf-Sipötz* auf die Konzeptionalisierung des **Ressourcenpotentials** eines Kunden, also seines indirekten Beitrags zum Unternehmenserfolg.[262] Dieser Vorgehensweise liegt der Gedanke der Kundenbeziehungen als Investitionsobjekt zugrunde, wonach der Kunde nicht nur als reiner Umsatz- und Kostenträger, sondern vielmehr als Wert- und Vermögensbestandteil des Anbieters betrachtet wird.[263] Dem ressourcenorientierten Ansatz folgend dient der Kunde bei dieser Sichtweise aufgrund seines indirekten Beitrages zum Unternehmenserfolg als aktive oder passive Unternehmensressource. Das Ressourcenpotential eines Kunden umfasst sein Referenz-, Informations-, Kooperations- und Synergiepotential.[264]

Das **Referenzpotential** beschreibt das Weiterempfehlungsverhalten eines Kunden, das durch die Anzahl potentieller Kunden determiniert wird, die der zu bewertende Kunde innerhalb seines Kundenlebenszyklus aufgrund seines Weiterempfehlungsverhaltens, seines Einflussvermögens und der Größe, Art, Kontakthäufigkeit und Kontaktintensität seiner sozialen Beziehungsnetzwerke erreicht. Dabei kann der Kunde sowohl positive als auch negative Informationen weitergeben. Für das Unternehmen besitzt der Kunde einen umso größeren Wert, je höher die durch positive Weiterempfehlungen entstehenden neuen oder zusätzlichen Einzahlungen seitens der (Neu)Kunden sind. Entsprechend muss auch berücksichtigt werden, dass ein unzufriedener Kunde mit ehemals hohem Referenzpotential nicht nur aufgrund von zukünftig niedrigeren direkten Einzahlungsüberschüs-

---

[262] Vgl. Rudolf-Sipötz (2001), S. 94.
[263] Vgl. Rudolf-Sipötz (2001), S. 108.
[264] Vgl. im Folgenden Rudolf-Sipötz (2001), S. 108 ff.

sen, sondern auch über die Weitergabe von negativen Informationen an andere Kunden zu niedrigeren Einzahlungsüberschüssen beitragen kann.

Unter dem Begriff des **Informationspotentials** eines Kunden fasst *Rudolf-Sipötz* alle Informationen zusammen, die dieser direkt an die Unternehmung weitergibt und die in irgendeiner Art und Weise für die Unternehmung wertgenerierend sind.[265] Das wesentliche Definitionskriterium des Informationspotentials ist somit, dass es sich immer auf „Informationsströme vom Kunden zum Unternehmen“ [266] richtet, während sich das Referenzpotential auf Informationsströme vom Kunden zum sozialen Umfeld des Kunden bezieht. Die Informationen des Kunden können sowohl operative als auch strategische Bedeutung für die Unternehmung besitzen und deren Inhalt erstreckt sich auf unterschiedliche Themen und Bereiche mit entsprechenden Inhalten, z.B. Kundenbedürfnisse, Konkurrenz- und Marktanalyse oder Service- und Produktqualität. Obwohl *Rudolf-Sipötz* stets den Begriff der Informationen vom Kunden an die Unternehmung verwendet, ist nicht auszuschließen, dass es sich definitionsgemäß um Wissen der Kunden an die Unternehmung handelt. Insbesondere in der Nutzung eines aktiven Beschwerde- oder Lobmanagements als Informationspotential sieht die Autorin das längerfristige Ziel, „Informationen zur Verbesserung der Anbieterleistung aus Kundensicht zu gewinnen (Lernfunktion)“[267]. Dieses entspricht der Auffassung von *Güldenberg,* wonach Wissen die Gesamtheit aller Endprodukte von Lernprozessen darstellt, in denen Daten als Information wahrgenommen und Informationen in Form von strukturellen Konnektivitätsmustern in Wissensspeichern niedergelegt werden.[268] Folgt man dieser Auffassung, werden Beschwerden als Wissen der Kunden an die Unternehmung interpretiert und finden nach *Rudolf-Sipötz* Ausdruck im Informationspotential des Kunden.

Neben dem Inhalt der Informationen wird das Informationspotential nach *Rudolf-Sipötz* ebenso von der Rückkopplungsbereitschaft (Feedbackbe-

---

[265] Vgl. Rudolf-Sipötz (2001), S. 113 ff.
[266] Rudolf-Sipötz (2001), S. 113.
[267] Rudolf-Sipötz (2001), S. 117.
[268] Vgl. Güldenberg (2003), S. 161.

reitschaft) des Kunden bestimmt, die sich im aktiven Reklamationsverhalten des Kunden sowie in unternehmensinduzierten Reaktionen widerspiegelt. Bei der Bewertung des Informationspotentials sind zusätzlich sein Fachwissen als Meinungsführer sowie die Qualität der Informationen zu berücksichtigen. Grundsätzlich können die vom Kunden gelieferten Informationen faktischer oder normativer Art sein. Faktische Informationen beziehen sich auf objektiv überprüfbare Sachverhalte, z.B. Lieferverzögerungen. Normative Informationen umfassen subjektive Urteile des Kunden, zu denen u.a. die Beschwerden und damit das Wissen der Kunden zählen.

Das **Kooperationspotential** eines Kunden ist seine Bereitschaft und Fähigkeit, auf begrenzte Zeit sein Wissen in den Dispositionsbereich des Anbieters einzubringen.[269] Es umfasst sämtliche beabsichtigten Transfers von Fähigkeiten und Fertigkeiten oder Anregungen für Produkt- und Prozessinnovationen innerhalb einer konkreten, ggfs. vertraglich vereinbarten Zusammenarbeit. Durch diese verstärkte Kooperation zwischen dem Kunden und der Unternehmung bis hin zur Integration ihrer Wertschöpfungsketten können Wertsteigerungspotentiale aufgedeckt und umgesetzt werden.[270] Das Kooperationspotential beinhaltet insofern das artikulierte Wissen des Kunden an die Unternehmung.

Im Gegensatz zum Informationspotential, bei dem die Informationsströme ein konstitutives Merkmal darstellen, bestimmt insbesondere der „Austausch von (zumeist) materiellen Ressourcen (Sach- und Humankapital) das Kooperationspotential“[271]. Da die Trennung dieser beiden Begriffe zwar sehr theoretisch, aber empirisch belegt ist, erscheint es *Rudolf-Sipötz* sinnvoll, diese Wertkomponenten als Kontinuum darzustellen.[272] Je mehr Informationen durch bspw. Kundenbefragungen an die Unternehmung fließen und je geringer die Bereitschaft des Kunden ist, am Wertschöpfungsprozess personell teilzunehmen, desto höher ist das Informationspotential gegenüber dem Kooperationspotential. Respektive entspre-

[269] Vgl. Rudolf-Sipötz (2001), S. 121.
[270] Vgl. Rudolf-Sipötz (2001), S. 122 f.; Schmöller (2001), S. 123.
[271] Rudolf-Sipötz (2001), S. 122.
[272] Vgl. Rudolf-Sipötz (2001), S. 122.

chen Kooperationen im Bereich von Forschung und Entwicklung, bei dem der Kunde sein Know-How oder seine Anregungen für die Produkt- und Prozessinnovationen innerhalb einer konkreten, unter Umständen vertraglich vereinbarten Zusammenarbeit einbringt, einem hohen Kooperationspotential bei gleichzeitig geringem Informationspotential des Kunden.

Unter dem **Synergiepotential** werden schließlich alle Verbundwirkungen eines Kunden im Kundenstamm zusammengefasst, in denen der Kunde auf aktive oder passive Weise Wechselwirkungen auslöst, die sich nicht dem zuvor beschriebenen Referenz-, Informations- und Kooperationspotential zuordnen lassen.[273]

Das Modell von *Rudolf-Sipötz* bietet theoretische Ansatzpunkte zur Integration des Kundenwissens als nicht-monetärer Bewertungsfaktor innerhalb des Ressourcenpotentials in den Customer Lifetime Value. Gleichzeitig bietet es keine praktischen Lösungsansätze zur Einbeziehung der qualitativen Bewertungsfaktoren in den quantitativen Customer Lifetime Value. Insbesondere die Operationalisierung und Messung des Informationspotentials wird in der Literatur als äußerst schwierig erachtet, so dass auf dessen Aufnahme in die Kundenbewertung weitgehend verzichtet wird.[274] *Stüker* erscheint es daher im Rahmen eines wertorientierten Kundencontrollings als „ratsam, diese Bestandteile getrennt vom eigentlichen Kundenkapitalwert auf Basis des Transaktionswertes auszuweisen, um eine höhere Transparenz zu schaffen und Doppelzählungen zu vermeiden“[275].

2.2.4.2.3 Berechnung des Customer Lifetime Value

Bei der Ermittlung des Customer Lifetime Value werden die quantitativen und qualitativen Bewertungsfaktoren in einen funktionalen Zusammenhang gebracht und mittels ausschließlich monetärer Größen verrechnet.

[273] Vgl. Rudolf-Sipötz (2001), S. 129 ff.
[274] Vgl. Rödl (2010), S. 42; Stüker (2008), S. 229; Gelbrich (2001), S. 59; Schmöller (2001), S. 130.
[275] Stüker (2008), S. 233.

Dabei werden bei der Art und Weise der Berechnung des CLV die folgenden monetär ausgerichteten Aspekte berücksichtigt:[276]

- die Granularität direkt zurechenbarer Zahlungen des Kunden,
- die Zurechnung indirekt zurechenbarer Zahlungen, die ein Kunde nicht durch eigene Käufe ausgelöst hat,
- die Auswirkungen der angenommenen Dauer der Kundschaft,
- der Kalkulationszins bei der Anwendung investitionsrechnerischer Methoden,
- die Berücksichtigung der Wiederkaufwahrscheinlichkeit.

Vereinfacht lässt sich der auf die Gesamtdauer der Kundenbeziehung abzielende Customer Lifetime Value anhand der Kapitalwertmethode mit der Formel 1 darstellen:[277]

$$CLV_{a0} = - A_{a0} + \sum_{t=0}^{T} \frac{(E_{at} - A_{at})}{(1 + i)^{t}}$$

Mit:

CLV_{t0}	= Customer Lifetime Value des Kunden a zum Zeitpunkt 0
a	= zu bewertender Kunde a
A_{a0}	= Auszahlungen zur Akquise des Kunden a zum Zeitpunkt 0
$t \in (0, \ldots, T)$	= Periode
T	= Anzahl der Perioden
E_{at}	= Einzahlungen des Kunden a in der Periode t
A_{at}	= Auszahlungen für den Kunden a in der Periode t
i	= Kalkulationszinsfuß bezogen auf die Dauer der Periode t

Formel 1: Basisversion des Customer Lifetime Value (Quelle: Rödl (2010), S. 44)

Im Zähler der Formel stehen die **Zahlungsüberschüsse/Defizite** aus der Kundenbeziehung, die sich aus der Differenz der Einzahlungen durch den Kunden (E_{at}) und der Auszahlungen der Unternehmung für den Kunden

---

276 Vgl. Rödl (2010), S. 43 ff.
277 Vgl. Weiber/Weber (2000), S. 159.

(A_{at}) in einer Periode ergeben. Sie werden mit dem im Nenner stehenden Kalkulationszinsfuß periodenbezogen diskontiert ($(1+i)^t$). Zusätzlich werden die Akquisationszahlungen für den Kunden (A_{a0}), ohne sie vorab zu diskontieren, abgezogen.[278] Das Ziel des Customer Lifetime Value besteht darin, für jeden Kunden einen monetären Wert zu ermitteln, der sämtliche zukünftig zu erwartenden und direkt zurechenbaren Ein- und Auszahlungen des einzelnen Kunden berücksichtigt. Folglich ist jeder Kunde als eine Investition anzusehen, die für eine Unternehmung vorteilhaft ist, wenn der Barwert der Kunden-Einzahlungsüberschüsse abzüglich der Auszahlungen für Neuakquisations- oder Kundenbindungsmaßnahmen einen positiven Betrag aufweist.[279] Die Berücksichtigung von **Aquisitionsauszahlungen** wird in der Literatur aus dem Grunde kritisch betrachtet, da die meisten CLV-Modelle auf zukünftige Einzahlungen und Auszahlungen abzielen und insofern auf die Berücksichtigung von Akquisitionsauszahlungen zu verzichten ist.[280]

Auch die Berücksichtigung und Ermittlung des **Kalkulationszinsfußes** wird in der Literatur uneins und kritisch diskutiert.[281] Allgemein betrachtet entspricht der Kalkulationszinsfuß der vorzugebenden Mindestverzinsung – also Rendite – des eingesetzten Kapitals, wobei seine Höhe maßgeblich die Höhe des CLV beeinflusst. Je höher der Kalkulationszinsfuß und je weiter fortgeschritten Periode t ist, desto stärker wächst der Nenner und desto stärker sinkt der jährliche Zuwachs des CLV_{a0}, da die Zahlungsüberschüsse je weiter sie in der Zukunft liegen durch die Abzinsung an Wert verlieren.[282] Die Folge ist, dass zwei Kunden, die ohne Berücksichtigung des Kalkulationszinsfußes in der CLV-Formel einen identischen Customer Lifetime Value aufweisen, aber ihre Zahlungen über den Zeitraum unterschiedlich verteilen, auch unterschiedlich bewertet werden. Insofern wird ein Kunde a, der zu Beginn der Kundenbeziehung hohe Einzahlungen aufweist, methodenbedingt höher bewertet als ein Kunde b, der erst

---

[278] Vgl. Rudolf-Sipötz (2001), S. 45.
[279] Vgl. Lissautzki (2005), S. 85.
[280] Vgl. Rödl (2010), S. 44; Diller/Bauer/Bonakdat (2008), S. 8.
[281] Vgl. Rödl (2010), S. 47 ff.
[282] Vgl. Bruhn et al. (2000), S. 173.

am Ende der Kundenbeziehung höhere Zahlungen vornimmt. Die Kapitalwertmethode reduziert spätere Zahlungen mit der Begründung, dass in der Zwischenzeit mit einer Alternativanlage Rendite hätte erwirtschaftet werden können (Opportunität). Ob und in welcher Höhe der Kalkulationszinsfuß sinnvoll einzusetzen ist, hängt von vielen Faktoren ab. Um allerdings die Potentiale der Kunden in späteren Lebensphasen berücksichtigen zu können, ist es notwendig, die gesamte Dauer der Kundenbeziehung abzubilden.[283] Dabei kann das Risiko, das mit der zunehmenden Unsicherheit über die Höhe der zukünftigen Zahlungsströme verbunden ist, durch die Verwendung erhöhter Auszahlungen bzw. verminderter Einzahlungen abgebildet werden. Hierzu ist es sinnvoll, dass die über viele Perioden gehenden Zahlungen mit dem Kalkulationszinsfuß vergleichbar gemacht werden und der Entscheidungsträger gleichzeitig die Opportunität definiert.

Ausgehend von der genannten Basisversion sind **Erweiterungen der CLV-Formel** denkbar. So wurden bislang ausschließlich direkt zurechenbare Einzahlungen des Kunden a und Auszahlungen der Unternehmungen für den Kunden a berücksichtigt. Darüber hinaus kann der Kunde a durch Mundpropaganda oder konkrete **Empfehlungen** neue Kunden werben oder bestehende Kunden von der Abwanderung abhalten. Diese Überschüsse aus den Einzahlungen der vom Kunden a geworbenen oder gehaltenen Kunden und den Auszahlungen der Unternehmung für den geworbenen oder gehaltenen Kunden sind dem Kundenwert des Kunden a als „Werber" zuzurechnen.[284] Darüber hinaus schlagen einige Autoren vor, die **Bindungs- oder Wiederkaufwahrscheinlichkeit** als Gewichtungsfaktor bei der Kundenbewertung zu berücksichtigen.[285] *Bruhn et al.* beziehen bspw. die mögliche Abwanderung von Kunden als Rentention Rate multiplikativ in den CLV mit ein,[286] während *Lube* und *Berger/Nasr* das Risiko eines Cash-Flow-Ausfalls in Form einer Bestandswahrschein-

[283] Vgl. Rödl (2010), S. 51.
[284] Vgl. hierzu Rödl (2010), S. 45.
[285] Im Folgenden werden die Begriffe Bindungs, Bestands- oder Wiederkaufwahrscheinlichkeit, Rentention Rate und Kundenbindungsrate synonym verwendet.
[286] Vgl. Bruhn et al. (2000), S. 170 f.

lichkeit in ihre Betrachtung mit einschließen.[287] Ebenso diskutiert *Schröder* die multiplikative Verknüpfung der Überschüsse/Defizite des Kunden a in der Basisformel mit der **Conversion Rate** als Anteil kaufender Kunden an allen Kunden, die einen Anbieter aufsuchen.[288]

Obwohl bisher zahlreiche Customer Lifetime Value Ansätze entwickelt worden sind, existiert bisher kein allgemein akzeptiertes Modell. **Kritisch** werden zum einen die Messkriterien an sich sowie deren Verrechnung zu einem Customer Lifetime Value betrachtet. Zum anderen herrscht noch keine Einigkeit darüber, wie ein CLV berechnet werden soll. Dabei ist weder die Verwendung der Kapitalwertmethode noch die Höhe des Kalkulationszinsfußes noch die Messung und Implementierung der Risikofaktoren wie bspw. der Rentention Rate oder Conversion Rate gesichert.[289] Darüber hinaus mangelt es an praktikablen Berechnungsmethoden, die einerseits den Wert der Kundenbeziehung über die gesamte Dauer ihres Bestehens ermöglichen und die Unsicherheit über die Höhe zukünftiger Zahlungsströme durch eine hohe Prognosegenauigkeit berücksichtigen. Andererseits mangelt es an objektiv nachvollziehbaren Bewertungsmethoden, die die Vergleichbarkeit von Kunden, Unternehmungen und Unternehmensbereichen gewährleisten. In diesem Zusammenhang hat die Studie von *Rödl* für den Lebensmitteleinzelhandel ergeben, dass die Güte der Prognose mit der Machbarkeit und Transparenz des zugrundeliegenden Modells und den vorhandenen und verwendeten Daten in der Praxis einhergeht. So haben seine Untersuchungen ergeben, dass es rechentechnisch zwar kein Problem darstellt, zu einem überschussbezogenen CLV zu gelangen. Die Händler jedoch keine Angaben über Auszahlungen an den Kunden veröffentlichen. Die Folge ist, dass unter ausschließlicher Vorlage von „Lebenseinzahlungen" die Berechnung des „Kundenüberschusses" im Sinne des Customer Lifetime Profits nicht möglich ist.[290] Zudem hängt der Einsatz eines guten Modells in der Praxis von dem Aufwand der Umset-

[287] Vgl. Lube (1997), S. 183 ff.; Berger/Nasr (1998), S. 17 ff.
[288] Vgl. Schröder (2005), S. 258.
[289] Vgl. Rödl (2010), S. 62.
[290] Vgl. Rödl (2010), S. 272 f.

zung ab, der in einem angemessenen Verhältnis zu dem Nutzen, den die Kenntnis des Potentials einzelner Kunden stiftet, stehen muss.

2.2.5 Ansätze und empirische Studien zum Kundencontrolling

2.2.5.1 Informationsorientierter Ansatz des Kundencontrollings von *Schmöller*

Das Ziel der Arbeit von *Schmöller* besteht darin, aufbauend auf dem koordinationsorientierten Controllingansatz die **konzeptionellen Grundlagen** eines informationsorientierten Kundencontrollinganssatzes zu entwickeln.[291] Im Mittelpunkt der Ausführungen steht die Darstellung und Entwicklung der **Informationsversorgungsfunktion** des operativen und strategischen Kundencontrollings mit der methodischen Verfeinerung der **Instrumente zur Ermittlung und Aufbereitung von kundenbezogenen Informationen.** Ferner wird die unternehmensinterne **Nutzung** von generierten kundenbezogenen Informationen zur Effizienzsteigerung des Kundencontrollings thematisiert. Abschließend erfolgt die Darstellung der Ergebnisse einer **empirischen Untersuchung** zur Verbreitung des Kundencontrollings in der Elektroindustrie.

Ihren Überlegungen zur Ermittlung und Nutzung kundenbezogener Informationen zur unternehmensinternen Steuerung von Kundenbeziehungen stellt *Schmöller* grundsätzliche Überlegungen zur **Relevanz des Kundencontrollings** voran. Ihre Argumentationen basieren auf dem ressourcenorientierten Ansatz, demgemäß Kundenbeziehungen **Erfolgspotentiale** darstellen, die den zukünftigen Unternehmenserfolg maßgeblich beeinflussen.[292] Entsprechend stellt die Kundenorientierung keinen Selbstzweck dar, sondern dient der Erreichung anderer Ziele, z.B. der Erhöhung des Unternehmenserfolgs durch eine Erhöhung der Kundenkapitalwerte. Zu diesem Zweck bedarf die Kundenorientierung eines Steuerungssystems,

---

[291] Vgl. Schmöller (2001), S. 4.
[292] Vgl. Schmöller (2001), S. 1 f.

innerhalb dessen den kundenorientierten Informationen zur unternehmensinternen Steuerung die entscheidende Bedeutung zukommt.[293] Da sich in manchen Branchen der Wert einer Unternehmung weniger durch materielle, sondern vielmehr durch immaterielle Vermögensgegenstände bestimmt, ist die Unternehmensrechnung zunehmend gefordert, Informationen über diese immateriellen Vermögensgegenstände zur Verfügung zu stellen. Kundenbeziehungen stellen immaterielle Vermögensgegenstände dar, so dass es immer wichtiger wird, „zur besseren Abschätzung des zukünftigen Unternehmenserfolgs bspw. auf Informationen über den Wert von Kundenbeziehungen sowie deren Stabilität (durchschnittliche Dauer der Kundenbeziehung, Kundenbindungsrate, Kundenzufriedenheit o.ä.) zugreifen zu können“[294]. Folglich bedarf es eines Kundencontrollingsystems zur Koordination sowie zur Erfassung und Aufbereitung kundenbezogener Informationen.[295] Entsprechend definiert *Schmöller* Kundencontrolling wie folgt:

„Das **Kunden-Controlling** stellt die koordinierende Informationsversorgung zur Unterstützung des Kundenmanagements von Unternehmen dar und dient zur Planung, Steuerung und Kontrolle kundenbezogener Aktivitäten im Wertschöpfungsprozess.“[296]

Aufbauend auf dem koordinationsorientierten Controllingverständnis zählt *Schmöller* neben der systembildenden und systemkoppelnden Koordinationsfunktion, die Planungs-, Kontroll- und insbesondere die Informationsversorgungsfunktion zu den **Aufgaben des Kundencontrollings.**[297] Dazu unterscheidet die Autorin grundsätzlich zwischen dem operativen und strategischen Kundencontrolling, da sie durch diese Einteilung u.a. die Forderung nach Informationen mit unterschiedlichen Zeithorizonten sowie unterschiedlichen Zielinhalten implizit erfüllt sieht.[298] Die Verbindung des operativen mit dem strategischen Kundencontrolling, d.h. die Verknüpfung der

---

[293] Vgl. Schmöller (2001), S. 2.
[294] Schmöller (2001), S. 3.
[295] Vgl. Schmöller (2001), S. 13.
[296] Schmöller (2001), S. 13.
[297] Vgl. Schmöller (2001), S. 14.
[298] Vgl. Schmöller (2001), S. 15 ff.

mehrdimensionalen Zielsetzungen zur Unternehmenssteuerung, führt zur Entstehung eines Kundencontrolling-Systems.[299] Der Ablauf des Kundencontrollings kann aufbauend auf den Elementen Planung, Steuerung und Kontrolle als kybernetischer Regelkreis interpretiert werden, da eine Rückkoppelung in Form von Kontrolle stattfindet. Die Rückkopplung erfolgt durch die Kontrolle der Zielerreichung der Pläne und der Aufdeckung der verantwortlichen Faktoren bei Planabweichungen. Zudem wird die Ableitung von Handlungsempfehlungen für die weitere Planung von kundenorientierten Zielen, Maßnahmen und Ressourcen ermöglicht.

Aufbauend auf dem Gedankengut des ressourcenorientierten Ansatzes geht es im **operativen Kundencontrolling** um die Nutzung vorhandener Erfolgspotentiale, während die Schaffung und Erhaltung zukünftiger Erfolgspotentiale zum Gegenstandsbereich des strategischen Kundencontrolling gezählt wird.[300] Im Mittelpunkt des operativen Kundencontrollings steht die Planung von aus den strategischen Vorgaben abgeleiteten, kundenbezogenen Aktivitäten der nächsten Periode sowie die Kontrolle der Erreichung von Planvorgaben, welche die Ableitung von Handlungsempfehlungen für die Zukunft gestattet.[301] Auf das Ziel der Sicherstellung von Liquidität sowie der Generierung von Erfolg werden die eingesetzten Instrumente des operativen Kundencontrollings abgestimmt, zu denen die Erlös-, Kosten- und kundenbezogene Erfolgsrechnung auf Einzelkunden- bzw. Kundengruppenebene zählen.[302] Die zeitliche Perspektive des operativen Kundencontrollings ist gegenwarts- und vergangenheitsbezogen, wobei i.d.R. quantitative Größen herangezogen und zur Verfügung gestellt werden.

Die oberste Zielsetzung des **strategischen Kundencontrollings** besteht nach *Schmöller* in der nachhaltigen Existenzsicherung sowie dem Auffinden und dem Aufbau von kundenbezogenen Erfolgspotentialen.[303] Dem-

---

[299] Vgl. Schmöller (2001), S. 11.
[300] Vgl. Schmöller (2001), S. 20 ff.
[301] Vgl. Schmöller (2001), S. 15.
[302] Vgl. Schmöller (2001), S. 15.
[303] Vgl. Schmöller (2001), S. 108.

entsprechend kommt dem strategischen Kundencontrolling die Aufgabe zu, Informationen für die längerfristige Auswahl von Kunden sowie für die Planung von kundenbezogenen Strategien bereitzustellen.[304] Strategische kundenbezogene Pläne werden auf der Grundlage der obersten Unternehmensziele abgeleitet und bilden die Grundlage für die operative Planung, d.h. die konkrete Umsetzung der strategischen Vorgaben. Da die Komplexität und Unsicherheit der Umwelt dazu führen, dass langfristig ausgelegte strategische Planungen mit Risiken verbunden sind, wird zur Risikokompensation ein planungsbegleitender Kontrollprozess erforderlich.[305] Im Rahmen der strategischen Kontrolle überprüft das Kundencontrolling die Richtigkeit der Planung und die Qualität der Umsetzung durch die Kontrolle der Plangenerierung und Planerreichung. Gegenstand der Plangenerierungskontrolle stellt die Überprüfung der für die Bearbeitung der strategischen Problemstellung notwendigerweise zugrunde gelegten Prämissen dar. Das strategische Kundencontrolling überprüft bspw., ob die Verankerung der Kundenorientierung im unternehmerischen Leitbild adäquat ist, ob die kundenbezogen gesetzten Ziele realistisch sind und ob die Einschätzung der Erfolgspotentiale von Kunden aufgrund bspw. veränderter Umfeldentwicklungen anzupassen ist.[306] Im Rahmen der Planerreichungskontrolle ist die Planinhalts- und die Planrealisationskontrolle zu unterscheiden. Während die Planinhaltskontrolle die Überprüfung der Umsetzung der kundenbezogenen geplanten Maßnahmen vornimmt, wird mittels Planrealisationskontrolle die Eignung der umgesetzten Maßnahmen zur Verfolgung der kundenbezogenen strategischen Ziele festgestellt.

Die Systematisierung der **Instrumente** des strategischen Kundencontrollings erfolgt bei *Schmöller* in Anlehnung an den Prozess zur Schaffung von kundenbezogenen Erfolgspotentialen, der sich grundsätzlich in jeweils drei Stufen zur Strategiefindung und Strategieumsetzung gliedert.[307] Da die Autorin den Fokus ihrer Ausführungen auf die ersten drei Phasen zur Strategiefindung legt, gliedert sie nach Instrumenten zur Erkennung von

---

[304] Vgl. Schmöller (2001), S. 15.
[305] Vgl. Schmöller (2001), S. 109.
[306] Vgl. Schmöller (2001), S. 110.
[307] Vgl. Schmöller (2001), S. 110 f.

kundenbezogenen Erfolgspotentialen, die im Rahmen der Problemstellungs- und Suchphase eingesetzt werden, und nach Instrumenten zur Bewertung von kundenbezogenen Erfolgspotentialen.[308] In diesem Zusammenhang nimmt die Diskussion um eine methodische Verfeinerung und Ergänzung des Customer Lifetime Value[309] auf der Grundlage des Konzeptes von *Rudolf-Sipötz* zur Bewertung der kundenbezogenen Erfolgspotentiale in der Arbeit von *Schmöller* eine hervorgehobene Bedeutung ein:[310] Durch die Aggregation des Customer Lifetime Value mit dem durch ein monetäres Äquivalent ausgedrückten qualitativen Wert der indirekten Wertkomponenten des Kundenwertes[311] sowie dem kundenbezogenen Realoptionswert[312] zu einem Entscheidungswert sieht *Schmöller* grundsätzlich die Möglichkeit gegeben, eine Bewertung von kundenbezogenen Erfolgspotentialen gewährleisten zu können.[313] Andererseits betont die Autorin, dass „der Kundenwert als eine derartig aggregierte Größe an Aussagekraft verliert, so dass das Ziel nicht immer in der Ermittlung eines einzigen Entscheidungswertes zu sehen ist“[314]. Zudem weißt die Autorin explizit darauf hin, dass sich der Wert eines Kunden aus dessen im Marktpotential widerspiegelnden direkten Beitrag zum Unternehmenswert und dem im Ressourcenpotential enthalten indirekten Beitrag ergibt.[315] Während der direkte Beitrag mittels Informationen aus der Unternehmensrechnung zu quantifizieren ist, kann der indirekte Beitrag des Kunden nur über den Umweg eines monetären Äquivalent bei der Ermittlung der Kundenwerte berücksichtigt werden. Folglich fließen diejenigen Bestandteile des Res-

---

[308] Vgl. Kap. 2.2.4.1. sowie Schmöller (2001), S. 108 ff.

[309] *Schmöller* verwendet den Begriff des Kundenkapitalwertes, der in der Literatur gleichbedeutend zum Customer Lifetime Value verwendet wird (vgl. Rödl (2010), S. 37).

[310] Vgl. Schmöller (2001), S. 145 ff.

[311] Als qualitatives Bewertungsmodell der indirekten Wertkomponenten verwendet *Schmöller* das Scoring-Modell, weist jedoch auf dessen Schwächen bei der Interpretation der Ergebnisse durch die Subjektivität der Kriterienauswahl, die Zuordnung der Punktwerte zu einem Kunden, die Gewichtung der einzelnen Kriterien sowie den dabei unterstellten kompensatorischen Charakter hin (vgl. Schmöller (2001), S. 172 ff.).

[312] Als Realoption definiert *Schmöller* strategische Handlungsoptionen der Unternehmung, die es z.B. gestatten, die unternehmerische Strategie den Entwicklungen im Unternehmensumfeld im Zeitablauf anzupassen und somit auch Fehlentwicklungen gegenzusteuern. „Realoptionen stellen demnach ein Bündel von Handlungsoptionen in Bezug auf die Verwendung und Nutzung von realen Aktiva dar.“ (Schmöller (2001), S. 177).

[313] Vgl. Schmöller (2001), S. 302.

[314] Schmöller (2001), S. 184.

[315] Vgl. Schmöller (2001), S. 183.

sourcenpotentials der Kunden, die nicht monetarisierbar sind, nicht in die Bewertung der Kunden ein. Insofern erlaubt der von *Schmöller* methodisch ergänzte Customer Lifetime Value keine umfassende und vollständige Ermittlung aller für die Bewertung des kundenbezogenen Erfolgspotentials relevanten kundenbezogenen Informationen. Zudem beschränken sich die Ausführungen ausschließlich auf eine theoretische Herleitung des Entscheidungswertes. Die mathematische sowie empirische Fundierung des Entscheidungswertes wird weiteren Forschungsarbeiten überlassen. Gründe hierfür können in der mangelnden Informationseffizienz und Praktikabilität des Verfahrens liegen.

Darüber hinaus zählt *Schmöller* insbesondere die Darstellung der Möglichkeiten zur **Nutzung von kundenbezogenen Informationen** zur Informationsversorgungsaufgabe des Kundencontrollings.[316] Insofern stellt sich im Rahmen des Kundencontrollings nicht nur die Frage nach der Informationsermittlungs-, sondern auch der Informationsnutzungsqualität.[317] Dabei wird die Informationsermittlungsqualität im Sinne der Informationseffektivität, d.h. im Sinne der Erfassung und Aufbereitung der richtigen Informationen beurteilt, wohingegen die Effizienz des Kundencontrollings erst in einem zweiten Schritt durch das Zusammenspiel von Ermittlung und Nutzung entscheidend bestimmt wird.[318] Dabei stellt *Schmöller* „auf die mit den Aufgaben des Kunden-Controlling einhergehenden Nutzungsmöglichkeiten kundenspezifischer Informationen und nicht auf die tatsächliche Nutzungsart“[319] ab, die den Entscheidungsträgern vorbehalten bleibt.

Als Nutzungsmöglichkeiten von kundenbezogenen Informationen nennt *Schmöller* die Verhaltenssteuerung der Mitarbeiter und Kunden, die Entscheidungsfundierung sowie das Benchmarking. Als **Verhaltenssteuerung** wird die zielgerichtete Beeinflussung der Entscheidungen anderer Individuen und Gruppen bezeichnet.[320] Auf das Verhalten von Individuen

[316] Vgl. Schmöller (2001), S. 17.
[317] Vgl.Schmöller (2001), S. 17.
[318] Vgl. Schmöller (2001), S. 4.
[319] Schmöller (2001), S. 212.
[320] Vgl. Schmöller (2001), S. 202.

und Gruppen kann also nur dann eingewirkt werden, wenn die Determinanten der Entscheidung (bspw. die Menge der erwogenen Handlungsalternativen oder die Informationsstruktur) beeinflusst werden. Kundenbezogene Informationen können i.d.S. als Steuerungsmaßnahmen eingesetzt werden, um das Verhalten von Kunden, aber auch von Entscheidungsträgern der Unternehmung zu steuern. „Dies bedeutet, dass Kunden bzw. der Umfang der in einzelne Kundenbeziehungen investierten Ressourcen Handlungsalternativen darstellen, über die durch Kenntnis bestimmter kundenbezogener Informationen besser entschieden werden kann."[321]

Eine weitere Nutzungsmöglichkeit von kundenbezogenen Informationen sieht *Schmöller* in der **Entscheidungsfundierung**, d.h. in der „mehr oder weniger bewussten Auswahl einer von mehreren möglichen (Handlungs-) Alternativen"[322]. Insbesondere bei der Entscheidung über die Fortführung oder Akquisition von Kundenbeziehungen, der Gestaltung von Kooperationsformen mit dem Kunden sowie hinsichtlich der Ausgestaltung des Marketing-Mix werden kundenbezogene Informationen zur Entscheidung herangezogen.[323]

Das **Benchmarking** weißt im Rahmen der Nutzungsmöglichkeiten kundenbezogener Informationen sowohl Aspekte der Entscheidungsfundierung als auch der Verhaltenssteuerung auf und wird von *Schmöller* als eine Mischform beider Nutzungsbereiche bezeichnet.[324] „Benchmarking ist ein kontinuierlicher Prozess, bei dem Produkte, Dienstleistungen und insbesondere Prozesse und Methoden betrieblicher Funktionen über mehrere Unternehmen hinweg verglichen werden."[325] Mit diesem Vergleich können, bezogen auf die Kundenbeziehung als Benchmarking-Objekt, wertvolle Informationen über den Kunden als Erfolgspotential gewonnen werden.[326] Als Benchmarks, d.h. Leistungsgrößen, deren Ausprägungen ei-

[321] Schmöller (2001), S. 203.
[322] Schmöller (2001), S. 190.
[323] Vgl. Schmöller (2001), S. 190 ff.
[324] Vgl. Schmöller (2001), S. 189 sowie 208 ff.
[325] Horváth/Herter (1992), S. 5.
[326] In der Literatur wird das Kunden-Benchmarking nur von wenigen Autoren explizit als eigenständige Art des Benchmarking behandelt, so bspw. bei Jennings/Westfall

nem Vergleich unterzogen werden, kommen sowohl quantitative als auch qualitative Größen in Frage. Hinsichtlich des Kunden wird vor allem auf den Kundennutzen als strategischen Erfolgsfaktor hingewiesen. Folglich sind die aus Kundensicht wichtigsten Leistungsmerkmale sowie die Wahrnehmung ihrer Ausprägungen durch den Kunden zu ermitteln. Hierzu zählen die Kundenzufriedenheit, das Beschwerdeverhalten sowie die Kundenloyalität als Indikatoren zur Beurteilung des strategischen Erfolgsfaktors „Qualität der Kundenbeziehung" im Verhältnis zu Vergleichsunternehmungen.

Mit ihrer **empirischen Studie**[327] verfolgt *Schmöller* das Ziel, die Verbreitung der Instrumente zur Informationsermittlung und Informationsnutzung in der Elektroindustrie zu analysieren.[328] Ferner sollen Zusammenhänge zwischen der Ausgestaltung des Kundencontrollings und der Kundenbeziehungs- und Unternehmenscharakteristika ermittelt werden und Rückschlüsse darüber gewonnen werden, ob die Informationsermittlung auf die Informationsnutzung abgestimmt wird. Die Autorin kommt für die Elektroindustrie zu den Ergebnissen,[329] dass ...

- in der Unternehmenspraxis eine Implementierungslücke hinsichtlich der Instrumente des Kundencontrollings herrscht. Dies gilt insbesondere bei der Verwendung der kundenbezogenen Kostenrechnung und der Kundenkapitalwertmethode,
- die Kundencontrolling-Intensität positiv mit der Unternehmensgröße sowie der Anzahl an Kunden korreliert und insgesamt höher ausfällt, wenn Marktsegmente statt Einzelkunden bearbeitet werden,

(1992) oder Bühler (2005). In der Praxis kommt der Strategie der Kundenorientierung eine sehr hohe Präferenz zu, weshalb insbesondere die Kundenzufriedenheit als Benchmarking-Größe verwendet wird (vgl. Herzwurm/Mellis (1998), S. 438).

327 Als Rücklauf einer schriftlichen Befragung von 1000 der größten mittels Zufallsauswahl ausgewählten Unternehmungen der Elektroindustrie mit einem Jahresumsatz von über 40 Mio. DM im Zeitraum von Juni-September 2000 konnten 31 Fragebögen ausgewertet werden. Aufgrund des geringen Umfangs der Stichprobe können keine Rückschlüsse auf die Grundgesamtheit gezogen werden. Die Auswertung der Daten erfolgte mittels Häufigkeitsverteilungen auf der Basis metrischer und nominaler Skalen. Zur Datengewinnung und Datenauswertung vgl. Schmöller (2001), S. 214 ff..

328 Vgl. Schmöller (2001), S. 214 ff.

329 Vgl. Schmöller (2001), S. 302 ff.

- die Informationsermittlung intensiver durchgeführt wird als die Informationsnutzung, so dass aufgrund mangelnder Abstimmungsprozesse Effizienznachteile des Kundencontrollings die Folge sind.

An dieser Stelle bleibt kritisch anzumerken, dass sich *Schmöller* zwar intensiv mit den Instrumenten des operativen und strategischen Kundencontrollings zur Ermittlung und Aufbereitung von kundenbezogenen Informationen beschäftigt hat. Die konzeptionelle Darstellung der Aufgaben des Kundencontrollings im gesamten Planungs-, Kontroll- und Informationsversorgungsprozess jedoch rudimentär erfolgt. Insofern können keine Aussagen über die Beratungs- und Unterstützungsfunktion des Kundencontrollings bei der Festlegung der kundenorientierten Zielinhalte und Zielausprägungen sowie bei der Formulierung, Bewertung und Umsetzung von kundenorientierten Handlungsalternativen und Strategien im Planungsprozess abgeleitet werden. Ebenso geht die Autorin nur oberflächlich auf die Aufgaben des Kundencontrollings im Kontrollprozess ein, so dass ein umfassendes Verständnis der Abhängigkeiten von kundenwissensorientierter Planung und Kontrolle in der Unternehmung nicht aufbereitet wird. Die von *Schmöller* skizzierte Informationsversorgungsfunktion des Kundencontrollings umfasst die Darstellung der einzusetzenden Instrumente sowie der Nutzungsmöglichkeiten der kundenbezogenen Informationen durch das Management. Allerdings werden Fragen hinsichtlich der Funktion des Kundencontrollings bei der Ermittlung des Informationsbedarfs, der Bereitstellung des Informationsangebots und der Unterstützung der kundenorientierten Unternehmensführung bei der Informationsnachfrage nicht thematisiert. Letztendlich liegt der Erkenntnisgewinn der Arbeit von *Schmöller* in der methodischen Aufbereitung der Instrumente des informationsorientierten Kundencontrollings und in der Erläuterung der Abhängigkeit der Qualität der Informationsnutzung von der Güte der Informationsermittlung.

2.2.5.2 Wertorientierter Ansatz des Kundencontrollings von *Stüker*

Das **Ziel** der Arbeit von *Stüker* bestand darin, aufbauend auf der Darstellung der Instrumente eines unternehmenswertorientierten Controllings ein **wertorientiertes Kundencontrolling-System** zur Steuerung von Kundenbeziehungen zu konzeptionieren.[330] Dabei stand im Fokus der Untersuchung die **Analyse** und **Weiterentwicklung** von **Instrumenten** zur Kundenbewertung sowie deren **Implementierung** im Rahmen der Planung und Kontrolle von Kundenbeziehungen.[331] Ein dritter Schwerpunkt der Arbeit betraf die Analyse und anschließende Berücksichtigung der in den Kundenbeziehungen implizit enthaltenen **Risiken**.

Grundsätzlich sieht *Stüker* die Notwendigkeit für die Entwicklung eines wertorientierten Kundencontrollings in der Rationalitätssicherungsfunktion des Controllings begründet.[332] „Da in der Praxis unter Kunden-Orientierung häufig in erster Linie eine Verbesserung der Kundenbindung über eine Steigerung der Kundenzufriedenheit sowie eine Erhöhung der Akquisationsrate verstanden wird, dies aber nicht zwangsläufig bedeutet, dass dadurch die Profitabilität der Kundenbeziehung erhöht wird, geschweige denn, dass Wertbeiträge durch eine existierende Kundenbeziehung erzielt werden können, ist es Aufgabe des Controllings, dafür zu sorgen, dass Wirtschaftlichkeit und Wertorientierung im Unternehmen, insbesondere seitens des Marketing und Vertrieb, nicht vernachlässigt werden."[333] Dementsprechend benötigt sowohl die Kundenorientierung als auch die Wertorientierung ein unternehmerisches Steuerungssystem in Form des wertorientierten Kundencontrolling-Systems, dessen Ausgestaltung jedoch nicht grundlegend neu konzipiert werden muss. Vielmehr können bereits entwickelte Instrumente des unternehmenswertorientierten Controllings, die ursprünglich zur Bewertung von Investitionen in Maschinen entwickelt wurden, zur Bewertung von Investitionen in aktuelle und potentielle Kunden hinsichtlich ihrer Vorteilhaftigkeit herangezogen werden. Dabei geht

---

[330] Vgl. Stüker (2008), S. 4.
[331] Vgl. Stüker (2008), S. 393.
[332] Vgl. Stüker (2008), S. 37.
[333] Stüker (2008), S. 38.

es in diesem Zusammenhang darum, die aktuellen und potentiellen Kunden zu analysieren, zu bewerten und zu steuern, um auf diese Weise die wertvollsten Kunden zu identifizieren und zukünftig die vorhandenen Ressourcen des Unternehmens sinnvoll mittels Fokussierung auf diese Kunden einzusetzen. „Für die Auswahl der zu betreuenden Kunden und der entsprechenden Marketingmaßnahmen zur Betreuung dieser Kunden werden kundenbezogene Informationen hinsichtlich der Profitabilität und des Erfolgspotentials benötigt.“[334]

In diesem Zusammenhang ist es die **Aufgabe des wertorientierten Kundencontrollings**, den Kundenwert durch die Bereitstellung entsprechender Instrumente zur Kundenplanung, -bewertung, -steuerung und Kundenkontrolle zu ermitteln.[335] Als **zentrale Ziel- und Steuerungsgröße** eines wertorientierten Kundencontrollings fungiert der Kundenwert aus Unternehmenssicht.[336] Entsprechend beurteilt *Stüker* den Kundenkapitalwert[337] als geeignete Größe zur Evaluierung von Einzelkunden.[338] Dabei vertritt der Autor in Anlehnung an *Rudolf-Sipötz* grundsätzlich die Auffassung, dass sich der Wert eines Kunden aus seinem Marktpotential, das einen direkten Beitrag zum Unternehmenserfolg leistet, und seinem einen indirekten Beitrag leistenden Ressourcenpotential ergibt.[339] Zur Berechnung des Customer Lifetime Value können die zur Bewertung des Marktpotentials erforderlichen kundenbezogenen Cash Flows aus der Finanzrechnung und der Finanzierungsrechnung als Teilsysteme des internen Rechnungswesens ermittelt werden.[340] Im Hinblick auf die Bewertung des Ressourcenpotentials kommt *Stüker* nach einer Reflexion der Literatur jedoch zu dem Ergebnis, dass derzeit „keine überzeugenden Methoden zur Bestimmung des monetären Werts der Bestandteile des Ressourcenpotentials eines Kunden verfügbar sind, so dass eine Berücksichtigung solcher nicht-monetärer Potentiale, die grundsätzlich zum Wert eines Kunden bei-

---

334 Stüker (2008), S. 38.
335 Vgl. Stüker (2008), S. 39.
336 Vgl. Stüker (2008), S. 393.
337 *Stüker* verwendet den Begriff Kundenkapitalwert synonym zum Customer Lifetime Value (vgl. Stüker (2008), S. 52 ff.).
338 Vgl. Stüker (2008), S. 58.
339 Vgl. Stüker (2008), S. 175.
340 Vgl. Stüker (2008), S. 186.

tragen, im Rahmen der Bestimmung des Kundenkapitalwertes abgelehnt wurde"[341].

Bei der Bestimmung des Kundenkapitalwertes kommt der Berücksichtigung der **Kundenrisiken** zusätzlich eine besondere Bedeutung zu, da „davon ausgegangen werden kann, dass der Wert eines Kunden umso größer ist, je sicherer die zukünftigen Cashflows sind".[342] Daher sind sowohl die Unsicherheit hinsichtlich der **Dauer der Geschäftsbeziehung** als auch die Prognoseunsicherheiten hinsichtlich der **zukünftigen Kundenerfolge** in das Kundenbewertungskalkül zu integrieren. Durch die Erweiterung des Modells zur Bestimmung des Customer Lifetime Value von Einzelkunden um die Retention Rate respektive die Kundenbindungsrate kann dem Abwanderungsrisiko und damit dem ersten Risikofaktor Rechnung getragen werden. Die Berücksichtigung der **Prognoserisiken** kann im Rahmen zukunftsorientierter Bewertungsverfahren nur durch den Ausweis mehrwertiger Erwartungen bezüglich der zu prognostizierenden Variablen in ausreichendem Maße erfolgen. In diesem Sinne ermöglicht der Rückgriff auf die Szenario-Analyse durch eine mehrwertige Ermittlung des Kundenwertes die Darstellung der kompletten Bandbreite möglicher Kundenwerte, wodurch die dahinter steckenden Risiken verdeutlicht werden.[343] Des Weiteren wird die Möglichkeit der Einbeziehung von **Verhaltensunsicherheiten** in den Kundenkapitalwert diskutiert. Eine Bewertung des Risikos erfolgt anhand der Sicherheitsäquivalent-Methode, die sich aufgrund der Schwierigkeiten bei der Anwendung des Capital Asset Pricing Models im Zusammenhang mit Einzelkunden und einer darauf aufbauenden Bestimmung des Risikozuschlags als überlegen herausstellt.

Eine Betrachtung der in der Literatur vorhandenen Ansätze zur Bestimmung des **Kundenstammwertes**, die auch zur Bestimmung von Kundensegmenten herangezogen werden, hinsichtlich deren Eignung im Rahmen eines unternehmenswertorientierten Controlling ergab, dass eine Reihe

---

[341] Stüker (2008), S. 394.
[342] Stüker (2008), S. 215.
[343] Vgl. Stüker (2008), S. 216.

von Risikoquellen eine Steuerung des Kundenstammes erschwert. Als entscheidende Risikoquellen identifiziert *Stüker* das **Kundenbestandsrisiko**, das sich aus dem mit der Akquisition zukünftiger Kunden verbundenen Risikos ergibt, das **Abwanderungsrisiko** nicht vertraglich gebundener Kunden sowie das **Kundenerfolgsrisiko**, das sich aus den Risiken zukünftiger Cash Flows ergibt.[344] Sofern die Anzahl der Kunden jedoch überschaubar ist, es der Informationsstand erlaubt und die Kosten der Informationsbeschaffung im Vergleich zum daraus erzielbaren Nutzen geringer sind, ist eine Steuerung von Kundensegmenten zwar grundsätzlich möglich. *Stüker* sieht dieses jedoch nur als „Notlösung" an und präferiert sie nur in den Fällen, in denen eine Bewertung von Einzelkunden aus ökonomischen Gründen oder mangels einer ausreichenden Informationssituation ausscheidet.[345] Der Wert eines Kundensegments oder einer Kundengruppe ergibt sich dann aus der Summe aller Customer Lifetime Values der dem Kundensegment respektive der Kundengruppe zugeordneten Kunden.[346]

Aufgrund der dargestellten Risiken zielen seine Ausführungen „in erster Linie auf die Entwicklung eines idealtheoretischen Kunden-Controllingsystems zur Steuerung von Einzelkunden ab"[347]. Bei der Ausarbeitung des wertorientierten Kunden-Controlling-Systems übernimmt *Stüker* dabei die bereits für das unternehmenswertorientierte Controlling entwickelten Teilsysteme, wobei er dem Informations-, Planungs- und Kontrollsystem die entscheidende Bedeutung beimisst.[348]

Das **Kunden-Informationssystem** dient der Bereitstellung der relevanten Informationen, die im Rahmen der Kunden-Planung, -Bewertung, -Steuerung und –Kontrolle benötigt werden.[349] Somit ergibt sich der Informationsbedarf aus den Anforderungen der Methoden und Instrumenten zur Bewertung und Steuerung der einzelnen Kundenbeziehungen. „Da im

[344] Vgl. Stüker (2008), S. 394.
[345] Vgl. Stüker (2008), S. 299 ff.
[346] Vgl. Stüker (2008), S. 390.
[347] Stüker (2008), S. 299.
[348] Vgl. Stüker (2008), S. 39.
[349] Vgl. im Folgenden Stüker (2008), S. 299 ff.

wertorientierten Kunden-Controllingsystem prospektiv ausgerichtete Methoden zur Bestimmung des Kundenwertes überwiegen, bezieht sich der Informationsbedarf in erster Linie auf quantitative Informationen zur Bestimmung des Kundenkapitalwertes, die eine Prognose der zukünftigen kundenbezogenen Cashflows unter Berücksichtigung der Kundenrisiken sowie eine Abschätzung der Kundenbeziehungsdauer erlauben."[350] Letztlich müssen diese Informationen hinsichtlich ihrer Art, Quantität und Qualität derartig ausgestaltet sein, dass sie zur Entscheidungsunterstützung bei kundenbezogenen Entscheidungen unterschiedlichster Art herangezogen werden können. Als Informationsquellen von Kundenwertinformationen dienen einerseits das interne Rechnungswesen sowie Kundenkarten. Anderseits können die Daten aus externen Datenquellen wie bspw. Statistiken oder Datenbänken von Wirtschaftsorganisationen oder öffentlichen Ämter herangezogen werden. „Kernaufgabe des Kunden-Controlling ist im Rahmen des Informationssystems die Aufbereitung von Kundenwertinformationen zur Beurteilung von Kundenbeziehungen."[351] Hierzu werden die Methoden der Datenauswertung und der Kundensegmentierung eingesetzt. Sofern die Informationsverfügbarkeit und die Informationsverwendung zeitlich auseinander fallen, ist es die Aufgabe des Kundencontrollings, die Kundenwertinformationen in künstlichen Speichern, z.B. dem Data Warehouse, zu speichern, damit diese jederzeit wieder abgerufen werden können. Die Übermittlung der Kundenwertinformationen erfolgt i.d.R. durch das betriebliche Berichtswesen, wobei neben regelmäßigen Berichten insbesondere Anfragen und Rechercheaufträge, die sich aufgrund benötigter Informationen für die Kundenbewertung und –Planung sowie die Kundensteuerung und –Kontrolle ergeben, eine besondere Bedeutung zukommen.

Innerhalb der Aufgaben des **Kunden-Planungssystems** unterscheidet *Stüker* zwischen einer strategischen und operativen Kundenplanung.[352] Im Rahmen der **strategischen Kundenplanung** gilt es, durch Ausarbeitung

[350] Stüker (2008), S. 299 f.
[351] Stüker (2008), S. 303.
[352] Vgl. Stüker (2008), S. 316 ff.

geeigneter kundenorientierter Strategien neue Kunden-Erfolgspotentiale zu schaffen und bestehende Kunden-Erfolgspotentiale auszubauen, um auf diese Weise langfristig die Steigerung des Unternehmenswertes und die nachhaltige Existenz des Unternehmens zu sichern. Auf den einzelnen Kunden bezogen bedeutet dieses, dass der zukünftige Wert eines Kunden abhängig ist von seinem Kunden-Erfolgspotential. Daher ist es das Ziel des strategischen Kundencontrollings, diejenigen Kunden zu ermitteln, die bereits das höchste Kundenpotential aufweisen respektive durch gezielte Marketingmaßnahmen zukünftig aufbauen können.[353] Die Kundenwerte können darauf aufbauend nach *Stüker* in Relation zu den Wertbeiträgen anderer Kunden innerhalb einer ABC-Analyse auf Basis der Kundenwerte oder in Relation zum eingesetzten Kapital in Form der Kunden-Kapitalwertrate gesetzt werden. Darüber hinaus bergen Kundenbeziehungen erhebliche Risiken in sich, die mittels Sensitivitätsanalyse oder der Monte Carlo Risikosimulation sichtbar gemacht werden können und eine transparente Darstellung ihrer möglichen Auswirkungen auf den Kundenwert erlauben.[354]

Das Ziel der **operativen Kundenplanung** ist dagegen die möglichst effiziente Nutzung der bereits geschaffenen Kundenerfolgspotentiale.[355] Hierzu ist die Transformation in konkrete Maßnahmen notwendig, indem die strategischen Pläne für die einzelnen Funktionsbereiche auf die Kundenwerttreiber herunter gebrochen werden. In diesem Zusammenhang kann nach *Stüker* wiederum der Customer Lifetime Value als Spitzenkennzahl eingesetzt werden und bis auf die operative Ebene herunter gebrochen werden.[356]

Das **Kunden-Kontrollsystem** vervollständigt das Kunden-Planungssystem insofern, als dass es überprüft, inwieweit die eingeleiteten Strategien und Maßnahmen auch tatsächlich zu einer Erhöhung des Kundenwertes

---

[353] Vgl. Stüker (2008), S. 317.
[354] Vgl. Stüker (2008), S. 395.
[355] Vgl. Stüker (2008), S. 317.
[356] Vgl. Stüker (2008), S. 347.

und somit zu einer Unternehmenswertsteigerung beitragen.[357] Daran angeschlossene Abweichungsanalysen sollen die Ursachen bei festgestellten Soll-Ist-Abweichungen bestimmen, aus denen wiederum Handlungsempfehlungen abgeleitet werden. Als geeignete Instrumente einer unternehmenswertorientierten Kontrolle stellt *Stüker* den Kunden-Earned Economic Income, den kundenbezogenen ökonomischen Gewinn und Residualgewinn sowie den periodischen Nettokundenkapitalwert heraus.[358] Strategische Abweichungsanalysen können ferner so gestaltet werden, dass sie die Ursachen einer strategischen Abweichung entweder hinsichtlich der modellimmanenten Einflussgrößen oder hinsichtlich beeinflussbarer und nicht-beeinflussbarer Abweichungen aufspalten. Ergänzt werden kann dieses quantitativ ausgerichtete strategische Kunden-Kontroll-System durch eine qualitative strategische Prämissenkontrolle sowie eine strategische Überwachung in Form einer strategischen Frühaufklärung, die aufbauend auf schwachen Signalen bereits frühzeitig Diskontinuitäten aufzeigen soll.

An dieser Stelle bleibt anzumerken, dass *Stüker* durch die Darstellung der im Rahmen des Planungs-, Kontroll- und Informationsversorgungssystems einzusetzenden Instrumente zur Kundenbewertung konzeptionelle Grundlagen für ein wertorientiertes Kundencontrolling-System zur Steuerung von Einzelkunden entwickelt. Dabei hebt der Autor zwar grundsätzlich die Bedeutung des Kundenwerts aus Anbietersicht zur Evaluierung von Einzelkunden als zentrale Ziel- und Steuerungsgröße des Kundencontrollings hervor. Allerdings beschränkt er die Bewertung von Einzelkunden ausschließlich auf deren direkten Beitrag zum Unternehmenserfolg, der sich im monetarisierbaren Marktpotential des Kunden widerspiegelt und auf kundenbezogenen Informationen des internen Rechnungswesens basiert. Die einen indirekten Beitrag zum Unternehmenserfolg leistenden nicht-monetarisierbaren Komponenten des Ressourcenpotentials bleiben nach *Stüker* unberücksichtigt, da es noch keine geeigneten Instrumente zu deren Quantifizierung gibt. Hieraus folgt unmittelbar, dass es nach *Stüker*

[357] Vgl. Stüker (2008), S. 395.
[358] Vgl. Stüker (2008), S. 353 ff.

nicht möglich ist, nicht-monetarisierbares Kundenwissen als Wertkomponente des Ressourcenpotentials bei der monetären Bewertung von Kunden zu berücksichtigen. Insofern kann seiner Schlussfolgerung, dass das wertorientierte Kundencontrollingsystem durch den Rückgriff auf bekannte Instrumente des unternehmenswertorientierten Controlling aussagefähige Kundenwerte zur Evaluierung von Einzelkunden ermitteln kann, nur bedingt gefolgt werden.

2.2.5.3 Empirische Studien zum Kundencontrolling von *Schröder/Schettgen*

Das **Ziel** der empirischen Studien aus den Jahren 2001 und 2005 von *Schröder/Schettgen* besteht darin, die **Aufgaben des Kundencontrollings** im deutschen Textil- und Bekleidungseinzelhandel zu ermitteln und zeitpunktbezogene Veränderungen in der praktischen Umsetzung des Kundencontrollings aufzuzeigen.[359] Dabei steht im Fokus der Untersuchungen, Erkenntnisse über die **Aktivitäten** des Kundencontrollings im Planungs-, Kontroll- und Informationsversorgungsprozess zu gewinnen sowie über die zur Verfügung stehenden **Informationsquellen**, die hieraus gewonnenen **Kundendaten** und ihre **Form** sowie die zu ihrer Analyse eingesetzten **Instrumente** und **Kennzahlen**. Von Interesse ist in diesem Zusammenhang auch die **Intensität**, mit der die teilnehmenden Unternehmungen ihre gegenwärtigen und zukünftigen Aktivitäten im Kundencontrolling bewerten. Sie fungiert als Indikator für die **Bedeutung**, die die Befragungsteilnehmer dem Kundencontrolling aktuell und zukünftig beimessen. Zusätzlich werden die teilnehmenden Unternehmungen nach ihrer praktizierten **kundenorientierten Managementkonzeption** befragt, um Anhaltspunkte über die Art ihrer kundenorientierten Unternehmensführung zu erlangen.

Ein zusätzlicher Schwerpunkt der Auswertungen besteht in **ausgewählten Fragestellungen**, die im Jahr 2001 auf die Darstellung und den Vergleich

---

[359] Im Folgenden vgl. Schröder/Schettgen (2002, 2003, 2004a, 2006a.

der Konzeptionen des Kundencontrollings im stationären Einzelhandel mit und ohne **Kundenkarte** sowie dem Versandhandel abzielen. Im Jahr 2005 steht einerseits der **Vergleich** der praktizierten Aufgaben des Kundencontrollings der in den Jahren 2001 und 2005 wiederholt teilgenommen Unternehmungen (im Folgenden als „alte" Unternehmen bezeichnet) zu denjenigen, die erstmals im Jahr 2005 an der Befragung teilgenommen haben (im Folgenden als „neue" Unternehmen bezeichnet) im Fokus weiterer Analysen. Zusätzlich sind die kanalspezifischen Merkmale der Konzeption des Kundencontrollings in **Ein- und Mehrkanalsystemen** sowie die Nutzung der Kundendaten in den verschiedenen Absatzkanälen von besonderem Interesse. In Abb. 8 werden die Untersuchungsfragen der empirischen Studien im deutschen Textil- und Bekleidungseinzelhandel aus den Jahren 2001 und 2005 zusammenfassend dargestellt.

Thema / Jahr	2001	2005
Aufgaben des Kundencontrollings	X	X
Veränderungen der Aufgaben des Kundencontrollings		X
Vergleich der Konzeptionen des Kundencontrollings im stationären Einzelhandel ohne und mit Kundenkarte sowie im Versandhandel	X	
Vergleich der praktizierten Aufgaben des Kundencontrollings der erstmals im Jahr 2005 teilnehmenden Unternehmungen mit denjenigen der wiederholt teilnehmenden Unternehmungen		X
Merkmale der Konzeption des Kundencontrollings der Ein- und Mehrkanalsysteme		X
Nutzung der Kundendaten in den Absatzkanälen		X

Abb. 8: Übersicht über die Untersuchungsfragen der Studien von *Schröder/Schettgen* zum Kundencontrolling im deutschen Textil- und Bekleidungseinzelhandel aus den Jahren 2001 und 2005

Das **Untersuchungsdesign** ist so angelegt, dass die umsatzstärksten Unternehmungen des deutschen Textil- und Bekleidungseinzelhandels im Rahmen einer postalischen und/oder online-gestützten Befragung einen Fragebogen erhalten, der im Jahr 2001 von 37 Unternehmungen sowie im

Jahr 2005 von 26 Befragungsteilnehmern beantwortet wurden.[360] Die Auswahl der Befragungsteilnehmer erfolgt gemäß des jährlich erscheinenden Rankings der 100 umsatzstärksten Unternehmungen des deutschen Textil- und Bekleidungseinzelhandels der Zeitschrift TextilWirtschaft, deren Sortiment Damen-, Herren- und Kinderbekleidung sowie Textilien umfasst.[361]

Das grundlegende **Ergebnis beider Untersuchungen** ist, dass die im Jahr 2001 insgesamt noch als rudimentär zu bezeichnenden Aufgaben des Kundencontrollings im Jahr 2005 umfassender ausfallen.[362] Insbesondere die Aktivitäten im **Planungs- und Informationsversorgungsprozess** werden deutlich ausgebaut. So unterstützt und berät im Jahr 2005 das Kundencontrolling bereits bei vier Fünftel der Befragungsteilnehmer das Kundenmanagement bei der Planung der kundenorientierten Ziele und Marktbearbeitung. Im Jahr 2001 wirkt nur jeder zweite Kundencontroller bei der Entwicklung von kundenorientierten Zielen (46%) mit.[363] Ebenfalls durchschnittlich vier Fünftel der Unternehmungen leitet 2005 die gewonnenen und analysierten Kundendaten an das Kundenmanagement weiter, wobei dieses Angebot nur in rund 60% der Fälle auch dem Bedarf an Kundeninformationen entspricht und durch den Aufbau und die Pflege von Kundeninformations- oder Kundenstruktursystemen gespeichert und dokumentiert wird. Im Jahr 2001 erheben zwar ebenfalls 60% der Befragungsteilnehmer den Informationsbedarf des Kundenmanagements, von denen jedoch nur jeder zweite Adressat bedarfsgerechte Kundeninformationen auch erhält.[364] In diesem Fall ist der Bedarf an Kundeninformationen größer als das Angebot an weitergeleiteten Kundeninformationen.

Demgegenüber spielt der **Kontrollprozess** in den Jahren 2001 und 2005 eine untergeordnete Rolle. 2001 führt nicht einmal jede vierte Unterneh-

---

360 Zum Untersuchungsdesign vgl. Schröder/Schettgen (2002), S. 2 ff. sowie (2006a), S. 274.

361 Vgl. Erlinger (2000), S. 60 ff.; Sümmerer (2004), S. 22 ff.

362 Zu den Aktivitäten des Kundencontrollings im Jahr 2001 vgl. Schröder/Schettgen (2002), S. 4 ff., (2003), S. 4 f. sowie (2006a), S. 275.

363 Vgl. Schröder/Schettgen (2002), S. 6.

364 Vgl. Schröder/Schettgen (2002), S. 5 .

mung Analysen von Soll/Ist-Abweichung (24%) durch.[365] Noch geringer ist mit durchschnittlich jeder sechsten Unternehmung der Anteil derer, die Ursachenanalysen bei Planabweichungen (19%) ausführen oder entsprechende Korrekturempfehlungen (14%) für das Kundenmanagement erarbeiten. Auch wenn im Jahr 2005 bereits rund ein Drittel der Befragungsteilnehmer verfeinerte Analysen im Kontrollprozess durchführen und rund die Hälfte den Erreichungsgrad der kundenorientierten Ziele und Marktbearbeitung kontrolliert, entspricht das Niveau und die Intensität der Aktivitäten im Kontrollprozess nicht annähernd denen im Planungsprozess. „Berücksichtigt man die enge Verzahnung von Planung und Kontrolle, so stellt sich die Frage, welchen Nutzen die Beratungs- und Unterstützungsleistung des Kundencontrollings im Planungsprozess hat, wenn nach der Umsetzung der vom Management getroffenen Entscheidungen die Ergebnisse keiner oder nur einer geringen Kontrolle durch den Kundencontroller unterzogen werden."[366]

Ferner kommen die Untersuchungen zu dem Ergebnis, dass im Vergleich zu 2001 die Unternehmungen im Jahr 2005 ihre zur Verfügung stehenden **Informationsquellen** zur Gewinnung von quantitativen und insbesondere qualitativen Kundendaten weiter ausgebaut haben und diese zur Generierung anonymer und personenbezogener Kundendaten nutzen.[367] Zusätzlich verfügt im Jahr 2005 bereits drei Viertel der Unternehmungen über ein Kundeninformationssystem. Im Gegensatz hierzu gestaltet und pflegt im Jahr 2001 gerade einmal jede dritte Unternehmung ein Informationssystem für Kundendaten und nur jede zehnte Unternehmung verfügt über ein informationsbasiertes System zur Erkennung von Kundentrends.[368] „Dennoch werden nachwievor nicht alle zur Verfügung stehenden internen und externen Informationsquellen ausgeschöpft, so dass vielerorts das Bild der Kunden lückenhaft bleiben muss."[369] Dabei setzt bereits im Jahr 2001 nahezu jeder Befragungsteilnehmer das Warenwirtschaftssystem (84%) als

[365] Vgl. Schröder/Schettgen (2003), S. 5.
[366] Schröder/Schettgen (2006a), S. 275.
[367] Vgl. Schröder/Schettgen (2006a), S. 275.
[368] Vgl. Schröder/Schettgen (2002), S. 6.
[369] Schröder/Schettgen (2006a), S. 275.

Quelle für anonyme quantitative Kundendaten ein, während mehr als zwei Drittel der Unternehmungen Kundenbefragungen (78%) und Mitarbeitergespräche (62%) als Quelle für personenbezogene qualitative Kundendaten nutzen können.[370]

Während 2001 nur rund die Hälfte der Unternehmungen über aus Kundendatenbänken stammende dem einzelnen Kunden zuzuordnende **Kundendaten** verfügen,[371] steigt dieser Anteil im Jahr 2005 auf über 90% der Unternehmungen an.[372] Zusätzlich geben 65% der Einzelhändler an, über anonyme Kundendaten sowie rund jeder vierte über Kundengruppendaten zu verfügen. Gleichzeitig ist zwar der Anteil der Aktions- und Reaktionsdaten, die Auskunft über die Marktaktivitäten der Einzelhändler sowie der Verhaltensweisen der Kunden geben, im Datenpool deutlich gestiegen, nachwievor dominieren jedoch die Grunddaten.[373] Ferner werden Potentialdaten, die Auskunft über den produktspezifischen Grundbedarf der Kunden zu einem bestimmten Zeitpunkt geben und als Indikator für sein zukünftiges Kaufverhalten angesehen werden können, in beiden Jahren nur rudimentär erhoben.

Letztlich liegen dem Kundencontroller zwar umfangreiche überwiegend personenbezogene Kundendaten im Jahr 2005 vor, die er mit Blick auf die Aktivitäten im Kontrollprozess jedoch nicht annähernd ausschöpft. „Der Engpass scheint nicht die mangelnde Verfügbarkeit von Kundendaten zu sein, sondern deren prozessbezogene Verwendung."[374]

Das Spektrum an **Instrumenten** sowie **Kennzahlen** zur Analyse der personenbezogenen Kundendaten wird zwar zwischen 2001 und 2005 ausgebaut, dennoch herrscht nachwievor Zurückhaltung bei innovativen Instrumenten und komplexen Kennzahlen.[375] Es überwiegen heuristische vor

---

[370] Vgl. Schröder/Schettgen (2002), S. 9.
[371] Vgl. Schröder/Schettgen (2003), S. 5.
[372] Im Folgenden Schröder/Schettgen (2006a), S. 275 f.
[373] Zur Systematisierung der Kundendaten des Kundencontrollings im Jahr 2005 vgl. Schröder/Schettgen (2006), S. 276.
[374] Schröder/Schettgen (2006a), S. 276.
[375] Vgl. im Folgenden Schröder/Schettgen (2006a), S. 276 und (2003), S. 5 f.

quasi-analytischen und statische Verfahren werden häufiger eingesetzt als dynamische. Zusätzlich spielen bei den Befragungsteilnehmern anspruchsvolle, da datenintensive und teilweise auf qualitativen Daten basierende Instrumente, wie z.B. den Customer Lifetime Value, auch im Jahr 2005 keine Rolle. Bei den Kennzahlen konzentrieren sich die Befragungsteilnehmer auf diejenigen, die aus quantitativen Kundendaten gebildet werden, und vernachlässigen qualitative Kenngrößen, die hohe Ansprüche an die Konzeptionalisierung und Operationalisierung stellen (z.B. Referenz-, Informations- und Cross-Buying-Potential) nahezu vollständig. Umsatz- und absatzbezogene quantitative Kennzahlen (z.B. Kaufhäufigkeit, Umsatz) überwiegen gegenüber kostenbezogenen Kenngrößen (z.B. Aktionskosten pro Kunde) sowie Kennzahlen, die positive und negative Erfolgskomponenten enthalten (z.B. Kundendeckungsbeitrag), wobei der Anteil der letztgenannten Kennzahlen gestiegen ist.

Aus den Antworten der Unternehmungen zu ihren praktizierten kundenorientierten Managementkonzeptionen wird von *Schröder/Schettgen* im Jahr 2001 die Vermutung abgeleitet, dass „weniger als 40% aller befragten Handelsunternehmungen **kundenorientierte Managementkonzepte** verfolgten oder ein kundenorientiertes Controlling betrieben haben“[376]. Der Rest der Befragungsteilnehmer gibt an, ihr Managementkonzept nicht eindeutig den angegebenen Konzepten zuordnen zu können. Auch 2005 liegt deren Anteil nahezu unverändert bei 58% der Befragungsteilnehmer. Diese Angaben alleine besagen jedoch noch nichts über die tatsächliche Verbreitung der abgefragten Managementkonzepte, da diese lediglich namentlich unbekannt, aber tatsächlich praktiziert werden können. Ferner können die Befragungsteilnehmer weitere nicht abgefragte kundenorientierte Managementkonzepte oder Elemente aus diesen verwenden, so dass die Beantwortung der Frage für sie nicht eindeutig möglich ist.

Das Gesamtbild der Befragungsergebnisse zeigt, dass die befragten Unternehmungen des deutschen Textil- und Bekleidungseinzelhandels ihre

---

[376] Schröder/Schettgen (2006a) S. 277.

Aufgaben des Kundencontrollings im Jahr 2005 gegenüber 2001 differenzierter gestalten. Hierzu bauen sie die ihnen zur Verfügung stehenden Informationsquellen zur Gewinnung personenbezogener quantitativer und qualitativer Kundendaten weiter aus und analysieren sie mittels einer umfangreicheren Palette an Instrumenten und Kennzahlen. Allerdings wird auch 2005 noch ein unausgeschöpftes Potential des Kundencontrollings sichtbar, so dass 80% der Unternehmungen ihre Aktivitäten weiterhin als unzureichend bewerten. Insofern erscheint es folgerichtig, dass die Befragungsteilnehmer sowohl 2001 als auch 2005 mehrheitlich ihre Aktivitäten im Kundencontrolling weiter intensivieren wollen.[377] Gründe hierfür können zusätzlich in einem mangelnden Vertrauen in die eigenen Fähigkeiten oder in einem bislang nur unzureichenden und erst in jüngster Zeit verbesserten Know-How im Bereich Kundencontrolling liegen.

Der Vergleich der praktizierten **Aufgaben des Kundencontrollings im stationären Einzelhandel mit und ohne Kundenkarte sowie dem Versandhandel im Jahr 2001** zeigt ein eindeutiges Bild:[378] Insgesamt ist der Umfang an Aktivitäten im Kundencontrolling des Versandhandels deutlich ausgeprägter als derjenige des stationären Einzelhandels. Er verfügt über zahlenmäßig mehr Informationsquellen und analysierte die aufgrund des Distanzprinzips vorhandenen differenzierteren personenbezogenen Kundendaten mittels umfangreicherer Instrumente und Kennzahlen als der stationäre Einzelhandel. Dieses hohe Niveau des Kundencontrollings im Versandhandel kann auch nicht annähernd durch die Einführung und Nutzung einer Kundenkarte im stationären Einzelhandel erreicht werden.

Auf der Basis der gewonnenen Erkenntnisse aus dem Jahr 2001 wird im Jahr 2005 ein Vergleich des Ausprägungsniveaus der **Aufgaben des Kundencontrollings der „alten“ und „neuen“ Unternehmungen** durchgeführt. Auch hier zeichnet sich eine weitgehend eindeutige Tendenz ab:[379] Die „alten“ Unternehmungen haben wie angekündigt ihre Aktivitäten

---

[377] Vgl. Schröder/Schettgen (2002), S. 5 und (2006a), S. 277.
[378] Vgl. Schröder/Schettgen (2002), S. 18 ff.
[379] Vgl. Schröder/Schettgen (2006a), S. 277 f.

im Kundencontrolling weiter intensiviert, mit der Konsequenz, dass sie in der Umsetzung des Kundencontrollings den „neuen“ Unternehmungen weitgehend voraus sind. Dennoch bewertet der Großteil der „alten“ Unternehmungen ihre Aktivitäten im Kundencontrolling nachwievor als eher mäßig und ausbaufähig, während die „neuen“ Unternehmungen ihre derzeitigen Aktivitäten bereits überwiegend für ausreichend halten und nur jede zweite Unternehmung ihre Aktivitäten zukünftig intensivieren will. Diese Aussage trifft insbesondere für den stationären Einzelhandel der „alten“ Unternehmungen und den Versandhandel unter den „neuen“ Unternehmungen zu. Bei einer genaueren Betrachtung der Betriebstypen der „alten“ und „neuen“ Unternehmungen bestätigt sich das bereits 2001 erzielte Ergebnis: „Insgesamt gilt auch 2005 noch, dass die Vertreter des Distanzhandels bei der Umsetzung des Kundencontrollings dem stationären Einzelhandel voraus sind. Dies gilt insbesondere für diejenigen Firmen des stationären Einzelhandels, die 2005 erstmals an der Untersuchung teilgenommen haben.“[380]

Ein weiterer Schwerpunkt der Analyse der Befragungsergebnisse im Jahr 2005 liegt darin, die kanalspezifischen Merkmale der Konzeption des Kundencontrollings in **Ein- und Mehrkanalsystemen** zu ermitteln sowie Aussagen über das Nutzungsverhalten der Kundendaten in den verschiedenen Absatzkanälen abzuleiten.[381] Hier zeichnet sich ein ähnlich deutliches Bild ab:[382] Die Mehrkanalsysteme sind den Einkanalsystemen bei der praktischen Umsetzung des Kundencontrollings deutlich voraus. Sie können auf eine umfangreichere Palette an Informationsquellen zurückgreifen, analysieren die ausnahmslos vorliegenden personenbezogenen Kundendaten anhand zahlreicher auch innovativer Instrumente sowie quantitativer und qualitativer Kennzahlen. Zudem sind Mehrkanalsysteme im Vergleich zu Einkanalsystemen eher bereit, moderne kundenorientierte

---

[380] Schröder/Schettgen (2006a), S. 278.

[381] In der Untersuchung besaßen Einkanalsysteme ausschließlich den stationären Einzelhandel als Absatzkanal. Demgegenüber umfassten Mehrkanalsysteme mindestens zwei Kanäle, zu denen der stationäre Einzelhandel, der Online-Handel und der Versandhandel zählte. Befragt wurden jeweils 13 Ein- und Mehrkanalsysteme.

[382] Vgl. Schröder/Schettgen (2006a), S. 278. Vertiefende Ausführungen zum Kundencontrolling in Mehrkanalsystemen finden sich bei Schröder/Schettgen (2004 a und b).

Managementkonzeptionen anzuwenden. Den entscheidenden Vorsprung in der praktischen Umsetzung des Kundencontrollings erlangen die Mehrkanalsysteme gegenüber den Einkanalsystemen nicht nur dadurch, dass sie alle auf personenbezogene Kundendaten zurückgreifen können, der bei der Hälfte der Unternehmungen zusätzlich um Kundengruppendaten ergänzt wird, sondern ebenso durch die Verbreitung und Nutzung der Kundendaten innerhalb der verschiedenen Absatzkanäle: 85% der befragten Mehrkanalsysteme geben an, die Kundendaten zumindest teilweise kanalübergreifend einzusetzen. Bei einem Drittel der Unternehmungen stehen die Kundendaten allen Absatzkanälen zur Nutzung zur Verfügung. „Dieses bedeutet, dass der einzelne Kunde in jedem ihrer Absatzkanäle nicht nur bekannt ist, sondern zusätzlich umfangreiche Potential-, Aktions- und Reaktionsdaten über sein Kundenverhalten vorliegen."[383]

Als **Ergebnis** der beiden von *Schröder/Schettgen* durchgeführten Befragungen zum Kundencontrolling im deutschen Textil- und Bekleidungseinzelhandel aus den Jahren 2001 und 2005 kann Folgendes festgehalten werden: Die Aufgaben des Kundencontrollings werden zwischen 2001 und 2005 detaillierter und umfangreicher. Als primäre Voraussetzung für ein aussagekräftiges Kundencontrolling wird die Verwendung ausschließlich personenbezogener Kundendaten angesehen. Dieses erfordert das Vorhandensein von Informationsquellen, die quantitative und qualitative dem einzelnen Kunden zurechenbare Kundendaten liefern, die mittels innovativer Instrumente und komplexer Kennzahlen analysiert werden können. Außerdem fördert die Offenheit gegenüber modernen kundenorientierten Managementkonzeptionen die Umsetzung des Kundencontrollings in den Unternehmungen. Als Vorreiter eines detaillierten und praktizierten Kundencontrollings werden der Versandhandel und/oder Mehrkanalsysteme ermittelt, wobei letztere über den Versandhandel und/oder den Onlinehandel verfügen sollten, da das ihnen eigene Distanzprinzip die Erhebung ausschließlich personenbezogenen Kundendaten als Grundlage für wei-

---

[383] Schröder/Schettgen (2006a), S. 278.

terführende Analysen und deren Nutzung in der gesamten Unternehmung ermöglicht.

Bei der Betrachtung der dargestellten Untersuchungsergebnisse müssen stets die **Grenzen der Untersuchungen** kritisch berücksichtigt werden. Insbesondere aufgrund des geringen Stichprobenumfangs kann nicht von einer Allgemeingültigkeit der Ergebnisse ausgegangen werden. Ferner handelt es sich hierbei um zwei auf einen Zeitpunkt bezogene Befragungen, die keine Aussagen über die Entwicklung des Kundencontrollings zwischen 2001 und 2005, sondern lediglich Aussagen über zeitpunktbezogene Veränderungen erlauben. Zudem kann nicht eindeutig bejaht werden, dass in den 18 Unternehmungen, die bereits 2001 an der Untersuchung teilgenommen haben, im Jahr 2005 die gleichen Ansprechpartner den Fragebogen beantwortet haben. Sofern dieses nicht der Fall ist, können ein unterschiedliches Verständnis der abgefragten Sachverhalte sowie ein unterschiedliches Fachwissen zu variierenden Ergebnissen führen.

2.3 Zwischenergebnisse

Die vorangegangenen Ausführungen haben gezeigt, dass die Messung der Wertbeiträge des einzelnen Kunden auf der Grundlage von kundenbezogenene Informationen derzeit im Mittelpunkt der wissenschaftlichen und praxisorientierten Diskussion zum koordinationsorientierten Kundencontrolling steht.

Ein Kunde gilt entsprechend dem gerundiven Wertverständnis dann als wertvoll, wenn er einen direkten oder indirekten Beitrag zur Zielerreichung der Unternehmung leistet. Dieses auf monetären und nicht-monetären Größen basierende Wertverständnis findet seine wissenschaftliche Umsetzung in der monetären Bestimmung des Markt- und Ressourcenpotentials des Kunden als direkte und indirekte Wertkomponenten des Kundenwertes. Die vorangegangenen Ausführungen haben gezeigt, dass im Kundencontrolling die **Quantifizierung der Wertkomponenten** in Form von monetären Größen als grundlegende Voraussetzung zur **Ermittlung des Kundenwertes** anzusehen ist. Da bislang die kundenorientierten Instrumente eine monetäre Bewertung der indirekten Wertkomponenten nur bedingt ermöglichen, wird gegenwärtig eine Bewertung der Kunden überwiegend auf der Basis des Marktpotentials als direkte Wertkomponente durchgeführt. Insofern erfolgt die Ermittlung des auf dem Customer Lifetime Value Ansatz basierenden Kundenwerts aus Unternehmenssicht, der als zentrale Steuerungsgröße im Kundencontrolling angesehen wird, überwiegend auf der Ermittlung des Marktpotentials der Kunden. Eine Bewertung der nicht-monetarisierbaren Komponenten des Ressourcenpotentials eines Kunden und dessen Integration in den Kundenwert wird zwar grundsätzlich für erforderlich gehalten, jedoch aufgrund mangelnder geeigneter Instrumente derzeit im Kundencontrolling zurückgestellt.

Vor diesem Hintergrund stellt sich zunächst die grundsätzliche Frage nach dem oder den **Betrachtungsobjekt(en) des Kundencontrollings**. Zwar wird in der derzeitigen Literatur zum Kundencontrolling ausschließlich von kundenbezogenen Informationen als Betrachtungsobjekt gesprochen, die zur Ermittlung der Kundenwerte herangezogen werden. Dennoch weisen die Arbeiten von *Schmöller* und *Stüker* auf die Bedeutung des Wissens der Kunden als Bestandteil des Ressourcenpotentials hin. Eine umfassende Evaluierung der Kundenbeziehung anhand des Kundenwertes setzt demnach die Quantifizierung des Kundenwissens als indirekte Wertkomponente voraus. Gleichzeitig gewinnt die theoretische Auseinandersetzung über die Anforderungen einer wissensorientierten Unternehmensführung an das Controlling zunehmend an Bedeutung. Ihr Tenor besteht vor allem in der Forderung, ein **wissensorientiertes Steuerungssystem der Kundenbeziehung** zu entwickeln. Insofern wird der Problemstellung der vorliegenden Arbeit folgend in den kommenden Ausführungen das Betrachtungsobjekt des Kundencontrollings auf das Wissen der, über und für die Kunden erweitert, um Anhaltspunkte für eine auf Kundenwissen basierende Bewertung der Kunden zu gewinnen. Zudem wird auf die Erkenntnisse des Wissensmanagements, Kundenwissensmanagements und Wissenscontrollings zurückgegriffen, um in einem weiteren Schritt konzeptionelle Grundlagen des Kundenwissenscontrollings zur Steuerung der Kundenbeziehung zu entwickeln.

3 Merkmale des Wissensmanagements, Kundenwissensmanagements und Wissenscontrollings

3.1 Grundlegende Begriffe

3.1.1 Definition und Eigenschaften von Wissen

Die Literatur kennt sehr viele Definitionen und Systematisierungsversuche des Wissensbegriffs, die sich aber letztendlich einer allgemeingültigen Ordnung und Festlegung entziehen und für die sich auch keine einheitliche Auffassung durchgesetzt hat. Gründe hierfür sind, dass die vorhandenen Definitionen in der Regel stark von der Fragestellung des jeweiligen Autors sowie von seinem wissenschaftlichen Umfeld geprägt werden.[384] Die **Betriebswirtschaftslehre** bedient sich zur Abgrenzung von Daten, Informationen und Wissen der Erkenntnisse der Semiotik.[385] Zudem wurde Wissen lange Zeit im Sinne der anthropozentischen Sichtweise als reine Kognitionsleistung des Individuums aufgefasst. Erst in jüngeren Arbeiten wird eine konstruktivistische Defintion von Wissen zugrunde gelegt, nach der die Ressource Wissen in einer Unternehmung auf dem Input von Informationen basiert, kognitive Inhalte und verhaltensorientierte Fähigkeiten umfasst, personalisierte und nicht-personalisierte Bestandteile besitzt, expliziten und impliziten Charakter hat sowie das Ergebnis von Lernprozessen darstellt.[386] Diese Sichtweise geht davon aus, dass Wissen in konkreten Problemsituationen und durch soziale Interaktion erworben wird.

---

[384] Vgl. Baecker (1998), S. 4 ff.; Asenkerschbaumer (1987), S. 12 ff.
[385] Vgl. Kap. 2.1.1.
[386] Vgl. Schaschke (2010), S. 48, Al-Laham (2003), S. 43.

In der **Philosophie** wird Wissen bspw. mit wahrer Erkenntnis oder Einsicht gleichgestellt.[387] Dabei wird Wissen vom bloßen Glauben dadurch unterschieden, dass das, was eine Person glaubt, den Tatsachen entsprechen muss, um als Wissen zu gelten. Daher wird nicht jeder Glaube, der zufällig wahr ist, auch als Wissen bewertet, sondern lediglich als wohlbegründeter Glaube. Letztlich kann also nur dann von Wissen gesprochen werden, wenn der Glaube an einen Sachverhalt objektiv wahr ist.

Demgegenüber wird der Wissensbegriff in der **Psychologie** zur Erforschung des menschlichen Denkens, Fühlens und Verhaltens verwendet. Im Vordergrund stehen Fragen wie „die Wissensrepräsentation, die Differenzierung von Wissen und Informationen, der Wissenserwerb, die Anwendungsaspekte von Wissen zur Bildung von Verhaltensorientierungen bzw. die tatsächliche Produktion von Handlungen, die Abhängigkeit von Wissen in seinem kulturellen Kontext sowie der Zusammenhang von Wissen, Wahrnehmung und Sprechen“[388].

Die Vertreter der **Soziologie** stellen die konstruktivistische Komponente von Wissensprozessen in den Vordergrund.[389] Im Erkenntnisinteresse steht die Art und Weise, wie ein Kollektiv Wissensprozesse reguliert, wobei Wissen zu einem individuellen, von sozialen Kontakten beeinflussten Konstrukt wird.

Andererseits wird in der **Informatik** der proportionale Wissensbegriff verwendet, wonach Wissen die Gesamtheit aller Kenntnisse auf einem bestimmten Gebiet darstellt, die zueinander in einem Begründungszusammenhang stehen.[390] Für die computergestützte Speicherung und Verarbeitung von Wissen werden sieben Merkmale vorausgesetzt:[391] Handlungsbezug, Subjektbezogenheit, Kontextabhängigkeit, Kulturabhängigkeit, Sozialbezug, Modellbezug, Grad der Bewusstseinsabhängigkeit von Wissen.

---

[387] Vgl. Albrecht (1993), S. 34 ff.
[388] Schüppel (1997), S. 55.
[389] Vgl. Romhardt (1998), S. 25.
[390] Vgl. Heinrich/Roithmayr (1998), S. 575.
[391] Vgl. Stickel (2001), S. 2.

Obwohl der Wissensbegriff eine zentrale Größe in Wissenschaftsdisziplinen wie der Betriebswirtschaftslehre, Philosophie, Psychologie, Soziologie und Informatik einnimmt, kann ein konsensfähiger, interdisziplinärer Wissensbegriff nicht nachgewiesen werden. *Pawlowsky* kommt zu der Einschätzung, dass die Abgrenzung des Begriffs „Wissen" zu verwandten Konzepten wie beispielsweise Gedächtnis, Intelligenz, Bewusstsein, Fähigkeiten, Bildung, Erfahrungen, Einsicht, Einstellungen, Kognitionen und Erkenntnis fließend ist. „Gemeinsam ist diesen Konzepten die Vorstellung, dass es sich um subjektive Repräsentationen von Wirklichkeit handelt, die in mehr oder minder ausgeprägter Form als Disposition von Wahrnehmung und Verhalten betrachtet werden können."[392] Der mangelnde Begriffskonsenz liegt u.a. darin begründet, dass die verschiedenen Disziplinen spezifische Fragestellungen diskutieren und die Thematik aus verschiedenen Blickwinkeln betrachten, mit jeweils unterschiedlichen Erkenntniszielen und Methoden.[393] Zudem halten sich viele Autoren in ihren Ausführungen nicht an zuvor gegebene Definitionen,[394] insbesondere bleiben die Über- und Unterordnungsbeziehungen der Begriffe Informationen und Wissen häufig unberücksichtigt oder werden synonym verwendet.[395] Gleichzeitig wird in wissenschaftlichen Veröffentlichungen häufig auf eine inhaltliche Bestimmung und Abgrenzung des Wissensbegriffs verzichtet und teilweise von einem „undefinierten banalen Vorverständnis"[396] ausgegangen. Aufgrund der uneinheitlichen Abgrenzung des Wissensbegriffs wird in Abb. 9 ein Überblick über die Vielfalt der Definitionen des Wissensbegriffs gegeben, ohne den Anspruch auf Vollständigkeit erheben zu wollen.

---

[392] Pawlowsky (1994), S. 184.
[393] Vgl. Schimmel (2002), S. 3.
[394] Vgl. Kirsch (1971), S. 79.
[395] Vgl. Kapitel 2.1.
[396] Asenkerschbaumer (1987), S. 19.

Autor	Definition
Kant (1781, S. 823)	„Endlich heißt das sowohl subjektiv als objektiv zureichende Fürwahrhalten das Wissen."
Wittmann (1959, S. 14)	„Informationen ist zweckorientiertes Wissen"
Schischkoff (1969, S. 665)	„Wissen heißt Erfahrungen und Einsichten haben, die subjektiv und objektiv gewiss sind und aus denen Urteile und Schlüsse gebildet werden können, die ebenfalls sicher genug erscheinen, um als Wissen gelten zu können."
Ropohl (1979, S. 216)	„Wissen ist ... die Menge der in Informationsspeichern fixierten und durch planmäßigen Abruf reproduzierbaren Informationen."
Wittmann (1979, Sp. 2263)	Als Wissen sollen ... Vorstellungsinhalte verstanden werden, die Überzeugungen über die Wahrheit von Feststellungen (Aussagen, Sätzen, Behauptungen) zum Inhalt haben."
Pautzke (1989, S. 66)	„Wir werden im Folgenden von einem sehr weiten Wissensbegriff ausgehen, der unter Wissen all das versteht, was tatsächlich in Handlungen und Verhalten einfließt und diese prägt."
Albrecht (1993, S. 45)	„Wissen ist das Ergebnis der Verarbeitung von Informationen durch das Bewusstsein. Wissen lässt sich beschreiben als vorhandene Bestände an Modellen über konkrete bzw. abstrakte Objekte, Ereignisse und Sachverhalte."
Strasser (1994, S. 6)	„Als Wissen bezeichne ich gesamthaft diejenigen Annahmen über das „Selbst" bzw. die „Umwelt" eines Aktors, einer Gruppe, einer Organisation, die auf das Denken, Entscheiden und Handeln dort Einfluss nehmen. Dazu gehören auch subjektive Erfahrungen und Erwartungen über Handlungsfolgen, subjektive Interessen, Ziele, Werte und Normen sowie selbstverständlich alle Informationen über die faktische Welt."
Pawlowsky (1994, S. 184)	„Ein Wissenssystem ist ... ein Netzwerk von Annahmen über die Realität, das verbunden ist durch subjektive Hypothesen und übergeordnete Theorien ... Wissen ist damit das Ergebnis der Gesamtheit der Erfahrungen, die ein Mensch gemacht hat. Erfahrungen können wiederum als subjektive Auswertungen von solchen Informationen betrachtet werden, die als relevant erachtet werden."
Domrös (1994, S. 27)	„Wissen kann dabei als (hypothetische) Kenntnis allgemeiner Zusammenhänge bezeichnet werden."

Autor	Definition
Schüppel (1994, S. 11)	„Wissen ist die deklarative und symbolische Repräsentation von Informationen im Sinne subjektiver Kenntnisse über die Realität und die damit zusammenhängenden prozessualen Verarbeitungsmechanismen."
Reyes (1996, S. 43)	„Wissen können wir als ein angeeignetes geistiges Gut betrachten, das in Abhängigkeit zu Zeit, Aufgabe und Organisation steht."
Bode (1997, S. 458)	„Wissen ist jede Form der Repräsentation von Teilen der realen oder gedachten (d.h. vorgestellten) Welt in einem materiellen Trägermedium."
Güldenberg (1997, S. 161)	„Unter Wissen verstehen wir ... die Gesamtheit aller Endprodukte von Lernprozessen, in denen Daten als Information wahrgenommen und Informationen in Form von strukturellen Konnektivitätsmustern in Wissensspeichern niedergelegt werden."
Gries (1997, S. 190)	„Wissen ist die bewusste Anwendung von Informationen zur Lösung eines Problems. Wissen setzt kreatives Handeln voraus."
Eulgem (1998, S. 24)	„Werden (einzelne) Informationen miteinander in einen gemeinsamen Kontext gestellt, der eine Verwendung im Sinne der semiotischen Ebene der Pragmatik gestattet, so entsteht ein Informationsnetz, das als Wissen definiert werden soll."
Felbert (1998, S. 122)	„Wissen umfasst aber deutlich mehr als organisierte und strukturierte Daten. Wissen besteht auch aus subjektiven Annahmen, Theorien, Intuition sowie Schlussfolgerungen aus Studium, Erfahrung und Experimenten ... Wissen ist mithin maßgeblich das Ergebnis der Verarbeitung von Daten und Informationen durch Intelligenz und Lernen."
Davenport/Prusak (1999, S. 32)	„Wissen ist eine fließende Mischung aus strukturierten Erfahrung, Wertvorstellungen, Kontextinformationen und Fachkenntnissen, die in ihrer Gesamtheit einen Strukturrahmen zur Beurteilung und Eingliederung neuer Erfahrungen und Informationen bietet. Entstehung und Anwendung von Wissen vollziehen sich in den Köpfen der Wissensträger. In Organisationen ist Wissen häufig nicht nur in Dokumenten oder Speichern enthalten, sondern erfährt auch eine allmähliche Einbettung in organisatorische Routinen, Prozesse und Normen."
Hopfenbeck/Müller/Peisl (2001, S. 211)	„Wissen ist das Ergebnis der Verarbeitung und Interpretation von Informationen durch Intelligenz, Bewusstsein und Lernen. Wissen ist die Fähigkeit, aus Informationen Entscheidungen abzuleiten, Erfahrungen zu machen, zu nutzen und daraus zu lernen."

Autor	Definition
Willke (2001, S. 11)	„Aus Information wird Wissen durch Einbindung in einem zweiten Kontext von Relevanzen. Dieser zweite Kontext besteht nicht, wie der erste, aus Relevanzkriterien, sondern aus bedeutsamen Erfahrungsmustern, die das System in einem speziell dafür erforderlichen Gedächtnis speichert und verfügbar hält. Wissen ist ohne Gedächtnis nicht möglich, aber nicht alles, was aus einem Gedächtnis hervorgeholt werden kann, ist Wissen. Wissen entsteht durch den Einbau von Informationen in Erfahrungskontexte, die sich in Genese und Geschichte des Systems als bedeutsam für sein Überleben und seine Reproduktion herausgestellt haben. Wissen ist notwendiger Bestandteil eines zweckorientierten Produktionsprozesses. Die Ergebnisse produktiver Aktivität können unterschiedlichster Art sein, Güter, Leistungen, Fertigkeiten, Zustände."
Ackerschott (2001, S. 13)	„Wissen entsteht, wenn Menschen Informationen aufnehmen und diese mit bereits verfügbaren Informationen unter Einbeziehung ihrer Einstellungen, Fertigkeiten und Erfahrungen vernetzen."
Amelingmeyer (2004, S. 73)	"Wissen ist jede Form der Repräsentation von Teilen der realen oder gedachten Welt in einem körperlichen Trägermedium."
Ahlert/Blut (2006, S. 21)	„... Wissen aus der individuellen Verknüpfung von Informationen entsteht und zur Lösung von Problemen eingesetzt wird. Wissen stützt sich auf Daten und Informationen und ist im Gegensatz zu Daten jedoch immer an Personen gebunden."
Probst/Raub/Romhardt (2010, S. 23)	„Wissen bezeichnet die Gesamtheit der Kenntnisse und Fähigkeiten, die Individuen zur Lösung von Problemen einsetzen. Dies umfasst sowohl theoretische Erkenntnisse, als auch praktische Alltagsregeln und Handlungsanweisungen. Wissen stützt sich auf Daten und Informationen, ist im Gegensatz zu diesen jedoch an Personen gebunden. Es wird von Individuen konstruiert und repräsentiert deren Erwartungen über Ursache-Wirkungs-Zusammenhänge."

Abb. 9: Beispiele für Definitionen des Wissensbegriffs

Bei näherer Betrachtung der genannten Definitionen des Wissensbegriffs wird zum einen deutlich, dass im Wesentlichen drei Zugangswege zum Wissensbegriff gegangen wurden:

- Wissen als Gesamtheit des Problemlösungspotentials von Wissensträgern, z.B. Probst/Raub/Romhardt (2010),
- Wissen als Verarbeitung bzw. bewusste Anwendung von Informationen, z.B. Albrecht (1993),

- Wissen als das Ergebnis von Lernprozessen, z.B. Güldenberg (1997).

Die unterschiedlichen Sichtweisen der Definitionen von Wissen verdeutlichen gleichfalls die vielfältigen **Eigenschaften** von Wissen, die es von anderen Produktionsfaktoren signifikant unterscheidet und zu einer einzigartigen Ressource werden lassen. Gleichsam verdeutlichen sie den inhärenten Handlungsbezug von Wissen, wodurch es letztendlich zur effektiven Entscheidungsfindung dient:[397]

- Wissen ist der einzige Produktionsfaktor, der sich durch Teilung nicht verringert, sondern eher vermehrt. Tauschen zwei Wissensträger Wissen aus, dann entsteht eine typische „win-win-Situation“, in dem sie fortan nicht mehr über die Hälfte, sondern im Idealfall über die doppelte Menge an Wissen verfügen.
- Wissen stellt eine Ressource dar, die von Natur aus unbestimmt ist. Da sie oft bereits durch Zeitablauf erodiert, bedarf es einer steten Aktualisierung, um ihren Wert zu erhalten.
- Anders als bei den Faktoren Boden und Kapital kann die Herausgabe von Wissen nicht erzwungen werden. Die Beteiligten müssen insbesondere implizite Wissensbestandteile freiwillig (mit)teilen, was eine gewisse intrinsische Motivation voraussetzt.
- Wissen ist ein unendlicher Rohstoff.
- Wissen ermöglicht steigende Skalenerträge. Ist es einmal erarbeitet, kann es ohne Einbuße auf große Volumina angewandt werden.
- Wissen besitzt einen zunehmenden Grenznutzen: als Potentialfaktor wird es zur Grundlage weiterer intellektueller Zuwächse. Je mehr ein Wissensträger weiß, umso effektiver kann er weiteres Wissen nutzen bzw. aufbauen.

Aufgrund der uneinheitlichen Abgrenzung des Wissensbegriffs und der Eigenschaften von Wissen wird die Verwendung dieses Begriffs im Rahmen der vorliegenden Arbeit weiter präzisiert. Den Ausgangspunkt bildet ein relativ weiter Wissensbegriff, um zunächst eine ganzheitliche Betrachtung

[397] Vgl. Willke (2001), S. 63 f.; Hopfenbeck/Müller/Peisl (2001), S. 209.

des Phänomenbereichs ohne Einschränkung auf bestimmte Wissensausprägungen oder Wissensträger zu ermöglichen. Denn die in der Betriebswirtschaftslehre häufig vorgenommene Abgrenzung von Wissen als kognitive Verarbeitung von Informationen greift hier insofern zu kurz, als dass sie den Wissensbegriff im Wesentlichen auf eine menschliche Kognitionsleistung beschränkt. Dieses würde jedoch bedeuten, dass die Möglichkeit, Wissen – als strukturierte, sinnvoll vernetzte Information – in entpersonalisierter Form zu speichern und weiterzugeben, unbeachtet bleiben würde. In diesem Sinne wird in der Literatur verstärkt darauf hingewiesen, dass Wissen auch in Artefakten, wie z.B. elektronischen Speichermedien und IT-Systemen vorhanden ist.[398] In der vorliegenden Arbeit wird das gesamte **Wissenspotential** als Summe des in einer Unternehmung vorhandenen Wissens betrachtet. Dieses beinhaltet sowohl das **Wissen der personellen Wissensträger**, z.B. der Kunden, Mitarbeiter oder Wettbewerber, als auch das in **nicht-personellen Wissensträgern**, wie z.B. Warenwirtschaftssysteme oder unternehmensexterne Datenbänke, gespeicherte Wissen.

Wissen umfasst als unternehmerische Ressource all diejenigen gespeicherten Informationen sowie menschlichen Erfahrungen, Einstellungen, Fertigkeiten und Fähigkeiten, die dem oder den jeweiligen Wissensträgern zur Verfügung stehen und die sie bewusst oder unbewusst zur Lösung von Aufgaben und Problemen verwenden. Organisationales Wissen erfordert eine Transformation von Wissen des einzelnen Wissensträgers in Kompetenzen der gesamten Unternehmung, so dass diese wiederum in Form von Routinen und Strategien zur Steigerung der unternehmerischen Wettbewerbsfähigkeit eingesetzt werden können.[399] Insofern wird Wissen als ein **Erkenntnisprozess** interpretiert, bei dem Daten und Informationen Teilmengen des Wissens darstellen.[400]

---

[398] Vgl. Amelingmeyer (2004), S. 73; Al-Laham (2003), S. 42; Eulgem (1998), S. 14.
[399] Vgl hierzu auch North (2011), S. 40 f, Oelsnitz/Hahmann (2003), S. 43 f.
[400] Vgl. hierzu auch Kleinhans (1989), S.10; Renzl (2004), S. 36 ff.

Die Entstehung von Wissen ist stets personengebunden und vollzieht sich in den Köpfen der personellen Wissensträger. Sie basiert auf der Gesamtheit der Einstellungen, Fähigkeiten und Fertigkeiten des Individuums sowie seiner zuvor gemachten Erfahrungen über Ursache-Wirkungszusammenhänge. Dabei beruhen Einstellungen im Wesentlichen auf Erfahrungen sowie den Fertigkeiten und Fähigkeiten des Individuums. In Unternehmen besteht Wissen sowohl aus den in nicht-personellen Wissensträgern gespeichert Informationen als auch den Wissensbeständen der Mitarbeiter als personelle Wissensträger, wodurch es eine Einbettung in die organisatorische Routine, Prozesse und Normen erfährt.

Im Einzelnen werden unter **Erfahrungen** Kenntnisse und Verhaltensweisen verstanden, die durch Wahrnehmung und Lernen erworben werden.[401] Das Sammeln von Erfahrungen ist zum einen abhängig von den angeborenen Fähigkeiten eines Individuums sowie den äußeren Möglichkeiten, Erfahrungen in der Umwelt sammeln zu können. Erfahrungen setzen weiterhin die Fähigkeit voraus, die Eindrücke verwerten und in die Persönlichkeitsstruktur integrieren zu können. In Anwendung auf ein unternehmerisches Wissen können diese Erfahrungen basierend auf Wahrnehmung und Lernen zudem in Speichermedien wie Datenbanken, aber auch in Regeln, Maximen und Verhaltensmustern gespeichert werden.

Dabei stellt **Wahrnehmung** als die erste Komponente im Entstehungsprozess von Erfahrungen eine Bezeichnung für die Funktion dar, die es dem Organismus mithilfe seiner Sinnesorgane ermöglicht, Informationen aus der Innen- und Außenwelt aufzunehmen und zu verarbeiten.[402] Die Wahrnehmung steht dabei unter dem Einfluss von Gedächtnisinhalten, Stimmungen, Gefühlen, Erwartungen und Denkprozessen. In diesem Zusammenhang definiert *Rohracher* Wahrnehmung als eine komplexe, aus Sinnesempfindungen und Erfahrungskomponenten bestehende psychische

---

[401] o.V. (2012a).
[402] o.V. (2012b).

Erscheinung, deren Inhalt im Raum lokalisiert wird und dadurch zur Auffassung von Gegenständen der Außenwelt führt.[403]

Unter **Lernen** als zweite Komponente im Entstehungsprozess von Erfahrungen wird allgemein der Erwerb von Wissen und die Aneignung von motorischen und sprachlichen Fertigkeiten verstanden.[404] In der Psychologie versteht man unter Lernen die durch Erfahrung entstandenen, relativ überdauernden Verhaltensänderungen. Lernen kann somit als Prozess verstanden werden, der bestimmte Organismen befähigt, aufgrund früherer Erfahrungen und durch organische Eingliederung weiterer Erfahrungen situationsangemessen zu reagieren. Menschliches Lernen ist eine überwiegend einsichtige, aktive, sozial-vermittelte Aneignung von Kenntnissen und Fertigkeiten, Überzeugungen und Verhaltensweisen.

Im Gegensatz zu Erfahrungen stellen **Einstellungen** einen „Zustand einer gelernten und relativ dauerhaften Bereitschaft dar, in einer entsprechenden Situation gegenüber dem betreffenden Objekt regelmäßig mehr oder weniger stark positiv bzw. negativ zu reagieren“[405]. Einstellungen beziehen sich immer auf ein Objekt, das auch ein Verhalten sein kann. Einstellungen werden nicht vererbt, sondern i.d.R. unbewusst gelernt. Sie stehen untereinander in verträglichen (konsistenten) Beziehungen und bilden ein System. Insofern haben Änderungen einer Einstellung Konsequenzen auf andere Einstellungen. Damit vereinfachen sie das Verhalten in einer bestimmten Situation (Nützlichkeitsfunktion der Einstellungen). Ferner können Einstellungen artikuliert und damit gespeichert werden und dienen zur Selbstdarstellung des Individuums. Dabei wird zwischen expliziten und impliziten Einstellungen unterschieden:[406] Während **explizite Einstellungen** diejenigen Einstellungen sind, über die Personen selbst Auskunft geben und deren Äußerungen sie bewusst kontrollieren können, stellen implizite Einstellungen Spuren vergangener Erfahrungen dar. Sie können durch Selbstwahrnehmung nicht oder nicht korrekt identifiziert werden und

[403] Vgl. Rohracher (1971), S. 23.
[404] o.V. (2012c).
[405] Trommsdorf (2011), S. 126, vgl. ebenso Berekoven/Eckert/Ellenrieder (2009), S. 73.
[406] Vgl. Kroeber-Riel/Weinberg/Gröppel-Klein (2009), S. 228 f.

üben einen Einfluss auf die Entstehung positiver oder negativer Emotionen, Kognitionen oder Verhaltensweisen in Bezug auf ein Meinungsobjekt aus. Das Individuum kann im Gegensatz zu expliziten Einstellungen auf implizite Einstellungen nicht bewusst zugreifen und deren Einfluss nicht aktiv kontrollieren. Folglich handelt es sich bei **impliziten Einstellungen** um automatische Verbindungen, die beim Individuum zwischen dem Einstellungsobjekt und der Bewertungsreaktion besteht.

In der Literatur herrscht bislang kein Konsens über die Struktur von Einstellungen, insbesondere über deren Dimensionalität. „Als Dimensionen werden die voneinander unabhängigen Achsen verstanden, die einen psychologischen Merkmalsraum aufspannen.“[407] Unklar bleibt dabei, ob die aus der **Dreikomponententheorie** stammende Dreidimensionalität der Einstellungen, bestehend aus der „fühlenden“ (affektiven Komponente), der „denkenden“ (kognitiven Komponente) und der „handelnden“ (konative Komponente) Sphäre der menschlichen Psyche, nicht auf eine einzige Dimension zu reduzieren ist. Gemäß der Dreikomponententheorie gehört zu der Einstellung eines Kunden gegenüber einem Produkt z.B. einer Hose neben der Überzeugung als „gedankliche (kognitive) Grundlage von Einstellungen“[408], dass diese Hose eine Schutzfunktion gegenüber Umwelteinflüssen wie Hitze oder Nässe besitzt (kognitiven Komponente), und der gefühlsmäßigen Neigung gegenüber der modischen Ausrichtung (affektiven Komponente) die Verhaltenstendenz (konative Komponente), diese Hose zu Beginn der Saison zu kaufen. Der Dreikomponententheorie widerspricht die eigene Forderung nach einem System von Einstellungen, das aufeinander bezogene Komponenten beinhaltet, die sich gegenseitig beeinflussen. „Damit wird explizit postuliert und konnte empirisch auch bestätigt werden, dass die Komponenten in einem interdependenten Beziehungsverhältnis zueinander stehen, was der Forderung nach Unabhängigkeit der Dimensionen widerspricht.“[409]

---

[407] Berekoven/Eckert/Ellenrieder (2009), S. 73.
[408] Trommsdorff (2011), S. 126.
[409] Berekoven/Eckert/Ellenrieder (2009), S. 73.

Fähigkeiten bezeichnen das „gesamte relativ verfestigte Potential eines Individuums, seine Umwelt zu beherrschen, d.h. in allen Lebenssituationen kompetent zu handeln.[410] **Fertigkeiten** sind durch Übung entstandene Teile des Potentials, die automatisiert, aber nicht notwendigerweise durch Ausschaltung bewusster Kontrolle gehandhabt werden. Sie können durch gezielte Trainingsmaßnahmen (z.B. berufliche Aus- und Weiterbildung) und durch Lernen vervollkommnet werden. Somit bezeichnen Fertigkeiten und Fähigkeiten überwiegend individuelle Verhaltensstereotype, aber auch organisatorische Interaktionsmuster. Diese Stereotype und Muster lassen sich wie folgt charakterisieren:[411]

- Sie besitzen einen Programmcharakter, der eine Routinisierung und Stabilisierung komplexer Handlungsabläufe bewirkt. Auf diese Weise vollziehen sich die einzelnen Handlungsabläufe in einer gleichsam automatisierten Abfolge.
- Die Stereotype und Muster sind durch einen bestimmten Grad an Transparenz bzw. Artikulierbarkeit geprägt. Die hohe Komplexität des Musters ist mit geringerer Transparenz und schwächer ausgeprägter Kodifizierbarkeit verbunden.
- Sie fokussieren Aktionen auf eng umrissene Entscheidungsalternativen. Damit begünstigen sie die zielgerichtete Anwendung von Fähigkeiten.

3.1.2 Klassifikationsansätze von Wissen

Die uneinheitliche Verwendung des Wissensbegriffs in der Literatur korrespondiert mit einer Heterogenität von Klassifikationsansätzen zur Strukturierung von Wissen. Solche Kategorien von Wissen sind jedoch kontextabhängig, d.h. sie weisen Abhängigkeiten des Verständnisses von Wissen vom jeweiligen Blickwinkel auf. Abb. 10 zeigt die in der Literatur diskutierten Klassifikationsansätze, ohne den Anspruch auf Vollständigkeit erfüllen

[410] Vgl. Staehle (1999), S. 179.
[411] Vgl. Nelson/Winter (1982), S. 73 ff. zit. nach Schaschke (2010), S. 53 ff.

zu wollen. Da sich deren Wissenskategorien teilweise überschneiden,[412] führt erst die Integration der verschiedenen Klassifikationsansätze zu einer vertiefenden Erfassung des Wissens und seiner Besonderheiten.

Autor(en)	Wissenskategorien	Definition
Pautzke (1989); Oberschulte (1994); Willke (1996); Güldenberg (2003); Probst/Raub/Romhardt (2010)	Individuelles Wissen Kollektives Wissen Organisatorisches Wissen	*Individuelles Wissen* ist an einzelne Personen gebunden und nur diesen zugänglich. Das für die Organisation relevante Wissen umfasst jegliche Kenntnisse einzelner Organisationsmitglieder, die diese der Organisation zur Verfügung stellen. *Kollektives Wissen* ist von mehreren Organisationsmitgliedern geteiltes und zugängliches Wissen. *Organisatorisches Wissen* ist von allen Organisationsmitgliedern geteiltes Wissen.
Polanyi (1967); Greschner (1996); Nonaka/Takeuchi (1997); Schüppel (1996); Ackerschot (2006); Katenkamp (2011)	Implizites Wissen/ tacit knowledge Explizites Wissen	*Implizites Wissen* ist verborgenes Wissen, d.h. Wissen, das der Wissensträger hat, aber nicht in Worte fassen kann. *Explizites Wissen* ist weniger kontextgebunden, portionierbar, dokumentationsfähig, automatisierbar und relativ leicht imitierbar.
von Krogh/Venzin (1995); Bach/Homp (1997)	Prozesswissen/ Know-how/ operatives Wissen Ereigniswissen/ Know-what/ strategisches Wissen	*Operatives Wissen/Prozesswissen,* auch *prozedurales Wissen* genannt, bezieht sich auf das Wissen über Vorgehensweisen oder Strategien, also auf Wissen über Abläufe und Zusammenhänge (Wie? Womit?). Operatives Wissen bezieht sich auf das Instrumentarium und die Methodologie des Wissenserwerbs und der Wissensprüfung. *Ereigniswissen,* auch als *deklaratives, faktisches Wissen* bezeichnet, umfasst Kenntnisse über die Realität und beinhaltet feststehende Tatsachen, Gesetzmäßigkeiten und bestimmt Sachverhalte (Was?).

[412] Überschneidungen der Wissenskategorien treten auf, wenn mehrere Bezeichnungen für die gleiche Wissenskategorie verwendet werden. Bspw. verwendet Schüppel (1997, S. 255) die Wissenskategorien „Knowing how – knowing that" synonym für „implizites – explizites Wissen".

Autor(en)	Wissenskategorien	Definition
von Krogh/Venzin (1995); Bach/Homp (1997	Kausales Wissen/ Know-why/ Normatives Wissen	*Kausales Wissen/Know-why* ist wissen, durch das Beweggründe und Ursachen festgehalten werden (Warum?) und bezieht sich auf Annahmen über Weltbilder, die den Prozess der Wissensgewinnung und –nutzung tragen.
Sackmann (1992); Güldenberg (1997); Probst/Büchel (1998); Ulrich (1998)	Dictionary Knowledge/ Begriffswissen/ Wörterbuchwissen	Das *dictionary knowledge* umfasst die allgemein geteilten Beschreibungen, das heißt die Beziehungen und Definitionen, die systemweit benutzt werden. Es beinhaltet den Sprachgebrauch sowie die Terminologie.
	Directory Knowledge/ Handlungswissen/ Beziehungswissen	Das *directory knowledge* bezieht sich auf die allgemein geteilten Praktiken und umfasst Kenntnisse über Ursachen-Wirkungs-Zusammenhänge und Ereignisketten.
	Recipe Knowledge/ Rezeptwissen	Das *recipe knowledge* beschreibt Vorschriften und Empfehlungen, in Anlehnung an bestimmte geteilte Normen. Es umfasst Handlungsanweisungen.
	Axiomatic Knowledge/ Grundwissen	Beim *axiomatic knowledge* handelt es sich um Prämissen des organisationalen Handelns.
Schüppel (1997)	Aktuelles Wissen	Das *aktuelle Wissen* bezieht sich auf das für die Organisation gegenwärtig notwendige Wissen.
	Zukünftiges Wissen	Das *zukünftige Wissen* umfasst das in Zukunft zusätzliche oder substitutiv notwendige Wissen.
Amelingmeyer (2004)	Kenntnisgebundenes Wissen/	*Kenntnisgebundenes Wissen* entsteht aus dem gedanklichen Erfassen und Verarbeiten von Aspekten der Realität. Dabei kann es sich um eher subjektives (bspw. Gedanken, Gefühle) oder um eher objektives Wissen (bspw. Regeln, Strukturen, Theorien) handeln.
	Handlungsgebundenes Wissen	*Handlungsgebundenes Wissen* ist dagegen Wissen, das bei der Durchführung einer Handlung entsteht (i.w. Fähigkeiten und Fertigkeiten)

Autor(en)	Wissenskategorien	*Definition*
ILOI (1997); Maier (2004)	Unternehmensinternes Wissen Unternehmensexternes Wissen	*Unternehmensinternes Wissen* ist Wissen, welches in der Unternehmung bereits vorhanden ist, der Unternehmung somit (potentiell) zur Verfügung steht und genutzt werden kann. *Unternehmensexternes Wissen* ist Wissen, welches sich außerhalb der fokalen Unternehmung befindet, somit auch nur außerhalb der Unternehmung verfügbar ist und unternehmensexterne Eigentümer hat.
Amelingmeyer (2004); Becker-Flügel (1998)	Strukturierung nach … … dem Einsatzbereich in der Unternehmung, … der Unternehmensspezifität des Wissens: allgemeines /spezielles Wissen … dem Neuheitsgrad für die Unternehmung: allgemein bekanntes Wissen/grundsätzlich bekanntes Wissen/ absolut neues Wissen … der Relevanz für die Unternehmung	Untergliederung des *Wissens nach dem Unternehmensbereich*, in dem es eingesetzt wird, z.B. Beschaffungs-, Produktions- und Vertriebswissen. *Allgemeines Wissen* kann in verschiedenen Unternehmungen in gleicher Weise zum Einsatz kommen, z.B. natur- und technikwissenschaftliche Kenntnisse. *Spezifisches Wissen* ist nur in einer konkreten Unternehmung einsetzbar, z.B. Kenntnisse über unternehmensinterne Abläufe. Entsprechend dem Neuheitsgrad von Wissen lässt sich *allgemein bekanntes Wissen, grundsätzlich bekanntes Wissen,* dass aber für die jeweilige Unternehmung neu ist, und *absolut neues Wissen* unterscheiden. Die Nutzung *relevanten Wissens* leistet für die Unternehmung einen relevanten Beitrag zur Lösung konkreter Unternehmensaufgaben. Es ist abstufbar in unterschiedliche Prioritätsstufen von sehr wichtig bis unwichtig.

Abb. 10: Klassifikationsansätze von Wissen

Da die verschiedenen Klassifikationsansätze in der Literatur hinlänglich diskutiert und kritisch gewürdigt worden sind,[413] werden sich die folgenden Ausführungen auf die wesentlichen Wissenskategorien konzentrieren, die für die Themenstellung der vorliegenden Arbeit relevant sind. Insbesondere soll untersucht werden, welche grundsätzlichen Wissensarten es gibt,

[413] Vgl. hierzu bspw. von Krogh/Venzin (1995), S. 118; Romhardt (1998), S. 28 f.

welche Eigenschaften organisationales von individuellem Wissen unterscheidet, wie sich Wissen entsprechend seines Herkunftsorts abgrenzt und hiermit eng verbunden die Frage nach der Strukturierung von Wissen entsprechend dem Unternehmensbezug.

Am verbreitesten ist die von *Polanyi* vorgeschlagene und von *Nonaka-/Takeuchi* popularisierte epistemologische Kategorisierung in implizites und explizites Wissen als grundsätzliche **Wissensarten.**[414] Hierbei stellt **implizites Wissen** dasjenige Wissen dar, dass eine Person durch ihre subjektive Erfahrung, ihre Geschichte, ihre Praxis und ihr Lernen hat. Implizites Wissen umfasst das in den Köpfen personeller Wissensträger gespeicherte Wissen wie Einstellungen, Erfahrungen und Fertigkeiten, basiert auf Idealen, Werten und Gefühlen des Individuums und wird meist unbewusst in dessen Kopf gespeichert. Da es an den Wissensträger gebundenes Wissen darstellt, ist es schwierig zu strukturieren, zu formulieren und damit zu transferieren. *Polanyi* sieht implizites Wissen ausgehend von der Erkenntnis „We can know more than we can tell"[415] von seiner Natur her als nicht verbalisierbar und damit auch nicht formalisierbar an.[416] Implizites Wissen entsteht fast immer durch "unmittelbares oft körperliches Erfahren"[417] und ist charakteristischer Weise mit der Handlung und Fähigkeit, etwas zu können, verbunden. *Polanyi* erklärt in diesem Zusammenhang: "We realize that all knowing is action"[418]. Beispiele für implizites Wissen sind automatisierte Bewegungsabläufe, etwa Fahrradfahren oder Schwimmen.

Explizites Wissen ist Wissen, das nicht an ein Individuum gebunden ist. Im Gegensatz zu implizitem Wissen ist explizites Wissen prinzipiell ohne größere Schwierigkeiten artikulierbar, transferierbar, archivierbar und reproduzierbar.[419] Sofern der Wissensträger bereit ist, sein Wissen weiter-

---

[414] Vgl. Polanyi (1967), Nonaka/Takeuchi (1997), Ackerschott (2001), S. 19 f. und (2006), S. 41 f.; Katenkamp (2011), S. 61 ff.
[415] Polanyi (1967), S. 4.
[416] Vgl. Polanyi (1985), S. 14; Neuweg (2001), S. 16 ff.; Ahlert/Blut (2006), S. 21.
[417] Vgl. Amelingmeyer (2004), S. 47.
[418] Polanyi/Prosch (1975), S. 42.
[419] Vgl. Nonaka/Takeuchi (1997), S. 18 f.

zugeben, ist dieses in nicht-personellen Wissensträgern dokumentierbar und auf diese Weise mit anderen Personen teilbar. Beispiele für explizites Wissen sind alle in Schriftform festgehalten Wissensinhalte.[420] „In wenigen Fällen ist eine Explizierung impliziten Wissens möglich, indem entsprechende Frage- und Beobachtungstechniken eingesetzt werden, wobei der hierfür notwendige Explizierungsaufwand je nach Art der Verankerung des impliziten Wissens erheblich variiert."[421] Implizites und explizites Wissen sind gemäß *Polanyi* keine trennbaren und völlig voneinander unabhängigen Wissensarten. Vielmehr wird das gesamte Wissen in einem Spektrum zwischen implizitem Wissen und explizitem Wissen aufgespannt.[422]

Für den Schwerpunkt dieser Arbeit ist auch der **Herkunftsaspekt** von Wissen von Bedeutung. Hier wird hauptsächlich zwischen unternehmensinternem und unternehmensexternem Wissen unterschieden.[423] **Unternehmensinternes Wissen** ist Wissen, welches in der Unternehmung bereits vorhanden ist, der Unternehmung somit (potentiell) zur Verfügung steht und genutzt werden kann. Dieses Wissen kann sowohl in personellen Wissensträgern, vornehmlich den Mitarbeitern, als auch nicht-personellen Wissensträgern, insbesondere dem Warenwirtschaftssystem oder Kundendatenbanken vorhanden sein. Ein Beispiel für internes Wissen stellt das Wissen über den Kunden dar. Betrachtet man ausschließlich das unternehmensinterne Wissen, so ist allen weiteren Klassifikationsansätzen gemein, dass sich das Wissen einer Organisation in sehr vielfältigen Ausprägungsformen findet, die von „hard facts" bis zu weicheren Repräsentationen wie Weltbild, Mythen, Symbolen und Verhaltensmustern reichen. Ferner kann unterschieden werden, ob dieses Wissen explizit dokumentierbar oder nur in einer gedanklichen, mentalen Form vorhanden ist. **Unternehmensexternes Wissen** ist Wissen, welches sich außerhalb der fokalen Unternehmung befindet, somit auch nur außerhalb der Unternehmung verfügbar ist und unternehmensexterne Eigentümer hat. Externes Wissen ist z.B. Wissen der Kunden oder Lieferanten. Oft kann nur fallwei-

---

[420] Vgl. Ackerschott (2001), S. 19.
[421] Amelingmeyer (2004), S. 46.
[422] Vgl.Polanyi (1985), S. 27 ff.; Leonard/Sensiper (1998), S. 113.
[423] Vgl. ILOI (1997), S. 3 ff.; Maier (2004), S. 57.

se eine Abgrenzung zwischen unternehmensinternem und unternehmensexternem Wissen erfolgen, da seine Herkunft nicht immer überschneidungsfrei vorliegt.[424]

Als drittes Klassifikationskriterium kann schließlich der **Verbreitungsgrad** des Wissens in der Unternehmung herangezogen werden, d.h. ist das Wissen nur einer Person verfügbar **(individuelles Wissen)** oder wird es von mehreren **(kollektives Wissen),** im Extremfall von allen Organisationsmitgliedern geteilt. In diesem Fall wird von organisationalem, institutionellem oder unternehmensweitem Wissen gesprochen. **Organisationales Wissen** muss nach *Duncan/Weiss* bestimmte Eigenschaften erfüllen:[425] Ein Aspekt ist die Verteilung des Wissens in der Organisation. Entscheidend ist dabei weniger, dass alle Organisationsmitglieder das Wissen besitzen müssen, als vielmehr die Möglichkeit, Zugriff auf das Wissen zu besitzen und es nutzen zu können. Daraus leitet sich als zweite Forderung der Konsens über das Wissen ab, d.h. die Gültigkeit und Akzeptanz des Wissens in der Organisation muss sichergestellt sein. Hiermit eng verbunden ist die Eigenschaft der Kommunizierbarkeit organisationalen Wissens innerhalb der Unternehmung und dessen Integration in das Organisationsgefüge.

Eine weitere Untergliederung des unternehmensinternen Wissens ist nach Kriterien möglich, die unmittelbar auf eine Einordnung des Wissens aus der Sicht eines bestimmten Unternehmens **(Unternehmensbezug)** abzielen.[426] Diese Vorgehensweise der Klassifikation von Wissen ist jedoch im Vergleich zu den voran genannten Ansätzen mit dem geringsten Systematisierungsgrad verbunden. Neben der Strukturierung von Wissen entsprechend dem **Unternehmensbereich**, in dem es eingesetzt wird, kann in diesem Zusammenhang auch die **Unternehmensspezifität** von Wissen, dessen **Neuheitsgrad** sowie dessen **Relevanz** für die Unternehmung als Strukturierungsmerkmal herangezogen werden. Weitere Strukturierungs-

---

[424] Vgl. Wissel (2000), S. 92.
[425] Vgl. Duncan/Weiss (1979), S. 75 ff.
[426] Vgl. Amelingmeyer (2004), S. 50.

ansätze, die im Zusammenhang mit dem Unternehmensbezug genannt werden, berücksichtigen die Fragen, ob sich das Wissen auf die eigene oder fremde Branchen bezieht, ob es das eigene Unternehmen, Kunden oder Konkurrenten betrifft und ob die jeweiligen Objekte oder Anwendungen in der eigenen Unternehmung oder bei der Konkurrenz vorhanden sind.[427]

Eine überschneidungsfreie Systematisierung von Wissen entsprechend dem Unternehmensbezug ist jedoch insofern schwierig, da einerseits ein Großteil des Wissens in unterschiedlichen Bereichen der Unternehmung unter Umständen gleichzeitig zum Einsatz kommen kann.[428] Anderseits hängt die Neuheit und Relevanz des Wissens vornehmlich von der Perspektive und Gestaltungswahrnehmung ab und weniger von der tatsächlichen Veränderung und Qualität der Wissensinhalte. Als Beispiel für die Komplexität der Strukturierung von Wissen entsprechend dem Unternehmensbezug stellt die Klassifikation von unternehmensinternem Wissen über den Kunden dar. Einerseits stellt sich die Frage nach der Relevanz des Wissens über den Kunden für die jeweilige Unternehmung oder den jeweiligen Anwendungsbezug, die ihrerseits wiederum wesentlich von dem Neuheitsgrad und der Unternehmensspezifität des jeweiligen Wissens über den Kunden abhängt. Insofern kann Wissen über den Kunden nicht mittels eines einzelnen Klassifikationsmerkmals von Wissen nach dem Unternehmensbezug strukturiert werden, sondern ausschließlich bei integrativer Betrachtung aller Merkmale.

3.1.3 Abgrenzung von Wissensträgern

Dem anthropozentrischen Wissensverständnis nach ist Wissen ausschließlich an die Kognitionsleistung einzelner Individuen gebunden, wohingegen Informationen in Dokumenten, Datenbanken oder audiovisuellen Medien gespeichert sein können.[429] In Beiträgen zum Wissensmanage-

---

[427] Vgl. Amelingmeyer (2004), S. 50.
[428] Vgl. Becker-Flügel (1998), S. 164 ff.
[429] Vgl. Al-Laham (2003), S. 29.

ment wird hingegen die Auffassung vertreten, dass Informationen, die eine sinnvolle, kontextgebundene Vernetzung erfahren haben, gespeichert werden können und dann als dokumentiertes Wissen zu bezeichnen sind.[430] Der Begriff der „Wissensträger" ist daher nicht nur auf das Individuum, sondern gleichsam auf Speichermedien jeglicher Art zu erweitern. In diesem Sinne bezeichnen *Rehäuser/Krcmar* Wissensträger als „Objekte, Personen oder Systeme, die in der Lage sind, Wissen zu speichern"[431]. Eine vergleichbare Definition findet sich bei *Amelingmeyer*, die unter Wissensträgern diejenigen körperlichen Elemente subsumiert, in denen sich Wissen manifestieren kann.[432] Zu den Hauptwissensträgern in einer Unternehmung werden demnach Dokumente, Daten- und Modellbanken und Systeme sowie der Mensch als Mitarbeiter oder Kunde gezählt. Abb. 11 gibt einen Überblick über Klassifikationsansätze von Wissensträgern, ohne den Anspruch auf Vollständigkeit erheben zu wollen.

Autor(en)	**Gliederung**
Pfeiffer (1965, S. 46-49)	- Materielle Träger (Betriebsmittel, Werkstoffe) - personelle Träger - quasi-materielle Träger (z.B. Schriftstücke) - rechtliche Träger (z.B. Patente)
Littow (1978, S. 11-15)	- Software (immateriell gespeicherte Informationen) - Hardware (materiell gespeicherte Informationen) - Know-how (organisch gespeicherte Informationen)
Geschka (1979,Sp. 1921 ff.)	- Schriften - Rede - audiovisuelle Medien - verkörperlichte Technik - Wechsel von Personen
Ropohl (1979, S. 216)	- Gedächtnis personaler Systeme - artifizielle Informationsspeicher (z.B. Datenbanken, Systeme)
Corsten (1982, S. 197)	- Schriftstücke - Personen - materielle Gegenstände

[430] Vgl. Bode (1997), S. 458 f.; Eulgem (1998), S. 14.
[431] Rehäuser/Krcmar (1996), S. 16.
[432] Vgl. Amelingmeyer (2004), S. 53.

Autor(en)	Gliederung
Ewald (1989, S. 40)	- Personale Träger (z.B. Manager) - Informationelle Träger (z.B. Datenbanken) - Materielle Träger (z.B. Produkte)
Güldenberg (1997, S. 267)	- natürliche Speichersysteme (Menschen, Gruppen, Wissensgemeinschaften) - künstliche Wissenssysteme (Datenbanken, Expertensysteme, Neuronale Netzwerke) - kulturelle Speichersysteme (organisationale Routinen, Archetypen, Unternehmenskultur)
Al-Laham (2003, S. 34 ff.	- materielle Wissensträger (z.B. Bücher, CD´s) - personelle Wissensträger (Individuen) - kollektive Wissensträger
Amelingmeyer (2004, S. 53 ff.)	- personelle Wissensträger (Mensch) - materielle Wissensträger (druckbasierte, audiovisuelle, computerbasierte, produktbasierte) - kollektive Wissensträger (z.B. Abteilungen , Netzwerke)

Abb. 11: Klassifikationsansätze von Wissensträgern

Eine Betrachtung der in der Literatur zu findenden nach wie vor uneinheitlichen Klassifikationsansätze von Wissensträgern lässt eine grundlegende Trennung in personelle und nicht-personelle Wissensträger erkennen. Dieser Untergliederung soll ebenfalls im Rahmen der vorliegenden Arbeit gefolgt werden, da sie im Wesentlichen durch unterschiedliche Formen der Wissensspeicherung gekennzeichnet ist und für die Aufnahme der verschiedenen Wissensarten in jeweils spezifischer Art und Weise geeignet ist.

3.1.3.1 Personelle Wissensträger

Zu den personellen Wissensträgern zählen all diejenigen Individuen oder Gruppen, die über Wissen verfügen, wobei interne und externe personelle Wissensträger einer Unternehmung unterschieden werden. Zu den **internen Wissensträgern** werden alle innerhalb einer Unternehmung vorhandenen Unternehmensmitglieder gezählt, die auf den unterschiedlichen hierarchischen Ebenen Führungs-, Ausführungs- und Dienstleistungsfunktionen ausüben.[433] Darüber hinaus verfügen auch außerhalb der Unternehmung Individuen und Gruppen über Wissen, das für die Unternehmung relevant sein kann. Zu diesen **externen Wissensträgern** zählen insbesondere die Kunden der Unternehmung, als auch Wettbewerber und branchenfremde Marktteilnehmer.

Die besondere Relevanz personeller Wissensträger im Wissensmanagement beruht auf ihren Eigenschaften bei der Erzeugung und Anwendung von Wissen. In ihnen ist potentiell die gesamte Spannweite des Wissens vorhanden. Sie verfügen über die verschiedenen Ausprägungen des kenntnisgebundenen Wissens, das im Wesentlichen in kognitiven Gedächtnisstrukturen verankert ist, und besitzen psychische Fähigkeiten sowie psychomotorische Fertigkeiten.[434] In diesem Zusammenhang verweisen kognitionstheoretische Erkenntnisse auf eine Reihe spezifischer Eigenschaften des Menschen als Individuum bei der Repräsentation, dem Erwerb sowie der Anwendung von Wissen.[435] Das Wissen eines Individuums kann etwa nur teilweise auf eine reine **Repräsentation** objektivierter Informationen bzw. Fakten zurückgeführt werden. Der Prozess der Aufnahme, Erweiterung, Veränderung und Restrukturierung von Informationen ist vielmehr von einer interpretativen Rückkoppelung an vorhandenes Wissen, individuellen Prozessmustern sowie Werten und Überzeugungen des Wissensträgers geprägt. Wissen weist damit eine subjektive Prägung auf, die durch die Verknüpfung von Ursache und Wirkungen sowie durch die Bildung von Algorithmen und Heuristiken gekennzeichnet ist. Eine entsprechend komplexe Antwort erfährt ebenso die Frage nach dem individuellen **Wissenserwerb**. Lerntheorien weisen darauf hin, dass Prozesse der Informationssuche, -aufnahme und –verarbeitung von der Ausprägung und dem Umfang bereits vorhandenen Wissens beeinflusst werden. Ferner ist das Niveau des emotional-motivationalen Aktivierungsgrades des Individuums ausschlaggebend für die Art und Intensität der Wissensaufnahme.

---

[433] Vgl. Amelingmeyer (2004), S. 55; Al-Laham (2003), S. 37.
[434] Vgl. Kap. 3.1.1.
[435] Vgl. im Folgenden Schüppel (1997), S. 55 ff.

Vergleichbare Spezifika weist auch die **Anwendung** individuellen Wissens auf. Wissen ermöglicht dem Individuum einerseits Handlungsoptionen zur Bewältigung von Problemstellungen und schränkt andererseits bestimmte Lösungsstrategien ein. Faktoren der Motivation und emotionalen Aktivierung bestimmen ferner das Ausmaß der Anwendung vorhandenen Wissens. Zur Präzisierung des Anwendungspotentials individuellen Wissens liefert die in der Literatur übliche Unterscheidung verschiedener Kompetenzarten einen geeigneten Zugang.[436] Dabei entspricht die **Fachkompetenz** dem berufsspezifischen Wissen eines Individuums, während die **Methodenkompetenz** im Wesentlichen situations- und fachübergreifende Fähigkeiten umfasst. **Sozial- bzw. Persönlichkeitskompetenz** hingegen bezeichnen die Teamfähigkeiten und die persönlichkeitsbezogenen Eigenschaften eines Individuums. Das Zusammenwirken dieser Kompetenzarten kennzeichnet die **Handlungskompetenz** eines Individuums, die das Ausmaß seiner potentiellen Wissensanwendung festlegt. Die konkrete Ausprägung des Wissens eines Individuums lässt sich auf verschiedene Faktoren wie z.B. fachliche Ausbildung, erfahrungsbasierte Lernprozesse innerhalb und außerhalb des Unternehmens sowie Persönlichkeitsmerkmale wie bspw. Initiative, Kreativität und Motivation zurückführen.

Personelle Wissensträger können ihr Wissen teilweise auf andere Wissensträger übertragen. Eine Übertragung auf andere personelle Wissensträger erfolgt dabei vor allem unmittelbar in Form von Vorträgen, persönlichen Gesprächen und Vorführungen, aber auch mittelbar über die im Folgenden zu beschreibenden nicht-personellen Wissensträgern.

3.1.3.2 Nicht-Personelle Wissensträger

Den nicht-personellen Wissensträgern (auch als materielle Wissensträger bezeichnet) ist gemeinsam, dass sie überwiegend Speicherungsfunktionen erfüllen und im Gegensatz zu den personellen Wissensträgern in der Regel zur eigenständigen Erzeugung neuen Wissens nicht geeignet

[436] Vgl. Berthel/Becker (2010), S. 23 ff.; Amelingmeyer (2004), S. 55 f; Staehle (1999), S. 101 ff.; Sonntag (1996), S. 56 ff.

sind. Dementsprechend hängt die Qualität des gespeicherten Wissens letztendlich weniger von der Art des Wissensträgers ab als vielmehr von der jeweiligen Quelle des Wissens.[437] Eine Ausnahme stellen jedoch neuere Entwicklungen im Bereich der Informations- und Kommunikationstechnologien dar, die auf Erkenntnissen der künstlichen Intelligenz aufbauen und in gewissen Grenzen die Generierung neuen Wissens durch die Kombination vorhandener Wissensbestandteile ermöglichen.[438] Mit der Speicherung von Wissen in nicht-personellen Wissensträgern und der damit verbundenen Loslösung des Wissens von den ursprünglichen personellen Wissensträgern sind unterschiedliche Zielsetzungen verbunden:[439]

- Dokumentation von Wissen (z.B. Protokolle),
- Festhaltung von Wissen für spätere Prozessschritte (z.B. Speicherung von Prozessdaten),
- Vervielfältigung von Wissen (z.B. Veröffentlichungen),
- Vermittlung von Wissen an andere personelle Wissensträger (z.B. Lehrmaterial, Gebrauchsanweisungen),
- Sicherung von Wissen in Form von Rechten (z.B. Patentschriften) und
- Gewährleistung der Funktionserfüllung (z.B. Wissen in Produkten).

Die genannten Zielsetzungen verdeutlichen, dass die Speicherung unterschiedlicher Wissensinhalte im Vordergrund steht, die jedoch verschiedene Repräsentationsformen (z.B. Bild, Ton, Schrift) erfordern. Daher erfolgt eine weitere Klassifikation der nicht-personellen Wissensträger nach der Art des Speichermediums, die eng verbunden ist mit den Zugriffsmöglichkeiten zur weiteren Wissensverarbeitung. Zu unterscheiden sind im Folgenden:[440]

- **Druckbasierte Wissensträger**: Bei Ihnen handelt es sich vor allem um Papiererzeugnisse, die Wissen in Form von Schrift und Bild aufnehmen können, z.B. Bücher, Zeitschriften, Zeitungen, Arbeitsanweisungen. Sie

---

[437] Vgl. Amelingmeyer (2004), S. 57.
[438] Vgl. Al-Laham (2003), S. 36.
[439] Vgl. Amelingmeyer (2004), S. 57.
[440] Vgl. Amelingmeyer (2004), S. 59.

ermöglichen insbesondere die Speicherung von Informationen in Form von explizitem kenntnisgebundenen Wissen, das aus seinem ursprünglichen Kontext gelöst worden ist. Auf das Wissen in druckbasierten Wissensträgern wird durch personelle Wissensträger in Form von Lesen zugegriffen. Vorteile bestehen in der relativ leichten Handhabbarkeit und Transportfähigkeit sowie in der Möglichkeit der individuellen Wissensaufnahme.

- **Audiovisuelle Wissensträger**: Zu den audiovisuellen Wissensträgern zählen alle Träger, die in der Lage sind, akustische und/oder optische Inhalte aufzunehmen. Da sie für das Speichern und die Wiedergabe von Inhalten auf den Einsatz von Aufnahme- und Abspielgeräten, wie z.B. Kameras oder Fernseher angewiesen sind, besteht eine enge Abstimmung zwischen dem Wissensträger und seinem Gerät. Entsprechend müssen die Wissensinhalte je nach Aufnahme- oder Abspielgerät in akustischer und/oder optischer Form vorliegen. Das Aufgabenspektrum audiovisueller Wissensträger ist sehr vielfältig und reicht von der Aufnahme von optischen und/oder akustischen Inhalten mit dem Zweck der Dokumentation und/oder anschließenden Auswertung bis hin zur Vermittlung von Wissensinhalten, z.B. in Form von Lehrfilmen. Audiovisuelle Wissensträger sind somit nicht nur zur Speicherung von Kenntnissen expliziter Art geeignet, sondern ermöglichen durch die Aufnahme und anschließende Auswertung von Vorgängen auch die Gewinnung von neuem und implizitem Wissen.
- **Computerbasierte Wissensträger**: Die Wissensinhalte der computerbasierten Wissensträger ähneln denen der audiovisuellen und druckbasierten Wissensträger, wobei sie in digitaler, computerlesbarer Form aufgenommen werden und aus diesem Grund mit Hilfe von Computern zusätzlichen Verarbeitungsprozessen unterzogen werden können. Zu dem Aufgabenspektrum computerbasierter Wissensträger zählen verarbeitungs-, speicherungs- und vernetzungsorientierte Aufgaben. Sie ermöglichen die Aufnahme von Programmen und Daten zur Ausführungszeit, die nicht-flüchtige Speicherung von Massendaten und die Vernetzung mehrerer computerbasierter Wissensträger. Computerbasierte Wissensträger ermöglichen die Aufnahme einer relativ großen

Bandbreite von Wissensausprägung und deren Einbringung in vielfältiger Weise in die Unternehmensprozesse, einerseits durch die Aufnahme und Speicherung von expliziten Wissen in Form von Daten sowie andererseits die Erfassung von zuvor impliziten Wissensinhalten in expliziter Form im Rahmen eines Software-Reenginering mittels moderne Computeranwendungen.

- **Produktbasierte Wissensträger**: Die in einer Unternehmung vorhandenen Produkte zählen zu den nicht-personellen Wissensträgern. In ihnen findet sich in der Regel Wissen über ihre Existenz, Herkunft und Qualität. In Produkten ist sowohl kenntnisgebundenes Wissen als auch Handlungswissen gespeichert, wobei dieses Wissen ganz überwiegend impliziter Natur ist. Der überwiegende Teil dieses gespeicherten Wissens bleibt für den Betrachter und Anwender verborgen und nur ein Bruchteil dieses Wissens lässt sich unmittelbar und größtenteils durch eine vielschichtige und symbolbehaftete Sprache erkennen. Sofern die Produkte über die vorbestimmten Zwecke hinaus eingesetzt werden sollen und somit eine Übertragung des in ihnen gebundenen impliziten Wissens auf andere Bereiche erforderlich wird, ist eine Explizitheit des jeweiligen Wissens bspw. durch die Anfertigung von herstellbegleitenden Dokumentationen auf der Basis von druck- oder computerbasierten Wissensträgern erforderlich.

3.1.4 Wissensverfügbarkeit

Neben den bislang genannten Wissensparametern ist die Frage der Zugänglichkeit des für die Unternehmung notwendigen Wissens bedeutsam, das die Zugriffsmöglichkeiten und damit die Einsetzbarkeit von auf unterschiedlichen Wissensträgern abgelegten Wissens verkörpert. „Die Wissensverfügbarkeit gibt an, inwieweit ein Unternehmen das jeweilige Wissen und/oder die entsprechenden Wissensträger zu einem bestimmten Zeitpunkt an einem bestimmten Ort im Sinne der Unternehmensziele für die Unternehmensprozesse einsetzen kann.“[441] Die Verfügbarkeit des

[441] Amelingmeyer (2004), S. 70.

Wissens ist damit eine wesentliche Voraussetzung für dessen Nutzung, da die bloße Existenz von Wissensträgern hinsichtlich einer effektiven Wissensverwertung ins Leere läuft.[442] Es existieren fünf **Verfügbarkeitsdimensionen**, die den Nutzungsgrad der Wissensträger im organisatorischen Leistungsprozess beeinflussen:[443]

- **Prozessbezogene Wissensverfügbarkeit**: Diese beschreibt den Grad der Involvierung beteiligter Organisationen in den Leistungserstellungsprozess. Vereinfacht kann festgestellt werden, dass der Einbindungsgrad von Wissensträgern in Organisationsprozesse proportional zur Wissensverfügbarkeit ist.
- **Standortbezogene Wissensverfügbarkeit**: Diese Dimension expliziert die räumliche Entfernung, die physische und die virtuelle Transportmöglichkeit von Wissen. Zumeist ist hierbei eine positive Relation von Wissensverfügbarkeit und der Nähe zur organisatorischen Aufgabenerfüllung beobachtbar, wobei dieser Umstand durch die Weiterentwicklung informations- und kommunikationstechnologischer Rahmenbedingungen zunehmend relativiert wird.
- **Rechtliche Wissensverfügbarkeit**: Die rechtliche Wissensverfügbarkeit bezieht sich auf potentiell beeinflussende sowie einschränkende rechtliche Regelungen, die – je nach Geltungsbereich – für das Wissen selbst, aber auch für die Wissensträger gelten. Derartige gesetzliche Regelungen sind bspw. das Gesetz gegen Wettbewerbsbeschränkungen oder das Markengesetz.
- **Situative Wissensverfügbarkeit**: Die situative Wissensverfügbarkeit geht auf kontextabhängige Rahmenbedingungen ein, die eine Bereitschaft und eine Fähigkeit zur Wissensabgabe und Wissensweitergabe beeinflussen. So ist die Nutzbarkeit aufgenommenen Wissens individueller oder kollektiver Wissensträger von der jeweiligen Disposition wie z.B. der Tagesform oder der Gesundheit von Individuen abhängig.
- **Metawissensbezogene Wissensverfügbarkeit**: Diese entsteht durch die systematische Erfassung des verfügbaren Wissens sowie durch die

[442] Vgl. Crispino (2007), S. 72.
[443] Vgl. Amelingmeyer (2004), S. 71 ff.

Strukturierung mithilfe von Klassifikationsschemata für Wissen und seine Träger. Übergeordnetes Wissen wird also durch Kenntnisse über die Existenz und die Verwendungsmöglichkeiten bestimmten Wissens in konkreten Anwendungsfällen determiniert.

Die Verfügbarkeit von Wissen in einer Unternehmung variiert mit dem an einen bestimmten Wissensträger gebundenen Wissen. Je intensiver dieses Wissen in den Unternehmensprozessen eingesetzt wird, desto höher ist der Verfügbarkeitsgrad an Wissen in der Unternehmung. Zusätzlich markiert die Wissensverfügbarkeit die Grenzen der Wissensbasis, die jedoch von vorher festgelegten Grenzwerten abhängig sind. Sofern bspw. die Gesamtheit der Leistungsprozesse einer Unternehmung als Bezugspunkt festgelegt wird, erhält man die Wissensbasis der gesamten Unternehmung; entsprechend gelangt man bei Betrachtung einzelner Leistungsprozesse zu lokalen Wissensbasen.[444] Jede Unternehmung ist folglich durch eine individuelle Verfügbarkeitsstruktur des Wissens geprägt, wobei Wissen, das zu den zentralen Kompetenzen der Unternehmung gehört, in der Regel einen hohen Verfügbarkeitsgrad aufweist.

3.1.5 Wissensbasis der Unternehmung

„Die Wissensbasis eines Unternehmens stellt die Gesamtheit des zu einem bestimmten Zeitpunkt im Rahmen der Unternehmensprozesse und/oder Unternehmensaufgaben verfügbaren, an personelle, materielle und/oder kollektive Wissensträger gebundenen Wissens dar.“[445] Die Wissensbasis der Unternehmung repräsentiert somit den unternehmensspezifischen Wissensbestand zu einem bestimmten Zeitpunkt und variiert je nach Anzahl der abgedeckten unterschiedlichen Wissensgebiete (Wissensbreite) sowie dem Detaillierungsgrad des einbezogenen Wissens innerhalb der einzelnen Gebiete (Wissenstiefe). Darüber hinaus determiniert der Neuheitsgrad des Wissens sowie der Grad seiner Unternehmensspezifität die Zusammensetzung der Wissensbasis. Damit umfasst sie nicht

---

[444] Vgl. Amelingmeyer (2004), S. 81 f.
[445] Amelingmeyer (2004), S. 84.

nur das wissenschaftlich/technische Wissen zur Durchführung der Unternehmensaktivitäten und Entscheidungen, sondern darüber hinaus ein breites Spektrum von unterschiedlichen Wissensarten, die das Ergebnis der bisherigen wissensbezogenen Entwicklung und des Lernpfades der Unternehmung darstellen.[446]

Zusätzlich unterliegt die Wissensbasis einer hohen **Dynamik**, die sich in einer permanenten Erweiterung, Veränderung und Restrukturierung durch einen unendlichen Strom von Informationen auszeichnet, den die Wissensträger in Abhängigkeit von der Art und dem Umfang des bereits vorhandenen Wissens suchen, aufnehmen und verarbeiten. Im Wesentlichen ist die Dynamik der Wissensbasis auf die folgenden exogenen und endogenen Faktoren zurückzuführen:[447] Erstens bewirken **Veränderungen in der Umwelt** der Wissensbasis, bspw. durch Veränderungen der Technik, dass sich die Leistungsfähigkeit einer bestehenden Wissensbasis verändert (exogener Faktor). Zweitens ändert sich die Wissensbasis einer Unternehmung, wenn sich die **Verfügbarkeit von Wissensträgern** und des jeweils in ihnen gebundenen Wissens verändert. Drittens verändert sich die Wissensbasis auch dann, wenn sich die in den verschiedenen Wissensträgern **verfügbaren Wissensinhalte** als Folge von individuellen oder kollektiven Lernprozessen oder von Veränderungen des in materiellen Wissensträgern gespeicherten Wissens (endogene Faktoren) verändern.

In Analogie zum individuellen Lernen lässt sich die Dynamik der unternehmerischen Wissensbasis als **organisationales Lernen** interpretieren.[448] Unter Lernen soll in diesem Zusammenhang eine Zunahme von Handlungsmöglichkeiten des jeweiligen Wissensträgers verstanden werden.[449] Eine Unternehmung lernt dementsprechend, d.h. ihre Handlungsmöglichkeiten erhöhen sich, wenn sich die Verfügbarkeit von Wissen und der Wissensträger in der Wissensbasis erhöht oder wenn der Wissensbe-

---

[446] Vgl. Amelingmeyer (2004), S. 84.
[447] Vgl. Amelingmeyer (2004), S. 118.
[448] Vgl. Amelingmeyer (2004), S. 119.
[449] Vgl. Huber (1991), S. 104; Bredenkamp (1998), S. 22 f.

stand der einzelnen Wissensträger zunimmt. Anderenfalls verlernt oder vergisst die Unternehmung. Dabei wird Verlernen durch einen eher bewussten und/oder gezielten Rückgang der Handlungsmöglichkeiten gekennzeichnet, während dieser beim Vergessen eher unbewusst oder gezielt abläuft.[450] Beispielsweise erhöht sich durch die Analyse des Kaufverhaltens der Kunden der kundenindividuelle Wissensbestand der Unternehmung. Dieses neuerworbene Wissen *über* den Kunden führt zu einer Veränderung der Handlungsmöglichkeiten der Unternehmung gegenüber dem Kunden, die sich bspw. in einer Zu- oder Abnahme der kundenindividuellen Werbeansprache oder Rabatten ausdrücken können.

Gleichzeitig führen Veränderungen in der externen Umwelt der Unternehmung zu Veränderungen der Wissensinhalte der einzelnen unternehmensinternen Wissensträger, so dass je nach Art der Umweltveränderung diese Prozesse sowohl durch eine Veränderung der Wissensverfügbarkeit als auch durch die verschiedenen Lernprozesse der einzelnen Wissensträger initiiert werden können. In dem gewählten Beispiel erhöhen sich durch die kundenindividuelle Werbeansprache der Unternehmung der Wissensbestand und die Wissensinhalte *des* Kunden, der seinerseits zur maßgeblichen externen Umwelt der Unternehmung zählt. Der Kunde kann daraufhin mit einem veränderten Kaufverhalten reagieren, das sich in zusätzlichen Käufen oder auch der Abwanderung äußern kann. Diese Reaktionen des Kunden aufgrund seiner veränderten Wissensinhalte und Wissensbestände führen seinerseits erneut zu einer Veränderung der Wissensbasis der Unternehmung: Die Unternehmung lernt, zu welchen Reaktionen des Kunden die durchgeführte kundenindividuelle Werbeansprache führt, so dass sich weitere zukünftige Handlungsmöglichkeiten eröffnen. Letztendlich unterliegt die Wissensbasis einer Unternehmung einer ständigen Dynamik, die sich auf Auslöser außerhalb und innerhalb der Wissensbasis der Unternehmung zurückführen lassen und die nicht isoliert voneinander zu betrachten sind, sondern sich wechselseitig beeinflussen. Dabei lernt die Unternehmung nur dann, wenn ihre Handlungsmöglichkeiten durch

---

[450] Vgl. Güldenberg (2003), S. 91 f.

den zielorientierten Einsatz des relevanten Wissens in der jeweiligen Entscheidungssituation zunehmen.

In diesem Zusammenhang weist *Kirsch* darauf hin, dass in sozialen Systemen wie Unternehmungen davon auszugehen ist, dass Wissen nicht gleichmäßig verteilt ist und sich somit lokale Wissensbasen bilden.[451] *Pautzke* griff diesen Gedanken im **Schichtenmodell der organisatorischen Wissensbasis** auf, das in Abb. 12 dargestellt ist.[452] Die Anordnung des Wissens innerhalb der Schichten ist abhängig von der Wahrscheinlichkeit, mit der es bei organisatorischen Entscheidungen Anwendung findet. Somit visualisiert das Schichtenmodell eine Anordnung der räumlichen und zeitlichen Entfernung des Wissens sowie der Existenz von Zugangsbarrieren zu den einzelnen Wissensschichten.[453]

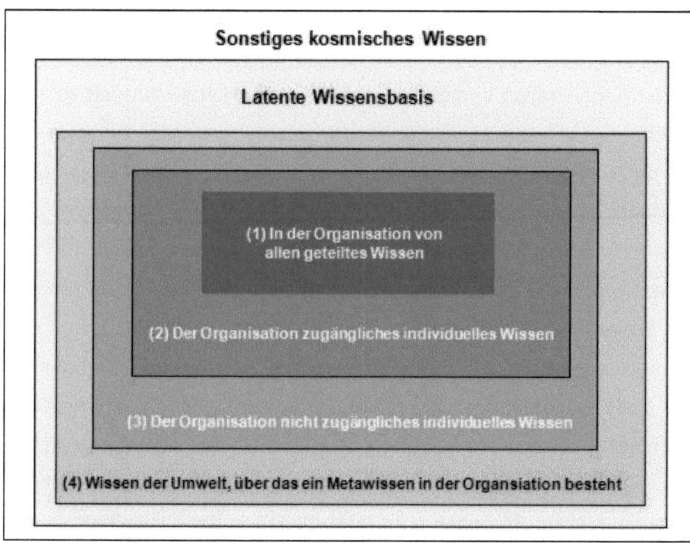

Abb. 12: Schichtenmodell der organisatorsichen Wissensbasis nach *Pautzke* (Quelle: Vgl. Pautzke (1989), S. 87)

451 Vgl. Kirsch (1992), S. 316 f.

452 Nach *Pautzke* hat sich *Kirsch* in unveröffentlichten Arbeitspapieren bereits Mitte der 1970er Jahre intensiv mit der Zusammensetzung der organisatorischen Wissensbasis befasst und gilt somit als geistiger Urheber des Schichtenmodells. Vgl. Pautzke (1989), S. 76 ff.

453 Vgl. Dittmar (2004), S. 193.

Das Schichtenmodell der organisatorischen Wissensbasis nach *Pautzke* sieht eine Gliederung in vier Schichten vor. Die ersten beiden Schichten umfassen die **aktuelle Wissensbasis** der Organisation. Hierbei handelt es sich um Wissen, das Eingang in Entscheidungen und Handlungen von Organisationen findet. Es besteht in der innersten Schicht aus Wissen, dass von allen Organisationsmitgliedern in Form einer gemeinsamen Sprache und Unternehmenskultur sowie gemeinsamer Weltbilder und Sinnmodelle geteilt wird. Zudem besteht das aktuell zugängliche Wissen aus dem Wissen, das einer Organisation in Form von individuellem Wissen der Organisationsmitglieder zur Verfügung steht. Als weitere potenzielle Träger von aktuell zugänglichen Wissensgebieten bieten sich computergestützte IuK-Systeme an.

Der aktuellen Wissensbasis der Organisation steht die **latente Wissensbasis** gegenüber, die sich aus dem der Organisation nicht zugänglichen individuellen Wissen und dem Wissen der Umwelt, über das ein Metawissen in der Organisation besteht, zusammensetzt. Hierbei handelt es sich um potentielles Wissen der Organisation, das mit gewisser Wahrscheinlichkeit nutzbar gemacht werden kann, derzeit aber keinen Eingang in Entscheidungen und Handlungen der Organisation findet. Hierzu wird das implizite individuelle Wissen der einzelnen Organisationsmitglieder gezählt, das seinerseits das umfangreiche Wissen aus den individuellen originären Lebenswelten umfasst, das der Organisation jedoch nichts nützt, andererseits aber auch das für die Organisation wertvolle Wissen beinhaltet, das der Einzelne aber nicht preisgeben möchte. Die latente Wissensbasis umfasst zweitens das Wissen, das außerhalb des organisatorischen Zugriffs liegt, über das jedoch in der Organisation ein Metawissen existiert, z.B. Wissen, welche Personen oder Institutionen in der Organisationsumwelt über welche Fähigkeiten verfügen. Das sonstige **kosmische Wissen** umfasst als komplementäre Sammelposition dasjenige Wissen, das aufgrund von institutionellen und kulturellen Barrieren oder individuellen intellektuellen Restriktionen aktuell nicht für die Organisation zugänglich ist.

Der Kerngedanke des Schichtenmodells nach *Pautzke* besteht in der Vorstellung, dass die Wahrscheinlichkeit, bei organisationalen Entscheidungen Wissen anzuwenden, von außen nach innen zunimmt. Folglich besitzt die innerste Schicht in Entscheidungssituationen das größte Potential zur Wissensanwendung. Für den Aufbau der Kundenwissensbasis einer Unternehmung impliziert dieser Kerngedanke, dass das bestehende (aktuelle) Wissen der Wissensträger über den Kunden mittels geeigneter Methoden zur Erhebung, Analyse und Speicherung von Wissen *über* den Kunden sowie standardisierter Prozesse fixiert und damit bestmöglich ausgeschöpft werden sollte. Das auf diese Weise gewonnene individuelle Wissen der Mitarbeiter über den Kunden sowie das in nicht-personellen Wissensträgern gespeicherte Wissen über den Kunden fließt in die Entscheidungen und Handlungen der Unternehmung ein. Darüber hinaus sollte genügend Metawissen in der Unternehmung vorhanden sein, um bei Bedarf zeitnah zusätzliche Wissenspotentiale erschließen zu können. Das Ziel besteht in der Umwandlung des latenten Wissens der Unternehmung über das individuelle Wissen *der* Kunden zum aktuellen Wissen der Unternehmung *über* den Kunden durch den Einsatz geeignete Verfahren zur Wissensidentifikation und Wissensgewinnung. Ferner wird die aktuelle Wissensbasis der Unternehmung durch die Institutionalisierung der Erfahrungsrückflüsse der Wissensträger zeitnah erweitert und aktualisiert. Je detaillierter und umfangreicher die aktuelle Kundenwissensbasis der Unternehmung ist und je zeitnahverfügbar die latente Kundenwissensbasis desto größer ist das Potential der Kundenwissensbasis in der jeweiligen Entscheidungssituation zielorientiert angewendet zu werden.

Zusammenfassend bleibt festzuhalten, dass bei den vorgestellten Konstrukten einer organisatorischen Wissensbasis oftmals die Betrachtung des in der Wissensbasis enthaltenen Wissens nach dem Kriterium der Verfügbarkeit bzw. Zugänglichkeit durchgeführt wird. Diese Herangehensweise impliziert für die Bewertung von Wissen, dass nur solches Wissen bewertet werden kann, das auch erfassbar ist. Unzureichend verfügbares Wissen kann folglich per definitionem nicht bewertet werden. Diese Betrachtungsweise vernachlässigt eine vollständige Erfassung des gesamten relevanten Wissens, da auch solche Wissenskomponenten der Wissensbasis von Nutzen sein können, die der Unternehmung zwar bekannt, aber nicht direkt erfassbar sind. Mit Blick auf die Themenstellung der vorliegenden Arbeit obliegt es dem Controlling, Methoden zur Erfassung und Bewertung dieses vordergründig unzugänglichen Wissens zu entwickeln, um die gesamte Wissensbasis der Unternehmung abzubilden.

3.2 Wissensmanagement

3.2.1 Definition und Ziele des Wissensmanagements

Der Begriff Wissensmanagement wird in der Literatur sehr unterschiedlich definiert, wobei dessen Abgrenzung eng verbunden mit den jeweiligen Zielsetzungen ist. Abb. 13 gibt einen Überblick über ausgewählte Beispiele für Abgrenzungen und Zielsetzung des Wissensmanagements, ohne den Anspruch auf Vollständigkeit erheben zu wollen.

Autor(en)	Definition / Zielsetzung
Kleinhans (1989, S. 26)	„Wissensmanagement umfasst das Management der Daten-, Informations- und Wissensverarbeitung im Unternehmen."
Albrecht (1993, S. 94 ff.)	„Für die Bewirtschaftung der Ressource Wissen, d.h. die gezielte Planung, Kontrolle und Steuerung des Wissens bzw. von Wissenssystemen im Unternehmen, wird in der Literatur ... der Begriff des Wissensmanagements verwendet." „ Ziel des Wissensmanagements ist es, das im Unternehmen vorhandene Potential an Wissen derart aufeinander abzustimmen, dass ein integriertes unternehmensweites Wissenssystem entsteht, welches eine effiziente gesamtunternehmerische Wissensverarbeitung im Sinne der Unternehmensziele gewährleistet."
Strasser (1994, S. 18)	„Sofern im Unternehmen Maßnahmen zur bewussten Gestaltung und Fortentwicklung einer so verstandenen Wissensbasis ergriffen werden, möchte ich von Wissensmanagement sprechen."

Autor(en)	Definition / Zielsetzung
Schüppel (1996, S. 195)	„Wissensmanagement ist demnach wirklich als ein Ansatz zur wissenszentrierten Unternehmensführung zu verstehen, der die umfassende und systematische Auseinandersetzung mit dem Wissen und Lernen von psychischen und sozialen Systemen als nicht-triviale Maschinen sucht, dabei potentielle Barrieren ausdrücklich thematisiert, auf die Mobilisierung der Wissens- und Lernbarrieren zielt und damit ein wesentliches Instrument des organisatorischen Wandels darstellt."
Internationales Institut für Lernende Organisation und Innovation (ILOI), (1997, S. 2)	„Unter Wissensmanagement sind demnach all jene Maßnahmen zu verstehen, die ein Unternehmen betreibt, um Wissen für den Unternehmenserfolg nutzbar zu machen"
Felbert (1998, S. 119)	„Wissensmanagement (...bezeichnet) all jene Maßnahmen, die ein Unternehmen betreibt, um Wissenspotentiale – einschließlich seiner Daten- und Informationsbestandteile – für den Unternehmenserfolg zu mobilisieren und nutzbar zu machen."
Willke (2001, S. 39)	„Wissensmanagement meint die Gesamtheit organisatorischer Strategien zur Schaffung einer intelligenten´ Organisation."
Reinmann-Rothmeier/Mandl/ Erlach/Neubauer (2001, S. 18)	Wissensmanagement stellt „den bewussten und systematischen Umgang mit der Ressource Wissen und den zielgerichteten Einsatz von Wissen in der Organisation (...dar). Damit umfasst Wissensmanagement die Gesamtheit aller Konzepte, Strategien und Methoden zur Schaffung einer intelligenten, also lernenden Organisation. In diesem Sinne bilden Mensch, Organisation und Technik die drei zentralen Standbeine des Wissensmanagements."
Amelingmeyer (2004, S. 29)	„Das Wissensmanagement in einem Unternehmen ist darauf gerichtet, die Wissensbasis dieses Unternehmens mit Blick auf den aktuellen Unternehmenserfolg und die zukünftige Entwicklungs-fähigkeit zielorientiert zu gestalten."
Ahlert/Blut (2006, S. 23)	„Wissensmanagement kann als ein formal strukturierter Prozess zur Verbesserung, Verteilung, Nutzung und Bewahrung von Wissen innerhalb einer Organisation verstanden werden."

Autor(en)	Definition / Zielsetzung
Bundesministerium für Wirtschaft und Technologie (2007, S. 19)	„Wissensmanagement ist die Gesamtheit der personalen, organisatorischen, kulturellen und technischen Praktiken, die in einer Organisation bzw. einem Netzwerk auf eine effiziente Nutzung der Ressource "Wissen" zielen. Es umfasst die Gestaltung und Abstimmung aller Wissensprozesse in einem Unternehmen. Ein ganzheitliches oder integratives Wissensmanagement umfasst daher immer auch die Rahmenbedingungen, die strukturelle Ordnung und die Lernprozesse innerhalb eines Unternehmens."
Maier/Hädrich/Peinl (2009, S. 32)	„Knowledge management is defined as the management function responsible for regular (1) selection, implementation and evaluation of knowledge strategies (2) that aim at creating an environment to support work with knowledge (3) internal and external to the organization (4) in order to improve organizational performance. The implementation of knowledge strategies comprises all (5) person-oriented, product oriented, organizational and technological instruments (6) suitable to improve the organization-wide level of competencies, education and ability to learn."
Probst/Raub/Romhardt (2010, S. 24)	„Wissensmanagement bildet ein integrierendes Interventionskonzept, das sich mit den Möglichkeiten zur Gestaltung der organisationalen Wissensbasis befasst."

Abb. 13: Definitionen und Zielsetzungen von Wissensmanagement

Die ausgewählten **Definitionen** von Wissensmanagement verdeutlichen, wie heterogen die einzelnen Strömungen zum Wissensmanagement sind. Während *Albrecht* Wissensmanagement als die gezielte Planung, Steuerung und Kontrolle der Ressource Wissen zum Aufbau eines integrierten Wissenssystems definiert, präzisieren *Probst/Raub/Romhardt* sowie *Strasser* Wissensmanagement als die Gestaltung, Lenkung und Fortentwicklung der organisatorischen Wissensbasis. In den Begriffsbestimmungen von *Willke* und *Reinmann-Rothmeier/Mandl/Erlach/Neubauer* wird hingegen deutlich, dass Wissensmanagement all diejenigen Maßnahmen umfasst, die eine intelligente und somit lernende Organisation ermöglichen. Dem Wissensmanagement obliegt hierbei vor allem die Aufgabe, Rahmenbedingungen für Lernprozesse zu gestalten, was auch bedeutet, Wissens- und Lernbarrieren sowie die daraus resultierenden Pathologien zu identifizieren und handhabbar zu machen.[454] *Maier/Hädrich/Peinl* orientieren sich vor allem an einer technischen und aufgabenorientierten Ausrichtung des Wissensmanagements. Sie betonen u.a., dass sich Wissensprozesse nicht auf Organisationsgrenzen beschränken, sondern auch Kooperationen mit Partnern, Lieferanten und Kunden umfassen. Zu den Betrachtungsobjekten des Wissensmanagements zählen die Autoren dokumentiertes Wissen, Menschen, organisatorische und soziale Strukturen sowie wissensbezogene Technologien. Letztendlich zielt das Wissensmanagement auf die Verbesserung der organisatorischen Effektivität durch den Aufbau von intellektuellem Kapital.

Eine allgemeingültige Zusammenfassung des Begriffs Wissensmanagement ist jedoch beim momentanen Stand der Entwicklungen weder möglich noch sinnvoll, da innerhalb des Wissensmanagements die Ressource „Wissen" sowohl als Objekt als auch als Instrument betrachtet wird.[455] Die objektorientierte Perspektive sieht Wissen als einen Produktionsfaktor an, dessen zielgerichteter Einsatz u.a. zum Erbringen von Wettbewerbsvorteilen genutzt werden kann. Wissen als Instrument hingegen dient dem Management zur Verbesserung der Entscheidungsqualität. Ganz allgemein versucht das Wissensmanagement Antworten auf die folgenden grundlegenden Fragen zu geben:[456] Wer im Unternehmen braucht wann und wozu welches Wissen? Wie und woher ist dieses Wissen zu beschaffen? Wo ist welches Wissen gespeichert? Wer darf wann auf welches Wissen zugreifen? Wann und wie wird welches Wissen verarbeitet?

Bei der Betrachtung der **Zielebenen** eines Wissensmanagements werden ebenfalls sehr heterogene Auffassungen sichtbar. So ist es z.B. nach *Albrecht* Ziel eines Wissensmanagements, durch Abstimmung des vorhandenen Wissenspotentials ein integriertes unternehmensweites Wissenssystem entstehen zu lassen, das durch eine möglichst effiziente Wissensbe-

---

[454] Vgl. Schüppel (1996), S. 53.
[455] Vgl. Lehner (2012), S. 36.
[456] Vgl. Albrecht (1993), S. 101 ff.; Kleinhans (1989), S. 26.

arbeitung der Erreichung des generellen Unternehmenszieles dient.[457] Andere Auffassungen reichen von einer Optimierung des Wissensflusses und einer Erhöhung der generellen Lernfähigkeit bis hin zu einer Umsetzung des Wissens in Wettbewerbsvorteile als Ziele des Wissensmanagements.[458] *Güldenberg* und *Willke* sehen die Zielsetzung des Wissensmanagements in der Schaffung einer **intelligenten Organisation**. Dabei geht es bezogen auf eine Unternehmung als organisatorisches System um die Schaffung, Nutzung und Entwicklung einer kollektiven Intelligenz. Mit Blick auf die verschiedenen personellen Wissensträger einer Unternehmung handelt es sich um das organisationsweite Niveau der Kompetenzen, Ausbildung und Lernfähigkeit der Mitarbeiter. Hinzu kommt, dass hinsichtlich der technologischen Infrastruktur der Unternehmung es vor allem darum geht, ob und wie effizient sie die Kommunikations- und Informationsinfrastruktur nutzt. Diese Überlegungen verdeutlichen, dass Wissensmanagement nicht nur Personen zu berücksichtigen hat, sondern auch Systeme, in denen Wissen eingelagert sein kann und die den Austausch von Wissen erleichtern können. In diesem Sinne wird auch von einer organisationalen und mithin **intelligenten Wissensbasis** gesprochen.[459] Wie intelligent eine Organisation ist, lässt sich zum einen dadurch beschreiben, wie viel Wissen quantitativ in der Organisation verfügbar ist, gewissermaßen als die Summe intellektuellen Kapitals. Zum anderen ist es aber auch der Grad der Vernetzung im Sinne der Kommunikationsfähigkeit von Personen innerhalb der Organisation oder von Infrastrukturen, die es ermöglichen, dass Informationen – gewissermaßen qualitativ – als relevantes Wissen erkannt werden und an den relevanten Stellen verfügbar gemacht werden können. Eine Unternehmung ist dann als intelligent zu betrachten, wenn es die Fähigkeit besitzt, neuen Herausforderungen mit strukturellen Veränderungen innerhalb und außerhalb der Unternehmung begegnen zu können.[460]

---

[457] Vgl. Albrecht (1993), S. 97.

[458] Vgl. zu den Zielen des Wissensmanagements Krogh/Venzin (1995), S. 420; Schüppel (1997), S. 191; North (2011), S. 3 f.

[459] Vgl. Hanke (2006), S. 23.

[460] Zum Begriff des intelligenten Unternehmens siehe weiterführend auch Burckhardt (1992) sowie Wassermann (1994).

Die Heterogenität der Definitionen und der damit verbundenen Zielsetzungen des Wissensmanagements verdeutlichen, dass eine spezifische Definition von der jeweiligen Situation und dem Verwendungszweck abhängig ist.

3.2.2 Aufgaben des Wissensmanagements

Die Aufgaben des Wissensmanagements sind ebenso zahlreich und heterogen vorhanden, wie die zugrunde liegenden Definitionen des Wissensmanagements an sich. Abb. 14 gibt einen Überblick über Aufgaben des Wissensmanagements, ohne den Anspruch auf Vollständigkeit erheben zu wollen.

Autor(en)	**Aufgaben des Wissensmanagements**
Schüppel (1996, S. 192)	Rekonstruktion der Wissensbasis, Analyse der Lernprozesse, Identifizierung der Wissens- und Lernbarrieren, Gestaltung des Wissensmanagements
Rehäuser/Krcmar (1996, S. 1 ff.)	Management der Wissens- und Informationsquellen, Management der Wissensträger- und Informationsressourcen, Management des Wissensangebots, Management des Wissensbedarfs, Management der Infrastrukturen der Wissens- und Informationsverarbeitung
Bamberger/Wrona (1996a, S. 140 ff.)	Entwicklung, Schutz und Verwertung der wettbewerbsrelevanten Ressource Wissen
Davenport/Prusak (1999, S. 111)	Wissensgenerierung, Wissenskodifizierung, Wissenstransfer
Remus (2002, S. 128 ff.)	Wissen identifizieren, entwickeln, erwerben, bewerten, aufbereiten, bewahren, verteilen, suchen, anwenden, weiterentwickeln
Amelingmeyer (2004, S. 31 f.)	Zielorientierte Erweiterung, Nutzung und Sicherung der Wissensbasis
Ahlert/Blaich (2004, S. 284 ff.)	Wissensziele, Wissensgenerierung, Wissensverteilung, Wissensnutzung, Wissensspeicherung, Wissensbewertung

Autor(en)	Aufgaben des Wissensmanagements
Bundesministerium für Wirtschaft und Technologie (2006, S. 4 ff.)	Bestandsaufnahme des Wissens, Bestimmung von Wissenszielen, Speicherung von Wissen, Verteilung von Wissen, Nutzung von Wissen
Probst/Raub/Romhardt (2010, S. 51 ff.)	Wissensidentifikation, Wissenserwerb, Wissensentwicklung, Wissensverteilung, Wissensnutzung, Wissensbewahrung
North (2011, S. 177 ff.)	Wissensbeschaffung, Wissensentwicklung, Wissenstransfer, Wissensaneignung, Wissensweiterentwicklung

Abb. 14: Aufgaben des Wissensmanagements

Zudem unterscheiden vereinzelte Autoren grundsätzlich zwischen normativen, strategischen und operativen Aufgaben des Wissensmanagements. So unterscheidet *Albrecht*[461] zwischen operativen und strategischen Aufgaben, während *Probst/Raub/Romhardt*[462] diese um eine normative Ebene ergänzen. *Al-Laham*[463] hingegen sieht den Aufgabenschwerpunkt des Wissensmanagements im strategischen Bereich.

Im **normativen** Bereich werden die Grundlagen für eine generelle Bereitschaft gelegt, sich mit Wissensaspekten auseinanderzusetzen. Hierbei stehen primär Aktivitäten zur Schaffung einer wissensbewussten und wissensfreundlichen Unternehmenskultur als Voraussetzung für strategische und operative Aufgaben im Vordergrund. Da die Autoren das **strategische** Wissensmanagement als eine konstituierende Dimension des strategischen Managements ansehen, leiten sie die Aufgaben des Wissensmanagements aus denjenigen des strategischen Managements ab. Werden daher strategische Entscheidungen ohne eine Berücksichtigung der Wissensperspektive getroffen, kann der Aufbau neuer Wettbewerbsvorteile zur Umsetzung der Unternehmensstrategie bzw. zur Erreichung der Unternehmensvision nicht nur behindert werden, sondern es besteht die Gefahr einer Erosion der vorhandenen Fähigkeiten. Das **operative** Wis-

[461] Vgl. Albrecht (1993), S. 102 ff.
[462] Vgl. Probst/Raub/Romhardt (2010), S. 40 ff.
[463] Vgl. Al-Laham (2003), S. 291 ff.

sensmanagement umfasst alle Aufgaben zur Integration des Wissensmanagements in das operative Tagesgeschäft, indem es jegliches in der Wertschöpfungskette erforderliche Wissen zeitnah den Entscheidungsträgern zur Verfügung stellt.

Vergleicht man die Aufgaben des Wissensmanagements untereinander, so fällt zum einen auf, dass sich insbesondere der Detaillierungsgrad der Aufgabengliederungen je nach der zugrunde gelegten Fragestellung sowie nach der gewählten Perspektive zum Teil deutlich unterscheidet. Je detaillierter die verschiedenen Gliederungsansätze sind, desto eher weisen sie Wiedersprüche auf. Dieses rührt zum einen daher, dass neben den unterschiedlichen Aufgaben mit ganz überwiegend gestalterischer Natur (z.B. Wissenserwerb, Wissensnutzung, Wissensverteilung) zum Teil auch Aufgaben mit eher planerischer Ausrichtung (z.B. Wissensidentifikation) gestellt werden.[464]

Darüber hinaus ist die Abgrenzung der einzelnen Teilaufgaben des Wissensmanagements untereinander oft nicht überschneidungsfrei und trennscharf. Während manche Autoren bereits drei Aufgabenbereiche zur Beschreibung für ausreichend empfinden, unterscheiden die meisten Autoren feiner. Diese Aufgaben werden dabei nicht losgelöst von einander betrachtet, sondern sie bilden bspw. nach *Probst/Raub/Romhardt* einen Kreislauf, nach *Rehäuser/Krcmar* einen Lebenszyklus oder nach *Nonaka/-Takeuchi*[465] eine Spirale, die alle den Wertschöpfungsprozess von Wissensmanagementaufgaben verdeutlichen sollen. Dabei dient die Definition der Wissensmanagementaufgaben dazu, den Managementprozess in logische Phasen zu strukturieren. Sie bieten Ansätze für Interventionen und liefern ein erprobtes Suchraster für die Suche nach den Ursachen von Wissensproblemen.[466] Gleichzeitig bieten die Wissensmanagementaufgaben, die als aufeinander folgende Elemente eines Gesamtprozesse defi-

---

[464] Vgl. Amelingmeyer (2004), S. 29 ff.
[465] Vgl. Kap. 3.2.3.2.1.
[466] Vgl. Remus (2002), S. 127.

niert werden, die Möglichkeit, einzelne Teilprozesse abzugrenzen und zu gestalten.

3.2.3 Ansätze des Wissensmanagements

In den vergangenen Jahren wurden in den verschiedenen Forschungsdisziplinen zahlreiche teils konkurrierende Ansätze zum Wissensmanagement entwickelt, deren Bedeutung sich aus dem heterogenen und breitgefächerten Aufgabenfeld des Wissensmanagements ableitet. Sie erlauben eine Strukturierung des Wissensmanagements nach einzelnen Teilaspekten oder der Gesamtaufgabe und bieten eine Orientierungshilfe bei der Betrachtung der Ist-Situation des Wissensmanagements in der betrieblichen Praxis. Bei ihrer Systematisierung werden grundsätzlich zwei Ausrichtungen erkennbar: die humanorientierten und die technologischen Ansätze.[467] Darüber hinaus wird in der Entwicklung eines ganzheitlichen bzw. integrativen Ansatzes des Wissensmanagements die Möglichkeit gesehen, das in der Organisation vorhandene Potential an Wissen derart aufeinander abzustimmen, dass ein integriertes, organisationsweites Wissenssystem entsteht, welches eine effiziente, gesamtorganisatorische Wissensverarbeitung im Sinne der Organisationsziele gewährleistet.[468] Ferner wurden im Zuge der wachsenden Bedeutung der Wissensdiskussion in der jüngsten Vergangenheit eine Reihe von Arbeiten vorgestellten, die sich mit partiellen Problemstellungen des Wissensmanagements. Zu ihnen zählen sowohl strategie-[469] und organisationsspezifische[470] Arbeiten als auch kunden- und controllingorientierte Partialansätze des Wissens-

---

[467] Vgl. Lehner (2012), S. 37 ff.; Al-Laham (2003), S. 49 f.; Schüppel (1996), S. 187 ff.. Roehl (2001, S. 88 ff.) systematisiert die Wissensmanagement-Ansätze im Sinne einer entwicklungsgeschichtlichen Rekonstruktion ihrer Entstehung anhand einer technologie- und sozialorientierten Gestaltungsperspektive. North (1998, S. 150 ff.) hingegen spricht von einer wissensökologischen und technokratischen Einteilung der Wissensmanagementansätze.

[468] Vgl. Haun (2002).

[469] Vgl. die Arbeiten von Al-Laham (2003) und Hennemann (1997) zum Thema „organisationales Wissensmanagement“ aus der strategischen Perspektive betrachtet, Fengler (2000) und Albrecht (1993) zum Thema „strategisches Wissensmanagement“.

[470] Vgl. die Arbeiten von Justus (1999), Krebs (1998), Heppner (1997) zum Thema „Organisation des intra- und interorganisationalen Wissenstransfers“.

managements, wobei auf letztere im weiteren Verlauf der Arbeit vertiefend eingegangen wird.

Im Folgenden wird zunächst die grundlegende Systematisierung in **humanorientierte** und **technologische Wissensmanagementansätze** unterschieden, um nachfolgend auf die besondere Rolle der **integrativen Ansätze** zur Abbildung des gesamten Aufgabenspektrums des Wissensmanagements einzugehen.[471] Aufbauend auf den bisherigen Überlegungen werden anschließend die integrativen Ansätze von *Nonaka/Takeuchi, Probst/Raub/Romhardt* und *Amelingmeyer* vorgestellt, da es sich bei ihnen um drei der für die weiteren Überlegungen wegweisenden Wissensmanagementansätze handelt. Kap. 3.2.4 befasst sich anschließend mit dem Kundenwissensmanagement sowie Kap. 3.3. mit dem Wissenscontrolling als **Partialansätze** des Wissensmanagements.

3.2.3.1 Systematisierung der Ansätze des Wissensmanagements

Humanorientierte Ansätze des Wissensmanagements sehen die Person oder das Individuum als zentrale Wissensträger an, dessen Potential nicht voll ausgeschöpft wird und dessen kognitiven Fähigkeiten durch das Wissensmanagement unterstützt werden sollen. Die Vertreter der humanorientierten Ansätze verfolgen die Sichtweise, dass Wissen in Lernprozessen und durch Interaktion zwischen Individuen, d.h. durch Teilung und Nutzung erworben und verändert wird. Wissen ist somit nicht objektiv gegeben, sondern kontextgebunden und personenabhängig. Aus diesem Blickwinkel heraus betrachtet ist es die Aufgabe des Wissensmanagements, durch entsprechende Maßnahmen dafür zu sorgen, dass die Unternehmensmitglieder ihre Kenntnisse und Fähigkeiten entfalten können, so dass diese im vollen Umfang von der Unternehmung genutzt werden können. Der Ansatz ist geprägt von psychologischen und soziologischen Erkenntnissen und wird in der unternehmerischen Praxis zum Aufgabengebiet des Personalmanagements gezählt. Nach Auffassung von *Schüp-*

---

[471] Vgl. hierzu Lehner (2012), S. 37 ff.; North (2011), S. 150 ff.; Al-Laham (2003), S. 79 ff.; Roehl (2001), S. 90 ff.; Schüppel (1996),S. 187 ff.

pel wird Wissensmanagement „demnach mit Humanressourcen-Management gleichgesetzt bzw. darunter subsumiert“[472]. Humanorientierte Ansätze des Wissensmanagements legen demnach den Schwerpunkt auf die Einrichtung eines ganzheitlichen Konzepts für das Wissensmanagement und vernachlässigen die Möglichkeit der personenunabhängigen Speicherung und Verarbeitung des Wissens in Form einer organisatorischen Wissensbasis.[473]

Technologische Ansätze des Wissensmanagements gehen vom Einsatz innovativer Technologien zur Sicherung der Wettbewerbsfähigkeit und von der Existenz einer organisatorischen Wissensbasis aus, für die Konzepte entwickelt werden, um das Wissen der Organisation zu erfassen, zu erweitern, zu nutzen, zu speichern und zu verteilen. Hier stehen Überlegungen im Vordergrund, wie durch maschinelle Hilfe das Wissen in der Unternehmung schneller und zielführender verarbeitet werden kann. Dieser Ansatz konzentriert sich auf Aspekte der computergestützten Informationsverarbeitung, der Datenentwicklung sowie des Softwareeinsatzes mit dem Ziel, die Organisationsmitglieder dabei zu unterstützen, Wissen zu sammeln, inhaltlich aufzubereiten, zu klassifizieren, zu verdichten, zu verteilen und abzurufen. Wissensmanagement kann in diesem Sinne als eine Weiterentwicklung des Informations-, Daten-, Hardware- oder Softwaremanagements bezeichnet werden, wobei der Mensch lediglich als Wissensverarbeitungssystem einbezogen wird.[474]

Integrative Ansätze des Wissensmanagements zielen auf eine Verbindung des humanorientierten mit dem technologischen Ansatz hin und finden in den vergangenen Jahren eine zunehmende Verbreitung. Hintergrund ist die Auffassung, dass die kreativen und intellektuellen Fähigkeiten eines Individuums beim Umgang mit Wissen mit den daten- und informationsverarbeitenden Kapazitäten der Computertechnologie verbunden werden müssen, um Synergieeffekte zu erzielen. Andernfalls können die

---

[472] Vgl. Schüppel (1996), S. 188.
[473] Vgl. Lehner (2012), S. 38.
[474] Vgl. Eulgem (1998), S. 95.

technologischen Ansätze die umfassenden kognitiven Aspekte individuellen Wissens und die damit auch verbundenen Emotionen und Kognitionen nicht erfassen. Gleichzeitig stellen die technischen Wissenssysteme einen wesentlichen Baustein für die Prozessierung von Wissen jenseits der eigentlichen Wissensträger dar, der bei den humanorientierten Ansätzen nicht berücksichtigt wird. Abb. 15 gibt einen Überblick über ausgewählte integrative Ansätze des Wissensmanagements.

Jahr	**Autor(en)**	**Kurzdefinition**
1993	Albrecht	Gestaltungsrahmen für das strategische Wissensmanagement
1996	Rehäuser/Krcmar	Lebenszyklusmodell des Wissensmanagements
1996	Schüppel	Vier Akte zum Wissensmanagement
1997	Nonaka/Takeuchi	Spirale des Wissens
1998	Allweyer	Vier-Ebenen-Konzept
1999	Davenport/Prusak	Erfolgskriterien beim Wissensmanagement
2001	Willke	Systemisches Wissensmanagement
2003	Güldenberg	Führungssystem in der lernenden Organisation
2010	Probst/Raub/Romhardt	Bausteine des Wissensmanagements
2011	North	Wissensmarkt-Konzept

Abb. 15: Integrative Ansätze des Wissensmanagements

Auch wenn es derzeit noch keinen allgemein anerkannten integrativen Ansatz des Wissensmanagements in der Forschung gibt, so versuchen die vorliegenden Ansätze auf unterschiedliche Art und Weise die Theorien über organisatorisches, kollektives und individuelles Lernen in Einklang mit den Möglichkeiten und konkreten Ausprägungen einer informationstechnischen Infrastruktur zu bringen. Daher werden aufbauend auf den bisherigen Überlegungen nachfolgend drei der für die weiteren Überlegungen wegweisenden Wissensmanagementansätze weiter ausgeführt: die organisationale Wissensschaffung nach *Nonaka/Takeuchi*, da dieser den immerwährenden Wechsel von Wissens-Internalisation und Wissens-Externalisation entlang der möglichen Wissensträger Individuum, Gruppe, Organisation und über die Organisation hinaus als Wissensspirale veranschaulicht sowie die prozessorientierte Sicht auf die Bausteine des Wissensmanagements nach *Probst/ Raub/ Romhardt*, um die Bedeutung des Wissenscontrollings als Teilprozess des Wissensmanagements zu verdeutlichen. Schließlich soll das gestaltungsorientierte Modell von *Amelingmeyer* vorgestellt werden, da dessen Zielsetzung die Planung und Gestaltung der Struktur und Dynamik der organisationalen Wissensbasis darstellt.

3.2.3.2 Ausgewählte Ansätze des Wissensmanagements

3.2.3.2.1 Wissensspirale nach *Nonaka/Takeuchi*

Nonaka/Takeuchi[475] zielen mit ihrem Ansatz auf eine Erklärung für die Schaffung und Verbreitung von Wissen in der Unternehmung. Sie gründen ihr Modell auf zwei Hauptkomponenten, zum einen die epistemologische und zum anderen die ontologische Dimension, die zusammen zunächst zu vier Hauptprozessen der Wissensumwandlung führen und damit das Gerüst für die nachfolgend erläuterte Wissensspirale bilden.[476] Die epistemologische Ebene beschreibt die verschiedenen Arten von Wissen (explizites und implizites Wissen), während die ontologische Ebene die Schichten der Wissenserzeugung bzw. der Wissensentstehung charakterisiert, vom Individuum bis hin zur Interaktion zwischen Unternehmen.

Im Allgemeinen gehen *Nonaka/Takeuchi* zunächst von der **Grundannahme** aus, dass Wissen nur von Einzelpersonen geschaffen werden kann: „Wissensschaffung im Unternehmen muss daher als Prozess verstanden werden, der das von einzelnen erzeugte Wissen verstärkt und es im Wissensnetz des Unternehmens verankert. Dieser Prozess vollzieht sich in

---

[475] Vgl. Nonaka/Takeuchi (1997).

[476] Epistemologie ist die philosophische Auseinandersetzung mit Wissen. Die Ontologie ist die Lehre vom Sein. Sie befasst sich mit Ordnungs-, Begriffs- und Wesensbestimmungen des Seienden.

einer expandierenden Interaktionsgemeinschaft, die Grenzen und Ebenen in und zwischen Unternehmen überschreitet."[477] Da die Organisation ohne Einzelne kein Wissen erzeugen kann, muss sie kreative Prozesse unterstützen und entsprechende Strukturen (Kontexte) bereitstellen. Durch die Verteilung und Verstärkung des Wissens innerhalb sich vergrößernder Interaktionsgemeinschaften (Individuum, Gruppe, Unternehmung) erfolgt die Transformation von individuellem Wissen zu Unternehmenswissen, wodurch individuelles Wissen in der Unternehmung erst nutzbar und anwendbar wird.[478]

Das Modell von *Nonaka/Takeuchi* gründet auf der Darstellung der vier verschiedenen **Formen der Wissensumwandlung** von implizitem zu explizitem Wissen und umgekehrt, die sowohl auf der epistemologischen als auch ontologischen Ebene zu einer Spirale der Wissensschaffung zusammengeführt werden. Diese vier Formen der Wissensumwandlung werden als Sozialisation, Externalisierung, Kombination und Internalisierung bezeichnet: [479]

Zunächst kann implizites Wissen durch **Sozialisation** (von implizitem zu implizitem Wissen) weitergegeben werden. Dabei handelt es sich sowohl um solches Wissen, das das Individuum im Laufe des Lebens durch Erfahrungen erworben und meist praktisch erprobt hat, als auch um latentes Wissen, von dessen Besitz das Individuum nichts weiß. Für den Erwerb von implizitem Wissen ist ein gemeinsamer Erfahrungshintergrund erforderlich, um sich in das Denken des anderen hineinversetzen beziehungsweise die mentalen Modelle abgleichen zu können. Ein hierarchie- und statusfreier Dialog ermöglicht gleichzeitig Erfahrungsaustausch und Vertrauensbildung zwischen den Teilnehmern.

Der Prozess der Artikulation von implizitem Wissen in Form von z.B. Modellen oder Hypothesen wird als **Externalisierung** (von implizitem zu ex-

---

[477] Nonaka/Takeuchi (1997), S. 71 f.
[478] Vgl. Nonaka/Takeuchi (1997), S. 86.
[479] Vgl. Nonaka/Takeuchi (1997), S. 74 ff.

plizitem Wissen) bezeichnet.[480] In ihm erfolgt die Umwandlung von implizitem in explizites Wissen, das fortan der gesamten Organisation zur Verfügung steht. Die Externalisierung bildet die Schlüsselfunktion zur Schaffung von Wissen, weil aus implizitem Wissen neue explizite Konzepte gebildet werden, die zu neuen Realitätserfahrungen führen.

Mit dem Begriff der **Kombination** (von explizitem zu explizitem Wissen) wird das Zusammenfügen von bereits bekanntem explizitem Wissen verstanden. Das Ziel besteht in der Erzeugung von neuem explizitem Wissen im Sinne eines systematischen Wissens.[481] In der Unternehmung erfolgt diese Form der Wissensumwandlung durch Dokumente, Computer, Netzwerke oder Kommunikationsmittel.

Als vierte Form der Wissensumwandlung betrachten *Nonaka/Takeuchi* die **Internalisierung**, bei der explizites Wissen in implizites Wissen eingegliedert wird. “Wenn Erfahrungen durch Sozialisation, Externalisierung und Kombination in Form von gemeinsamen mentalen Modellen oder technischem Know-How internalisiert werden, werden sie zu einem wertvollen Wissenskapital.“[482] Die Internalisierung stellt einen Lernprozess dar, bei dem die Erfahrungen der Mitarbeiter durch deren Dokumentation für andere Mitarbeiter nachvollziehbar und damit lernbar werden. Bspw. können die von den Mitarbeitern im direkten Kundengespräch gewonnenen Kundenbeschwerden mittels Beschwerdeformular dokumentiert werden, um sie anschließend dem Management vorlegen zu können. Dieses internalisiert das nunmehr explizite Wissen der Mitarbeiter und erweitert somit sein eigenes implizites Wissen, das in der folgenden Kundenbearbeitung angewendet werden kann. Dadurch können Erfahrungen gesammelt und internalisiert werden, die weit jenseits der spezifischen Fachkenntnisse von Mitarbeitern liegen.

---

[480] Vgl. Nonaka/Takeuchi (1997), S. 77 ff.
[481] Vgl. Nonaka/Takeuchi (1997), S. 81 f.
[482] Nonaka/Takeuchi (1997), S. 82.

Diese vier genannten Modi der Wissensgenerierung (Sozialisation, Explikation, Kombination und Internalisierung) sind für sich allein genommen nur begrenzte Modelle zur Erzeugung von neuem organisationalen Wissen. Vielmehr stellt die organisationale Wissensentwicklung eine dynamische Interaktion zwischen implizitem und explizitem Wissen über die Zeit hinweg dar. *Nonaka/Takeuchi* erläutern diese Interaktionen und deren Auslöser in zwei **Wissensspiralen**, die sich auf der epistemologischen und ontologischen Ebene abspielen. Der Transformationsprozess, der innerhalb dieser Spiralen stattfindet, ist der Schlüssel zum Verständnis der Theorie der Wissensentwicklung nach *Nonaka/Takeuchi*:[483] Auf der **epistemologischen Ebene** sieht die Wissensspirale die Sozialisation als einen Prozess an, innerhalb dessen Erfahrungen und mentale Modelle, basierend auf einem Interaktionsfeld, ausgetauscht werden. Als Beispiel sei ein Team für die Entwicklungen einer neuen Strategie der Kundenansprache genannt. Die Externalisierung wird z.B. durch die fortgesetzte gemeinsame Kommunikation oder Reflexion angetrieben und führt schließlich über visuelles Denken und Artikulieren (mit Hilfe von Metaphern und Analogien) zu expliziten Konzepten, z.B. einer Werbestrategie. Bei der Kombination trifft dann das neu geschaffene Wissen auf das bereits vorhandene in der Unternehmung und verbindet sich mit diesem, z.B. zu einem Werbeplakat. Es entsteht dabei ein Wissensgut, das für viele Organisationsmitglieder zugänglich ist. Schließlich internalisieren diese das Wissen durch „learning by doing", was wiederum häufig zu einem neuen Durchlauf der Wissensschaffung führt, denn das hinzugekommene implizite Wissen kann zu einer Verbesserung des Werbeauftritts oder zu seiner Erneuerung führen. Abb. 16 veranschaulicht die Wissensspirale auf der epistemologischen Ebene.

---

[483] Vgl. Nonaka/Takeuchi (1997), S. 84 ff.

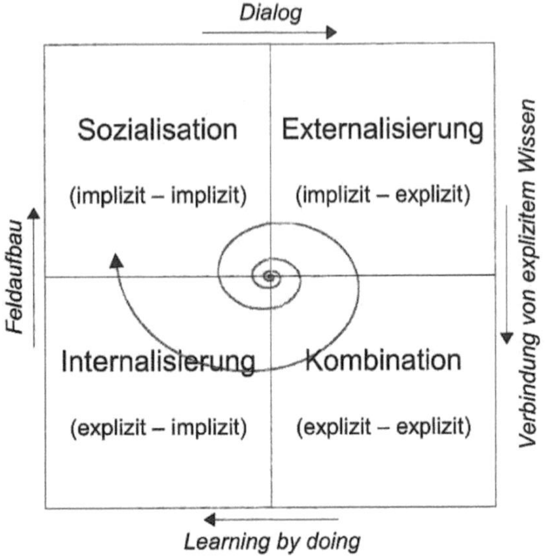

Abb. 16: Die Wissensspirale nach *Nonaka/Takeuchi* auf epistemologischer Ebene (Quelle: Nonaka/Takeuchi (1997), S. 84)

Auf der **ontologischen Ebene** sieht die zweite Spirale der Wissensschaffung zunächst die Mobilisierung des impliziten Wissens der Unternehmensangehörigen durch die vier Formen der Wissensumwandlung vor. Das Wissen wird auf diese Weise verstärkt und dringt in immer höhere ontologische Schichten vor, ausgehend von Einzelnen, über Teams, schließlich Abteilungen bis es sogar die Unternehmensgrenzen überschreitet. Die Spirale bewegt sich zyklisch zwischen diesen Ebenen hin und her. Abb. 17 veranschaulicht die Spirale der Wissensschaffung auf ontologischer Ebene in der Unternehmung.

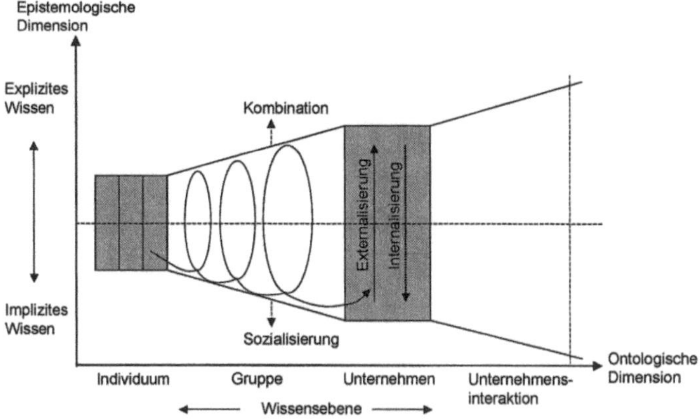

Abb. 17: Die Wissensspirale nach *Nonaka/Takeuchi* auf ontologischer Ebene (Quelle: Nonaka/Takeuchi (1997), S.87)

Erst durch das zeitliche Zusammenwirken beider Wissensspiralen wird der Prozess der Wissenserzeugung ausgelöst, der Innovationen entstehen lässt. Folglich kann die Wissensbeschaffung in einer Unternehmung als ein Spiralprozess angesehen werden, der idealerweise von der individuellen Ebene ausgeht und sukzessiv immer mehr Interaktionsgemeinschaften erfasst. Auf diese Weise kann Wissen in die transpersonalen bzw. personenunabhängigen Regelsysteme der Organisation einfließen. Am Beispiel der Kundenansprache lässt sich der Spiralprozess folgendermaßen erklären: Nachdem auf der Teamebene ein neues Werbeplakat entworfen wurde, wird noch geprüft, ob die enthaltene Werbebotschaft mit übergeordneten Konzepten, wie z.B. dem Marketingkonzept, in Einklang steht. Dazu wird ein weiterer Prozess auf einer höheren ontologischen Ebene durchlaufen, wodurch erneut der Ablauf der Wissensschaffung entsteht.

Die Rolle der Unternehmung im Sinne der organisationalen Wissensentwicklung sehen *Nonaka/Takeuchi* im Bereitstellen einer Umgebung bzw. eines Kontextes, welche die folgenden fünf **Kriterien zur Verwirklichung**

einer Wissensspirale erfüllt: Absicht, Autonomie, Fluktuation und kreatives Chaos, Redundanz und erforderliche Vielfalt.[484]

(1) **Absicht**: Eine Unternehmung strebt nach Zielen, aus denen Strategien abgeleitet werden. Eine wissensorientierte Unternehmung wird dabei Strategien verfolgen, die der Weiterentwicklung der Wissensbasis dient. Die Unternehmensabsicht steuert folglich die Wissensspirale.

(2) **Autonomie:** Das Unternehmen bildet ein System, in dem autonome Individuen und Gruppen über die gleichen Informationen verfügen und selbstständig agieren können. Auf diese Weise sollen Mitarbeiter motiviert werden, neues Wissen zu schaffen.

(3) **Fluktuation und kreatives Chaos:** Um Wechselwirkungen zwischen der Unternehmung und der Umwelt anzuregen, müssen die Signale der Umwelt aufgenommen und die Individuen die Fähigkeit besitzen, ihre Handlungen zu reflektieren. Durch Fluktuation in der Umwelt, z.B. veränderte Kundenbedürfnisse, können Prozesse ausgelöst werden, bei dem die Mitarbeiter einem Krisengefühl ausgesetzt werden. Diese Störungen ihrer Gewohnheiten führen zu einer veränderten Denkhaltung, die wiederum zu veränderten Handlungskonzepten als Folge eines kreativen Chaos führen.

(4) **Redundanz:** Hiermit ist „... ein absichtliches Überschneiden von Informationen über geschäftliche Tätigkeiten, Managementaufgaben und das Unternehmen als Ganzes“[485] gemeint. Den Mitarbeitern werden absichtlich zusätzliche, d.h. nicht für das unmittelbare Vorhaben notwendige Informationen gegeben, die es ihnen erleichtern sollen, über Fachbereiche hinweg mit anderen Personen Wissen auszutauschen, neue Perspektiven zu ergründen und sich in die Unternehmung als Ganzes einzuordnen.

(5) **Interne Vielfalt:** Damit eine Unternehmung der Komplexität seiner Umwelt gerecht werden und möglichst schnell auf Veränderungen der Umwelt reagieren kann, müssen die Mitarbeiter über ausreichen-

---

[484] Vgl. Nonaka/Takeuchi (1997), S. 88 ff.
[485] Vgl. Nonaka/Takeuchi (1997), S. 96.

de Flexibilität verfügen und der Unternehmung somit die interne Vielfalt im Sinne von Mitarbeitern, Kulturen usw. gewährleisten. Durch den gleichberechtigten Zugang zu Informationen und Informationssystemen kann die interne Vielfalt erreicht werden.

Aus den genannten vier Formen der Wissensumwandlung und den fünf von der Unternehmung zu erfüllenden Kriterien zur Verwirklichung der Wissensspirale konzipierten *Nonaka/Takeuchi* ein **Prozessmodell der Wissensschaffung** in der Unternehmung zur Beschreibung des idealtypischen Verlaufs des organisatorischen Lernens. Das Modell entsteht aus der Wissensspirale auf epistemologischer und ontologischer Ebene, wenn die Wissensschaffung unter Einbeziehung der Zeit als dritter Dimension integriert in der Unternehmung abläuft. Die fünf Phasen dieses Modells lauten implizites Wissen austauschen, Konzepte schaffen, Konzepte erklären, einen Archetyp bilden und Wissen übertragen:[486]

(1) **Implizites Wissen austauschen**: Die erste Zeitphase entspricht weitgehend der Wissensumwandlung in Form der Sozialisation.
(2) **Konzepte schaffen**: Die zweite Zeitphase entspricht der Wissensumwandlung in Form der Externalisierung.
(3) **Konzepte erklären:** In der dritten Zeitphase müssen sich die in der zweiten Zeitphase entwickelten Konzepte einer Kontrolle unterziehen, inwieweit sie im Einklang mit den Zielen der Unternehmung stehen. Als Erklärungskriterien werden im Wesentlichen Strategien von der Unternehmensführung angeführt.
(4) **Archetyp bilden**: Die vierte Zeitphase kann der Wissensumwandlung in Form der Kombination zugeordnet werden, da zuvor erarbeitete Konzepte in einen Proto- bzw. Archetyp oder ein Organisationsdiagramm umgewandelt werden, also eine Verbindung von neuem mit bereitvorhandenem Wissen stattfindet.
(5) **Wissen übertragen**: In dieser letzten sechsten Zeitphase tritt der Archetyp als umgesetztes und erklärtes Modell in einer anderen ontolo-

[486] Vgl. Nonaka/Takeuchi (1997), S. 101 ff.

gischen Schicht in einen neuen Zyklus der Wissensschaffung ein, d.h. das neu geschaffene Wissen wird auf andere Einheiten übertragen. Dieser spiralförmige Prozess der Wissensübertragung kann sich innerhalb einer Unternehmung entweder horizontal z.B. innerhalb der Abteilungen oder vertikal zwischen höheren und niedrigeren Einheiten vollziehen. Die Wissensübertragung kann ebenfalls zwischen Unternehmungen stattfinden oder sogar auf externe Gruppen ausgeweitet werden, z.B. zwischen der Unternehmung und seinen Kunden.

Abb. 18 veranschaulicht das **Fünf-Phasen-Modell der Wissensschaffung** in der Unternehmung nach *Nonaka/Takeuchi*.

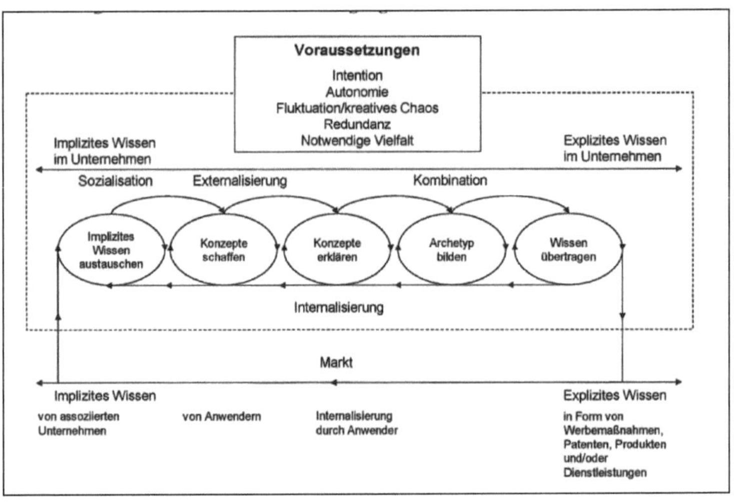

Abb. 18: Fünf-Phasen-Modell der Wissensschaffung nach *Nonaka/Takeuchi* (Quelle: Vgl. Nonaka/Takeuchi (1997), S. 100)

Das von *Nonaka/Takeuchi* entwickelte Fünf-Phasen-Modell veranschaulicht einen interaktiven und nichtlinearen Prozess der Wissensschaffung in der Unternehmung. Während die ersten vier Phasen eine horizontale Bewegung beschreiben, erfolgt in der fünften Phase eine vertikale Ausrichtung. In der Realität vollzieht sich dieser Prozess über mehrere Zyklen hinweg, innerhalb derer die einzelnen Phasen unter Einschluss des gesamten Unternehmens durchlaufen werden. Das Modell erfährt seine Bedeutung u.a. durch den Einbezug von externen Gruppen in den Prozess der Wissensschaffung. Beispielsweise entsteht neues Wissen in der Unternehmung dadurch, dass das Wissen der Unternehmung über seine Kunden mit dem Wissen der Kunden interagiert und dann als Fluktuation, z.B. durch verändertes Kundenverhalten, erneut auf das Unternehmen einwirkt.[487]

Im Hinblick auf die Relevanz des Modells für das Wissenscontrolling ist kritisch zu berücksichtigen, dass *Nonaka/Takeuchi* die Kriterien zur Wissensbewertung weitgehend außer Acht lassen und teilweise als irrelevant ansehen.[488] Diesem Einwand begegnet das im Folgenden vorgestellte Modell der Bausteine des Wissensmanagements nach *Probst/Raub/Romhardt.*

3.2.3.2.2 Bausteine des Wissensmanagements nach *Probst/Raub/Romhardt*

Das von *Probst/Raub/Romhardt* im Rahmen von Beratungsprojekten der „Geneva Knowledge Group" entwickelte integrative Modell des Wissensmanagements zielt darauf ab, der Unternehmenspraxis eine Handlungsanleitung zu geben, um Wissensprobleme in der Organisation beschreiben und verstehen sowie Wissensbestände lenken und im Hinblick auf die Wissensziele entwickeln zu können. Es ist angelehnt an den klassischen Managementkreislauf von der Zielsetzung über die Planung, Steuerung und Kontrolle der Ressource Wissen. Durch seinen Aufbau stellt es ein handlungsorientiertes Analyseraster dar und ist in existierende Systeme und Lösungsansätze integrierbar. Dabei setzt sich das Modell aus einzelnen Bausteinen zusammen, die jeweils einen Teilaspekt des Wissensmanagements beschreiben und zusammen einen umfassenden Ansatz zur Realisierung des Wissensmanagements in der Unternehmung bilden. Die-

---

[487] Vgl. Nonaka/Takeuchi (1997), S. 255.
[488] Vgl. Hanke (2006), S. 43.

se Bausteine umreißen weitgehend die Interventionsfelder für Wissensmanagementmaßnahmen in einer Unternehmung, die sich im jeweiligen Problemzusammenhang den Maßnahmen der Personal- und Organisationsentwicklung zuordnen lassen sowie Anschlussmöglichkeiten an die Informations- und Kommunikationstechnologie bieten. Auf diese Weise soll das Ziel verfolgt werden, nicht nur Individuen, Gruppen und Organisationen zu berücksichtigen, sondern auch entsprechende strategische, technologische, strukturelle und personale Perspektiven innerhalb einer umfassenden Interventionsstrategie zu integrieren.[489] „Die Verbindung dieser technologischen Möglichkeit mit dem Faktor Mensch und seinen individuell-einmaligen Fähigkeiten und Erfahrungen scheint der Haupttreiber in der Implementierung von Wissensmanagement zu sein.“[490]

Die **Bausteine des Wissensmanagements** stellen ausnahmslos eine Konzeptionalisierung von Aktivitäten dar, „die unmittelbar wissensbezogen sind und deren Beziehung zueinander keiner anderen externen Logik folgt“[491]. Insgesamt stehen acht Bausteine des Wissensmanagements zur Verfügung, die sich in einem zwei Bausteine umfassenden äußeren Kreislauf mit den Elementen Wissensziele und Wissensbewertung gliedern und einen sechs Bausteine umfassenden inneren Kreislauf mit den Elementen Wissensidentifikation, Wissenserwerb, Wissensentwicklung, Wissensbewahrung, Wissensnutzung und Wissensverteilung. Während der äußere Kreislauf den strategischen Rahmen des Wissensmanagements bildet, werden im inneren Kreislauf die operativen Aufgaben festgelegt. Abb. 19 veranschaulicht die Bausteine des Wissensmanagements nach *Probst/Raub/Romhardt*:[492]

[489] Vgl. Hanke (2006), S. 43.
[490] Probst/Romhardt (1997), S. 143.
[491] Probst/Raub/Romhardt (2010), S. 32.
[492] Vgl. Probst/Raub/Romhardt (2010), S. 28 ff.; Probst/Romhardt (1997), S. 129 ff.; Romhardt (1998), S. 52 ff.

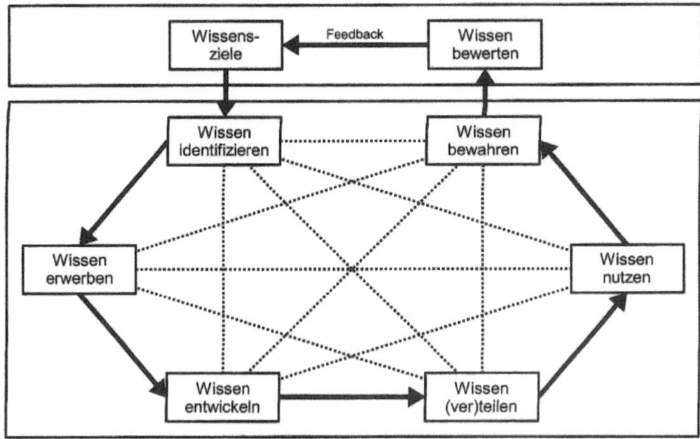

Abb. 19: Bausteine des Wissensmanagements nach *Probst/Raub/Romhardt* (Quelle: Probst/Raub/Romhardt (2010), S. 32)

Im **äußeren Kreislauf** befinden sich die Elemente Wissensziele und Wissensbewertung, die als Ergänzung des inneren Kreislaufes das Konzept von *Probst/Raub/Romhardt* zu einem Managementregelkreis ausbauen. Die Wissensziele verdeutlichen die Wichtigkeit strategischer Aspekte im Wissensmanagement sowie die Bedeutung eindeutiger und konkreter Zielsetzungen für einzelne Interventionsbereiche. „Darüber hinaus berücksichtigt er (der äußere Kreislauf) die Notwendigkeit, die Möglichkeiten der Messung auch im Bereich des Wissensmanagement so weit wie möglich auszuschöpfen, um so der Idee einer zielgerichteten Steuerung gerecht zu werden.“[493]

Zunächst wird durch die Formulierung der **Wissensziele** den Maßnahmen des Wissensmanagements eine grundsätzliche Richtung vorgegeben. Durch die Planung und Entwicklung der Wissensbasis für die Zukunft wird festgelegt, welches Wissen sowohl heute als auch morgen für den Erfolg der Unternehmung wichtig ist und wo welches Wissen in der Unternehmung aufgebaut werden soll. Die Autoren unterscheiden die normative, strategische und operative Zielebene. Die **normativen** Ziele beziehen sich

---

[493] Probst/Romhardt (1997), S. 131.

auf die Schaffung einer wissensbewussten Unternehmenskultur, in der Teilung und Weiterentwicklung der eigenen Fähigkeiten, die Voraussetzungen für ein effektives Wissensmanagement schafft. Die **strategischen** Wissensziele werden ebenso wie die operativen Wissensziele aus den normativen Wissenszielen abgeleitet, wobei erstere die Beschreibung des für die Zukunft erwarteten Wissensbedarfs umfassen. Dieser als organisationales Kernwissen bezeichnete Wissensbedarf beschreibt den zukünftigen Kompetenzbedarf, welche Kompetenzen entwickelt werden müssen und welche Kompetenzen in Zukunft nicht mehr benötigt werden. Dabei orientieren sie sich am langfristigen Aufbau von Kompetenzen der Organisation und bilden somit eine bewusste Ergänzung herkömmlicher Planungsaktivitäten. Auf operativer Ebene steht die Umsetzung der strategischen und normativen Wissensziele in **operative** Teilziele im Mittelpunkt. Sie gestalten die täglichen Abläufe und Aktivitäten im Hinblick auf die Ressource Wissen. Dieses kann wiederum nur gelingen, wenn die operativen Ziele ausreichend konkret formuliert worden sind und organisationsweit mit ganzer Konsequenz verfolgt werden.

Im Baustein der **Wissensbewertung** werden Instrumente zur Messung der normativen, strategischen und operativen Wissensziele entwickelt und implementiert, um den Erfolg des Wissensmanagements beurteilen zu können. Die Möglichkeiten hierzu werden bereits durch die Qualität der Wissensziele festgelegt. Die Autoren sehen einen Controllingprozess als essentielle Voraussetzung für wirksame Kurskorrekturen bei der Durchführung von längerfristigen Interventionen des Wissensmanagements an. Dieser Controllingprozess der Wissensbewertung lässt sich in zwei Phasen unterteilen: Die Phase der **Wissensmessung** bemüht sich um die Sichtbarmachung von Veränderungen der organisationalen Wissensbasis, während in der Phase der **Interpretation** diese Ergebnisse auf der Basis der Wissensziele gedeutet werden. *Probst/Raub/Romhardt* sehen den Prozess der Wissensbewertung insofern als wichtig an, da ohne eine abschließende Kontrolle der Wirksamkeit der Interventionen in den operativen Bausteinen des inneren Kreislaufes ein effizientes Wissensmanagement nicht möglich wäre.[494] Die Bewertung sollte insbesondere auf Basis der normativen, strategischen und operativen Wissensziele erfolgen.

Die sechs Bausteine Wissensidentifikation, Wissenserwerb, Wissensentwicklung, Wissensverteilung, Wissensnutzung und Wissensbewahrung legen als Kernprozesse des Wissensmanagements im **inneren Kreislauf** die operativen Aufgaben fest. Die **Wissensidentifikation** dient zur gezielten Ermittlung und transparenten Gestaltung der unternehmensinternen und unternehmensexternen Wissensbestände, um einen Überblick über verfügbare unternehmensinterne und unternehmensexterne Daten, Informationen und Fähigkeiten zu bekommen und aufrechtzuerhalten. Auf diese Weise sollen Fehlentscheidungen, die auf ungenügenden Informationen basieren, vermieden, ungenutzte Potentiale aufgedeckt und doppelte Ressourcen abgebaut werden. Dieses setzt eine aktive Unterstützung der Mitarbeiter bei der Informationssuche voraus. Die erforderliche Transparenz der Wissensbestände kann durch die Identifikation des internen und externen vorhandenen Wissens geschaffen werden, z.B. durch Wissenskarten oder Expertenverzeichnisse. Dabei gilt, je klarer vorab die Wissensziele festgelegt wurden, desto eindeutiger ist die Identifikation des relevanten Wissens und damit die Aufdeckung von Wissenslücken sowie die Auswahl der internen und externen Wissensquellen und Wissensträger zur Schaffung von interner und externer Wissenstransparenz.

Bei der Schaffung von **interner Wissenstransparenz** geht es um die Identifikation der Fähigkeiten der eigenen Unternehmung, wobei sowohl individuelles, zumeist kritisches Wissen des einzelnen Mitarbeiters relevant ist, als auch kollektives Wissen über z.B. Prozessabläufe oder unternehmensweite Wertevorstellungen, um Aufschluss darüber zu geben, nach welchen Spielregeln Wissensteilungsprozesse im Unternehmen ablaufen. Eine Möglichkeit zur Schaffung interner Transparenz liegt in der Erstellung von Wissenslandkarten (z.B. Wissenstopographien, Wissensbestandskarten, Wissensmatrix), welche den systematischen Zugriff auf

---

[494] vgl. Probst/Raub/Romhardt (2010), S. 234.

die organisatorische Wissensbasis unterstützen. Die **externe Wissenstransparenz** dient der Übersicht über externe Wissensträger, z.B. Kunden oder Konkurrenten. Dabei lassen sich verschiedene Arten von Wissenslücken unterscheiden. Zum einen solche, die durch externe Wissensbestände oder Wissensträger gedeckt werden können, so dass versucht werden muss, diese im Baustein des Wissenserwerbs zu gewinnen. Zum anderen Wissenslücken, die innerhalb der Unternehmung zu Intransparenz über bestimmte kritische Wissensbestände führen. In diesem Fall müssen diese organisatorisch so verankert werden, das sie für alle Organisationsmitglieder transparent und erfassbar werden. Sofern Wissenslücken aufgedeckt werden, die weder durch interne noch externe Wissensbestände gedeckt werden können, muss im Baustein der Wissensentwicklung neues Wissen entwickelt werden.

Aufgrund der zunehmenden Wissensexplosion bei gleichzeitiger Wissensfragmentierung müssen die Unternehmungen heutzutage verstärkt Wissen importieren, d.h. auf verschiedenen Wissensmärkten außerhalb der Unternehmung erwerben. Dieser **Wissenserwerb** erfordert gezielte Beschaffungsstrategien von der Unternehmung. Zu erschließende Potentiale umfassen u.a. das Wissen anderer Firmen oder externer Wissensträger zum schnelleren Aufbau von Zukunftskompetenzen oder materieller Wissensträger wie bspw. Software oder Patente zur Erweiterung der bestehenden organisationalen Wissensbasis. Ferner kann durch den Erwerb von Stakeholderwissen z.B. in Form von Kundenwissen ein frühzeitiges Lernen über die Kundenbedürfnisse erfolgen.

Die **Wissensentwicklung** ist als ein komplementärer Baustein zum Wissenserwerb zu betrachten. „Im Mittelpunkt steht die Produktion neuer Fähigkeiten, neuer Produkte, besserer Ideen und leistungsfähiger Prozesse."[495] die bisher weder intern noch extern existieren. Die Wissensentwicklung kann auf individueller Ebene und kollektiver Ebene konzeptionalisiert werden. Der Prozess der individuellen Wissensentwicklung beruht auf

---

[495] Probst/Raub/Romhardt (2010), S. 29.

Kreativität und systematischer Problemlösungsfähigkeit und muss durch Maßnahmen der Kontextsteuerung unterstützt werden, welche das Individuum in seiner Wissensproduktion unterstützt. Demgegenüber sind kollektive Prozesse der Wissensentwicklung individuellen Bemühungen nur dann überlegen, wenn sie in einer Atmosphäre von Offenheit und Vertrauen entstehen, welche durch eine hinreichende Kommunikationsintensität unterstützt und erzeugt werden kann.

Die **Wissensverteilung** ist eine zwingende Voraussetzung, um isoliert vorhandene Informationen und Erfahrung für die gesamte Organisation nutzbar zu machen. Die Leitfrage lautet dabei, wer sollte was in welchem Umfang wissen oder können und wie können die Prozesse der Wissensverteilung erleichtern werden?[496] Dabei ist nach Auffassung der Autoren zu beachten, dass nicht alles von allen gewusst werden muss und sich nicht jede Wissensart für eine effiziente Wissensmultiplikation eignet. Vielmehr dient die Wissensverteilung der Entwicklung und Implementierung von Instrumenten, mit denen individuelle und kollektive Arbeitskontexte bewusst hinsichtlich physischer, technischer und organisatorischer Aspekte gestaltet werden können. Sie dient der reinen Multiplikation von Wissen, dem Zugriff auf Erfahrungen und dem zeitgleichen Zugriff auf organisatorische Wissensbestände und deren Transformation.

Die **Wissensnutzung** als Ziel und Zweck des Wissensmanagements stellt sicher, dass identifiziertes, entwickeltes und erworbenes Wissen für den produktiven Einsatz im betrieblichen Prozess genutzt wird. Eine erfolgreiche Wissensidentifikation und Wissensverteilung ist zwar die Voraussetzung hierfür, stellen die Nutzung des Wissens aber nicht sicher. Die Aufgabe des Wissensmanagements besteht vielmehr darin, die zahlreichen psychologischen und strukturellen Barrieren, die die Nutzung fremden Wissens behindern können, zu identifizieren und zu mindern. „Alle Bemühungen des Wissensmanagements sind daher vergebens, wenn der potentielle Nutzer nicht vom Nutzen der neuen Lösung überzeugt ist."[497]

[496] Vgl. Probst/Romhardt (1997), S. 138.
[497] Probst/Romhardt (1997), S. 140.

Im Baustein der **Wissensbewahrung** geht es um die Entwicklung und Implementierung von Maßnahmen zur Sicherung von entwickeltem und erworbenem Wissen, so dass die Organisation vor Wissensverlusten geschützt wird. Dabei lassen sich die drei Hauptprozesse der Selektion des bewahrungswürdigen Wissens, dessen angemessene Speicherung und dessen regelmäßige Aktualisierung unterscheiden, die sukzessiv und kontinuierlich durchlaufen werden. Zur Wissensbewahrung stehen der Unternehmung verschiedene organisatorische Speichermedien auf individueller, kollektiver und elektronsicher Ebene zur Verfügung.

Abschließend bleibt festzuhalten, dass diese genannten Bausteine als Kernprozesse des Wissensmanagements in einer mehr oder weniger engen Verbindung zueinander stehen, so dass Interventionen des Wissensmanagements zwar grundsätzlich in einzelnen Bausteinen möglich sind, diese sich aber zwangsläufig auf andere Bereiche auswirken. Aus diesem Grund erscheint nach Auffassung der Autoren eine isolierte Optimierung einzelner Prozesse ohne Berücksichtigung der weiteren Auswirkungen wenig sinnvoll, da es andernfalls zu Unregelmäßigkeiten im gesamten Wissensmanagementkreislauf kommt.[498]

Das Modell von *Probst/Raub/Romhardt* eignet sich durch seinen übersichtlichen und klar strukturierten Aufbau mittels einzelner Bausteine für eine auf ausgewählte Kernprozesse konzentrierte Analyse und Entwicklung von Prozessen des Wissensmanagements. Der Kern dabei ist, dass die Autoren in einem praxisorientierten Baustein-Modell die wichtigsten Wissensmanagement-Prozesse einer Unternehmung detailliert zusammenfassen. Insbesondere der Baustein der Wissensbewertung stellt eine zentrale erfolgskritische Größe im Wissensmanagement-Prozess dar und liefert den entscheidenden Anknüpfungspunkt für ein detailliertes Wissenscontrolling durch die Erfassung und Bewertung der Ressource Wissen zum Aufbau und der Pflege der organisationalen Wissensbasis.

---

[498] Vgl. Probst/Raub/Romhardt (2010), S.28.

Als wichtigen Aspekt für die Aktualität und den Umfang der Wissensbasis müssen in diesem Zusammenhang die von den Autoren genannten **Prozesse des organisationalen Vergessens** genannt werden,[499] denen entgegen zu steuern zu den Aufgaben der Wissensbewahrung und des Wissenscontrollings gezählt werden kann. Diese Prozesse beinhalten insofern eine Gefahr, da zum einen Wissenseinheiten verloren gehen könnten, die noch in der Unternehmung benötigt werden. Sie werden bspw. unbeabsichtigt aus der Wissensbasis gelöscht, oder der Zugriff auf bestimmte Wissenskomponenten kann befristet sein oder gar auf Dauer unmöglich. Zum anderen entsteht aber möglicherweise auch ein Problem, wenn keine Bereinigung der Wissensbasis vorgenommen wird, d.h. wenn die Funktion des Vergessens nicht vorgesehen ist. In diesem Fall besteht das Problem in der ständig wachsenden Informationsmenge, die unüberschaubar und unhändelbar wird.

Die **Kritiker** werfen dem Baustein-Modell von *Probst/Raub/Romhardt* vor, dass es trotz vieler positiver Belege und dem Anspruch, von einem praxisorientierten Erkenntnisinteresse bei der Entwicklung geleitet worden zu sein, bei der Implementierung zu praktischen Schwierigkeit kommt.[500] Ferner wird das Modell dahingehend kritisiert, dass es aufgrund fehlender theoretischer Fundierung in bestehende Organisations- und Managementmodelle wenig integrierbar sei und dies auch nicht durch einen pragmatischen Praxisbezug ausgeglichen werden kann. Hinzu kommt, dass sich das Modell zwar für eine auf wenige Kernprozesse konzentrierte Analyse und entsprechende Interventionen grundsätzlich eignet, es aber keine Anhaltspunkte für ein auf bestimmte Wissensträger, z.B. den Kunden als personellen Wissensträger, fokussiertes Wissensmanagement liefert. Dieser Aufgabe widmen sich die im weiteren Verlauf vorgestellten kundenorientierten Partialansätze des Wissensmanagements. Darüber hinaus werden zwar einzelne Methoden zur Wissensbewertung vorgestellt und dem Management der organisationalen Wissensbasis eine zunehmende Be-

---

[499] Vgl. Probst/Romhardt (1997), S. 140.
[500] Vgl. Willke (2001), S. 78.

deutung beigemessen.[501] Die Entwicklung eines konzeptionellen Rahmens für ein umfassendes Wissenscontrollings, dessen Aufgabe im Aufbau und der Pflege der unternehmerischen Wissensbasis besteht, wird jedoch weiteren Forschungsarbeiten überlassen. Einen Schritt in diese Richtung geht der gestaltungsorientierte Ansatz von *Amelingmeyer*, der sich mit der Struktur und Dynamik der organisationalen Wissensbasis beschäftigt und im Folgenden dargelegt wird.

3.2.3.2.3 Gestaltungsorientierter Ansatz des Wissensmanagements nach *Amelingmeyer*

Die Zielsetzung des Ansatzes von *Amelingmeyer* besteht darin, einen gestaltungsorientierten Ansatz für das Wissensmanagement auszuarbeiten. Dieser soll insbesondere integrative Funktionen wahrnehmen und die verschiedenen Ansätze sowohl des Wissensmanagements als auch des organisationalen Lernens aufnehmen. „Dazu zählen auf der einen Seite eher theorieorientierte Bausteine, die sich beispielsweise auf die Erfassung und Erklärung von Lernprozessen konzentrieren, und auf der anderen Seite eher gestaltungsorientierte Bausteine, die sich mit konkreten Maßnahmen und Instrumenten in Unternehmen auseinandersetzen. Darüber hinaus soll die Berücksichtigung weiterer Erkenntnisse aus verschiedenen Disziplinen mit Relevanz für das Wissensmanagement erleichtert werden."[502] Als integrierendes Element für den angestrebten Bezugsrahmen wählt *Amelingmeyer* die Wissensbasis von Unternehmungen, deren Struktur und Dynamik Ansatzpunkte sowohl für theorieorientierte als auch für gestaltungsorientierte Fragestellungen eröffnet. Wissensmanagement kann insofern als die Planung und Gestaltung der Struktur und Dynamik der Wissensbasis verstanden werden.[503]

Die **Struktur der Wissensbasis** kann durch die drei Faktoren Wissensausprägung, Wissensträger und Wissensverfügbarkeit gekennzeichnet

---

[501] Vgl. Probst/Romhardt (1997), S. 129.
[502] Amelingmeyer (2004), S. 8.
[503] Vgl. Amelingmeyer (2004), S. 29.

werden.[504] Wissen lässt sich entlang seiner Ausprägungen in die Aspekte Art, Gegenstand und Unternehmensbezug untergliedern. Bei den Wissensträgern unterscheidet *Amelingmeyer* in personelle, materielle und kollektive Wissensträger. „Die Verfügbarkeit des Wissens wird schließlich durch die Prozessnähe und den Standort, durch rechtliche Regelungen, durch die konkrete Situation sowie durch das vorhandene Metawissen bestimmt."[505] Die Ausprägung der Wissensstruktur bestimmt damit das wissensbezogene Leistungsvermögen einer Unternehmung zu einem bestimmten Zeitpunkt.

Demgegenüber ist die **Dynamik der Wissensbasis** die wesentliche Voraussetzung für die Lernfähigkeit und Anpassungsfähigkeit der Unternehmung an sich wandelnde Umweltbedingungen.[506] Veränderungsnotwendigkeiten in der Wissensbasis werden zum einen auf Veränderungen in der Unternehmensumwelt zurückgeführt. „Der größte Teil der Dynamik ist aber auf Veränderungen innerhalb der Wissensbasis selbst zurückzuführen"[507] als Resultat von veränderter Verfügbarkeit des bestehenden Wissens und der Wissensträger sowie von Veränderungen der in den Wissensträgern gespeicherten Wissensinhalte, die wiederum Objekte von Lernprozessen sind.

Der **Gestaltungsansatz** eines Wissensmanagements, der in Abb. 20 grafisch veranschaulicht wird, setzt an mehreren Ebenen an. Dabei wird zwischen gestaltungsorientierten Aufgaben im engeren Sinne und planungssowie steuerungsorientierten Aufgaben unterschieden:[508]

---

[504] Vgl. Amelingmeyer (2004), S. 40-84.
[505] Amelingmeyer (2004), S. 191.
[506] Vgl. Amelingmeyer (2004), S. 85-120.
[507] Amelingmeyer (2004), S. 192.
[508] Vgl. Amelingmeyer (2004), S. 121-188.

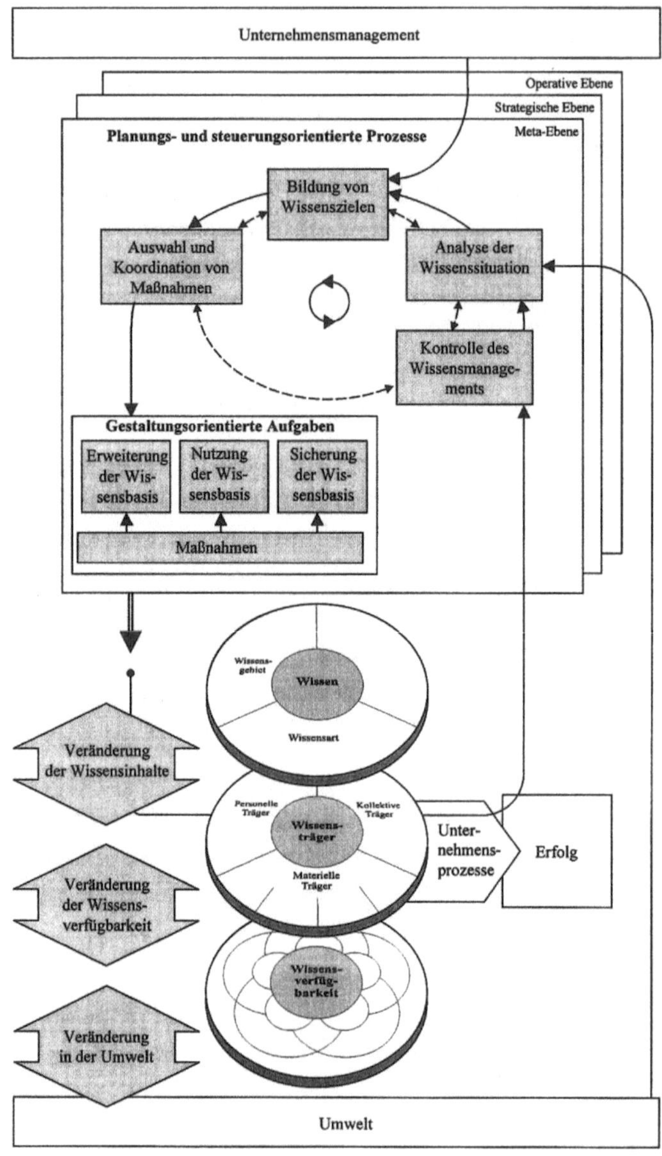

Abb. 20: Erweitertes Modell des Wissensmanagements nach *Amelingmeyer* (Quelle: Amelingmeyer (2004), S. 188)

Gegenstand der **gestaltungsorientierten Aufgaben** sind unmittelbare Eingriffe in die Wissensbasis, wobei sich mit der zielorientierten Erweiterung, Nutzung und Sicherung der Wissensbasis drei zentrale Aufgabenbereiche abgrenzen lassen. Die **planungs- und steuerungsorientierten Prozesse** dienenhingegen der Sicherstellung der Funktionsfähigkeit des Wissensmanagements im Sinne der Unternehmensziele.

In funktionaler Hinsicht können in diesem Zusammenhang die folgenden interdependenten Basisprozesse des Wissensmanagementzyklusses unterschieden werden, die allesamt auf das Objekt „Wissen" angewandt werden:[509]

- die Situationsanalyse, die für das Wissensmanagement relevante Sachverhalte erfasst und bewertet (Ist-Situation),
- die Ziel- und Strategiebildung, die Anforderungen an die Wissensbasis aus übergeordneten unternehmerischen Zielsetzungen ableitet (Soll-Zustand),
- die Auswahl und Koordination von zielgerichteten Maßnahmen, die Unterschiede zwischen dem zukünftigen Soll-Zustand und dem aktuellen Ist-Zustand ermittelt und
- die Kontrolle, die der Überprüfung der Zielerreichung dient.

„Dabei bleibt festzuhalten, dass die Wissensmanagementkompetenz eines Unternehmens im Wesentlichen auf der Beherrschung dieser planungs- und steuerungsorientierten Prozesse beruht."[510] Dieser Zyklus des Wissensmanagements wird

- auf der Meta-Ebene, die den Umgang mit Wissen auf einer übergeordneten Ebene, ohne einen unmittelbaren fachspezifischen Wissensbezug aufzuweisen, beschreibt,
- auf der strategischen Ebene, die die grundsätzliche, längerfristige wissensbezogene Ausrichtung des Unternehmens betrifft, sowie

[509] Vgl. Amelingmeyer (2004), S. 165 ff.
[510] Vgl. Amelingmeyer (2004), S. 192.

- auf der operativen Ebene, die die täglichen Arbeitsvorgänge innerhalb der verschiedenen Unternehmensfunktionen subsumiert, durchlaufen.

Allerdings werden die verschiedenen Ebenen von der Autorin nicht weiter ausgearbeitet.[511]

Abschließend bleibt festzuhalten, dass das Modell eines Wissensmanagements von *Amelingmeyer* als eine funktionale Ergänzung einer ganzheitlichen und systemorientierten Unternehmensführung konzipiert wurde. „Damit das Wissensmanagement in die Unternehmensprozesse integriert werden kann, ist es gerade bei der Kontrolle (der gestaltungsorientierten Aufgaben und planungs- und steuerungsorientierten Prozesse) wichtig, die Integrierbarkeit in bestehende Steuerungs- und Controllingsysteme des Unternehmens zu gewährleisten."[512] Der Prozess des Wissenscontrollings schließt somit den Regelkreis des Wissensmanagements und ermöglicht erst die Umsetzung von Lernprozessen und die Erkenntnis von Verbesserungspotentialen. Folglich bietet das Modell eines Wissensmanagements nach *Amelingmeyer* Anknüpfungspunkte für ein zu integrierendes Wissenscontrollings, auf dessen Ausgestaltung in Kap. 3.3. näher eingegangen wird.

Ferner werden die Struktur und Dynamik der Wissensbasis einerseits durch inhärente Veränderung der Wissensbestände und Wissensträger bestimmt, anderseits aber auch durch externe Einflüsse der Umwelt maßgeblich gestaltet. Insofern öffnet *Amelingmeyer* ihr Modell eines Wissensmanagements für unternehmensexterne Faktoren, die zur wissenszielorientierten Gestaltung der Wissensbasis relevant werden. So kann der Kunde als externer Wissensträger zur Erweiterung der Wissensbasis beitragen, wenn es gelingt, sein Wissen, das der Unternehmung bislang nicht zur Verfügung steht, aber von ihr für die Erfüllung zukünftiger Aufgaben benötigt wird, in die Wissensbasis der Unternehmung zu integrieren.[513]

---

[511] Vgl. Amelingmeyer (2004), S. 164 und 188.
[512] Amelingmeyer (2004), S. 187.
[513] Vgl. Amelingmeyer (2004), S. 123.

Damit weist *Amelingmeyer* zum einen auf die Rolle des Kunden als externer Wissensträger für die Gestaltung der Wissensbasis einer Unternehmung hin. Zum anderen spricht sie die vorhandene Forschungslücke an, die gegenwärtig im Bereich des Managements und Controlling von Kundenwissen vorhanden ist. Während bislang noch keine Forschungsarbeiten zum Controlling von Kundenwissen vorliegen, die eine Integration und Gestaltung des Kundenwissens in die Wissensbasis der Unternehmung systematisch konzeptionieren, finden sich erste Ansätze zum Management von Kundenwissen in der Literatur, auf die im folgenden Kapitel eingegangen wird.

3.2.4 Kundenwissensmanagement

3.2.4.1 Definition und Ziele des Kundenwissensmanagement

Die Diskussion zum Kundenwissensmanagement bzw. Customer Knowledge Management findet ihren Ursprung in der **englischsprachigen Literatur.**[514] Insbesondere die Arbeiten von *Davenport, Garcia-Murillo/Annabi, Gibbert/Leibold/Probst* und *Prahalad/Ramaswamy* gelten als Wegbereiter eines Managements der Ressource Kundenwissen.[515] In ihrem Mittelpunkt steht die Frage, welche Formen von Kundenwissen zu unterscheiden sind und wie ein Customer Knowledge Management in der betrieblichen Praxis gestaltet und zum Zwecke des Wissensaustausches zwischen Unternehmung und Kunde umgesetzt werden kann.

In der **deutschsprachigen Literatur** zum Kundenwissensmanagement sind zwei Herangehensweisen an die Gestaltung des Kundenwissensmanagements erkennbar: Grundsätzlich können Ansätze unterschieden werden, die basierend auf dem Konzept des Customer Relationship Managements (CRM) die Aufgaben des Kundenwissensmanagements darstel-

---

[514]Die Begriffe Customer Knowledge Management und Kundenwissensmanagement werden in Anlehnung an Korell/Spath (2003b, S. 13) in dieser Arbeit synonym verwendet.

[515] Vgl. Davenport (1998), Prahalad/Ramaswamy (2000), Garcia-Murillo/Annabi (2002), Gibbert/Leibold/Probst (2002a und b).

len. Andererseits wird aufbauend auf dem Konzept des Wissensmanagements und unter Beachtung der Charakteristika des Kundenwissens ein prozessorientierter Ansatz des Kundenwissensmanagements entwickelt.

Die Vertreter der ersten Position verstehen unter Customer Knowledge Management die gezielte Nutzung von Methoden des Wissensmanagements zur Unterstützung und zum Aufbau eines wissensbasierten **Customer Relationship Managements.**[516] Unter CRM wird „eine kundenorientierte Unternehmensphilosophie (verstanden), die mit Hilfe moderner Informations- und Kommunikationstechnologien versucht, auf lange Sicht profitable Kundenbeziehungen durch ganzheitliche und differenzierte Marketing-, Vertriebs- und Servicekonzepte aufzubauen“[517]. Die Personalisierung und Optimierung der Prozesse des Marketings wird durch die Sammlung, Auswertung und Nutzung von Informationen über den Kunden und dessen Beziehung zum Unternehmen erreicht, um ein effektiveres Kundenbeziehungsmanagement (CRM) zu ermöglichen.[518] Das Ziel des Kundenwissensmanagements besteht in der Unterstützung des Kundenbeziehungsmanagements zur Optimierung der kundenorientierten Wissensprozesse. In diesem Sinne wird Kundenwissensmanagement als Management des Wissens über den Kunden verstanden, das am Point of Sale gesammelt wird mit dem Ziel, eine effiziente und effektive Unterstützung der kundenbezogenen Geschäftsprozesse zu gewährleisten.[519] Zu ihren Hauptvertretern zählen u.a. *Geib/Riempp, Gebert et al., Kolbe et al., Ostertag, Dous et al.* und *Handlbauer/Renzl.*[520]

Die Vertreter der zweiten Position fordern eine übergreifende Erweiterung des gesamten **Wissensmanagements** um das Element Kundenwissen. Zu ihren Hauptvertretern zählen u.a. *Stauss*, *Nohr*, *Roccasalvo, Korell und*

---

[516] Vgl. Dous et al. (2006), S. 116 ff.
[517] Ostertag (2004), S. 54 f.
[518] Vgl. Ostertag (2004), S. 25.
[519] Vgl. Dous et al. (2006), S. 119, Geib/Riempp (2002), S. 394.
[520] Vgl. Handlbauer/Renzl (2009), Dous et al. (2006), Ostertag (2004), Kolbe et al. (2003), Geib/Riempp (2002), Gebert et al. (2002).

Spaht.[521] Die Autoren postulieren, dass Kundenwissen im Rahmen des Wissensmanagements über ein hohes bis dato noch ungenutztes Potential verfügt.[522] Die Wissensaustauschbeziehung wird als reziprok zwischen Unternehmung und Kunde angesehen. Es findet eine Interaktion mit dem Kunden statt, in der der Kunde gleichzeitig als Quelle und Adressat von Wissen betrachtet wird. „Dementsprechend kann Kundenwissen zu einer wesentlichen unternehmerischen Ressource werden."[523] Während das explizite Kundenwissen insbesondere für den Einsatz in kundennahen, operativen Abläufen des Marketings eingesetzt werden kann, eignet sich das implizite, d.h. nicht unmittelbar artikulierte Wissen der Kunden für die Gestaltung von Prozessen zur Innovation und Strategieentwicklung. Insofern besteht ein wesentliches Merkmal des Kundenwissensmanagements (CKM) darin, zusätzlich zu einem systematischen und umfassenden Management des bereits im Unternehmen vorhandenen Wissens über und für die Kunden die gezielte Erschließung und Nutzung des Wissens der Kunden als externe Wissensquelle zu betreiben. Aus ihrer Sicht stellt das Kundenwissensmanagement ein Teilsystem des Wissensmanagements dar, welches sich auf das Wissen der, über und für die Kunden konzentriert, mit dem Ziel, die Wissensbasis der Unternehmung um das Element Kundenwissen zu erweitern und die Wissensprozesse in der Unternehmung zielorientiert zu gestalten.[524] Entsprechend gehört zu den wesentlichen Zielen des Kundenwissensmanagements, „das relevante Wissen zu identifizieren und zu erwerben, in der Organisation zu bewahren und auszubauen, es im Unternehmen den jeweiligen Nutzern verfügbar zu machen und für dessen wertschöpfende Nutzung zu sorgen" [525].

Vor dem Hintergrund der vorliegenden Problemstellung wird im Folgenden zunächst auf die Formen und Klassifikationsansätze von Kundenwissen eingegangen bevor ein Überblick über die in der Literatur diskutierte Kundenmanagementansätze gegeben wird. Mit der Darstellung des Kunden-

---

[521] Vgl. Korell (2007a,b), Nohr (2006, 2004), Korell/Spath (2003 a, b), Roccasalvo (2003), Stauss (2002).
[522] Vgl. Stauss (2002), S. 274 f.
[523] Stauss (2002), S. 275.
[524] Vgl. Korell/Spath (2003b), S. 28, Roccasalvo (2003), S. 35; Stauss (2002), S. 280.
[525] Stauss (2002), S. 280.

managementzyklus-Modells von *Stauss* und des systemtheoretischen Ansatzes des Customer Knowledge Management Konzepts von *Korell* werden zwei in der deutschen Literatur häufig diskutierte Konzepte des Kundenwissensmanagements veranschaulicht. Sie verdeutlichen auf unterschiedliche Art und Weise die Methoden zum Aufbau der Kundenwissensbasis und zur Gestaltung der Kundenwissensprozesse in der Unternehmung. Somit bieten sie wesentliche Ansatzpunkte für eine Integration und Gestaltung der im weiteren Verlauf der Arbeit zu entwickelnden Konzeption des Kundenwissenscontrollings.

3.2.4.2 Formen und Klassifikationskriterien von Kundenwissen

Kundenwissen ist sehr spezifisch, inhaltlich vielfältig und an vielen Stellen innerhalb und außerhalb einer Unternehmung vorhanden.[526] Im Begriff **„Kundenwissen“** erfolgt eine inhaltliche Spezifizierung und Eingrenzung des Wissens, indem eine terminologische Verbindung zwischen „Kunden“ und „Wissen“ hergestellt wird.[527] Wissen stellt die Verknüpfung von Informationen mit in kognitiven Systemen gespeicherten Erfahrungen, Erfahrungen Fähigkeiten und Fertigkeiten dar.[528] Aufgrund des in dieser Arbeit zugrunde liegenden Verständnisses des Begriffs „Kunden“ bezieht sich der erste Teil des Begriffs „Kundenwissen“ auf das gesamte numerische Kundenpotential, das die aktuellen Kunden, die potentiellen Kunden und die verlorenen Kunden umfasst. Insofern wird Kundenwissen definiert als das mit Kunden in Verbindung stehende Wissen.[529]

Diese objektorientierte Sichtweise des Begriffs „Kundenwissen“ trifft jedoch noch keine Aussage über die **Klassifikationkriterien von Kundenwissen**. Ausgehend von den Wissenskategorien[530] kann Kundenwissen grundsätzlich hinsichtlich

---

[526] Vgl. Davenport (1998), S. 1.
[527] Vgl. Vogt (2004), S. 259; Korell/Spath (2003b), S. 14.
[528] Vgl. hierzu Kap. 3.1.1.
[529] Vgl. Schloen/Aslanidis/Korell (2004), S. 1.
[530] Vgl. Kap. 3.1.2.

- des Wissensträgers (der Kunde selber, die Mitarbeiter, Lieferanten, Kundendatenbänke, usw.),
- der Zugänglichkeit von Kundenwissen (individuell, kollektiv, organisatorisch),
- der Artikulierbarkeit von Kundenwissen (implizit, explizit),
- der Herkunft des Kundenwissens (unternehmensintern und unternehmensextern),
- der Art des Wissensaustausches (direkter, persönlicher Kontakt; indirekte Wege, datenbasiert),
- der Zeitbezug des Kundenwissens (vergangenheits-, gegenwarts- und zukunftsbezogen) und
- der Qualität von Kundenwissen klassifiziert werden.[531]

In der Kundenwissensmanagement-Literatur werden grundsätzlich drei **Formen von Kundenwissen** unterschieden: Das Wissen der, über und für den Kunden. Im Rahmen der Literaturrecherche zu Kundenwissen zeigte sich, dass das Wissen der Kunden und für den Kunden erst ab dem Jahr 2002 in Veröffentlichungen erwähnt und beschrieben wird. Abb. 21 gibt einen Überblick über vorhandene Publikationen in Bezug auf die angesprochenen Formen des Kundenwissens, ohne den Anspruch auf Vollständigkeit erheben zu wollen.

Autoren	**Wissen der Kunden**	**Wissen über den Kunden**	**Wissen für den Kunden**
Handlbauer (1999)	O	X	O
Aebi (2000)	O	X	O
Geib/Riempp (2002)	O	X	O
Gebert (2002)	X	X	X
Garcia-Murillo/Annabi (2002)	X	X	X
Stauss (2002)	X	X	X
Iten (2002)	X	X	X

[531] Vgl. Rath (2008), S. 68; Schmitt (2005), S. 54.

Autoren	Wissen der Kunden	Wissen über den Kunden	Wissen für den Kunden
Korell/Spath (2003)	X	X	X
Fleischer/Klinkel (2003)	X	X	O
Riempp (2003)	X	X	X
Nohr (2004, 2006)	X	X	X
Korell/Rüger (2004)	X	X	X
Schloen/Aslanidis/Korell (2004)	X	X	X
Schmitt (2005)	X	X	X
Kley/Schwering/Striewe (2005)	X	X	O
Dous/Salomon/Kolbe/Brenner (2006)	X	X	X
Schaschke (2007)	X	X	X
Rath (2008)	X	X	X
Handlbauer/Renzl (2009)	X	X	O
Goetze (2009)	X	X	X
Heiss (2010)	X	X	O
Schaschke (2010)	X	X	X

Abb. 21: Überblick über die Formen von Kundenwissen in der Literatur

Das **Wissen der Kunden** verkörpert die kundenseitige Wissensperspektive. Der Kunde wird als originärer Träger des Wissens über seine Bedürfnisse, Wünsche, Erfahrungen, Probleme, Erwartungen und Prozesse in seinem Unternehmen verstanden.[532] Dieses kommt seiner herausgehobenen Bedeutung bei der Erzeugung und Anwendung von Wissen aufgrund seiner besonderen Eigenschaften als personeller Wissensträger entgegen. Der Kunde als personeller Wissensträger verfügt über die verschiedenen Ausprägungen des kenntnisgebundenen Wissens sowie über psychische Fähigkeiten und psychomotorische Fertigkeiten.[533] Wissen der Kunden ist zumeist individuelles und unternehmensexternes Wissen. So-

[532] Vgl. Garcia-Murillo/Annabi (2002), S. 875; Korell/Spath (2003b), S. 15.
[533] Vgl. Amelingmeyer (2004), S. 55.

bald der Kunde sein unternehmensexternes Wissen dem Unternehmen mitteilt, z.B. in Form von Beschwerden, wandelt sich dieses zu unternehmensinternem Wissen über den Kunden. Der Kunde ist folglich von der Unternehmung aktiv zur Wissensbereitstellung zu motivieren. Andererseits wird aus individuellem Wissen der Kunden dann kollektives Wissen der Kunden, wenn diese miteinander kommunizieren. Wissen des Kunden zeichnet sich durch eine hohe Aktualität sowie direkte, unmittelbare Nähe zu den Bedürfnis- und Wissensträgern aus.[534] Diese Wissensform kann sowohl implizite als auch explizite Merkmale aufweisen. Insbesondere das implizite Wissen der Kunden, d.h. das nicht-artikulierte Wissen des Kunden, stellt für die Unternehmung eine wesentliche Ressource zur Erzielung strategischer Wettbewerbsvorteile dar, da es sich durch eine hohe Aktualität und eine begrenzte Zugänglichkeit auszeichnet. Beispiele für explizites Wissen der Kunden sind kundenbezogene artikulierte Beschwerden, Lob oder Empfehlungen gegenüber Dritten. Ferner zählen die nicht-artikulierten Erfahrungen der Kunden bspw. über die Verkaufsberatung, die Warenpräsentation oder den Kundenservice einer Unternehmung ebenso zum impliziten Wissen der Kunden wie nicht-artikulierte Verhaltensintensionen der Kunden in Bezug auf die Produkte oder Dienstleistungen der Unternehmung.

Durch Prozesse der Sozialisierung, der Explizierung und des Wissenstransfers wandelt sich Wissen der Kunden zu Wissen über den Kunden.[535] In diesem Fall ist die Unternehmung der Träger des Wissens, so dass sich das **Wissen über den Kunden** auf das in der Unternehmung vorhandene Wissen bezieht. Es umfasst neben den Stammdaten und der Transaktionshistorie des Kunden seine gegenwärtigen Anliegen und Bedürfnisse, zukünftigen Wünsche, Kaufgewohnheiten und finanziellen Möglichkeiten.[536] Der Erwerb dieser Wissensform kann auf verschiedenen Wegen erfolgen, z.B. über Kundenbeschwerden, Marktforschung oder Veröffentlichungen, aber auch durch persönlichen, zielgerichteten Kundenkontakt

---

[534] Vgl. Schmidt (2007), S. 55.
[535] Vgl. Stauss (2002), S. 280 ff.
[536] Vgl. Davenport/Harris/Kohli (2001), S. 63 ff.; Ahlert/Blut (2006), S. 26.

der Mitarbeiter. Wissen über den Kunden kann individuell oder kollektiv zur Verfügung stehen sowie impliziter oder expliziter Natur sein.[537] Explizit vorliegendes Wissen über den Kunden beinhaltet z.B. quantitative Informationen über sein Kaufverhalten in Form von Stamm-, Reaktions- und Potentialdaten sowie artikulierte vom Kunden wahrgenommene Qualitätsstärken und Qualitätsschwächen der unternehmerischen Aktivitäten im Vergleich zum Wettbewerb. Ferner zählen die artikulierten kundenbezogene Erfahrungen der Mitarbeiter, die sie bspw. im direkten Verkaufsgespräch mit dem Kunden oder auf Kundenforen gewonnen haben, zum expliziten Wissen über den Kunden. Implizites Wissen über den Kunden umfasst dasjenige Kundenwissen, das bspw. der Mitarbeiter im direkten Kundenkontakt gewinnt, jedoch nicht artikuliert. Im Bekleidungseinzelhandel zählt z.B. das implizite Wissen des Verkäufers über den Modestil des Kunden oder die Erwartungen des Kunden hinsichtlich des Tragekomforts von Bekleidungsstücken hierzu. Das Wissen über den Kunden dient primär dem Verständnis des Kaufverhaltens und der Kundenmotivation und ist die wesentliche Grundlage für Zielgruppenanalysen, Marktsegmentierung oder Zielgruppenmarketing.[538]

Die dritte Form von Kundenwissen stellt das **Wissen für den Kunden** dar, wobei die Unternehmung Träger und der Kunde der Adressat des Kundenwissens ist. Das Wissen für den Kunden zielt auf die Beseitigung von kundenseitigen Wissensdefiziten ab, um durch die Bereitstellung von Wissen für den Kunden dessen Informationsbedürfnisse zu befriedigen, einen gewünschten Wissensaufbau beim Kunden zu gestalten und unerwünschte Informationsspeicherungen und Informationsverknüpfungen beim Kunden zu vermeiden bzw. zu korrigieren.[539] Qualität, Menge und Regelmäßigkeit der Versorgung von Kunden mit Wissen beeinflusst die Bereitschaft der Kunden zu einer Wissenszusammenarbeit, die den Zugang zu deren eigenem Wissen gewährt. Wissen für den Kunden ist unternehmensinternes und unternehmensexternes Wissen, das individuell und kol-

---

[537] Vgl. Stauss (2002), S. 276.
[538] Vgl. Köhler (2001), S. 53.
[539] Vgl. Stauss (2002), S. 277.

lektiv sowie implizit und explizit vorliegen kann. Während unternehmensinternes Wissen für den Kunden jenes Wissen über Produkte, Dienstleistungen, Unternehmensprozesse etc. enthält, das im Unternehmen vorliegt, erhält der Kunde von Dritten unternehmensexternes Wissen, z.B. über die Marktmechanismen oder die Produkte und Dienstleistungen von Wettbewerbern. Bei explizitem Wissen für den Kunden handelt es sich „traditionell ... um Druckschriften (bzw. elektronische Dokumente), wie vor allem Produktbeschreibungen, Kataloge, Gebrauchsanweisungen, themenspezifische Folder u.a., die Hinweise auf Qualitätsmerkmale und Anwendungsbedingungen von Produkten, Preisen oder erforderliche Folgeinvestitionen enthalten“[540]. Ebenso kann Wissen nicht-personeller Wissensträger zu explizitem Wissen für den Kunden werden. Hierbei kann es sich bspw. im Bekleidungseinzelhandel um Erfahrungen des Mitarbeiters über die Passform oder Haltbarkeit der Produkte handeln, die dieser im Verkaufsgespräch gegenüber dem Kunden direkt artikuliert. Auch implizites Wissen der Mitarbeiter kann zu implizitem Wissen für den Kunden werden, indem der Mitarbeiter im vorliegenden Beispiel nicht über seine Erfahrungen bzgl. der Passform und Haltbarkeit der Produkte spricht, sondern dem Kunden ohne weitere Erklärung Produkte empfiehlt, die seiner Erfahrungen nach dem Kunden passen könnten. Der Kunde erhält auf diese Weise implizites Wissen über das Produkt.

Die drei Formen von Kundenwissen stehen nicht isoliert nebeneinander, sondern entstehen in kontinuierlich ablaufenden weichselseitigen Prozessen.[541] Die Gestaltung dieser **Entstehungsprozesse** von Wissen der, über und für die Kunden obliegt dem Kundenwissensmanagement, so dass im Folgenden zunächst ein Überblick über vorhandene Ansätze des Kundenwissensmanagements gegeben wird.

---

[540] Stauss (2002), S. 288.
[541] Vgl. Stauss (2002), S. 281.

3.2.4.3 Ansätze des Kundenwissensmanagements

3.2.4.3.1 Systematisierung der Ansätze des Kundenwissensmanagements

Die wissenschaftliche Diskussion eines Managements der Ressource Kundenwissen findet ihren Ursprung um die Jahrtausendwende zum 21. Jahrhundert. Dabei basiert das Gros der Literatur auf empirischen Unternehmensfallstudien[542] und theoretischen Analysen[543], wobei letztere im Wesentlichen auf den Ansätzen des Wissensmanagements basieren. Einen besonderen Stellenwert nimmt dabei in allen Ansätzen die Diskussion über die Formen von Kundenwissen ein, wobei zwischen „Wissen der Kunden", „Wissen über die Kunden" und „Wissen für die Kunden" unterschieden wird. Insbesondere der Nutzen einer Integration von Kundenwissen für den Unternehmenserfolg und die Optimierung von Innovationsleistungen durch eine partizipative und aktive Wissenszusammenarbeit zwischen Unternehmung und Kunde wird zunehmend in der Literatur diskutiert.[544] Abb. 22 gibt einen Überblick über vorhandene Ansätze zum Kundenwissensmanagement geben und deren wesentliche Inhalte darstellen, ohne jedoch den Anspruch auf Vollständigkeit erheben zu wollen.

Autor(en) und Jahr	Konzeptbasis	Kurzdefinition
Davenport (1998)	Empirie	Der Autor hebt die besondere Rolle von Wissen an der Schnittstelle zum Kunden hervor und unterscheidet zwischen data-derived, human und tacit-unstructured difficult-to-express customer knowledge als drei Formen des Kundenwissens; Auf der Basis von empirischen Untersuchungen über die Erfolgsfaktoren von Knowledge Management in der betrieblichen Praxis werden sieben Handlungsempfehlungen zur Umsetzung des CKM abgeleitet.

542 Vgl. Davenport (1998), Davenport/Klahr (1998), Prahalad/Ramaswamy (2000), Gibbert Leibold/Probst (2002), Dous/Salomann/Kolbe/Brenner (2006).

543 Vgl. Stauss (2002), Korell/Spath (2003a,b), Bungard/Fleischer/Nohr (2003), Garcia-Murillo/Annabi (2002).

544 Vgl. Pohl (2003), Rath (2008), Schmidt (2007).

Autor(en) und Jahr	Konzeptbasis	Kurzdefinition
Prahalad/ Ramaswamy (2000)	Theorie, Empirie	Die Autoren beschreiben neben der Entwicklung der Rolle der Kunden in den letzten Jahrzehnten Ansätze, wie die Kompetenzen der Kunden genutzt werden können. Im Mittelpunkt stehen dabei der persönliche Kontakt und die direkte Kommunikation mit dem Kunden.
Garcia-Murillo/Annabi (2002)	Theorie	Die Autoren vertreten die Meinung, dass sowohl im Marketing als auch im Customer Relationship Management das Wissen der Kunden, welches durch den persönlichen Kontakt zwischen Kunden und Mitarbeiter erschlossen wird, nicht berücksichtigt wird. Sie stellen ein dreistufiges Modell vor, wie dieses Wissen nutzbar gemacht werden kann: Knowledge revealing, knowledge sorting und knowledge levelling.
Gibbert/Leibold/Probst (2002)	Empirie	Die Autoren unterscheiden zwischen Wissen über die Kunden und Wissen der Kunden, wobei das Wissen der Kunden wesentlich zu Wachstum und Innovation beiträgt. Um Antworten auf die Frage zu bekommen, wie die Unternehmen CKM in der betrieblichen Praxis umsetzen, wurden zahlreiche Untersuchungen durchgeführt. Die analysierten Gemeinsamkeiten fassten die Autoren in fünf Typen des CKM zusammen: prosumerism, team-based co-learning, mutual innovation, communities of creation und joint intellectual property.
Stauss (2002)	Theorie	Der Autor erweitert die bis dato vorzufindenden Formen des „Wissens der Kunden“ und „Wissen über die Kunden“ um die dritte Form des „Wissens für die Kunden“ und systematisiert sie anhand der Kriterien Organisationszugehörigkeit, Wissensträger und Personengebundenheit. Hierauf aufbauend entwickelt er den Kundenwissens-Managementzyklus, der die Aufgaben des KWM anhand eines Prozessmodells und die Beziehung der drei Formen von Kundenwissen veranschaulicht.

Autor(en) und Jahr	Konzeptbasis	Kurzdefinition
Geib/Riempp (2002); Gebert et al. (2002); Riempp (2003); Kolbe/Österle/Brenner/ Geib (2003)	Theorie, Empirie	Charakteristika des technologieorientierten Modells: • Integration von Customer Relationship Management und Wissensmanagement • Prozessorientierte Sichtweise des Wissensmanagement (CRM-Prozesse als Ort der Entstehung und Nutzung von Wissen) • Bereitstellung von Werkzeugen und Methoden aus dem Bereich des Wissensmanagement zur Unterstützung der CRM-Prozesse • Ansätze aus dem Bereich des Business Engineering zur Abbildung und Gestaltung von Wissensstrukturen und Wissensflüssen
Korell/Spath (2003)	Theorie, Empirie	Der geschäftsprozessorientierte Kundenwissensmanagement-Ansatz betrachtet das Wissen der, von und für die Kunden, das in verschiedenen Wissensprozessen erschlossen, generiert, verteilt, genutzt und gespeichert wird. Die Methoden hierzu richten sich an den unterschiedlichen Arten des Kundenwissens sowie den verschiedenen Wissensprozessen und den diversen Phasen und Aufgaben der betrachteten Geschäftsprozesse aus. Die abgeleiteten Handlungsempfehlungen orientieren sich an den zugrunde liegenden Zielen.
Nohr (2004)	Theorie	Ganzheitlicher Ansatz zur Ausrichtung des Kundenwissensmanagements auf die Unternehmensziele und Geschäftsprozesse. Ableitung der Unternehmensziele aus den Kernkompetenzen, die auf Wissensvorsprüngen beruhen. Kontinuierliche Bewertung des Kundenwissens mittels mono- und multikriterieller Methoden.
Korell/Rüger (2004)	Theorie	Prozessorientiertes Modell eines Customer Knowledge Management-Zyklusses, bestehend aus den Kreisläufen zur Erschließung und Nutzung von Kundenwissen. Die Schnittstelle der beiden Kreisläufe bilden der interne Wissensbedarf sowie der Transfer von Kundenwissen in das Unternehmen.

Autor(en) und Jahr	Konzeptbasis	Kurzdefinition
Dous/Salomann/Kolbe/ Brenner (2006)	Theorie, Empirie	Customer Knowledge Management zur Unterstützung des Customer Relationship Managements, mit dem Ziel, Wissen für, von und über den Kunden so einzusetzen, dass der interaktiver Prozess des CRM, der nach der Erreichung des optimalen Gleichgewichts von Unternehmensinvestitionen und der Befriedigung von Kundenbedürfnissen strebt, den maximalen Erfolg gewährleistet.
Schmidt (2007)	Theorie, Empirie	Analyse der Bedeutung und Integration von Kundenwissen im Innovationsprozess aus unternehmensbezogener und raumwirtschaftlicher Perspektive
Korell (2007)	Theorie	Systemtheoretischer Ansatz des Customer Knowledge Management mit dem Ziel, eine zielgerichtete, systematische sowie bereichs- und organisationsübergreifende Erschließung, Entwicklung, Bewahrung, Verbreitung, Bereitstellung und Nutzung von Kundenwissen zu ermöglichen und zu fördern.
Rath (2008)	Theorie, Empirie	Entwicklung von Handlungsempfehlungen zur Steigerung des innovativen Engagements von Vertrieb und Handel mit der Identifikation von kundennahen Institutionen an der Schnittstelle von Handel und Anwender
Goetze (2009)	Theorie, Empirie	Darstellung und Entwicklung von Methoden zur Gewinnung und Analyse von Kundenwissen
Handlbauer/Renzl (2009)	Theorie	Aufbau und Gestaltung einer Kundenwissensbasis mit Wissen der und über die Kunden mit dem Ziel, dieses Wissen in die Erstellung von Produkten und Dienstleistungen einfließen zu lassen.
Schaschke (2010)	Theorie Empirie	Kultivierung von Kundenwissen durch die Integration von faktorzentrierten, d.h. transformationsbezogenen Ressourcenaspekten, akteurszentrierten, d.h. rollen- und interaktionsbezogenen Aspekten und aktionszentrierten, d.h. prozessbezogenen und organisatorischen Aspekten.

Abb. 22: Ausgewählte Ansätze des Kundenwissensmanagements

Davenport ist Ende der 1990er Jahre einer der ersten Wissenschaftler, die sich mit dem Themengebiet des Customer Knowledge Managements befasst haben. Er hebt besonders die Bedeutung von Kundenwissen gegenüber der Ressource Wissen hervor: „If knowledge is power, customer knowledge is high-octane power."[545] Kundenwissen zeichnet sich zum einen dadurch aus, dass es an vielen Stellen in der Unternehmung vorhanden ist und zum anderen an ebenso vielen Stellen in der Unternehmung gebraucht wird. Hiermit verbunden ist eine Vielfältigkeit von Kundenwissen, die hohe Anforderungen an ein Management von Kundenwissen stellt. Insofern unterscheidet Davenport drei **Formen von Kundenwissen**:[546]

- Data-derived customer knowledge (strukturierte Daten, z.B. Transaktionen),
- Human customer knowledge (entsteht vorwiegend durch die persönlichen Interaktionen zwischen Menschen, z.B. Erläuterungen oder Anmerkungen des Kunden),
- Tacit-unstructured, difficult-to-express customer knowledge (Wissen, das z.B. eine Verkaufsperson "im Gefühl hat", es entsteht bspw. durch Beobachtung).

Auf der Basis empirischer Untersuchung zur Umsetzung des Customer Knowledge in der betrieblichen Praxis und zur Identifikation von Erfolgsfaktoren hat *Davenport* sieben **Handlungsempfehlungen** zum Customer Knowledge Management abgeleitet.[547] Aus ihnen geht hervor, dass der Fokus eines erfolgreichen Customer Knowledge Managements auf die für die Unternehmung wertvollen Kunden und deren Wissen gelegt werden sollte. Dieses Kundenwissen gilt es mittels kreativer Techniken zu erheben und mit den in der Unternehmung vorhandenen Transaktionsdaten zu vernetzen. Vor allem aber: "Have a process and supporting tools. Manage your customer-knowlegde initiative to get results. Know what you want to accomplish, create a plan and get the right tools to achieve the desired results."[548] Wie allerdings ein derartiges prozessorientiertes Customer Knowledge Management theoretisch zu fundieren und konzeptionell zu gestalten ist und welche Instrumente zur Gewinnung, Analyse, Speiche-

---

[545] Davenport (1998), S. 1.
[546] Vgl. Davenport (1998), S. 2.
[547] Vgl. Davenport/Harris/Kohli (2001), S. 65.
[548] Davenport (1998), S. 5.

rung und Nutzung von Kundenwissen erforderlich sind, lässt der Autor offen.

Diese Gedanken werden in der empirisch fundierten Arbeit von ***Gibbert Leibold/Probst*** aufgenommen. Die Autoren sehen das Customer Knowledge Management als einen strategischen Prozess an, durch den Kunden von passiven Empfängern von Produkten und Dienstleistungen zu Wissenspartnern der Unternehmung werden. Damit stellen sie die persönliche Beziehung des Kunden zur Unternehmung und die direkte Interaktion mit ihm in den Mittelpunkt. „Customer Knowledge Management is the strategic process by which cutting edge companies emancipate their customers from passive recipients of products and services, to empowerment as knowledge partners. CKM is about gaining, sharing, and expanding the knowledge residing in customers, to both customer and corporate benefit."[549] Die Möglichkeiten und Anlässe einer Zusammenarbeit von Kunden und Unternehmungen zum Zwecke des Wissensaustausches fassen die Autoren in **fünf Typen des Customer Knowledge Managements** zusammen, die miteinander kombinierbar sind und sich in unterschiedlichen Fragestellungen gegenseitig ergänzen können:[550] prosumerism, team-based co-learning, mutual innovation, communities of creation und joint intellectual property. Bspw. verfolgen die „Communities of creation" das Ziel, gemeinsam mit Gleichgesinnten in einem bestimmten Themenfeld, für eine bestimmte Fragestellung Wissen zu generieren und zu teilen. Durch den Wissensaustausch entsteht neues Wissen in der Unternehmung über den Kunden und gleichzeitig im Umkehrschluss neues Wissen des Kunden über das Unternehmen und seine Produkte und Dienstleistungen. Ein so verstandenes Customer Knowledge Management liefert einen Beitrag für das Wachstum der Unternehmung und für Innovationen. *Gibbert/Leibold/Probst* konzentrieren sich mit ihrem empirisch gestützten Ansatz eines Customer Knowledge Managements auf die Frage, wie das Wissen der Kunden erschlossen werden kann und welche Wege zum Austausch von Wissen zwischen der Unternehmung und dem Kunden denk-

---

[549] Gibbert/Leibold/Probst (2002b), S. 272.
[550] Vgl. Gibbert/Leibold/Probst (2002b), S. 280.

bar sind. Auf weitere Prozesse des Kundenwissensmanagements wie bspw. der Verteilung oder Speicherung gehen die Autoren nicht ein und verweisen stattdessen auf die Ansätze des Wissensmanagements. Ebenso fehlt eine theoretisch fundierte konzeptionelle Entwicklung des Customer Knowledge Managements.

Anhaltspunkte über die Gestaltung des Kundenwissensmanagements in der Praxis liefern zwei empirische Studien von ***Schaschke***, die die Autorin im Zuge der Entwicklung eines Systematisierungsrahmens des Customer Knowledge Managements durchgeführt hat.[551] In einer ersten qualitativen Untersuchung sollte das grundlegende Verständnis für das Konstrukt des Kundenwissensmanagements sowie des Begriffs Kundenwissen ermittelt werden. Eine zweite daran angeschlossene quantitative Untersuchung zielte auf die Ermittlung der Ziele, Instrumente sowie Chancen und Risiken des Kundenwissensmanagements. Ferner wurden die Kundengruppen mit relevantem Wissen sowie die Kundenwissensinhalte und deren Relevanz in den Funktionalbereichen ermittelt.

Die **qualitative Untersuchung** kam zu dem Ergebniss, dass bei den Befragten ein unterschiedliches Verständnis der Begriffe Kundenwissen und Kundenwissensmanagement vorherrscht. Der Terminus Kundenwissen wurde größtenteils mit „Wissen über den Kunden“ interpretiert und nur vereinzelt mit „Wissen des Kunden“ und „Wissen für den Kunden“. Hinzu kam ein unterschiedliches Verständnis des Konstrukts Kundenwissensmanagement je nach Positionierung des Befragten in der Unternehmung. „Vertriebsmitarbeiter interpretierten Kundenwissen als „Daten über den Kunden“ ..., während Experten der IT-Abteilung unter dem Management

[551] Schaschke (2010) führte im Jahr 2003/2004 eine qualitative Untersuchung durch, bei der 7 Unternehmungen aus unterschiedlichen Wirtschaftszweigen mit einem Umsatzvolumen von mindestens 250 Millionen Euro und mindestens 1.000 Mitarbeitern befragt worden sind. An einer zweiten quantitativen Untersuchung nahmen 75 Unternehmungen unterschiedlicherer Branchen, Unternehmensgröße und Mitarbeiteranzahl teil. Die Unternehmensgröße variierte zwischen 9 und mehr als 2.500 Mitarbeitern und einem Jahresumsatzvolumen von 300 Tausend Euro bis zu knapp 6 Millionen Euro. Detaillierte Angaben zum Untersuchungsaufbau und zur Charakterisierung der teilnehmenden Unternehmungen finden sich bei Schaschke (2010), S. 197 ff.

von Kundenwissen einen rein technischen Vorgang verstehen...".[552] Die Zuständigkeit für das Kundenwissensmanagement, insbesondere für die Erhebung, Verteilung und Speicherung von Kundenwissen, wurde mehrheitlich im Marketing angesiedelt.

Eine zweite **quantitative Untersuchung** von *Schaschke* ergab, dass die Unternehmungen Kundenwissensmanagement mit dem Ziel einer Verbesserung der Kundenzufriedenheit, einer Erweiterung der Wissensbasis sowie einer Identifikation der relevanten Kunden betreiben.[553] Gleichsam suchen sie den Dialog zum Kunden, um ein verbessertes Verständnis des Kundenverhaltens zu gewinnen. Als Quellen[554] zur Gewinnung von Kundenwissen setzen die Unternehmungen bevorzugt Kundenbefragungen ein, werten Berichte aus den Kundenkontakten aus, führen Kundenbeobachtungen durch und greifen auf Erkenntnisse des Beschwerdemanagements zurück. Zusätzlich führen sie als Instrument zur Analyse des Kundenverhaltens Kundenzufriedenheitsanalysen durch. Befragt nach den Chancen und Risiken, die die Unternehmungen bei der Integration von Kundenwissen in den Managementprozess sehen, zählten die Unternehmungen einen erhöhten Koordinationsaufwand auf sowie Probleme bei der Bereitstellung und Verteilung von Kundenwissen. Insbesondere der hohe zeitliche und finanzielle Aufwand sowie die mangelnde Bereitschaft der Kunden zur Wissensteilung und die damit verbundene schwere Zugänglichkeit zur Ressource Kundenwissen zählen zu den maßgeblichen Risiken eines Kundenwissensmanagements. Der hiermit verbundene wahrgenommene Mangel an personellen und technologischen Kapazitäten wird auf fehlende Prozesse und Instrumente eines Controllings von Kundenwissen zurückgeführt. Den Risiken stehen Chancen einer Verbes-

[552] Schaschke (2010), S. 201 f.

[553] An dieser Stelle werden die wesentlichsten Ergebnisse der Studie von *Schaschke* vorgestellt. Eine detaillierte Darstellung aller gewonnenen Erkenntnisse der Studie findet sich bei Schaschke (2010), S. 216 ff.

[554] *Schaschke* unterscheidet in diesem Zusammenhang nicht zwischen Quellen zur Gewinnung von Kundenwissen und Instrumenten zur Analyse dieses Kundenwissens. Vielmehr bezeichnet sie Instrumente und Quellen einheitlich als Instrumente. Dieser Vorgehensweise wird aufgrund der nicht gegebenen Trennschärfe zwischen den Begriffen und deren unterschiedlichen Zielsetzung nicht gefolgt.

serung der Kundenzufriedenheit und des Kundenbindungspotentials sowie des Know-How-Zuwachses gegenüber.

Zu den relevanten **Kundengruppen** für ein Kundenwissensmanagement zählen die Schlüsselkunden, die Großkunden sowie langfristigen Kunden.[555] Sie verfügen über Kundenwissen, das aus Erfahrungen mit dem Produkt bzw. der Leistung besteht, üben Kritik und äußern Verbesserungsvorschläge, stellen Wissen über die Konkurrenz und deren Produkte zur Verfügung, besitzen ein hohes Innovationspotential sowie produkttechnisches bzw. leistungsbezogenes Know How. Diese **Kundenwissensinhalte** sind vornehmlich für den Service und Vertrieb relevant, werden jedoch auch in der Forschung und Entwicklung sowie dem Qualitätsmanagement eingesetzt.

Letztendlich kommt *Schaschke* zu dem **Ergebnis**, dass der Ressource Kundenwissen als Betrachtungsobjekt des Wissensmanagements eine hohe Relevanz beigemessen wird.[556] Dennoch fehlt es bislang an einem systematischen Controlling der Kundenwissensaktivitäten und einer regelmäßigen Evaluation der daraus abgeleiteten Aktionen.[557]

Die genannten Arbeiten von *Davenport* und *Gibbert/Leibold/Probst* stehen stellvertretend für die Mehrzahl der Ansätze zum Kundenwissensmanagement, die die Bedeutung und Formen von Kundenwissen intensiv analysieren. Die theoretisch fundierte Erörterung des Managements der Ressource Kundenwissen mit seinen einzelnen Prozessschritten der Identifikation, Analyse, Speicherung und Nutzung von Kundenwissen jedoch vermissen lassen. Zusätzlich verdeutlichen die empirischen Studien von *Schaschke* das bislang uneinheitliche Verständnis von Kundenwissensmanagement und des Begriffs Kundenwissen in der Praxis. Gleichzeitig unterstreichen die Ergebnisse die Chancen und Risiken eines prozessori-

---

[555] Eine definitorische Abgrenzung der Kundengruppen wird von *Schaschke* nicht vorgenommen, so dass Überschneidungen zwischen den Kundengruppen nicht ausgeschlossen werden können.
[556] Vgl. Schaschke (2010), S. 219.
[557] Vgl. Schaschke (2010), S. 205.

entierten Kundenwissensmanagements in der Unternehmenspraxis. Erste Schritte in Richtung eines theoretisch fundierten prozessorientierten Kundenwissensmanagements sind *Stauss* sowie *Korell* gegangen, indem sie die Kundenwissensflüsse zwischen Unternehmungen und Kunden und die zur Gestaltung einer Kundenwissensstruktur erforderlichen Prozesse analysiert haben. Ihre Modelle bieten daher Ansatzpunkte für ein im weiteren Verlauf der Arbeit zu entwickelndes Controlling der Ressource Kundenwissen und sollen daher im Folgenden näher erläutert werden.

3.2.4.3.2 Ausgewählte Ansätze des Kundenwissensmanagements

3.2.4.3.2.1 Der Kundenwissens-Managementzyklus von *Stauss*

Das Modell des Kundenwissens-Managementzyklusses von *Stauss* betrachtet das Kundenwissensmanagement als Teilsystem des Wissensmanagements und zielt mit seiner Darstellung auf ein „umfassendes Verständnis von Kundenwissens-Management“[558]. *Stauss* bringt in seinem Modell die drei Formen des Kundenwissens – „Wissen über den Kunden“, Wissen der Kunden“ und „Wissen für den Kunden“ – mit den Wissensmanagementprozessen in Verbindung. Innerhalb dieser Prozesse leitet er die Aufgaben des Kundenwissensmanagements ab, die in der Erfassung des Wissens der Kunden, der Speicherung, Verteilung und Nutzung des Wissens über den Kunden sowie der Entwicklung, Bereitstellung und Kommunikation von Wissen für den Kunden bestehen.[559] Dargestellt werden die einzelnen Prozessschritte in einem in sich geschlossen Kundenwissens-Managementzyklus, der in Abb. 23 veranschaulicht wird.

Den Ausgangspunkt und damit die erste Aufgabe des Kundenwissensmanagements bildet die **Erfassung** des individuellen und kollektiven, impliziten oder expliziten **Wissens des Kunden**. Dabei sieht *Stauss* die Hauptherausforderung bei der Erfassung von Kundenwissen darin, die verschiedenen Arten der Kundenartikulation zu identifizieren, ihre relative Be-

---

[558] Stauss (2002), S. 275.
[559] Vgl. Stauss (2002), S. 280 ff.

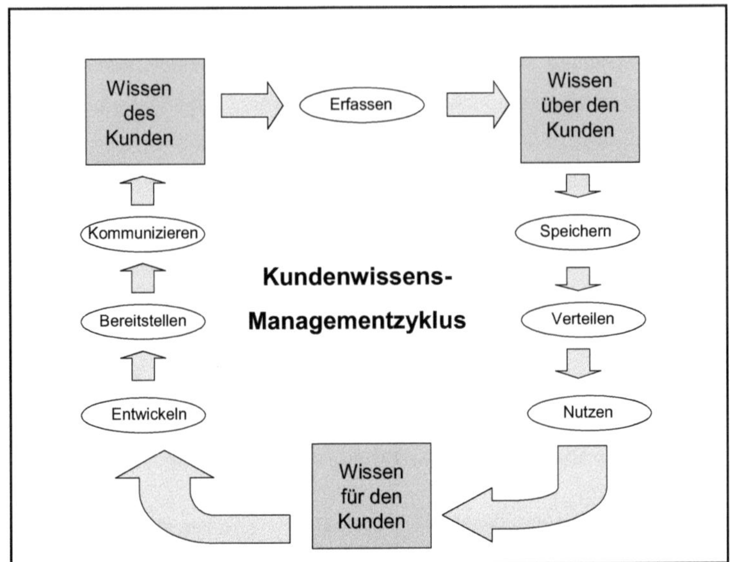

Abb. 23: Der Kundenwissens-Managementzyklus nach *Stauss* (Quelle: Vgl. Stauss (2002), S. 281)

deutung zu gewichten und einen adäquaten Methoden-Mix aus Erhebungsmethoden der traditionellen und neueren Marktforschung sowie interner Datenbankanalysen auszuwählen.[560] Sobald das Wissen des Kunden erfasst worden ist wird es zu unternehmensinternem Wissen über den Kunden.

Diese zweite Wissensform gilt es zu speichern, dem Wissensbedarf in der Unternehmung entsprechend zu verteilen und für kundenorientierte Entscheidungen im Managementprozess zu nutzen. Bei der **Speicherung** von **Wissen über den Kunden** greifen die Unternehmungen auf die Kodifizierungs- und/oder Personifizierungsstrategie zurück. Bei der Kodifizierungsstrategie wird das Wissen über den Kunden kodifiziert, um es in einer unternehmensweiten Kundendatenbank zu speichern und auf diesem Wege einer großen Anzahl von Mitarbeitern zur Verfügung zu stellen. Demgegenüber bleibt bei der Personifizierungsstrategie das Wissen über

[560] Vgl. Stauss (2002), S. 280.

den Kunden eng an eine Person gebunden und kann nur im unmittelbaren Kontakt zu einer anderen Person weitergegeben werden. „Je differenzierter und individueller die Kundenbeziehung ist und je intensiver die Kundenkontakte sind, desto mehr wird die Strategie der Personifizierung gewählt."[561] Die Personifizierungsstrategie erlaubt die Weitergabe von explizitem und implizitem Wissen über den Kunden.

Bei der **Verteilung** von Wissen über den Kunden greift *Stauss* auf das Konzept der Wissensspirale nach *Nonaka/Takeuchi* zurück und unterscheidet vier Formen, in denen existierendes Wissen in neues Wissen transformiert werden kann: Im Rahmen der Sozialisation wird das implizite Wissen der Mitarbeiter über den Kunden in der Unternehmung verbreitet. Sofern der Kunde sein implizites Wissen durch Artikulation, bspw. im Rahmen von Gruppensitzungen, generell verfügbar macht, spricht man von Externalisation. Bereits in der Unternehmung verfügbares explizites Wissen kann entsprechend durch Kombination verbreitet werden. Sofern die Unternehmung eine Kodifizierungsstrategie zur Speicherung von Kundenwissen verfolgt, verfügt sie in der Regel über enorme Mengen von Wissen über den Kunden, die über viele Hierarchieebenen und Abteilungen verteilt vorliegen. Hieraus „ergibt sich die Notwendigkeit, diese häufig isolierten Wissenselemente zu verknüpfen und sie in ein Kundenwissens-System zu integrieren"[562]. Durch die Internalisierung wird explizites Wissen über den Kunden in implizites Wissen transformiert, das zu einem habitualisierten und wenig bewussten Verhalten gegenüber dem Kunden wird. Letztendlich stellt die zielorientierte Speicherung und Verteilung von Wissen über den Kunden die Voraussetzung für dessen systematische **Nutzung** im Kundenmanagementprozess dar.

Ferner gehört es zu den wesentlichen Aufgaben des Kundenwissensmanagements, die Wissensdefizite der Kunden zu identifizieren und entsprechend **Wissen für den Kunden** zu entwickeln, bereitzustellen und zu kommunizieren. Zu diesem Zwecke sind alle intern und extern vorhandenen Hinweise auf die von den Kunden wahrgenommenen Wissensdefizite

---

[561] Stauss (2002), S. 285 f.

[562] Stauss (2002), S. 286.

„sorgfältig zu analysieren, in ihrer Relevanz zu gewichten und den Maßnahmen zur **Entwicklung** von Wissen für den Kunden zugrunde zu legen“[563]. Wissensdefizite sind einerseits hinsichtlich mangelnder Kenntnisse und Fähigkeiten der Kunden im Umgang mit den Produkten und Dienstleistungen denkbar. Andererseits können ihnen wesentliche positive Aspekte des Leistungsangebots unbekannt sein oder sie verfügen über ein unzutreffendes negatives Wissen über die Leistungsmerkmale und gehen daher von falschen Voraussetzungen aus. Entsprechend muss das Wissen für den Kunden so entwickelt werden, dass die Inhalte dem Wissensbedarf der Zielgruppe entsprechen und die Kommunikationskanäle auf das Rezeptionsverhalten und die Medienpräferenzen der Kunden abgestimmt sind. Den Wissenstransport hin zum Kunden kann die Unternehmung durch die **Wissensbereitstellung** oder die direkte **Wissenskommunikation** ausführen. Während beim ersteren die Initiative des Kunden gefordert ist, das von ihm gewünschte Wissen zu bekommen (information on demand), schließt bei der Wissenskommunikation die Unternehmung durch aktive Maßnahmen die Wissenslücke des Kunden (information on stock).[564] „In diesen Fällen stellt sich für die Unternehmung die Aufgabe, dem Kunden systematische Kenntnisse, Fähigkeiten und Fertigkeiten zu vermitteln, d.h. beim Kunden gezielt Lernprozesse auszulösen und sein Wissens- und Qualifikationspotential zu erhöhen.“[565]

Abb. 24 stellt noch einmal die einzelnen Prozessschritte des Kundenwissensmanagements nach *Stauss* mit den jeweiligen Methoden zur Erfassung des Wissens der Kunden, der Speicherung, Verteilung und Nutzung des Wissens über den Kunden sowie der Entwicklung, Bereitstellung und Kommunikation von Wissen für den Kunden dar.

---

[563] Stauss (2002), S. 287.
[564] Vgl. Stauss (2002), S. 288 f.
[565] Stauss (2002), S. 289.

<table>
<tr><th>Prozess-Schritte</th><th>Methodenbeispiele nach Stauss</th></tr>
<tr><td rowspan="7">Erfassung des Wissens der Kunden</td><td>Erfassung und Analyse des Kundenverhaltens in einer Kundendatenbank (z.B. Kaufdaten, -historie, Aktions- und Reaktionsdaten), Methoden des Data Mining</td></tr>
<tr><td>Instrumente der Marktforschung wie Kundenbeobachtung und Kundenbefragungen</td></tr>
<tr><td>Analyse von kundeninitiierter Kommunikation wie Anfragen und Beschwerden</td></tr>
<tr><td>Kundenintegrierende Planungskonzepte und Sequentielle Ereignismethode</td></tr>
<tr><td>Möglichkeiten des Internets (z.B.) Web-Kundenzufriedenheitsmessungen, Online-Feedbackseiten, Wissenscontrolling-Dialoge, Internet Kundenforen)</td></tr>
<tr><td>Erfassung des Wissens der Kunden durch die Mitarbeiter im Kundenkontakt</td></tr>
<tr><td>Kundenforen und Kundenfokus-Gruppen</td></tr>
<tr><td rowspan="3">Speicherung, Verteilung und Nutzung des Wissens über den Kunden</td><td>Elektronische Dokumentationssysteme und unternehmensweite Kundendatenbanken</td></tr>
<tr><td>Entwicklung von Personennetzen, Formen des Gedankenaustausches wie Gruppensitzungen und Teams</td></tr>
<tr><td>Intranet-Lösungen und Aufbau von elektronischen Gelben Seiten</td></tr>
<tr><td rowspan="3">Entwicklung, Bereitstellung und Kommunikation von Wissen für den Kunden</td><td>Kundenanfragen und Beschwerden liefern Hinweise auf die vom Kunden wahrgenommenen Wissensdefizite</td></tr>
<tr><td>Wissensbereitstellung:
- durch individuelle Informationsübermittlung auf Anfragen des Kunden (information on demand) durch Customer Care Abteilungen, Hotline, Internet oder
- durch passive Bereitstellung von Informationen (Information on stock) durch Druckschriften wie Kataloge, Gebrauchsanweisungen etc.</td></tr>
<tr><td>Wissenskommunikation durch
aktive Versendung von Informationen an den Kunden (Information on delivery) durch individuelle Briefe, Videos, Kunden-Konferenzen, Kundenseminare oder Kunden-Coaching</td></tr>
</table>

Abb. 24: Prozessschritte und Methoden des Kundenwissensmanagements nach *Stauss* (Quelle: Vgl. Stauss (2002), S. 280 ff.)

Letztendlich stellen die genannten Wissensformen Stufen in einem kontinuierlichen Prozess, den **Kundenwissens-Managementzyklus**, dar: „Das erfasste Wissen des Kunden wird zum unternehmerischen Wissen über den Kunden. Wissen über den Kunden – einschließlich des unternehmerischen Wissens über das Nichtwissen des Kunden – beeinflusst die Entwicklung und Bereitstellung von Wissen für den Kunden. Wenn der Kunde dieses Wissen nutzt, verändert sich das Wissen des Kunden“[566] und der Kreislauf beginnt von neuem. Diese prozessorientierte Sichtweise erlaubt eine klare Abgrenzung und zielorientierte Gestaltung der Aufgaben des Kundenwissensmanagements. Auf diese Weise wird der Gesamtprozesstransparenter und erlaubt – vergleichbar mit dem Bausteinmodell des Wissensmanagements von *Probst/Raub/Romhardt* – eine praxisnahe Umsetzung in den Unternehmungen.

Andererseits bleibt kritisch anzumerken, dass *Stauss* einzelne Methoden zur Erfassung von Wissen des Kunden, zur Speicherung und Verteilung von Wissen über den Kunden sowie zur Wissensbereitstellung und Kommunikation von Wissen für den Kunden vorstellt. Eine Darstellung der Mess- und Bewertungsmethoden der drei Formen des Kundenwissens erfolgt jedoch ebenso wenig wie eine Darstellung der zielorientierten Gestaltung und Pflege der organisationalen Kundenwissensbasis.

3.2.4.3.2.2 Systemtheoretischer Ansatz des Customer Knowledge Managements von *Korell*

Der systemtheoretische Ansatz des Customer Knowledge Managements[567] von *Korell* verfolgt das **Ziel**, „eine zielgerichtete, systematische sowie bereichs- und organisationsübergreifende Erschließung, Entwicklung, Bewahrung, Verbreitung und Nutzung von Kundenwissen zu ermöglichen und zu fördern“[568]. Die **Aufgabe** des CKM besteht darin, die mit dem Kundenwissen in Beziehung stehenden Wissensprozesse, eben die

---

[566] Stauss (2002), S. 281.
[567] *Korell* verwendet die Begriffe Customer Knowledge Management und Kundenwissensmanagement synonym.
[568] Korell (2007a), S. 14.

der Erschließung, Entwicklung, Bewahrung, Verbreitung und Nutzung von Kundenwissen, durch geeignete parallel ablaufende Managementprozesse zu initiieren, zu gestalten, zu steuern, zu koordinieren und zu optimieren.[569] Der Autor unterscheidet zwischen Wissen der, über und für die Kunden. Während das implizite und explizite Wissen über und für die Kunden der personellen und nicht-personellen Wissensträger in der **internen Wissensbasis** der Unternehmung gespeichert ist, wird das explizite und implizite Wissen der Kunden als personelle Wissensträger aus externen Wissensquellen – als **externe Wissensbasis** bezeichnet – erschlossen.[570]

Zur konzeptionellen Entwicklung des CKM greift *Korell* auf die Grundsätze der Systemtheorie zurück. In Folge dessen versteht der Autor Customer Knowledge Management als ein **Teilsystem des Wissensmanagements**,[571] das aus einzelnen Elementen besteht, die zueinander in Beziehung stehen. Die Elemente und Beziehungen sind derart zu gestalten, dass sie der Erreichung der Systemziele dienen. „Als zentrales Systemziel kann ... die nachhaltige Versorgung der Geschäftsprozesse mit dem benötigten Kundenwissen betrachtet werden“[572]. Darüber hinaus besitzt das Customer Knowledge Management-System zahlreiche Schnittstellen und Beziehungen zu anderen Systemen in der Unternehmung und übernimmt die Aufgabe der Koordination und Steuerung der verschiedenen Systemfunktionen innerhalb und zwischen den verschiedenen Systemen. Der Aufbauprozess des Customer Knowledge Managements stellt einen permanenten Prozess der Systementwicklung und Systemverbesserung dar, um sich fortlaufend an veränderte Rahmenbedingungen und Anforderungen aus der internen und externen Unternehmensumwelt anzupassen. „Wir verstehen Customer Knowledge Management vor diesem Hintergrund als ein **lernendes System.**“[573] Die **Struktur** des Customer Knowledge Management-Systems nach *Korell* basiert auf Elementen

---

[569] Vgl. Korell (2007a), S. 14.
[570] Vgl. Korell (2007a), S. 8.
[571] Vgl. Korell (2007a), S. 17.
[572] Korell (2007a), S. 15 f.
[573] Korell (2007a), S. 18.

(1) auf der funktionalen/prozessualen Ebene (Was muss im Rahmen des Customer Knowledge Managements getan werden?),
(2) auf der organisationalen/institutionellen Ebene (Wer macht Customer Knowledge Management?) und
(3) auf der instrumentellen Ebene (Womit wird Customer Knowledge Management gemacht?)

sowie auf den Beziehungen zwischen diesen einzelnen Elementen.[574]

Die **prozessuale Ebene** bildet den Kern des Customer Knowledge Management Systems nach *Korell*:[575] In ihr werden die **zentralen Wissensprozesse** sowie die parallel ablaufenden und unterstützenden Managementprozesse definiert. Ausgangspunkt für die Gestaltung der Wissensprozesse sind die Geschäftsprozesse. Das Kundenwissensmanagement identifiziert den aus den jeweiligen Geschäftsprozessen resultierenden Kundenwissensbedarf (prozessorientierter Kundenwissensbedarf), führt diesen mit dem in der Unternehmung vorhandenen Kundenwissensbestand (trägerorientierten Kundenwissensbedarf) zusammen und versucht die auftretenden Wissenslücken durch die Erschließung neuen Wissens aus externen Wissensquellen zu schließen und dieses zur Nutzung in die Geschäftsprozesse zu verteilen und zu integrieren.[576] „Zusammenfassend besteht die Aufgabe letztendlich darin, Kundenwissen konsequent in den Geschäftsprozessen zu nutzen und permanent die eigene Kundenwissensbasis durch die Erschließung von neuem Kundenwissen zu erhöhen und zu aktualisieren. Interne und externe Wissensbasis wachsen zusammen."[577] Die zentralen Wissensprozesse bestehen entsprechend in der Schaffung und Sicherstellung der **Kundenwissenstransparenz** bezüglich des **prozessorientierten Kundenwissensbedarfs** und des **trägerorientierten Kundenwissensbestands** als Ausgangspunkt des Customer Knowledge Managementsystems sowie in der **Verteilung** und **Erschließung** von Kundenwissen im Sinne der Nutzbarmachung der externen Wissensbasis (Vgl. Abb. 25).

---

[574] Vgl. Korell (2007a), S. 16.
[575] Vgl. Korell (2007a), S. 18 ff.
[576] Vgl. Korell/Rüger (2004), S. 4.
[577] Korell (2007a), S. 15.

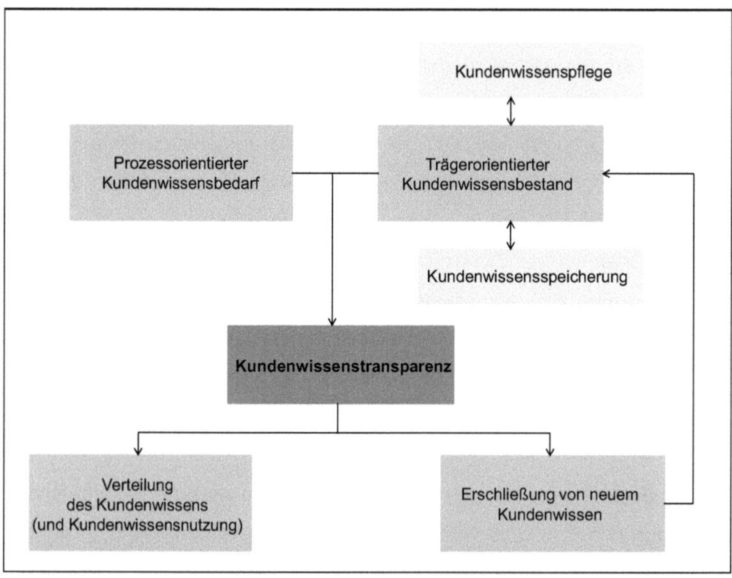

Abb. 25: Zentrale Wissensprozesse des Customer Knowledge Managements nach *Korell* (Quelle: Korell (2007a), S. 30)

Die zentralen Wissensprozesse werden durch **ergänzende Wissensprozesse** der Nutzung, Speicherung und Pflege von Kundenwissen vervollständigt, die teilweise bereits implizit in den zentralen Wissensprozessen enthalten sind.[578] Beispielsweise ist der Wissensprozess der **Kundenwissensnutzung** bereits implizit einerseits im Wissensprozess der Verteilung und Bereitstellung des Wissens und andererseits durch die Ableitung des Wissensbedarfs aus den jeweiligen Geschäftsprozessen berücksichtigt.
Korell geht daher von der Annahme aus, dass bei Vorhandensein eines Bedarfs an Kundenwissen und der entsprechenden Bereitstellung, dieses Kundenwissen auch genutzt wird. Die **Kundenwissensspeicherung** und **Kundenwissenspflege** beinhaltet die Sicherung des internen Wissensbestandes sowie die Erschließung der externen Wissensbasis.

578 Vgl. Korell (2007a), S. 28 f.

Parallel zu den Wissensprozessen laufen unterstützende **Managementprozesse** ab, um den reibungslosen Ablauf der Wissensprozesse sicherzustellen und damit das Ziel des Customer Knowledge Management Systems erreichen zu können. Das als Regelkreis aufgefasste Management umfasst neben der Steuerung der Managementprozesse ebenso die Koordination, Planung und Kontrolle der kundenwissensorientierten Ziele sowie Maßnahmen zur Zielerreichung. „Der gesamte Managementprozess folgt ferner dem Ziel, ständig besser zu werden, das gesamte Customer Knowledge Management System weiterzuentwickeln, zu optimieren, das Customer Knowledge Management System als ein lernendes System zu etablieren."[579]

Auf der **organisationalen/institutionellen Ebene** werden die Organisationsformen des Customer Knowledge Managements dargestellt, in denen die eindeutige und systematische Zuordnung von Aufgaben, Kompetenzen und Verantwortung des CRM geregelt werden. „Ohne eine eindeutige Definition von Zuständigkeiten, ohne die Zuordnung von Aufgaben und mitwirkenden, durchführenden und verantwortlichen Personen und Institutionen wird das Customer Knowledge Management System nur schwer dauerhaft existieren."[580] Das Ziel geeigneter Organisationsstrukturen des CRM ist es, eine organisatorische Struktur zu erzeugen und zu realisieren, die günstige Voraussetzungen für die Generierung von Wissen und die Implementierung von neuem Wissen bietet sowie den gestalterischen und wertschöpfenden Umgang mit Wissen fördert und fordert. Hierzu zählt auch, Wissensbarrieren zu überwinden sowie Kreativität und Lernprozesse in der Unternehmung zu fördern. *Korell* unterscheidet vier verschiedene organisatorische Grundtypen des CRM, die anhand der Dimensionen „Zeitliche Inanspruchnahme" und „Zeitliche Befristung" voneinander abgegrenzt werden.[581]

---

[579] Korell (2007a), S. 31.
[580] Korell (2007a), S. 32.
[581] Auf eine ausführliche Darstellung der Organisationsstrukturen wird an dieser Stelle mit Blick auf die funktional ausgerichtete Problemstellung der vorliegenden Arbeit verzichtet und auf Korell (2007a), S. 32 ff. verwiesen.

Auf der **instrumentellen Ebene** des CRM Systems werden die Instrumente des CRM zur Umsetzung der Wissensprozesse erläutert. Im Mittelpunkt stehen Methoden zur Schaffung von Transparenz über den in der Unternehmung vorhandenen Kundenwissensbestand und Kundenwissensbedarf sowie zur Verteilung und Erschließung des relevanten Kundenwissens. Die Instrumente zur **Schaffung von Transparenz** geben Aufschluss darüber, „in welchen Bereichen (implizites und explizites) Wissen aufgebaut werden sollte, an welchen Stellen konkrete Wissenslücken bestehen beziehungsweise wie vorhandenes Wissen besser genutzt werden kann."[582] In diesem Zusammenhang bieten sich einerseits prozessorientierte Customer Knowledge Maps an, die der Ableitung des Wissensbedarfs dienen, andererseits träger- und bestandsorientierte Maps, die auf die Visualisierung der in der Unternehmung vorhandenen Wissensbestände zielen.[583] Anschließend besteht die Aufgaben der Instrumente zur **Verteilung** des Kundenwissens darin, den Wissensaustausch zu regeln, indem sie die Wissensnachfrager mit ihren individuellen Wissensbedarfen mit den jeweiligen Wissensträgern und Wissensbeständen zusammenzubringen. Je nach Kategorie des Wissens unterscheidet *Korell* zwischen Instrumenten zur Verteilung von explizitem Wissen, z.B. Kundenwissenskarten in Form von Gelben Seiten, oder Instrumenten zur Verteilung von implizitem Wissen, z.B. Lernwerkstätten.[584] Da die interne Wissensbasis nicht immer das benötigte Wissen vorrätig hält, stellt das Customer Knowledge Management Instrumente zur **Erschließung** von Kundenwissen zur Verfügung. Die Gewinnung neuen Wissens kann einerseits durch die Integration der Kunden zur Erschließung des Wissens der Kunden erfolgen oder andererseits durch die Integration anderer Marktteilnehmer, die Wissen über den Kunden besitzen. Je nachdem ob implizites oder explizites Wissen der oder über die Kunden erschlossen wird, eignen sich

---

[582] Korell (2007a), S. 40.

[583] Eine ausführliche Darstellung der Customer Knowledge Maps, die auch als Kundenwissenskarten bezeichnet werden, erfolgt in Kap. 4.4.2.3. Vgl. ebenso Korell (2007a), S. 39 f.

[584] Ein Überblick über Instrumente zur Verteilung von Kundenwissen findet sich bei Korell (2007a), S. 42.

bspw. Customer Knowledge Groups, Beschwerdedatenbänke oder Branchenreporte als Wissensquellen.[585]

Abschließend bleibt an dieser Stelle anzumerken, dass das dargestellte Customer Knowledge Management System von *Korell* auf früheren Überlegungen zur Lern- und Wissensorientierung des Kundenbeziehungsmanagements *von Korell/Spath* und *Korell/Rüger* basiert.[586] Ebenso wurden das Bausteinmodell des Wissensmanagements von *Probst/Raub-/Romhardt* und das Modell des Kundenwissens-Managementzyklusses von *Stauss* berücksichtigt.[587] Gleichzeitig dient der Ansatz als theoretische Grundlage zur Entwicklung eines Systematisierungsrahmens des Customer Knowledge Managements zur Kultivierung von Kundenwissen von *Schaschke*.[588] Aus diesen Vorüberlegungen heraus resultiert die Auffassung des Autors, dass die Struktur der Wissensprozesse auf funktionaler Ebene des CKM-Systems von dem aus den Geschäftsprozessen resultierenden Wissensbedarf und Wissensbestand bestimmt wird. Damit unterstreicht der Autor im Gegensatz zu *Stauss* und *Probst/Raub/Romhardt* die wechselseitige Beziehung des Wissensmanagements mit anderen **Führungsteilsystemen** der Unternehmung. Allerdings grenzt er die Aufgaben des Wissensmanagements nicht überschneidungsfrei von denjenigen des Wissenscontrollings als Führungsteilsystem ab. Hier bestehen konzeptionelle Unschärfen insbesondere im Hinblick auf die systembildende und systemkoppelnde Koordinationsaufgabe, die dem koordinationsorientierten Controllingverständnis entsprechend dem Controlling von Wissen obliegt.

Ebenfalls bleibt anzumerken, dass *Korell* grundsätzliche Überlegungen zur Bewertung von Wissen anstellt und den **Bewertungsaspekten** innerhalb der Wissensprozesse „eine große Rolle“ beimisst.[589] Die Bewertung des Wissensbedarfs hält *Korell* bspw. hinsichtlich seiner Relevanz für möglich,

---

[585] Ein Überblick über Instrumente zur Erschließung von Kundenwissen findet sich bei Korell (2007a), S. 43.
[586] Vgl. Korell/Spath (2003a), Korell/Rüger (2004).
[587] Vgl. Korell (2007a), S. 18 ff.
[588] Vgl. Schaschke (2010).
[589] Vgl. Korell (2007a), S. 27 f.

d.h. hinsichtlich seiner Dringlichkeit und der Notwendigkeit, zu der das Wissen zur Durchführung eines Geschäftsprozesses benötigt wird. Beim Wissensbestand als interne Wissensbasis sieht der Autor Bewertungsaspekte bzgl. der Zugänglichkeit des Wissens sowie hinsichtlich der Aktualität und der Detailliertheit. Allerdings macht der Autor keine Angaben über die Bewertungsmaßstäbe und Bewertungsvorschriften des Wissensbedarfs und Wissensbestandes.

Für die Bewertung der externen Wissensbasis misst *Korell* den finanziellen Größen eine untergeordnete Rolle bei. „Vielmehr steht (für die Bewertung der externen Wissensbasis) der Wissensbezug im Mittelpunkt, das heißt, es geht um die Bewertung des kreativen Potentials des Kunden, es geht dabei aber auch um die Beurteilung der Beziehung zu diesen Kunden und damit auch um die Bereitschaft der Kunden, ihr Wissen, ihre Erfahrungen und ihr kreatives Potential mit dem Unternehmen zu teilen.“[590] Welche Bewertungsmaßstäbe und Bewertungsvorschriften zur Bewertung des kreativen Potentials herangezogen werden sollten, lässt der Autor ebenfalls offen.

Zudem weisst der systemtheoretischen Ansatz des Customer Knowledge Management Systems von *Korell* **begriffliche Unschärfen** auf. Der Autor verwendet die Begriffe nicht durchgehend überschneidungsfrei (z.B. Wissen, Kundenwissen oder Erfahrungen), auch wenn er entsprechende Abgrenzungen der Entwicklung des CKM Systems vorangestellt hat. Ebenso verwendet er Begriffe, ohne eine Definition und Abgrenzung der Begriffe vorzunehmen (z.B. Customer Knowledge Value[591] oder kreatives Potential des Kunden).

Die Modelle von *Stauss* und *Korell* weisen zwar auf die Notwendigkeit der Messung und Bewertung von Wissen hin, leisten aber keinen Erkenntnisgewinn über die anzuwendenden Bewertungsmaßstäbe und Bewertungs-

---

[590] Korell (2007a), S. 28.

[591] Korell sieht den Customer Knowledge Value als „Ergänzung zum herkömmlichen Kundenwert“ (Korell (2007a), S. 28) zur Bewertung des kreativen Potentials des Kunden an. Eine weitergehende inhaltliche Abgrenzung erfolgt nicht.

vorschriften. Im Folgenden wird daher der Bezugsrahmen des zu entwickelnden Kundenwissenscontrolling dahingehend erweitert, dass ein Überblick über die in der Literatur diskutierten Instrumente zur Messung von Wissen im Allgemeinen gegeben wird sowie auf vorhandene Ansätze zur Steuerung von Wissen im Rahmen des Wissenscontrollings hingewiesen wird. Sie verdeutlichen auf unterschiedliche Art und Weise die Methoden zum Aufbau der Kundenwissensbasis und zur Gestaltung der Kundenwissensprozesse in der Unternehmung.

3.3 Wissenscontrolling

3.3.1 Grundlagen des Wissenscontrollings

In der wissenschaftlichen Literatur finden sich bislang nur vereinzelte Arbeiten, die sich mit dem Controlling von Wissen befassen. Im deutschsprachigen Raum ist es vor allem *Güldenberg,* der sich erstmals 1997 dieser Aufgabenstellung angenommen hat.[592] Daneben zählen die Arbeiten von *Picot/Neuburger* sowie *Rose* zu den Ansätzen des Wissenscontrollings, die sich vor allem mit der prinzipiellen Steuerbarkeit der Ressource Wissen befassen und gleichzeitig die Grenzen der Bewertbarkeit aufzeigen.[593] Gründe für die bislang spärliche wissenschaftliche Auseinandersetzung mit dem Themengebiet Wissenscontrolling mag in zehn bis heute weitgehend ungelösten **Problembereichen** bestehen, die in der Natur der Ressource Wissen begründet liegen und mit denen sich das Wissenscontrolling konfrontiert sieht:[594]

Erstens lässt sich Wissen als intangible Ressource nicht physikalisch messen. *Zweitens* lässt sich Wissen nicht in befriedigendem Maße als „Wissensobjekt“ abgrenzen, um es einer kontrollierten Steuerung zuzuführen. *Drittens* lässt sich Wissen nur schwer bewerten, da entsprechende

---

592 Vgl. Güldenberg (2003), 1. Aufl. von 1997. Eine ausführliche Darstellung des Ansatzes von *Güldenberg* erfolgt in Kap. 3.3.2.2.1.

593 Vgl. Picot/Neuburger (2005); Rose (2007). Eine ausführliche Darstellung der Ansätze von *Rose* und *Picot/Neuburger* erfolgt in Kap. 3.3.2.2.2 und Kap. 3.3.2.2.3.

594 Vgl. Kalmring (2004), S. 119 f.

Marktwerte fehlen, eine hierfür notwendige Abgrenzung schwierig ist und Wissen häufig erst nach seiner Anwendung einem Nutzen gegenübergestellt werden kann, und so auch ein eventuell entgangener Nutzen bei Nichtverwendung selten bestimmbar ist. *Viertens* lassen sich verschiedene Ausprägungen von Wissen bzw. Wissensarten (z.B. Wissen des Kunden) kaum zählbar aggregieren (z.B. zu einem Posten „Wissen über Produkt „XY“ in einer Bewegungsbilanz). *Fünftens* entzieht sich Wissen einer optimierten Verwendung in Entscheidungssituationen, da die Entscheidung in der Regel unter Unsicherheit erfolgt und alternative Verwendungszwecke für eine Vorhersage zu komplex sind. *Sechstens* stellen sich der Nutzen und damit der Wert von Wissen in Abhängigkeit des betreffenden Kontextes unterschiedlich dar. Wissen ist also nicht „verdinglichbar“. Ein und dasselbe Wissen kann in mehreren Kontexten unterschiedlichen Nutzen entfalten. Die Erfassung aller Kontexte in einer Unternehmung und die Zuordnung von Wissensobjekten ist aber ein wohl kaum wirtschaftliches Unterfangen. *Siebtens* kann ein Großteil des Wissens nicht expliziert werden. Es bleibt also an Personen oder Gruppen gebunden. Dieses Wissen ist nicht einfach übertragbar. Es unterliegt weiteren Restriktionen, wie z.B. der zeitlichen Verfügbarkeit eines erfahrenen und eingespielten Projektteams für eine bestimmte Aufgabe. *Achtens* ist ein Großteil des organisationalen Wissens nicht erfassbar, da es bislang nicht in Erscheinung getreten ist, sei es, weil es bislang nicht relevant war oder weil es von Mitarbeitern bewusst zurückgehalten wird oder sei es aufgrund organisationaler Mängel. *Neuntens* ist der Nutzenbeitrag von Wissen im Gegensatz zu klassischen Produktionsfaktoren diffus. Wissen kann veralten und damit an Nutzen bzw. Wert verlieren, es kann aber auch durch wiederholte und langjährige Anwendung an Wert im Sinne von Erfahrung bzw. gesicherter Erkenntnis gewinnen. Wissen nutzt sich nicht ab oder verbraucht sich nicht, sondern kann durch Teilung und Anwendung an Wert gewinnen. Das Gegenteil ist der Fall, wenn alleine der Neuigkeitsgrad des Wissens zählt. *Zehntens* umfasst die relevante Wissensbasis einer Unternehmung sowohl die Wissensbestände interner als auch externer Wissensträger. Vor allem die Steuerung externer Wissensbestände ist je nach Wissensart nicht ohne weiteres möglich und erfordert entsprechende Erfassungs- und Bewertungsmethoden.

Kalmring resümiert in diesem Sinne, dass die Forschung zum Thema Wissenscontrolling hinsichtlich einer zielorientierten Steuerung und Erfolgskontrolle entsprechender Aktivitäten lückenhaft ist und auch in der Anwendungspraxis Mängel bestehen.[595] Eine Möglichkeit zur Lösung der bestehenden Probleme sieht *Güldenberg* darin, das bislang vorherrschende Verständnis von Controlling als primär informationsverarbeitendes System zugunsten eines Controllings als ein Instrument zur **Aufmerksamkeitssteuerung** der Unternehmung zu wandeln, um die Wahrnehmungs- und Lernfähigkeit der Unternehmensführung zu prägen.[596] „Zunächst einmal muss das industrielle Denkmodell der Organisation als große Maschine aufgebrochen und durch ein auf Wissen basierendes Modell der lernenden Organisation ersetzt werden.“[597] In diesem Fall finden neben finanziellen Kennzahlen auch nicht-finanzielle Kennzahlen sowie neben Ergebnisgrößen auch Vorsteuergrößen Berücksichtigung, so dass neben einer Feedback- ebenso eine Feedforward-Betrachtung ermöglicht wird. *Güldenberg* sieht genau in dieser zielgerichteten Veränderung des bestehenden Controllinginstrumentariums die Basis für die Konzeption des Wissenscontrollings. Entsprechend zielen die **Instrumente** des Wissenscontrollings ab auf ...

1. die strategische Analyse der Unternehmung aus der Wissensperspektive zur Identifikation von relevantem Wissen zur Erlangung von nachhaltigen Wettbewerbsvorteilen,
2. die Unterstützung bei der Entwicklung einer Wissensstrategie und der Ableitung von Wissenszielen,
3. den Aufbau eines Instrumentariums zur Wissensmessung und Wissensbewertung von relevantem Wissen und
4. auf die Gestaltung von wissensorientierten Lern- und Anreizsystemen zur Sicherung des Wissenstransfers in der Unternehmung.

---

[595] Vgl. Kalmring (2004), S. 117ff.
[596] Vgl. Güldenberg (2004), S. 2 ff.
[597] Güldenberg (2003), S. 2.

Die wenigen bislang vorliegenden Arbeiten zur Entwicklung von konzeptionellen Grundlagen des Wissenscontrollings verwenden mehrheitlich das koordinationsorientierte Controllingverständnis als wissenschaftliches Rahmenkonzept. In diesem Sinne besteht das **Ziel** des Wissenscontrollings in der Entwicklung und Sicherstellung der Reaktions-, Koordinations-, Lern- und Innovationsfähigkeit der Unternehmung.[598] Die **Aufgaben** des Wissenscontrollings werden entsprechend in der laufenden prozessbegleitenden Steuerung und Koordination der in der Unternehmung ablaufenden Wissensprozesse zur Unterstützung der Wertschöpfungsprozesse durch eine Versorgung mit relevantem Wissen gesehen.[599]

3.3.2 Instrumente des Wissenscontrollings

Die in der Literatur diskutierten Instrumente des Wissenscontrollings finden ihren Ursprung im Controlling von immateriellen Vermögenswerten.[600] Obwohl bislang weder bei der Begriffsdefinition als auch bei der Systematisierung der immateriellen Vermögenswerte ein Konsens gefunden wurde,[601] wird Wissen als nicht-physisches und nicht-monetäres Gut mit dem Potential eines zukünftigen wirtschaftlichen Nutzens übereinstimmend zu den immateriellen Vermögenswerten gezählt.[602] Die Instrumente des Controllings immaterieller Vermögenswerte zielen auf die **Messung** von immateriellen Vermögenswerten in Mengen- und Größeneinheiten, sowie auf deren **Bewertung** in Geldeinheiten, um deren Beitrag zur Wertschöpfung der Unternehmung darzustellen.[603] Sie entstammen aus einer Kombination von konzeptionellen Erklärungen und entsprechenden Illustrationen mit Hilfe eines Beispiels aus einer speziellen Unternehmung.[604]

---

598 Vgl. Güldenberg (2003). S. 322.

599 Vgl. Nissen (2006), S. 8; Picot/Neuburger (2005), S. 77.

600 Vgl. Bischof (2008), S. 26 ff.; Weber/Kaufmann/Schneider (2006), Horváth/Möller (2004).

601 Vgl. Kaufmann/Schneider (2006), S. 23 ff.. In der Literatur werden zahlreiche Begriffe wie bspw. immaterielle Vermögenswerte, immaterielle Vermögensgegenstände oder intangible Assets synonym verwendet (vgl. Bischof (2008), S. 15).

602 Vgl. Bischof (2008), S. 14.

603 Vgl. Bischof (2008), S. 22.

604 Vgl. Kaufmann/Schneider (2006), S. 35.

In der Literatur sind überwiegend zwei Richtungen zur Systematisierung der Instrumente erkennbar, nach denen immaterielle Vermögenswerte entweder auf summarisch-deduktive oder analytisch-induktive Weise bewertet werden:[605] **Deduktiv-summarische Instrumente** gehen von der Divergenz zwischen Marktwert und Buchwert der Unternehmung aus und versuchen, diese Divergenz zunächst summarisch zu erfassen und anschließend deduktiv zu konkretisieren, indem sie diese auf bestimmte Einflussfaktoren zurückführen. Die deduktiv-summarischen Instrumente erfassen somit den Wert aller immateriellen Vermögenswerte in einer monetären Größe. Demgegenüber setzen **induktiv-analytische Instrumente** keine summarische Bewertung der immateriellen Vermögenswerte voraus. Vielmehr zerlegen sie die immateriellen Vermögenswerte von vornherein analytisch in ihre Dimensionen, bilden für diese Indikatoren und ermitteln induktiv den Wert des einzelnen immateriellen Vermögenswertes durch Aggregation der Indikatorenausprägungen. Hinsichtlich der Bewertung von Wissen bedeutet dieses, dass die induktiv-analytischen Instrumente die Komponenten der organisationalen Wissensbasis sowie weiterer Bestandteile des immateriellen Vermögens durch die Verwendung eines individuellen Indikatorensystems erfassen. Dabei integrieren sie finanzielle und nicht-finanzielle Indikatoren in ein Gesamtsystem zur Steuerung.

Neben diesen zwei grundsätzlichen Gruppen der Instrumente des Controllings von immateriellen Vermögenswerten finden sich noch vereinzelte detaillierte methodische Einteilungen: *Roos/Pike/Fernström* [606] und *Stoi*[607] unterteilen in direkte Bewertungsverfahren, Marktkapitalisierungsverfahren, ROA-basierte Bewertungsverfahren und Scorecard-Verfahren. *Günther/-Kirchner-Khairy/Zurwehme*[608] gliedern in die sechs Gruppen: Discounted Cash Flow Methods, Market Derived Measures, Real Options, Excess Return Approaches, Cost Approach und Indicator Approach.

---

[605] Vgl. North (2011), S. 220 ff.; Treml (2009), S. 53 ff.; Bischof (2008), S. 26 ff.; Ziegenbein (2007), S. 186; Alwert (2005), S. 26; North/Probst/Romhardt (1998), S. 159 ff.

[606] Vgl. Roos/Pike/Fernström (2004), S. 139 ff.

[607] Vgl. Stoi (2004), S. 187 ff.

[608] Vgl. Günther/Kirchner-Khairy/Zurwehme (2004), S. 166 ff.

Unabhängig vom Grad der Detailliertheit ist allen Einteilungsversuchen gemein, dass sie die Instrumente nach der Anzahl der Dimensionen zur Ermittlung des Wertes der immateriellen Vermögenswerte gliedern. Insofern kann gleichsam von eindimensionalen und mehrdimensionalen Instrumenten gesprochen werden. **Eindimensionale Instrumente** zeichnen sich durch die Konzentration auf eine Kenngröße als monetärem Wert aller immateriellen Vermögenswerte der Unternehmung aus. Ihr Ziel besteht in der **monetären Bewertung** des immateriellen Vermögens der Unternehmung.[609] **Mehrdimensionale Instrumente** gliedern die immateriellen Vermögenswerte in verschiedene Dimensionen, entwickeln für jede Dimension ein Indikatorensystem und leiten für jeden Indikator entsprechende monetäre und nicht-monetäre Kennzahlen ab. Diese stellen zwar quantitative Messgrößen dar, beziehen sich aber überwiegend auf qualitative Faktoren wie z.B. die Kunden- oder Mitarbeiterzufriedenheit. Das Ziel mehrdimensionaler Instrumente besteht in der **Identifikation, Messung und Steuerung** der einzelnen immateriellen Vermögenswerte.[610]

In der vorliegenden Arbeit wird dieser grundsätzlichen Einteilung in eindimensionale und mehrdimensionale Instrumente gefolgt, um begriffliche Unklarheiten zur Erkenntnistheorie der Betriebswirtschaftslehre zu vermeiden.[611] Damit soll der Versuch unternommen werden, Aussagen über die Eignung der Instrumente zur Messung und Bewertung der organisationalen Wissensbasis abzuleiten sowie Ursache-Wirkungszusammenhänge aufzuzeigen, die durch Interventionen und Veränderungen der verschiedenen Elemente der Wissensbasis entstehen. In Abb. 26 wird ein Überblick über eindimensionale und mehrdimensionale Instrumente des Wis-

---

[609] Vgl. Lange/Krämer (2009), S. 445.

[610] Vgl. Bischof (2008), S. 27; Stoi (2004), S. 196.

[611] Bei der *induktiven Methode* der Erkenntnistheorie vollzieht sich ein Prozess der zunehmenden Abstraktion, indem der Gang der Erkenntnisgewinnung vom besonderen Fall zur allgemeinen Aussage verläuft. Die *deduktive Methode* geht von allgemeinen Grundsätzen aus, von Denkmodellen, die auf erkannten oder als Arbeitshypothesen angenommenen Gesetzmäßigkeiten beruhen, und versucht, von hier aus zum Verständnis des Besonderen, des Individuellen zu gelangen (vgl. Knoblich (1972, S. 141). Ein derartiges Begriffsverständnis liegt der Einteilung der Instrumente des Controllings immaterieller Vermögenswerte in deduktiv-summarische und induktiv-analytische Instrumente nicht zugrunde.

senscontrollings gegeben, ohne den Anspruch auf Vollständigkeit erheben zu wollen.

Eindimensionale Instrumente des Wissenscontrollings	Mehrdimensionale Instrumente des Wissenscontrollings
• Marktwert/Buchwert-Relation • Tobin´s q • Calculated Intangible Value	• Intangible Asset Monitor • Intellectual Capital Navigator • Skandia Navigator • Balanced Scorecard • Wissensbilanz

Abb. 26: Eindimensionale und mehrdimensionale Instrumente des Wissenscontrollings (Quelle: Vgl. Picot/Neuburger (2005), S. 79)

Zudem werden an die Instrumente des Wissenscontrollings grundsätzliche **Anforderungen** gestellt, die sicherstellen, dass ...

- die relevanten Eigenschaften des Wissens, also diejenigen Eigenschaften, welche die erforderlichen Informationen liefern, gemessen werden (Relevanz),
- die Messungen unter gleichen Bedingungen, unabhängig vom Beobachter, zu gleichen Ergebnissen führen und damit zuverlässig sind (Zuverlässigkeit und Unabhängigkeit),
- ein oder mehrere Messwerte nach einem nachvollziehbaren Umrechnungsverfahren mit einem klar definierten Bewertungsmaßstab in Beziehung gesetzt werden, so dass Aussagen darüber möglich sind, ob das Ergebnis gut oder schlecht ist. Die Kriterien Relevanz, Zuverlässigkeit und Unabhängigkeit müssen bei allen Bewertungen ebenfalls erfüllt sein (klar definierter Bewertungsmaßstab) und dass
- den ökonomischen Anforderungen genüge geleistet wird, so dass sichergestellt wird, dass der Aufwand für die Messung und Bewertung den Nutzen nicht übersteigt (Wirtschaftlichkeit).[612]

Neben der Gewährleistung der Zuverlässigkeit und Unabhängigkeit der Messung erschwert vor allem die Abgrenzung der relevanten Eigenschaften zur klaren Identifizierbarkeit und Abgrenzung des Wissens gegenüber

[612] Vgl. Alwert (2005), S. 19 ff.

anderen Betrachtungsobjekten die Messung von Wissen. Dieses kann u.a. dazu führen, dass bei dem Versuch, Wissen möglichst genau zu erfassen und zu messen, eine sehr große Anzahl von Messgrößen erhoben wird. Hierunter leidet nicht nur die Übersichtlichkeit des Messverfahrens, sondern auch dessen Wirtschaftlichkeit.

3.3.2.1 Eindimensionale Instrumente

Die Gruppe der eindimensionalen Instrumente strebt eine einfache und schnelle Bestimmung des monetären Wertes des immateriellen Vermögens der Unternehmung durch die Angabe eines monetären Wertes für den Unterschied zwischen Marktwert und Buchwert der Unternehmung an. Zu den eindimensionalen Instrumenten werden die Marktwert/Buchwert-Relation, „Tobin´s q" und der Calculated Intangible Value (CIV) gezählt.

Den einfachsten Ansatz zur Bewertung des Wissens als immateriellen Vermögensgegenstandes stellen die **Marktwert/Buchwert-Relationen** dar, die dessen monetären Wert durch den Unterschied zwischen dem Marktwert und Buchwert von Unternehmungen erklären, also bei börsennotierten Unternehmungen den Unterschied zwischen Börsen- und Bilanzwert.[613] Einerseits wird angenommen, dass alles Vermögen, welches nicht seinen Niederschlag im Buchwert der Unternehmung findet, dem immateriellen Vermögen zuzurechnen ist, so dass sich dieses als absoluter Wert aus der Differenz von Marktwert und Buchwert ergibt. Andererseits kann zur Verbesserung der Aussagekraft der Marktwert/Buchwert-Relation der Quotient aus Markt- und Buchwert verwendet werden, um Unternehmungen einer Branche miteinander zu vergleichen. Problematisch an den genannten Betrachtungen ist, dass der Marktwert, bei einer börsennotierten Unternehmung, also das Produkt aus Börsenkurs und Anzahl der Aktien, unter Umständen sehr schnell veränderlich ist. Ein Absinken des Börsenkurses bei gleichbleibendem Buchwert ist jedoch nicht gleichbedeutend mit einem Absinken des Wertes von Wissen als immate-

---

[613] Vgl. North (2011), S. 220; Weide (2004), S. 198.

riellem Vermögenswert, da weitere immaterielle Vermögenswerte, z.B. der originäre Markenwert oder der Wert interner Strukturen wie bspw. betrieblicher Informations- und Steuerungssysteme, den Marktwert einer Unternehmung beeinflussen. Zudem genügt der Buchwert einer Unternehmung vor allem den gesetzlichen Vorschriften und weniger der Abbildung der Realität, so dass durch Nutzung der Abschreibungsmöglichkeiten der Buchwert niedriger als sein wahrer Wert erscheinen kann.

Der von James Tobin entwickelte Quotient **„Tobin´s q"** setzt den Marktwert eines immateriellen Vermögensgegenstandes in Bezug zu seinen Wiederbeschaffungskosten.[614] Dabei deutet der Quotient bei einem Wert von kleiner eins auf einen unattraktiven und bei einem Wert größer eins auf einen rentablen Vermögensgegenstand hin. Tobin´s q ist daher auch ein Maß für die Imitierbarkeit des Vermögensgegenstandes bzw. für den aus ihm generierten nachhaltigen Wettbewerbsvorteil. Da sich jedoch der Wert von Wissen aus seinem Nutzen für die Unternehmung ergibt, sind die Kosten, die für einen erneuten Erwerb von Wissen anfallen, nur schwer abschätzbar. Insofern eignet sich Tobin´s q nur bedingt zur monetären Bewertung von Wissen.

Dem von NCI Research entwickelten **Calculated Intangible Value** (CIV) liegt die Überlegung zugrunde, dass (in Analogie zum Wert einer Produktmarke) diejenigen Unternehmungen eine vergleichsweise höhere Eigenkapitalrendite erzielen, die ihre immateriellen Vermögenswerte vergleichsweise besser nutzen und entwickeln.[615] Der Wert des immateriellen Vermögensgegenstandes entspricht demnach der Fähigkeit der Unternehmung A, die Leistung der Unternehmung B, die über die gleichen tangiblen Ressourcen verfügt, zu übertreffen. Hierzu wird die Differenz der eigenen Eigenkapitalrendite mit der durchschnittlichen Eigenkapitalrendite der Branche verglichen. Die Methode ist bei einem negativen Differenzbetrag nicht anwendbar. Ein niedriger oder fallender CIV könnte darauf hinweisen, dass z.B. zu viel in Material und zu wenig in Forschung und Ent-

---

[614] Vgl. Stewart (1998), S. 219 ff.
[615] Vgl. Stewart (1998), S. 221 ff.

wicklung investiert wird. Da es neben dem Wissen weitere interne und externe Faktoren der Unternehmung gibt, die mit der Eigenkapitalrendite der Unternehmung korrelieren, ist die Aussagekraft des CIV zur Bewertung von Wissen begrenzt.

Festzuhalten bleibt, dass es den eindimensionalen Instrumenten zwar gelingt, den immateriellen Vermögenswerten einen Wert zuzuordnen. Die Bewertung einzelner Dimensionen, wie bspw. der organisationalen Wissensbasis, erlauben sie jedoch nicht. Als aggregierte Werte sind sie nicht in der Lage, Ursache-Wirkungszusammenhänge zwischen Interventionen und Veränderungen des immateriellen Vermögens abzubilden. Daneben ist ihre Aussagekraft durch die Reduktion auf eine einzige Zahl sehr gering und kann leicht dazu führen, dass diese überinterpretiert wird. Ferner erlauben die Instrumente keine Aussagen über die Messvorschriften von Wissen, d.h. die Art und Weise, wie Wissen gemessen werden soll. Diese Verfahren sind daher zur strategischen und operativen Steuerung einer Unternehmung unter Wissensgesichtspunkten nur bedingt geeignet.

3.3.2.2 Mehrdimensionale Instrumente

Die Gruppe der mehrdimensionalen Instrumente zielt auf eine detaillierte Identifikation, Messung und Steuerung der einzelnen immateriellen Vermögenswerte. Zu ihnen werden vornehmlich der Skandia Navigator von *Edvinsson/Malone,* der Intangible Assets Monitor von *Sveiby,* der Intellectual Capital Navigator von *Stewart* und die Balanced Scorecard von *Kaplan/Norton* gezählt.[616] Insbesondere in jüngster Zeit wird darüber hinaus die vom *Bundesministerium für Wirtschaft und Technologie* weiterentwickelte Wissensbilanz zur Bewertung des intellektuellen Kapitals als immateriellem Vermögensgegenstand in der deutschen Literatur diskutiert.[617]

Der **Skandia Navigator** von *Edvinsson/Malone* soll einen Überblick über die Entwicklung des betrieblichen intellektuellen Kapitals als Ergänzung

---

[616] Vgl. Sveiby (1997), Stewart (1998), Edvinsson/Malone (1997), Kaplan/Norton (1996).

[617] Bundesministerium für Wirtschaft und Technologie (2008); Bornemann/Reinhardt (2008); Mertins/Alwert/Heisig (2005).

zum traditionellen Jahresbericht liefern. Er wurde ursprünglich von der schwedischen Finanzdienstleistungsunternehmung *Skandia* entwickelt und von *Edvinsson/Malone* verfeinert. Die Autoren verfolgen mit ihrem Ansatz die Idee, den Marktwert des intellektuellen Kapitals analog zum Finanzkapital zu spezifizieren und in aufeinander aufbauenden Indikatoren zu erfassen. Das intellektuelle Kapital besteht dabei aus dem strukturellen Kapital und dem Humankapital, wobei letzteres die Summe der organisational relevanten Fähigkeiten, der Expertise und der Innovationskompetenz der Organisationsmitglieder umfasst.[618] Das strukturelle Kapital beinhaltet demgegenüber das Kundenkapital (externe Strukturen wie Kunden- und Lieferantenbeziehungen) sowie das Organisationskapital (personenunabhängige Werte wie technologische Infrastruktur, explizierte Expertise, Organisation und Management, F&E, Philosophie, Software). Letzteres umfasst seinerseits das Prozesskapital (Abläufe, Datenbasis, organisatorische Routinen und die in Regelsysteme gefasste Erfahrung und Kultur) sowie das Innovationskapital (Intellectual Property wie Patente oder sonstiges intangibles Vermögen). Mittels einer Metrik von Kennzahlen sollen die verschiedenen Dimensionen des intellektuellen Kapitals abgebildet werden. Zu ihnen zählen Kennzahlen der Leistungsdimensionen Finanzen, Kunden, Prozesse, Innovationen und Humankapital. Andererseits enthält der Navigator ein Prozessmodell zur Erreichung von Verhaltensänderungen auf Mitarbeiterebene in Form eines Regelkreises von Zieldefinitionen, Maßnahmenumsetzung und Erfolgskontrolle. **Kritik** wird am Navigator vor allem hinsichtlich des Zeitbezugs, des Aggregationsniveaus und der Bedeutungsgehalte der betrachteten Kennzahlen laut.[619] Dabei werden vergangenheits-, gegenwarts- und zukunftsbezogene Kennzahlen gegenübergestellt. Ferner erlauben die Kennzahlen keine systematische und intersubjektiv nachvollziehbare Verknüpfung der konkreten Wissensinhalte mit dem Ort der Wissensverfügbarkeit. Zudem zielt der Navigator zwar auf die Bewertung der einzelnen Dimensionen der Wissensbasis, ohne Angaben zu den Messvorschriften von Wissen zu geben. Schließlich bieten die Kennzahlen des Navigators keine Transparenz darüber, wel-

---

[618] Vgl. Edvinsson/Malone (1997), S. 52.
[619] Vgl. North (1999), S. 197 f.

ches Wissen von Bedeutung ist, wie die Entscheidungen über die wissensbezogene Ressourcenausstattung unterstützt werden können und welchen Einfluss bestimmte Wissensobjekte und Wissensprozesse auf die Erfolgsgrößen ausüben.

Der **Intangible Assets Monitor** von *Sveiby* misst immaterielle Vermögenswerte in den drei Kategorien interne und externe Struktur sowie Kompetenzen.[620] Unter Kompetenz versteht *Sveiby* die Fähigkeiten der Mitarbeiter, so zu handeln, dass materielle und immaterielle Vermögenswerte geschaffen werden können. Sie beinhalten Ausbildung, Fähigkeiten, Erfahrungen, Werturteile und soziale Beziehungen. *Sveiby* verwendet den Begriff Kompetenz als umfassende Beschreibung für den Begriff des Wissens. Wissen an sich ist für ihn individuell, implizit, an Handlungen orientiert, es baut auf Regeln auf und unterliegt einer ständigen Änderung.[621] In der internen Struktur sind Patente, Konzepte, Modelle, Informationssysteme zusammengefasst. Die externe Struktur beinhaltet die Beziehungen zu Kunden und Lieferanten, Markennamen, Warenzeichen und Image der Unternehmung. Diese verschiedenen Kategorien werden wie beim Skandia Navigator mittels Kennzahlen beschrieben, die in die drei Gruppen Wachstum und Entwicklung, Effizienz und Stabilität gegliedert werden. Mit dieser Dreiteilung kann der Intangible Assets Monitor sowohl einen Überblick über die Leistungsfähigkeit des Wissens in einer Organisation geben als auch über die Dauerhaftigkeit des Wissens und seine zu erwartende Entwicklung. Beispiele für Kennzahlen der internen Struktur sind Investitionen in Informationstechnologie (Wachstum und Entwicklung), Mitarbeiterzufriedenheitsgrad (Effizienz) und Alter der Organisation (Stabilität). Rentabilität pro Kunde (Wachstum und Effizienz), Verkäufe pro Kunde (Effizienz) und Kundentreue (Stabilität) kennzeichnen bspw. die externe Struktur. Beispiele für Kennzahlen Mitarbeiterkompetenz sind Anzahl der Jahre an Berufserfahrung (Wachstum und Effizienz), Gewinn pro Mitarbeiter (Effizienz) und Dauer der Betriebszugehörigkeit (Stabilität).[622]

---

[620] Vgl. Sveiby (1998), S. 31 ff.
[621] Vgl. Sveiby (1998), S. 55 ff.
[622] Vgl. Sveiby (1998), S. 223 ff.

Letztendlich ist der Intangible Assets Monitor zwar sehr flexibel aufgebaut, so dass die Kennzahlen je nach Gegebenheit der Unternehmung gewählt werden können. Gleichzeitig treffen die bzgl. des Skandia Navigators geäußerten **Kritikpunkte** im Wesentlichen auch auf den Intangible Assets Monitor zu. Die Indikatoren, einzeln und in ihrer Gesamtheit, können ggf. der Erklärung des Unternehmenserfolgs dienen, nicht aber zu dessen Steuerung. Gleichzeitig ist die Abgrenzung der Kennzahlen, d.h. welche Kennzahl welchem Vermögenswert unter welchem Indikator zugeordnet wird, nicht eindeutig. Auch bleibt der Intangible Asset Monitor Aussagen über die Messvorschriften von Wissen schuldig.

Der **Intellectual Capital Navigator** von *Stewart* geht einen ähnlichen Weg bei der Bewertung der immateriellen Vermögensgegenstände wie die beiden zuvor genannten Ansätze.[623] Der Autor schlägt vor, Soll- und Ist-Werte mittels eines Radar-Charts zu visualisieren. Aus Gründen der Übersichtlichkeit werden lediglich zehn Kennzahlen verwendet. Neben dem Verhältnis von Markt- und Buchwert sind dies je drei Zahlen in den drei Sichten Humankapital (Fluktuationsrate der Wissensarbeiter, Umsatzanteil neuer Produkte, Mitarbeiter-Verhalten/Einstellungen), strukturelles Kapital (Verhältnis von Umsatz zu Verkaufs- und Administrationskosten, Umschlagsgrad des Umlaufvermögens, Wiederbeschaffungswert der Datenbasis) und Kundenkapital (Kundenbindungsrate, Wert der Marke, Kundenzufriedenheit).[624] Unter dem strukturellen Kapital wird hier das organisatorisch verankerte Wissen verstanden, also das Wissen, welches nicht in den Köpfen der Mitarbeiter vorhanden ist. Kundenkapital bezeichnet das Wissen über Kunden, wobei die drei Werte für die Kundentreue, Markenwert und Kundenzufriedenheit nur mittelbare Indikatoren für dieses Wissen sind. Bei der grafischen Darstellung sollen die Skalen der Sollwerte auf dem Kreisbogen zu liegen kommen und dazu im Vergleich die derzeitigen Werte der Indikatoren eingetragen werden. Diese Darstellung ermöglicht einen einfachen Soll-Ist-Vergleich als Ausgangspunkt für gezielte Interven-

---

[623] Vgl. Stewart (1997).
[624] Vgl. Stewart (1997), S. 245.

tionen in die organisatorische Wissensbasis. Kritisch zu betrachten ist, dass *Stewart* kein Vorgehensmodell zur Ableitung von Sollwerten liefert.[625]

Die **Balanced Scorecard** von *Kaplan/Norton* bietet einen Ansatzpunkt zur Integration der Wissensperspektive in organisatorische Ziel- und Bewertungssysteme.[626] Sie stellt eine Methode zur strategischen Planung und Bewertung der Leistung einer Unternehmung dar.[627] Als prozessorientierter Ansatz versucht sie einen Ausgleich zwischen finanziellen und nicht-finanziellen Kennzahlen zu erreichen, indem mit der Kunden-, Finanz-, Prozess- und Wachstumsperspektive vier unterschiedliche Sichten auf die Unternehmung betrachtet werden. Diese Perspektiven werden in ihren Ursache-Wirkungszusammenhang gestellt, indem für jede Perspektive strategische und operative Ziele, finanzielle und nicht-finanzielle Kennzahlen und Maßnahmen festgelegt werden. Durch die Konkretisierung, Darstellung und Verfolgung der Strategien für die vier Perspektiven ausgehend von der Unternehmensvision übersetzt die Balanced Scorecard die Unternehmensstrategie in konkrete Maßnahmen. Für die Planung und Verfolgung der Zielerreichung werden den einzelnen Zielen der Perspektiven Messgrößen zugeordnet, auf deren Basis Soll/Ist-Vergleiche vorgenommen werden. Strategische Maßnahmen, die mit entsprechenden Termin- und Budgetvorgaben sowie Verantwortlichkeiten versehen werden, dienen der Sicherstellung der Zielerreichung und ermöglichen ihre Kontrolle. Die Strategie der Unternehmung wird erst vollständig durch die Verknüpfung der Ziele der Perspektiven abgebildet.

Die Balanced Scorecard beinhaltet nach *Kaplan/Norton* als strategischer Handlungsrahmen zur Umsetzung der Strategie vier Komponenten:[628]

---

625 Vgl. Stewart (1997), S. 236 ff.

626 Probst/Raub/Romhardt (2010), S. 231 ff., Hanke (2006), S. 59; Enkel (2005), S. 121 und Weide (2004), S. 230 ff. sprechen bei der Berücksichtigung der Wissensperspektive auch von der Balanced Scorecard als Wissens-Scorecard.

627 Da das Modell der Balanced Scorecard bereits sehr intensiv analysiert und diskutiert wurde, wird an dieser Stelle auf eine ausführliche Darstellung verzichtet und auf die zahlreiche Literatur zu diesem Thema verwiesen: vgl. Alter (2011), S. 299 ff.; Niven (2009), Schmeisser/Claussen (2009), Sure (2009), S. 98 ff.; Horváth/Kaufmann (2006), S. 137 ff.; Kaplan/Norton (1997).

628 Vgl. Kaplan/Norton (1997), S. 10.

Konsensfindung und Umsetzung von Visionen und Strategien der Unternehmung, Kommunikation und Verknüpfung strategischer Ziele und Maßnahmen, Planung und Festlegung von Zielen und Abstimmung strategischer Initiativen sowie Sicherstellung von strategischem Feedback und Lernen.

Aus diesen grundsätzlichen Überlegungen werden in der Literatur zwei Vorgehensweisen zur Ableitung einer **Wissens-Scorecard** diskutiert. *Erstens* kann für jede Aufgabe des Wissensmanagements eine eigene Perspektive in die Balanced Scorecard aufgenommen werden.[629] *Zweitens* kann in Form einer Appendix-Lösung für jede Erfolgsgröße die entsprechenden Wissensressourcen als eigenständige Wissensscorecard betrachtet werden, um den Entscheidungsträgern Transparenz in Bezug auf die in ihrem Verantwortungsbereich realisierte wissensbezogene Ressourcenausstattung zu bieten. „Auf diesem Wege können sowohl durch Wissensressourcen bedingte Restriktionen in Entscheidungen einbezogen, als auch Wissensbedarfe beschrieben werden."[630]

Der Vorteil der Balanced Scorecard besteht in der Verbindung langfristiger Unternehmensziele mit den dazu notwendigen Veränderungen der organisatorischen Wissensbasis. Als strategisches Managementinstrument kann sie diesbezüglich die operative Umsetzung einer langfristigen Strategie unterstützen. Gleichzeitig gewährt die Balanced Scorecard Einblicke in die Relationen zwischen verschiedenen Bereichen der Unternehmung, so dass erkannt werden kann, ob z.B. eine Verbesserung in einem Bereich nicht zu einer Steigerung der Kosten in einem anderen führt. Zudem ist sie zukunftsorientiert und berücksichtigt sowohl monetäre als auch nichtmonetäre Größen. Außerdem ist dieser Ansatz sehr flexibel, da die Anzahl und Art der Perspektiven unternehmensindividuell anpassbar sind. Dennoch bleibt kritisch festzuhalten, dass die Prozessperspektive tatsächlich getrennt von der Wissensperspektive betrachtet wird.[631] Der Ursache-

---

[629] Vgl. Lehner (2012), S. 228.
[630] Weide (2004), S. 231.
[631] Vgl. Kalmring (2004), S. 136 f.

Wirkungszusammenhang ist nur indirekt und nicht bezifferbar. Ebenso gibt es keine konkrete Vorgehensweise zur Verbindung von Strategie und Kennzahlen. Zusätzlich entsprechen die vier vorgegebenen Sichtweisen nicht zwangsläufig der strategischen Ausrichtung der Unternehmung und deren horizontale Integration durch bspw. eine oder mehrere gemeinsame Kennzahlen erfolgt nicht.

Auf die individuellen Schwächen der bis dato vorgestellten **mehrdimensionalen Instrumente** für ihre Anwendung im Wissenscontrolling wurde bereits eingegangen. Zusammenfassend lassen sich folgende **Kritikpunkte** anführen:[632] *Erstens* ist eine Verknüpfung der Methoden mit den obersten Unternehmenszielen mit Einschränkungen bei der Balanced Scorecard nicht gegeben. *Zweitens* sind die verwendeten Kennzahlen in der Regel nur beschreibend, nicht aber steuernd bzw. umsetzungsorientiert einzusetzen. *Drittens* beinhaltet keines der Instrumente Aussagen über die erforderlichen Messvorschriften von Wissen sowie Angaben über die Art und Weise der Bewertung des Beitrags der immateriellen Vermögenswerte zur Wertschöpfung geben. *Viertens* sind die Methoden überwiegend auf die Bewertung der einzelnen immateriellen Vermögenswerte ausgelegt, nicht aber auf die Effizienz und Effektivität des Umgangs mit diesen.

Aus den Schwachstellen der bisherigen mehrdimensionalen Instrumente entwickelte *North/Probst/Romhardt* im Jahr 1998 den Ansatz der **Wissensbilanz**, der in Deutschland durch den *Arbeitskreis Wissensbilanz des Bundesministeriums für Wirtschaft und Arbeit* weiterentwickelt wurde.[633] Das Ziel der Wissensbilanz besteht darin, immaterielle Vermögenswerte strukturiert darzustellen, diese - ähnlich wie monetäre Werte - ansatzweise zu bewerten, Wirkungszusammenhänge aufzuzeigen und letztendlich deren Beitrag zur Wertschöpfung zu messen. Als Instrument zur Strategie- und Organisationsentwicklung erlaubt die Wissensbilanz das systematische Ableiten von Maßnahmen zur Verbesserung der internen Steuerung

---

632 Vgl. Kalmring (2004), S. 135.

633 Vgl. North/Probst/Romhardt (1998); Bundesministerium für Wirtschaft und Technologie (2008).

von Geschäftsprozessen. Als Instrument zur externen Kommunikation erleichtert die Wissensbilanz bspw. Investoren deren Entscheidungen, da Zukunftspotentiale der Unternehmung transparent gemacht werden. Grundsätzlich ist eine Wissensbilanz „... ein Instrument zur Darstellung und Entwicklung des Intellektuellen Kapitals einer Organisation. Sie zeigt die Zusammenhänge zwischen den organisatorischen Zielen, den Geschäftsprozessen, dem Intellektuellen Kapital und dem Geschäftserfolg einer Organisation auf und beschreibt mittels Indikatoren"[634]. Das Intellektuelle Kapital umfasst das Wissen als intangible Ressource der Unternehmung und besteht aus dem Human-, Struktur- und Beziehungskapital.[635]

Den Ausgangspunkt bilden die Vision und Strategie der Unternehmung mit Blick auf die Möglichkeiten und Risiken im Geschäftsumfeld (Vgl. Abb. 27).

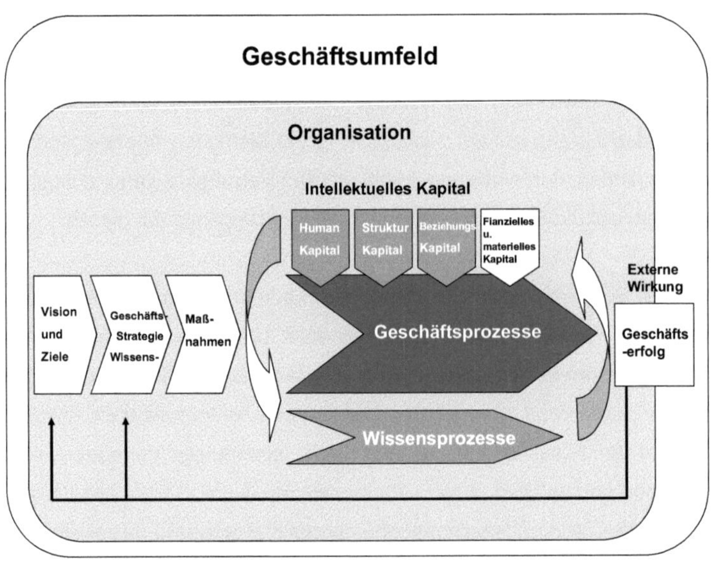

Abb. 27: Das Modell der Wissensbilanz des *Arbeitskreises Wissensbilanz* (Quelle: Bundesministerium für Wirtschaft und Technologie (2008), S. 10)

634 Bornemann/Reinhardt (2008), S. 2; ebenso vgl. Alwert (2005), S. 35.
635 Vgl. Reinhardt (2002), S. 38 f. und 347 ff.

Die Unternehmung leitet hieraus eine Reihe von Maßnahmen ab, wie sie sich in den verschiedenen Dimensionen des Intellektuellen Kapitals bzw. des Wissens positionieren will. Diese Dimensionen stellen das Humankapitel (Mitarbeiterkompetenzen, Mitarbeiterverhalten, Erfahrungen etc.), das Strukturkapital (IT, Geistiges Eigentum, Organisationskultur, Prozessorganisation etc.) und das Beziehungskapital (Kundenbeziehungen, Lieferantenbeziehungen, Beziehungen zur Öffentlichkeit etc.) dar. Gleichzeitig werden die Wechselwirkungen zwischen den genannten Dimensionen, die so genannten Wissensprozesse erfasst. Dabei zeigt sich, welchen Stellenwert die einzelnen Dimensionen für die Unternehmung haben, welche besonders risikoanfällig sind oder welche stabilisierend wirken. Das Zusammenwirken von Geschäftsprozessen und Wissensprozessen führt gemeinsam mit den sonstigen materiellen und finanziellen Ressourcen, die bei der Wissensbilanzierung nicht betrachtet werden, zum Geschäftserfolg. Aus diesem Ergebnis leitet die Unternehmung Konsequenzen für die Zukunft ab, die von der Anpassung der Maßnahmen bis hin zu einer Veränderung der Visionen und Strategien führen können. Die aus der Wissensbilanz erzielten Erkenntnisse über die Wissensprozesse und die relevanten Ressourcen erleichtern die Ableitung von Maßnahmen in einem neuen Zyklus und verbessern die nachhaltige Ausrichtung der Unternehmung.

Der Vorteil der Wissensbilanz gegenüber den bis dato vorgestellten mehrdimensionalen Instrumenten ist der, dass nicht nur die reine Existenz der Wissensdimensionen betrachtet wird, sondern darauf abzielt, deren Beitrag zur Wertschöpfung zu bewerten. Es wird aufgezeigt, wie diese Wissensressourcen in Wertschöpfungsprozessen eingesetzt werden und zu welchem Erfolg i.S. einer Umsetzung der Strategie diese Wertschöpfungsprozesse letztlich führen. Dabei erfolgt eine Gegenüberstellung zwischen den Investitionen in Wissen und Intellektuellem Kapital auf der einen Seite - verstanden als Aufwand, Maßnahmen, Inputs – und dem erzielten Nutzen auf der anderen Seite – verstanden als Ergebnisse der Wissensprozesse. Mit Hilfe von Kennzahlen werden die Bewertungen des Intellektuellen Kapitals unterlegt und dienen gleichzeitig zur Plausibilitätskontrolle.

Zusätzlich soll mit Hilfe von Wirkungsanalysen das Geschäftsmodell der Organisation durch klare Wirkungen der Ressourcen auf die Prozesse und von dort auf die Unternehmensergebnisse transparent gemacht werden. Somit lässt sich mit Hilfe der Wissensbilanz darstellen, welche Wissensressourcen in der Unternehmung vorhanden sind und welchen Wert sie für die Wertschöpfungsprozesse haben. Ferner zeigt die Wissensbilanz auf, in welchen Wissensdimensionen vor dem Hintergrund der Wertschöpfungsprozesse die Unternehmung Stärken und Schwächen besitzt und wie sie diese zur Unterstützung der Wertschöpfungsprozesse besser ausschöpfen kann. Hinsichtlich des Wissenscontrollings bietet die Wissensbilanz Anhaltspunkte zur unternehmensinternen und –externen Steuerung und Gestaltung des Wissensflusses. Nachteilig wirkt sich die hohe Komplexität des Modells bei der praktischen Umsetzung aus. Insbesondere die unternehmensindividuell festzulegenden Wissensressourcen in den drei Dimensionen Human-, Struktur- und Beziehungskapital sowie die Ermittlung ihrer Werte für die Wertschöpfung erschweren aufgrund fehlender Messvorschriften die Einführung und Anwendung der Wissensbilanz.

Es bleibt festzuhalten, dass im Gegensatz zu den eindimensionalen Instrumenten die mehrdimensionalen Instrumente die organisationale Wissensbasis als Teil des immateriellen Vermögens einer detaillierteren Untersuchung der Elemente und ihrer Wirkungen unterziehen. Dieses macht die Instrumente komplexer und schwerer verständlich. Mehrdimensionale Instrumente können jedoch flexibel und den Anforderungen der Unternehmung entsprechend gestaltet werden. Damit lassen sich Aussagen für die jeweilige Unternehmung treffen, ein Vergleich mit anderen Unternehmungen wird aber komplizierter. Hinzu kommt, dass mit zunehmender Größe der Kennzahlensysteme deren Übersicht und Verständlichkeit leidet, wodurch letztendlich die Wirtschaftlichkeit des Instrumentes gefährdet sein kann. Nach wie vor problematisch bleiben die Auswahl der „richtigen" Kennzahlen und ihre korrekte Abgrenzung, um die relevanten Eigenschaften der Ressource Wissen zu messen. Dieses kann dazu führen, dass nur die einfach zu erhebenden und zu messenden Kennzahlen verwendet werden. Zudem sind die zugrundeliegenden Bewertungsmaßstäbe und

Messvorschriften unklar. Insgesamt bleibt die Objektivierbarkeit der Instrumente grundlegend defizitär. Somit können weder die eindimensionalen noch die mehrdimensionalen Instrumente den Anforderungen an die Mess- und Bewertungsverfahren für immaterielle Vermögensgegenstände uneingeschränkt entsprechen.

3.3.3 Ansätze des Wissenscontrollings

3.3.3.1 Systematisierung der Ansätze des Wissenscontrollings

In den vergangenen Jahren hat sich das Controlling als informationsverarbeitendes System besonders in Bezug auf quantitative zumeist finanzielle Größen eingespielt, so dass bis heute Probleme hinsichtlich Methode und Erfassung des Wissens als Betrachtungsobjekt des Controllings verbleiben.[636] Solange jedoch das Problem der Messung und Bewertung von Wissen nicht gelöst ist, betrachtet *Rose* die Entwicklung eines ganzheitlichen Wissenscontrollingansatzes als problematisch.[637] Dieses kann der Grund dafür sein, dass es bislang keine langjährige, vertiefte und breite Diskussion im Sinne einer Auseinandersetzung widerstreitender Ansätze des Wissenscontollings in der Literatur gibt. Abb. 28 gibt einen Überblick über die bislang erschienen Arbeiten zum Wissenscontrolling, ohne den Anspruch auf Vollständigkeit erfüllen zu wollen.

Jahr	Autor(en)	Kurzdefinition
1999	Pfau	Wissenscontrolling in lernenden Organisationen
1999	Weber/Grothe/Schäffer	Regelkreis des Wissenscontrollings
2001	Schomann	Konzeption des Wissenscontrollings als wissensorientiertes Performance Measurement
2004	Güldenberg	Ein systemtheoretischer Ansatz zum Wissensmanagement und Wissenscontrolling in lernenden Organisationen

636 Vgl. Kap. 3.3.1.
637 Vgl. Rose (2007), S. 81.

Jahr	Autor(en)	Kurzdefinition
2004	Weide	Konzeption des Wissenscontrollings zur operativen und strategischen Steuerung von Wissensressourcen
2004	Kalmring	Wissenscontrolling zur Steuerung und als Erfolgskontrolle von wissensintensiven Geschäftsprozessen
2005	North	Wissenscontrolling zur Unterstützung der wissensorientierten Unternehmensführung
2005	Picot/Neuburger	Wissenscontrolling zur Steuerung und Koordination der Wissensprozesse zur Unterstützung der Wertschöpfungsprozesse
2006	Hanke	Rationalitätsorientiertes Controlling wissensintensiver Strukturen
2006	Nissen	Koordinationsorientiertes Wissenscontrolling zur Steuerung und Koordination der in der Unternehmung ablaufenden Wissensprozesse zur Unterstützung der Wertschöpfungsprozesse
2007	Rose	Informationsorientierter Ansatz von Wissenscontrolling
2008	Schmied	Wissenscontrolling zur Bewertung und Messung der Wissensziele des Wissensmanagements
2009	Wittner	Koordinationsorientiertes Wissenscontrolling
2010	Probst/Raub/Romhardt	Wissenscontrolling durch Wissensbewertung

Abb. 28: Systematisierung der Ansätze des Wissenscontrollings

Die bislang vorliegenden Arbeiten nähern sich überwiegend über zwei Ansatzpunkte der Konzeption eines Wissenscontrolling: *Erstens* über die Instrumente zur Messung und Bewertung immaterieller Vermögensgegenstände und *zweitens* der Integration verhaltenswissenschaftlicher Aspekte in das grundlegende Verständnis des Controllings zur Steuerung der Ressource Wissen.

Zu den Vertretern der erstgenannten Gruppe zählen neben *Rose* und *Picot/Neuburger* vor allem *Probst/Raub/Romhardt.* Sie sehen die Wissensbewertung als Grundlage des Wissenscontrollings an, mit dessen Hilfe sich die vielfältigen Aktivitäten der Unternehmung auf eine wissensbezogene Vision und Strategie ausrichten lassen.[638] Dabei beurteilen sie eine rein quantitativ orientierte Bewertungsphilosophie im Bereich organisationalen Wissens als unrealistisch bis kontraproduktiv und sehen eine indirekte Bewertung durch Wissensindikatoren und das Verständnis von Ursache-Wirkungs-Zusammenhängen als erfolgversprechender an. Als erste Ansatzpunkte zur Integration der Wissensperspektive in organisatorische Bewertungssysteme zählen die Autoren die Balanced Scorecard, den Skandia Navigator und den Intangible Assets Monitor auf, weisen jedoch darauf hin, dass diese zwar zur Sensibilisierung der Stakeholder des Unternehmens für die Wissensdimension geeignet sind. Für eine konkrete Beschreibung und Messung der Veränderung der organisationalen Wissensbasis jedoch einige Defizite aufweisen.[639] Dabei gilt es vor allem, eine Reihe von Problemfeldern bei der Messung von Wissen zu beachten, denn nur wenn das Wichtige mit richtigen Maßstäben gemessen wird, gewinnt man ein tieferes Verständnis für das, „was man misst" oder „was man messen will".[640] Insofern entwickelten *North/Probst/Romhardt*[641] ein mehrdimensionales Messsystem der Ressource Wissen, das auf der Basis von vier differenzierten Indikatorenklassen die Gesamtzusammenhänge der Interventionen in die organisatorische Wissensbasis darstellt (Vgl. Abb. 29). Das Indikatorensystem ermöglicht es, Ursache-Wirkungszusammenhänge herzustellen und die Veränderungen der organisationalen Wissensbasis mit Bezug zu Geschäftsergebnissen zu messen. Als Messgrößen werden quantitative Kennzahlen verwendet, wie bspw. die Art des Ausbildungsabschlusses als Kennzahl für die Mitarbeiterqualifikation oder die Anzahl der Schulungstage oder Kosten der Schulungsmaßnahmen als Kennzahl in der Indikatorenklasse II.

[638] Vgl. Probst/Raub/Romhardt (2010), S. 217 ff.
[639] Vgl. Probst/Raub/Romhardt (2010), S. 221f.
[640] Vgl. Probst/Raub/Romhardt (2010), S. 220.
[641] Vgl. North/Probst/Romhardt (1998), S. 158 ff.

Indikatorklasse	Begriffsbestimmung	Beispiel
Organisationale Wissensbasis (I)	Beschreibt den Zustand organisationalen Wissens zum Zeitpunkt T_x qualitativ und quantitativ	Qualifikation, Problemlösungskompetenz der Mitarbeiter, Kundenwissen, Prozess Know-How
Interventionen (II)	Beschreibt Prozesse und Inputs zur Veränderung der organisationalen Wissensbasis	Ausbildungstage pro Mitarbeiter, Ratings der Beratungs- und Schulungsqualität
Zwischenerfolge und Übertragungseffekte (III)	Misst die direkten Ergebnisse der Interventionen durch qualitative und quantitative Größen	Beherrschung der Arbeitsprozesse, Antwortzeiten auf Kundendienstanfragen, Prozessqualität
Ergebnisse der Geschäftstätigkeit (IV)	Misst die Geschäftsergebnisse am Ende der Betrachtungsperiode in quantitativen Größen	Anzahl/Veränderung der Kundendienstaufträge, Marktdurchdringung, Kundenzufriedenheit, Prämienvolumen

Abb. 29: Indikatorenklassen nach *North/Probst/Romhardt* (Quelle: North/Probst/Romhardt (1998), S. 165)

Die Indikatorenklassen I und II umfassen die Bestandteile der organisationalen Wissensbasis (Klasse I) sowie die Inputs und Prozesse als messbare Größe von Interventionen zur Veränderung der organisatorischen Wissensbasis (Indikatorklasse II). Zwischenerfolge und Übertragungseffekte werden in der Indikatorenklasse III gemessen, während die Geschäftsergebnisse mit den teilweise hoch aggregierten Indikatoren in der Indikatorenklasse IV erfasst werden. Auf diese Weise können die Veränderungen der organisationalen Wissensbasis mit Hilfe einer Eröffnungsbilanz und Schlussbilanz dokumentiert werden. Auch wenn die Autoren auf das Problem der Ermittlung der „richtigen" Indikatoren hinweisen, stellt das mehrdimensionale Messsystem als ein Instrument des Wissenscontrollings den Zugang zur Einschätzung der Effizienz des Wissensmanagements dar, indem es Auskunft über die erfolgreiche Durchführung von Wissensmanagement-Aktivitäten und der Angemessenheit der Formulierung von Wissenszielen gibt.

Neben *Güldenberg* und *Pfau* hat insbesondere *Hanke* auf Erkenntnisse der Sozial- und Verhaltensforschung zurückgegriffen, um einen Ansatz des Wissenscontrollings zu entwickeln. Dabei basiert sein Ansatz eines Wissenscontrollings auf dem rationalitätsorientierten Ansatz von *Weber/Schäffer* und integriert über den Ansatz der Organisationsentwicklung verhaltenswissenschaftliche Aspekte in das Controlling-Framework wissensintensiver Strukturen und Prozesse.[642] Mit dem Ziel der Entwicklung eines Steuerungsinstrumentariums für wissensintensive Strukturen und Prozesse in Form eines organisationsspezifischen Indikatoren- und Kennzahlensystems zur Ableitung funktionaler Scorecards wurde zunächst die Organisationsentwicklung als Steuerungsansatz herangezogen. Die Besonderheit bei dieser Vorgehensweise besteht dabei in der Verwendung zirkulärer Vorgehensmodelle der Aktionsforschung, mit dem interne und externe Anpassungsprozesse über Feedback-Schleifen realisiert werden können. Damit werden die im Rahmen der Planungs- und Kontrollfunktion des Controllings festgelegten Ziele und deren Erreichung als Lern- und Entwicklungsprozesse begriffen (Controlling als organisationales Lernen). Zudem können mit dem Ansatz der Organisationsentwicklung als Analyse- und Gestaltungsansatz prozessuale und strukturelle Einflüsse und Zusammenhänge in Organisationen analysiert werden, um aus den Analyseergebnissen geeignete strategische und operative Maßnahmen zur Verbesserung in den strukturellen, kommunikativen und kulturellen Rahmenbedingungen des Wissensmanagements abzuleiten. Letztendlich integriert *Hanke* handlungstheoretische Ansätze und Konzeptionen, um den Nachweis zu erbringen, „dass wissensintensive Strukturen und Prozesse auf dem sozialen Zusammenspiel von Akteuren, ihren Handlungen sowie unterschiedlichen strukturellen und kulturellen Settings in Organisationen basieren“[643]. Auf diese Weise ermöglicht er die Integration verhaltenswissenschaftlicher Aspekte in die aktuelle Wissensmanagementforschung zur Entwicklung eines Steuerungsinstrumentariums durch das Wissenscontrolling.

---

[642] Vgl. Hanke (2006), S. 255 ff.
[643] Hanke (2006), S. 256.

Die exemplarisch dargestellten Ansätze von *Probst/Raub/Romhardt* und *Hanke* stehen stellvertretend für die unterschiedlichen Zugangsperspektiven, mit denen dem Wissenschaftsgebiet des Wissenscontrollings bislang begegnet wurde. Auch wenn sie nur grob skizziert werden konnten, verdeutlichen sie dennoch die zunehmende Bedeutung verhaltenswissenschaftlicher Aspekte in der aktuellen Wissenscontrolling-Diskussion sowie die Unzulänglichkeiten der Instrumente zur Messung und Bewertung der Ressource Wissen.

3.3.3.2 Ausgewählte Ansätze des Wissenscontrollings

3.3.3.2.1 Systemtheoretischer Ansatz des Wissenscontrollings nach *Güldenberg*

Der systemtheoretische Ansatz von *Güldenberg* zielt auf die „funktionale Ausgestaltung eines Führungssystems für die lernende Organisation als wissensbasiertes System“[644]. Der Begriff des Führungssystems kennzeichnet in der Arbeit zwei Subsysteme, die jedoch konzeptionell nicht weiter erläutert werden: das Managementsystem und das Controllingsystem. Im führungsorientierten Controlling sieht *Güldenberg* ein Subsystem der Führung, das Planung und Kontrolle sowie Informationsversorgung systembildend und systemkoppelnd koordiniert und so die Adaption und Koordination des Gesamtsystems unterstützt.[645] Das Wissenscontrolling bezieht nach Auffassung des Autors „im Gegensatz zum traditionellen Controllingverständnis die Dimensionen des organisationalen Wissens, der organisationalen Intelligenz und des organisationalen Lernprozesses in seine Überlegungen ein“[646].

Den konzeptionellen Zugang zum Wissenscontrolling stellt *Güldenberg* über die Funktionen des Controllings her, die in führungsbezogene Funktionen (Koordinations- und Integrationsfunktion) und dienstleistungsbezogene bzw. führungsunterstützende Funktionen (Informations- und Innova-

---

[644] Güldenberg (2003), S. 8.
[645] Vgl. Güldenberg (2003), S. 319.
[646] Güldenberg (2003), S. 8.

tionsfunktion) differenziert werden. „Die Funktionen des Managements und des Controllings dienen der Entwicklung der Reaktions-, Koordinations-, Lern- und Innovationsfähigkeit innerhalb des Unternehmenssystems. Durch die Wahrnehmung von Führungsleistungen und Führungsdienstleistungen beeinflusst das Controlling den organisationalen Lernprozess und steigert damit die Überlebensfähigkeit der gesamten Organisation."[647] Auf diesem führungsorientierten und lernprozessualen Controllingverständnis aufbauend entwickelt *Güldenberg* seinen Ansatz eines Wissenscontrollings in lernenden Organisationen, der auf **vier Funktionen** basiert:
Die **Koordinationsfunktion** zielt auf die Schaffung „organisationaler Intelligenz" durch Koppelung der dezentralen „Wissensbausteine" einer Unternehmung.[648] Diese Funktion ergibt sich aus der Annahme, das Organisationen als wissensbasierte Systeme betrachtet werden, innerhalb derer die Arbeitsteilung zu Wissensteilung und Wissenssegmentierung geführt hat. „Damit hat das Wissenscontrolling im Rahmen einer lernenden Organisation die (Koordinations)Funktion, organisationale Intelligenz aufzubauen, um damit die Voraussetzungen für ein lernfähiges Unternehmen zu schaffen."[649] Infolgedessen sind die Kommunikationsbeziehungen zwischen den Organisationsmitgliedern als dezentrale Intelligenzen so zu gestalten, dass durch eine möglichst hohe strukturelle Plastizität bei der Verknüpfung und Vernetzung der einzelnen Einheiten ein möglichst hohes Maß an organisationaler Intelligenz erreicht werden kann. „Dies geschieht im Speziellen dadurch, dass man den einzelnen Unternehmensteilen ein hohes Maß an Autonomie, Selbstorganisation, Freiheit und Entscheidungskompetenz einräumt."[650] Durch die Nutzung von Synergieeffekten und emergenten Systemeigenschaften kann die organisationale Intelligenz über die Summe ihrer dezentralen Intelligenzen hinaus anwachsen.

Güldenberg fasst ein „Unternehmen als wissensbasiertes System auf, in dem Regelkreise die Stabilität des gesamten Systems sicherstellen"[651].

---

[647] Güldenberg (2003), S. 329.
[648] Vgl. Güldenberg (2003), S. 334 ff.
[649] Güldenberg (2003), S. 339.
[650] Güldenberg (2003), S. 338.
[651] Güldenberg (2003), S. 349.

Demzufolge besteht die **Integrationsfunktion** des Wissenscontrollings darin, die Geschlossenheit des Führungsprozesses im Sinne eines kybernetischen Regelkreissystems sicherzustellen und die Regelkreise in unterschiedlichen Unternehmensbereichen miteinander zu vernetzen.[652] „Das Wissenscontrolling hat im Rahmen seiner Integrationsfunktion die Aufgabe, den Regelkreis des organisationalen Lernens zu initiieren und am Leben zu erhalten. Dazu gehört in erster Linie die Beseitigung von eventuellen Lernbarrieren, den Störfaktoren, die den Regelkreis des organisationalen Lernens negativ beeinflussen oder gar zum Stoppen bringen können."[653] Zu ihnen zählen insbesondere das Institutionalisierungsproblem, das Verankerungsproblem und das organisationale Regelkreisproblem.[654]

Ferner bemängelt *Güldenberg* die oftmals subjektiven Meinungen der Manager über Abläufe in der Unternehmung und dem Unternehmensumfeld, die er als „Theory of use" bezeichnet. Dies führt dazu, dass die in das alltägliche Unternehmensgeschehen einfließenden Informationen entsprechend verzerrt, gefiltert, verstärkt, abgeschwächt oder gar nicht wahrgenommen werden. „Das Wissenscontrolling in lernenden Unternehmen hat daher die Aufgabe, die Betriebsblindheit zu minimieren."[655] Ein erfolgreiches Wissensmanagement in lernenden Organisationen kann jedoch nur dann praktiziert werden, wenn all diejenigen objektiven Informationen weitergeleitet werden, die die Unternehmensführung zu erweitertem Wissen und damit zu effektiveren Handlungen führen. „Ein Wissenscontrolling in lernenden Organisationen hat daher im Rahmen seiner **Informationsfunktion** eine Filterfunktion wahrzunehmen."[656] Im Einzelnen umfasst dieser Prozess die folgenden drei Phasen:[657]

- Die systematische Datensammlung, in der Daten aus dem Unternehmensumfeld wahrgenommen, gesammelt und systematisch erfasst sowie neue Quellen potentieller Datengewinnung erschlossen werden.

---

[652] Vgl. Güldenberg (2003), S. 349 f.
[653] Güldenberg (2003), S. 353.
[654] Vgl. Güldenberg (2003), S. 353 ff.
[655] Güldenberg (2003), S. 365.
[656] Güldenberg (2003), S. 366 f.
[657] Vgl. Güldenberg (2003), S. 367.

- Die zielgerichtete Datenverarbeitung, in der die gewonnenen Daten zunächst zusammengestellt und anschließend durch ihre zielgerichtete Auswertung zu Informationen aufbereitet werden, die dem gesamten Unternehmen oder einzelnen Einheiten von Nutzen sein können.
- Die empfängerorientierte Informationsübermittlung, in der die gewonnenen Informationen zu organisationalem Wissen verarbeitet werden, indem sie in die organisationale Wissensbasis eingefügt werden. Hierdurch wird der organisationale Lernprozess eingeleitet und die Mitarbeiter des Unternehmens bei der individuellen Verankerung des organisationalen Wissens unterstützt. Dieses geschieht mit Hilfe einer empfängerorientierten Informationsdarstellung und Informationsübermittlung.

Im Rahmen der **Innovationsfunktion** fungiert das Wissenscontrolling als bereichsübergreifender Impulsgeber und Prozessberater.[658] *Güldenberg* versteht dabei Impulse als Aktivitäten, die Folgeaktivitäten auslösen.[659] Durch prozessaktivierende und innovationsfördernde Impulse wirkt das Controlling katalytisch auf das Management, damit dieses die Informationen nicht nur wahrnimmt, sondern auch aufgrund der Informationen Entscheidungen fällt und Maßnahmen setzt.[660] Dieses gilt sowohl für Tendenzen aus dem Unternehmensumfeld als auch für Ideen, die implizit bereits in der Organisation vorhanden sind. Durch seine Funktion als Impulsgeber wird der Wissenscontroller selbst zum Prozessexperten des Innovationsprozesses, während der Manager Umsetzungs- und Entscheidungsverantwortung trägt. Dabei fungiert er auf den Gebieten, in denen durch Filter und Wahrnehmungsbarrieren die Gefahr blinder Flecken bzw. für die Organisation bedrohlicher Handlungsdefizite bestehen. Gleichzeitig hat er die Aufgabe, im Rahmen der Innovationsfunktion Sachzwang sowie Entscheidungs- und Handlungsdruck zu erzeugen ohne aktiv in den Entscheidungsprozess des Managements einzugreifen. „Die Innovationsfunk-

---

[658] Vgl. Güldenberg (2003), S. 377 ff.
[659] Vgl. Güldenberg (2003),S. 374.
[660] Vgl. Güldenberg (2003), S. 375.

tion des Controllers ist daher eine auf der Informationsfunktion aufbauende Führungsdienstleistung."[661]

Es bleibt festzuhalten, dass *Güldenberg* der lernenden Organisation als wissensbasiertes System die Fähigkeit zuspricht, systeminterne, organisationale Intelligenz aufzubauen, die in der Summe größer ist, als die Summe ihrer einzelnen Mitglieder und diese für die Verbesserung ihrer eigenen Überlebensfähigkeit zu nutzen.[662] Eine notwendige Voraussetzung hierfür ist ein sich gegenseitig ergänzendes Wissensmanagement und Wissenscontrolling, die gemeinsam das Führungssystem der lernenden Organisation zu einem Ganzen im Rahmen eines Regelkreises zusammenwachsen lassen. Dabei basiert die Soll-Konzeption eines Wissenscontrollings in lernenden Organisationen als wissensbasiertes System gegenüber dem führungsorientierten Controllingverständnis insbesondere auf zwei Neuerungen: *Zum einen* besteht die Aufgabe des Wissenscontrollings nunmehr im Aufbau organisationaler Intelligenz und der Gestaltung von Rahmenbedingungen für den organisationalen Lernprozess in seinem führungsergänzenden Verantwortungsbereich. *Zum anderen* werden die Tätigkeiten im führungsunterstützenden Bereich durch die Erweiterung der Innovationsfunktion und insbesondere den Ausbau der Informationsfunktion zu einer Wahrnehmungsfunktion ergänzt. Dieses beinhaltet neben der Gestaltung eines funktionsfähigen Informationsversorgungssystems und der Bereitstellung von empfängerorientierten Informationen die Wahrnehmungssensorien umfassend zu analysieren und die organisationalen Filtermechanismen derart zu gestalten, dass Wahrnehmung und organisationsspezifische Intelligenz miteinander übereinstimmen.

Güldenberg selbst zeigt allerdings im Rahmen seiner Arbeit noch Forschungsbedarf auf,[663] den er grundsätzlich in der Einbindung neuer Erkenntnisse der Lerntheorie und insbesondere der Erforschung des menschlichen Gehirns in die Managementlehre sieht. Zudem sollte die Informatik Informationssysteme und Lernmedien im Dienste der lernenden

---

[661] Güldenberg (2003), S. 375.
[662] Vgl. Güldenberg (2003), S. 389 f.
[663] Vgl. Güldenberg (2003), S. 395 f.

Organisation entwickeln, die den Aufbau organisationaler Intelligenz unterstützen. In diesem Zusammenhang werden auch Instrumente benötigt, die den Eigenschaften der Ressource Wissen entsprechend eine objektive Messung und monetäre Bewertung erlauben. Letztendlich bleibt die praktische Umsetzung des Wissenscontrollings in lernenden Organisationen bislang offen.

3.3.3.2.2 Instrumentenorientierter Ansatz des Wissenscontrollings nach *Rose*

Der auf dem informationsorientierten Controllingansatz von *Reichmann* basierende Ansatz des Wissenscontrollings von *Rose* zielt auf die Fragestellung, „inwieweit, unter Beachtung des Grundgedankens des strategischen Controllings, eine Integration des Produktionsfaktors „Wissen“ in moderne Instrumente des Controllings möglich ist“[664]. Die Aufgabe des Wissenscontrollings sieht *Rose* entsprechend darin, „durch die systemgestützte Informationsbeschaffung und Informationsverarbeitung zur Planerstellung, Koordination und Kontrolle (die) zielbezogenen Führungsaufgaben – und damit auch das Management des Faktors Wissen – zu unterstützen“[665].

Den konzeptionellen Zugang zum Wissenscontrolling stellt *Rose* zunächst über das Controllinginstrument der Balanced Scorecard her sowie über die Methodik des Benchmarking und das Phasenmodell des Risikomanagements. Er untersucht, inwieweit diese „eine adäquate Integration des Produktionsfaktors Wissen zulassen“[666]. Anschließend werden die genannten Controllinginstrumente und Methoden dem Wissensmanagementmodell von *Probst/Raub/Romhardt* gegenübergestellt, um gezielte Anknüpfungs- und Integrationspunkte zwischen dem Wissensmanagement und einem Controlling der Ressource Wissen aufzuzeigen. „Der Grundgedanke hierbei ist, den Faktor Wissen aus der isolierten Betrachtung des Wissensmanagements herauszulösen und in die gesamte strategische Unterneh-

---

[664] Rose (2007), S. 4.
[665] Rose (2007), S. 4.
[666] Rose (2007), S. 5.

menssteuerung einzubinden. Nur durch die parallele Planung, Steuerung und Kontrolle sämtlicher Ressourcen ist es dann möglich, das Optimum bezüglich der Zielerreichung herbeizuführen."[667]

Im Hinblick auf eine Integration des Wissensmanagement-Konzeptes von *Probst/Raub/Romhardt* in die **Balanced Scorecard** nach *Kaplan/Norton* resümiert *Rose*, dass „durch eine relativ einfache Integration eine Erweiterung beider Konzepte erzielt werden (kann), die eine sinnvolle und strategiekonforme Steuerung der Potentiale des Unternehmens ermöglichen"[668]. Den Zugang stellt die Lern- und Entwicklungsperspektive der Balanced Scorecard dar, aus der heraus das Unternehmen und dessen Strategie in Bezug auf ihre Potentiale zur Realisierung von Innovation und Wachstum betrachtet wird.[669] *Kaplan/Norton* betonen diesbezüglich drei Bereiche, denen besondere Bedeutung für den langfristigen Erfolg der Unternehmung zukommt: Die Qualifikation der Mitarbeiter, die Leistungsfähigkeit der Informationssysteme sowie die Motivation und die Zielausrichtung der Mitarbeiter. Die Aufgabe der Lern- und Entwicklungsperspektive besteht in der Entwicklung einer Infrastruktur (Menschen, Systeme und Prozesse) zur Verknüpfung der Anforderungen seitens der Strategie und bestehender Potentiale.[670]

Rose sieht Anknüpfungspunkte zwischen dem Mitarbeiterpotential in Form von Mitarbeiterqualifikationen und dem Wissensmanagement respektive des Wissenscontrollings, da die Bestandsaufnahme der Kompetenzen und des operativen Wissens der Mitarbeiter als verfügbares Wissen durch die Instrumente des Wissensmanagements grundlegende Voraussetzung zur Steuerung der Mitarbeiterpotentiale ist.[671] Ferner wird erst durch das Zusammenspiel der Prozesse der Wissenstransparenz, Wissensverteilung, Wissensnutzung und Wissensspeicherung seitens des Wissensmanagements den Mitarbeitern der Zugang zu den Informationen und dem Wissen der Wissensträger ermöglicht und somit die Leistungsfähigkeit der Infor-

---

[667] Rose (2007), S. 111.
[668] Rose (2007), S. 131.
[669] Vgl. Kaplan/Norton (1997), S. 121 ff.
[670] Vgl. Kaplan/Norton (1997), S. 27.
[671] Vgl. Rose (2007), S. 123 f.

mationssysteme seitens der Balanced Scorecard gewährleistet.[672] Letztendlich stellen die im Wissensmanagement existierenden verschiedenen Motivationsmaßnahmen wie Anreizsysteme oder die Schaffung kommunikations-, kreativitäts- und innovationsfördernder Rahmenbedingungen Lösungsansätze für die Motivation und Zielausrichtung der Mitarbeiter dar, wie sie in der Balanced Scorecard angesprochen werden.[673] Basierend auf diesen grundlegenden Anknüpfungspunkten entwirft *Rose* ein integrierendes Modell des Wissensmanagements und der Balanced Scorecard, bei dem die Lern- und Entwicklungsperspektive durch die Wissensperspektive substituiert wird.

Den Ausgangspunkt stellt die Ist-Analyse für jede Perspektive der Balanced Scorecard insbesondere der neuentstandenen Wissensperspektive dar, der ein Abgleich mit der übergeordneten Unternehmensstrategie und deren Herunterbrechen auf die Teilziele innerhalb der einzelnen Perspektiven folgt. Aufbauend auf den Erkenntnissen können dann Ursache-Wirkungs-Zusammenhänge abgeleitet werden, die in der Bestimmung von Kennzahlen und Maßnahmen für jede einzelne Perspektive unter Zuhilfenahme der Wissensbausteine und den daraus abgeleiteten operativen Maßnahmen münden. Der Kontrollmechanismus innerhalb des Wissensmanagements wird auf diese Weise aufgebrochen, so dass der Steuerungsregelkreis auf übergeordneter Ebene des BSC-Managements abläuft. Durch dieses Vorgehen wird zum einen die Lern- und Entwicklungsperspektive der Balanced Scorecard „mit Leben gefüllt, zum anderen gelingt es durch die BSC-Management den Faktor Wissen einer Steuerung zuzuführen, die im Einklang und im Zusammenspiel mit den anderen erfolgsrelevanten Unternehmensfaktoren erfolgt“[674].

In einem zweiten Schritt untersucht *Rose*, inwieweit das prozessbezogene Modell des **Risikomanagements** zur Steuerung von Wissensrisiken ge-

[672] Vgl. Rose (2007), S. 125 f.
[673] Vgl. Rose (2007), S. 126 f.
[674] Rose (2007), S. 131.

eignet ist.[675] Dabei versteht er unter Wissensrisiken die Gefahr, dass durch Ereignisse, Handlungen oder Unterlassungen organisationales Wissen verloren geht, welches für das Erreichen der Unternehmensziele bzw. der erfolgreichen Umsetzung der Strategien relevant ist.[676] Der Prozess des Wissens-Risikomanagements kann in Anlehnung an das Modell des Risikomanagements in die Phasen Wissens-Risikoidentifikation, Wissens-Risikobeurteilung, Wissens-Risikosteuerung und Wissens-Risikoüberwachung gegliedert werden.[677] Die Integration von Wissens-Risikomanagement und Wissenscontrolling erfolgt nach *Rose* primär in der Phase der Identifikation potentieller Wissensrisiken.[678] Dort ist wiederum das Modell der Wissensbausteine von *Probst/Raub/Romhardt* anzusetzen und jeder einzelne Baustein auf seine Risikopotentiale zu untersuchen. Dabei werden die Wissensrisiken nach ihren Wissensarten in sachlich-technische, marktbezogene, organisatorische und personelle Wissensrisiken kategorisiert. „Dieses Vorgehen hat den Vorteil, dass es intern sowie extern verursachte Gefahren mit einbezieht."[679]

Abgeleitet aus dieser Wissens-Risikoidentifikation werden dann im Rahmen der Wissens-Risikobeurteilung die mit den identifizierten Risiken gebildeten Gefährdungspotentiale ermittelt und mit Hilfe von Indikatoren bewertet. Je nach Wissensrisiko werden anschließend Möglichkeiten zu ihrer Steuerung abgeleitet, zu denen die Risikovermeidung, die Risikoverminderung, die Risikoüberwälzung und die Risikotragung zählen.[680] Allerdings übt das Wissenscontrolling nur mittelbaren Einfluss auf die Risikosteuerung aus, indem es die verantwortlichen Manager unterstützt, z.B. durch die risikobezogenen Soll-Ist-Vergleiche oder die Wissensbeschaffung. Die Reaktion auf Abweichungen oder die Initiierung von Maßnahmen zur Reduzierung nicht gewünschter Abweichungen ist allerdings alleinige Aufgabe der Führungskräfte.[681] Wenn z.B. im Rahmen der marktbezogenen

[675] Vgl. im Folgenden Rose (2007), S. 131 ff.
[676] Vgl. Rose (2007), S. 139.
[677] Vgl. Rose (2007), S. 132 sowie die dort angegebene Literatur.
[678] Vgl. Rose (2007), S. 139.
[679] Rose (2007), S. 140.
[680] Vgl. Rose (2007), S. 135.
[681] Vgl. Horvath/Gleich (2000), S. 114.

Wissensrisiken das Wissensrisiko des Verlustes von Kundenwissen durch Kundenverlust durch das Wissenscontrolling identifiziert und diesem Risiko eine hohe Bedeutung beigemessen wird, können loyalitätserhöhende Maßnahmen zur Verminderung des Kundenverlust-Risikos durch das Management eingesetzt werden.

Abschließend betrachtet *Rose* eine Verknüpfung der Methodik des **Benchmarking** mit dem Wissensmanagement. „Benchmarking ist ein kontinuierlicher Prozess, bei dem Produkte, Dienstleistungen und insbesondere Prozesse und Methoden betrieblicher Funktionen über mehrere Unternehmen hinweg verglichen werden. Dabei sollen die Unterschiede zu anderen Unternehmen offengelegt, die Ursachen für die Unterschiede und Möglichkeiten zur Verbesserung aufgezeigt sowie wettbewerbsorientierte Zielvorgaben ermittelt werden. Der Vergleich findet dabei mit Unternehmen statt, die die zu untersuchende Methode oder den Prozess hervorragend beherrschen."[682] *Rose* konstatiert, dass es sowohl im internen als auch externen Benchmarking sowohl auf operativer, strategischer und normativer Ebene unterschiedliche Ansatzpunkte zum Wissensmanagement gibt, woraus er sein Wissensmanagement-Modell mit integrierten Benchmarking-Funktionen ableitet.[683]

Bei diesem Modell erfolgt die strategische Ausrichtung durch das Instrumentarium des Benchmarking, aus dem die relevanten zukünftigen Kompetenzen und Metakompetenzen abgeleitet werden, um daraus auch die übergeordneten strategischen Wissensziele zu generieren. Qualitative Aspekte werden bei diesem Vorgehen von entsprechenden Vergleichsunternehmungen übernommen und modifiziert auf die eigene Unternehmung übertragen. Ein sich daraus abzeichnender Handlungsbedarf sollte sich daraufhin im Bereich der operativen Wissensziele abzeichnen. Die nötigen Maßnahmen ergeben sich allerdings wiederum aus dem Benchmarking, indem Zielvorgaben wie auch die damit verbundenen Maßnahmen einem internen oder externen Abgleich zugeführt werden. „Auf diesem Wege wird

---

[682] Horváth/Herter (1992), S. 4.
[683] Vgl. Rose (2007), S. 176.

die Prozesskette des Benchmarking genutzt, um gezielt einzelne Problemfelder aus dem Wissensmanagement zu bearbeiten."[684] Denkbar wären bspw. Verkaufsprozessbenchmarking zur Wissensgenerierung.

Es bleibt festzuhalten, dass *Rose* durch die Darstellung von Anknüpfungspunkten und Interdependenzen des Wissensmanagements mit dem Controllinginstrument der Balanced Scorecard, der Methodik des Benchmarking sowie des Prozessmodells des Risikomanagements aufgezeigt hat, dass eine Integration der Ressource Wissen in das bestehende Controllinginstrumentarium möglich ist. Insofern versteht er „die in dieser Arbeit empfohlenen Ansätze als wissensorientierte Anpassung von bewährten Systemen"[685] und erhebt nicht den Anspruch, neuartige Steuerungsmechanismen der Ressource Wissen durch das Controlling entwickelt zu haben. Gleichzeitig ergaben seine empirischen Untersuchungen zwar einen erheblichen Handlungsbedarf bei der Entwicklung von Verfahren zur Messung und Bewertung der Ressource Wissen durch das Wissenscontrolling sowie der Implementierung des Wissensmanagements in das Controlling der Unternehmungen.[686]

3.3.3.2.3 Koordinationsorientierter Ansatz des Wissenscontrollings nach *Picot/Neuburger*

Der auf dem koordinationsorientierten Controllingansatz von *Küpper* basierende Ansatz des Wissenscontrollings von *Picot/Neuberger* zielt auf die Fragestellung, „ob und in welcher Weise ein Controlling von Wissen und Wissensmanagement möglich ist und welche Controllinginstrumente hier sinnvoll eingesetzt werden können"[687]. Die Aufgaben des Wissenscontrollings sehen *Picot/Neuburger erstens* in der Steuerung und Koordination der Wissensidentifikation und Wissensbewertung als Basis für die Definiti-

---

[684] Rose (2007), S. 176.
[685] Rose (2007), S. 181.
[686] Vgl. Rose (2007), S. 75 f.. Die deskriptive Befragung wurde im Jahr 2003 bei 369 der im Dax, M-Dax, S-Dax und Nemax notierten Unternehmen am Lehrstuhl für Controlling der Universität Dortmund durchgeführt.
[687] Picot/Neuburger (2005), S. 76.

on und Abgrenzung unternehmensspezifischer Wissensprozesse sowie *zweitens* in der Steuerung und Koordination dieser Wissensprozesse.[688]

Den konzeptionellen Zugang zum Wissenscontrolling stellen *Picot/Neuburger* zunächst über das Bausteinmodell des Wissensmanagements nach *Prost/Raub/Romhardt*. Hiernach obliegt es dem Wissenscontrolling, die Phasen der **Wissensidentifikation und Wissensbewertung** zu steuern und zu koordinieren, um „auf der einen Seite festzulegen ..., welche Wissensfelder und Wissensbereiche für das Unternehmen erfolgsentscheidend sind; auf der anderen Seite sind die auf dieser Basis konkretisierten unternehmensspezifischen Wissensprozesse zu gestalten und verbessern – beides mit unvermeidlicher Unschärfe, aber dennoch mit wichtigen Orientierungsfunktionen“[689]. Zur Identifikation und Bewertung des Wissens greifen die Autoren auf eindimensionale und mehrdimensionale Instrumente des Wissenscontrollings zurück.[690] Zur Identifikation erfolgskritischer Wissenselemente erscheinen *Picot/Neuburger* die eindimensionalen Instrumente nur bedingt geeignet, da sie zum einen realitätsfremd zum anderen durch ihre summarische Bewertung des Wissens „weder Zusammensetzung noch Stellgrößen für eine zielgerichtete Gestaltung von Wissen erkennbar sind“[691]. Demgegenüber zeigen mehrdimensionale Instrumente Ansatzpunkte und Größen für die Identifikation erfolgskritischer Wissenselemente auf, um auf dieser Basis Entwicklungen, Transfer und Austausch von Wissen unternehmensintern und unternehmensextern gezielt gestalten zu können.[692] Sie erfüllen damit eine wichtige Aufgabe des Wissenscontrollings, da sie Indikatoren bilden, die sowohl zur Messung des vorhandenen Wissens als auch zur Identifikation konkreter Stellgrößen für die Gestaltung von Wissen herangezogen werden können. Allerdings muss bei der Erstellung einer Wissensbilanz vorab unterneh-

[688] Vgl. Picot/Neuburger (2005), S. 76 f.
[689] Picot/Neuburger (2005), S. 78.
[690] *Picot/Neuburger* sprechen von deduktiv-summarischen und induktiv-analytischen Instrumenten. In Übereinstimmung zu der in dieser Arbeit verwendeten Einteilung der Instrumente des Wissenscontrolling wird im Folgenden von eindimensionalen Instrumenten i.S. der deduktiv-summarischen Instrumente und von mehrdimensionalen Instrumenten i.S. der induktiv-analytischen Instrumente gesprochen.
[691] Picot/Neuburger (2005), S. 80.
[692] Vgl. Picot/Neuburger (2005), S. 80.

mensindividuell definiert werden, welche Wissensressourcen in den drei Bereichen Human-, Struktur- und Beziehungskapital vorhanden sind, um dann zu prüfen, welchen Wert sie für die Wertschöpfung haben und wie ihre Entwicklung, ihr Erwerb und ihr Transfer zielorientiert gestaltet werden können.[693]

Im Anschluss an die Identifikation und Bewertung des Wissens erfolgt die effiziente **Steuerung und Koordination der Wissensprozesse** durch das Wissenscontrolling:[694] Dies kann zum einen dadurch erfolgen, dass diese Wissensprozesse einer Kosten-Nutzen-Analyse unterzogen werden, um zu prüfen, ob die definierten Wissensprozesse zielorientiert sind bzw. welche Verbesserungspotentiale erkennbar sind. Zum anderen sind organisatorische und technische Strukturen zu schaffen, die die Wissensprozesse unterstützen und den gewünschten Erwerb, Austausch und Transfer von Wissen ermöglichen. „Denn unabhängig davon, wie Wissensprozesse definiert sind und ablaufen; ihre effiziente und effektive Realisierung gelingt nur, wenn Strukturen existieren, die ihre Realisierung unterstützen und nicht behindern.“[695] Wurde bspw. auf der Basis einer Wissensbilanz der regelmäßige Austausch mit Kunden im Rahmen von Workshops als wichtiger Wissensprozess definiert, ist es Aufgabe des Wissenscontrollings, einerseits zu prüfen, ob der Aufwand für die durchgeführten Workshops den daraus gezogenen Nutzen i.S. von Zuwachs an relevantem Wissen rechtfertigen. Andererseits ist zu prüfen, ob die vorhandenen technischen, personellen und organisatorischen Strukturen den Zugang und die Weiterleitung des kundenbezogenen Wissens ermöglichen. Die Autoren weisen in diesem Zusammenhang auf das Problem der Wirtschaftlichkeit der Kosten/Nutzen-Analyse für Wissensprozesse hin, da erst durch eine längerfristige Anwendung dieser Methode die Isolierung des Anteils einzelner Einflussfaktoren an der Indikatorveränderung erfolgen kann und damit die Messung der Effizienz und Effektivität der Wissensprozesse möglich ist.

---

693 Vgl. Picot/Neuburger (2005), S. 81.
694 Vgl. Picot/Neuburger (2005), S. 81 f.; Picot/Fiedler (2000), 15 ff.
695 Picot/Neuburger (2005), S. 82.

Es bleibt festzuhalten, dass *Picot/Neuburger* dem Wissenscontrolling in Anlehnung an das Bausteinmodell von *Probst/Raub/Romhardt* die Aufgaben der Steuerung der Wissensidentifikation und Wissensbewertung als Basis für die Definition und Abgrenzung unternehmensspezifischer Wissensprozesse zusprechen. Gleichzeitig zählen sie mit Blick auf den koordinationsorientierten Controllingansatz die systembildende und systemkoppelnde Koordination und Steuerung der Wissensprozesse zu den Aufgaben des Wissenscontrollings. Damit erweitern sie das bis dato vorherrschende Verständnis des Wissenscontrollings explizit um die Controllingfunktion der systembildenden und systemkoppelnden Koordination. Gleichzeitig zeigen die Autoren, dass der Einsatz von mehrdimensionalen Controllinginstrumenten im Sinne eines „Anregungs- und SystematisierungsPotentials (sinnvoll) ist; die Vielzahl an Einflussfaktoren die Praktikabilität der Methoden jedoch erschwert“[696]. In diesem Sinne sehen sie weiteren Forschungsbedarf bei der praktischen Anwendung der Instrumente des Wissenscontrollings zur Abgrenzung und Steuerung der unternehmensspezifischen Wissensprozesse.

3.4 Zwischenergebnisse

Die vorangegangenen Ausführungen haben gezeigt, dass eine einheitliche Verwendung des Wissensbegriffs sowie eine weitgehend konsensfähige Differenzierung von Wissenskategorien aufgrund unterschiedlicher Erkenntnisinteressen und disziplinspezifischer Perspektive in der Literatur gegenwärtig nicht vorhanden sind. Dieser mangelnde Konsens erschwert gleichzeitig die Abgrenzung und Definition des Begriffs „Kundenwissen“. Hinzu kommt, dass die in der Betriebswirtschaftslehre häufig vorgenommene Abgrenzung von Wissen als kognitive Verarbeitung von Informationen insofern in dieser Arbeit zu kurz kommt, als das hiermit eine Beschränkung des Wissens- und gleichsam des Kundenwissensbegriffs auf die menschliche Kognitionsleistung verbunden ist (anthropozentrischer Wissensbegriff). In neueren Veröffentlichungen zum Wissensmanagement

[696] Picot/Neuburger (2005), S. 84.

wird daher gefolgert, dass Wissen als strukturierte, sinnvoll vernetzte Information ebenfalls in entpersonalisierter Form gespeichert und weitergegeben werden kann. Demzufolge ist Wissen bspw. in Dokumenten, Prozessen, Datenbanken oder System verkörpert. Die Betrachtung sowohl personeller als auch nicht-personeller Wissensträger unterstützt die Schlussfolgerung, dass ein individualisiertes Wissensverständnis für den Kontext eines Kundenwissenscontrollings zu eng gefasst ist.

Die Differenzierung unterschiedlicher Wissenskategorien verwies auf den Sachverhalt, dass Wissen in vielen Fällen nicht vollständig bewusst und artikulierbar ist, sondern Teilbereiche des Wissens verborgen, nicht artikulierbar und nicht beobachtbar sind. Da auf diesem Wissen beruhende Fähigkeiten von den Wettbewerbern nicht imitierbar sind, erlangen die Unternehmungen gemäß dem wissensbasierten Ansatz einen langfristigen Wettbewerbsvorteil, den es zu bewahren gilt. Ausgehend von diesen Vorüberlegungen soll der Kundenwissensbegriff in der vorliegenden Arbeit wie folgt verwendet werden:

Kundenwissen umfasst dasjenige explizite und implizite Wissen, das mit dem gesamten Kundenpotential in Verbindung steht. Kundenwissen stützt sich auf kontextgebundene Kundeninformationen und berücksichtigt darüber hinaus die personengebundenen Erfahrungen, Einstellungen, Fähigkeiten und Fertigkeiten der Kunden an sich sowie der Mitarbeiter über den Kunden. Dabei wird zwischen dem unternehmensinternen und unternehmensexternen Wissen über, des und für den Kunden unterschieden, das in personellen und nicht-personellen Wissensträgern gespeichert werden kann.

Der so verstandene Kundenwissensbegriffs impliziert, dass ...

(1) ... Kundenwissen eine wechselseitige Kombination aus kontextgebundenen Informationen sowie alten und neuen menschlichen Erfahrungen, Einstellungen, Fähigkeiten und Fertigkeiten darstellt. Das Zusammenspiel dieser Wissenskomponenten in permanenten Beurtei-

lungsprozess von Sachverhalten, Ereignissen und Phänomenen ist erforderlich, um neues Wissen zu generieren.

(2) ... Kundenwissen zwar auf Informationen und damit Daten basiert; ohne menschliche Erfahrungen, Einstellungen, Fähigkeiten und Fertigkeiten aber kein neues Wissen generiert werden kann. Andererseits ist das Individuum als personeller Wissensträger auf Informationen angewiesen, auf denen seine theoretischen Kenntnisse basieren.

(3) ... zwischen explizitem und implizitem Wissen zu unterscheiden ist und diese Wissenskategorien nicht isoliert voneinander betrachtet werden können. Während explizites Wissen artikulierbar, transferierbar, archivierbar und reproduzierbar ist, gilt dieses für implizites Wissen nicht ohne weiteres. Explizites Wissen stellt die in nicht-personellen Wissensträgern gespeicherten Informationen dar, wohingegen implizites Wissen die in den Köpfen der personellen Wissensträger gespeicherte Einstellungen, Erfahrungen und Wertvorstellungen umfasst. Beide Wissenskategorien bilden das gesamte Spektrum an Wissen ab und bilden die Grundlage für die Entstehung neuen Wissens.

(4) ... die Kundenwissensbasis von Individuen aus Informationen und menschlichen Erfahrungen, Einstellungen, Fähigkeiten und Fertigkeiten besteht. Demgegenüber umfasst die Kundenwissensbasis der Unternehmung zunächst die in nicht-personellen Wissensträgern gespeicherten Informationen, die um die artikulierten und nicht-artikulierten menschlichen Erfahrungen ihrer Mitarbeiter erweitert wird.

(5) ... im Hinblick auf die Kundenwissensbasis der Unternehmung zwischen unternehmensinternem und unternehmensexternem Wissen zu unterscheiden ist. Während das unternehmensinterne Wissen das im Unternehmen bereits in nicht-personellen und personellen Wissensträgern vorhandene Wissen über und für die Kunden umfasst, stellt das unternehmensexterne Wissen der und für die Kunden solches Wissen dar, dass unternehmensexternen personellen und nicht-personellen Wissensträgern gehört.

(6) ... die individuelle und unternehmensspezifische Kundenwissensbasis einer stetigen Dynamik unterliegt. Sofern sich die Wissensinhalte oder die Wissensverfügbarkeit verändert, variiert der individuelle und unter-

nehmensspezifische Wissensbestand. Ebenso verhält es sich bei Veränderungen, die in der Umwelt des Individuums oder der Unternehmung stattfinden.

Kundenwissen entsteht in einem **geschlossenen Kreislauf der Transformation**, indem zunächst durch die Erfassung des Wissens der Kunden Wissen über den Kunden entsteht und in der organisationalen Kundenwissensbasis gespeichert, verteilt und durch die Unternehmensführung genutzt wird. Durch die Entwicklung, Bereitstellung und Kommunikation von Wissen für den Kunden sollen anschließend dessen Wissenslücken geschlossen werden, so dass neues Wissen der Kunden resultiert. Dabei entsteht organisationales Kundenwissen erst durch den stetigen Transformationsprozess von impliziten Wissen des einzelnen Individuum in explizites Wissen des gesamten Unternehmens und umgekehrt. Die Aufgabe der Unternehmung besteht darin, die Mitarbeiter und Kunden zu motivieren, ihr individuelles Wissen in der Interaktion mit anderen Individuen zu kommunizieren und damit weiterzugeben, indem es kreative Prozesse unterstützt und entsprechende Strukturen zur Wissensschaffung zur Verfügung stellt. Erst durch die Verteilung und Verstärkung des Wissens innerhalb sich vergrößernder Interaktionsgemeinschaften, die auch über die Grenzen der Unternehmung hinausgehen, erfolgt die Transformation von individuellem Wissen zu Unternehmenswissen. Dieser als Spirale zur Wissensschaffung in der Unternehmung bezeichnete Prozess ist für die Entstehung von Kundenwissen insofern relevant, da er einerseits den Stellenwert von implizitem Wissen des Kunden und Mitarbeiters für die Wissensbasis des Unternehmens verdeutlicht. Erst durch die Interaktion zwischen der Unternehmung und dem Kunden wird das implizite Wissen des Kunden durch Externalisierung zu explizitem Wissen über den Kunden und darüber hinaus durch Internalisierung zu impliziten Wissen über den Kunden transformiert. Andererseits bildet die Wissensbasis des Unternehmens nur dann das gesamte Kundenwissen ab, wenn der dynamische Interaktionsprozess zwischen Kunden und Unternehmen bzw. seiner individuellen Mitarbeiter über die Unternehmensgrenzen hinaus auf den Kunden ausgeweitet wird. Andernfalls liegt ausschließlich unternehmensinternes explizites und implizites Wissen über den Kunden vor.

Ferner haben die Ausführungen gezeigt, dass nicht das direkte Management von Wissen der Stellhebel ist. Denn die Ressource Wissen an sich kann selber nicht gemanagt werden. Vielmehr sind es die mit dem Wissen in Beziehung stehenden **Wissensprozesse** und die dahinter stehenden Aktivitäten und Maßnahmen, die initiiert, gestaltet, gesteuert, koordiniert und optimiert werden. Diese Wissensprozesse dienen dem Aufbau einer **intelligenten Wissensbasis** in der Unternehmung, die die impliziten und expliziten Wissensbestände der personellen und nicht-personellen Wissensträger umfasst, mit einander vernetzt und an den relevanten Stellen zur Verfügung stellt. Eine intelligente Wissensbasis besitzt die Fähigkeit, neuen Herausforderungen bedingt durch ihre Dynamik mit strukturellen Veränderungen innerhalb und außerhalb der Unternehmung begegnen zu können.

Insofern herrscht in der Literatur weitgehend Einigkeit darüber, dass sich das Management der Ressource Wissen in verschiedenen Wissensmanagementprozessen vollzieht. Sofern dem koordinationsorientierten Controllingverständnis gefolgt wird, übernimmt das **Wissenscontrolling** die Koordination und Steuerung der Wissensprozesse. In diesem Fall besteht die Aufgabe des Wissenscontrollings im Aufbau einer intelligenten Wissensbasis, die die unternehmensinternen und unternehmensexternen impliziten und expliziten Wissensbestände der personellen und nicht-personellen Wissensträger umfasst. Die Wissensbestände stützen sich auf die in nicht-personellen Wissensträgern gespeicherten Informationen und werden um die Erfahrungen, Einstellungen, Fähigkeiten und Fertigkeiten der personellen Wissensträger erweitert. Gleichzeitig berät und unterstützt das Wissenscontrolling das Wissensmanagement im gesamten Wissensmanagementprozess. Als ausschlaggebend für die Effizienz und Effektivität der Wissensprozesse wird die Messung und Bewertung der Ressource Wissen angesehen, die jedoch durch die Problematik bei der exakten Abgrenzung ihrer relevanten Eigenschaften und deren individuellen Bewertung anhand geeigneter Indikatoren erschwert wird.

Wird dieses koordinationsorientierte Verständnis von Wissenscontrolling auf das Controlling der Ressource Kundenwissen übertragen, so wird der Forschungsbedarf offensichtlich: Zwar herrscht in der Literatur weitgehend Einigkeit über die Abgrenzung der Ressource Kundenwissen sowie über ein an das Wissensmanagement angelehntes prozessorientiertes Verständnis von Kundenwissensmanagement. Eine konzeptionelle Erarbeitung eines Kundenwissenscontrollings liegt in der Literatur bislang jedoch nicht vor. Insofern soll diese Forschungslücke im weiteren Verlauf der Arbeit geschlossen werden, um sowohl der Wissenschaft als auch der Praxis eine theoretisch-fundierte Konzeption eines Kundenwissenscontrollings zur Verfügung zu stellen.

4 Entwicklung der Konzeption des Kundenwissenscontrollings

4.1 Grundlagen und Definition des Kundenwissenscontrollings

Bevor eine Konzeption des koordinationsorientierten Kundenwissenscontrollings entwickelt werden kann, sind zunächst grundlegende Überlegungen anzustellen:

- Welche Elemente umfasst eine Controllingkonzeption grundsätzlich?
- Welche grundlegenden Implikationen ergeben sich aus dem koordinationsorientierten Controllingverständnis für die Definition des koordinationsorientierten Kundenwissenscontrollings?
- Welche Charakteristika weißt das Kundenwissen als spezifisches Betrachtungsobjekt des Kundenwissenscontrollings auf?

Eine Konzeption lässt sich grundsätzlich als ein praktisch-normatives Aussagensystem charakterisieren, das in gestalterischer Ansicht theoretische Aussagen aufgreift und diese mit normativen Postulaten verknüpft, um diese dann auf die Praxis zu beziehen.[697] Eine Konzeption ist demnach „... ein System von Aussagen ..., welches die Grundlinien einer Sachverhaltsgestaltung als Mittel zur Erreichung einer bestimmten Zielsetzung formuliert“[698]. Daher stellen Controllingkonzeptionen i.d.R. gedankliche Modelle dar, die einen Zusammenhang aus bestimmten Grundbegriffen konstruieren.[699] Dabei sind die Mittel-Zweck-Beziehungen zentral für diese Modelle, deren Gültigkeit im Rahmen bestimmter Kontexte formuliert wird. Eine Controllingkonzeption ist somit ein Aussagensystem, das eine finale Beziehung zwischen dem Gegenstand des Controllings und seiner betriebswirtschaftlichen Zwecksetzung herstellt.[700] Dabei wird eine mehrdimensio-

---

[697] Vgl. Küpper (2008), S. 8 f.
[698] Harbert (1982), S. 140.
[699] Vgl. Amshoff (1993), S. 77.
[700] Vgl. Harbert (1982), S. 140.

nale Kennzeichnung anhand der funktionalen, instrumentalen und institutionalen Perspektive bevorzugt.[701]

Mit Blick auf die **Konzeption des Kundenwissenscontrollings** folgt hieraus unmittelbar, dass sich ihr Inhalt und ihre Struktur dahingehend konkretisieren lassen, dass sie Aussagen über die **funktionale und instrumentale Gestaltung** des Kundenwissenscontrollings umfassen. Folglich beinhaltet die Konzeption des Kundenwissenscontrollings Aussagen über die zielorientierte Zuordnung von Aufgaben und Instrumenten zum Gegenstandsbereich des Kundenwissenscontrollings. Vor diesem Hintergrund erfolgt die Entwicklung einer Konzeption des Kundenwissenscontrollings anhand der folgenden **Elemente**:

- Identifikation einer eigenständigen **Problemstellung,**
- Formulierung der mit der Problemstellung verfolgten **Ziele** des Kundenwissenscontrollings,
- zielorientierte Ableitung der kundenwissensorientierten **Aufgaben**, die das Kundenwissenscontrolling zu deren Erreichung auszuführen hat sowie
- Systematisierung der kundenwissensorientierten **Instrumente**, die das Kundenwissenscontrolling zur Unterstützung der Zielerreichung und Aufgabenerfüllung einsetzt.

Auch wenn die Diskussion über die Ausgestaltung einer Controllingkonzeption in der Literatur noch nicht beendet ist,[702] wird in der vorliegenden Arbeit der in der Wissenschaft vielfältig diskutierte und gelehrte koordinationsorientierte Controllingansatz dem Kundenwissenscontrolling zugrundegelegt.[703] Die Autoren *Eschenbach*, *Horváth* und *Küpper* werden

---

[701] Vgl. Küpper/Weber/Zünd (1990), S. 283; Becker (1990), S. 313. Auf die Darstellung der institutionalen Perspektive wird mit Blick auf die vornehmlich funktional-instrumentell orientierten Anforderungen an einen eigenständigen betriebswirtschaftlichen Gegenstandsbereich verzichtet und weiteren Forschungsvorhaben überlassen.

[702] Vgl. hierzu Kap. 2.1.2.

[703] Die Autorin hat sich für den koordinationsorientierten Controllingansatz entschieden, da sie das Wesen des Controllings in der *systembildenden* und *systemkoppelnden* Koordination der Managementaktivitäten begründet sieht (vgl. Kap. 2.1.3.). Diese Differenzierung des Koordinationsaspektes beinhaltet eine umfassendere Koordinations-

u.a. von *Braunstein* als deutschsprachige Pioniere des koordinationsorientierten Controllingverständnisses bezeichnet, so dass ihre Werke zweifellos als Controlling-Standardwerke bezeichnet werden können.[704]

Das **koordinationsorientierte Controllingverständnis** zerlegt zur Bewältigung der Komplexität das System Unternehmung zunächst in seine Teilsysteme.[705] Die Koordinationsorientierung bei der Controlling-Konzeption bedeutet die Fokussierung auf eine wertorientierte Koordination der Teilsysteme der Unternehmensführung,[706] wobei das Controllingsystem an sich als Subsystem der Unternehmensführung betrachtet wird. Die primäre Ausrichtung des Controllings erfolgt an den Wertzielen der Unternehmung als oberste Unternehmensziele.[707]

Grundsätzlich wird in der Literatur zwischen einem Ausführungs- und Führungssystem der Unternehmung unterschieden.[708] Der Unternehmensführung (Führungssystem) obliegt die Primärkoordination, die die Zielformulierung und die Ausrichtung des Ausführungssystems zum Gegenstand hat.[709] Das Ziel des Controllings besteht darin, die Führung durch Koordination des Führungssystems (Sekundärkoordination) bei der Koordination

---

funktion als dies bei den informations-, rationalitäts- und reflexionsorientierten Controllingkonzeptionen der Fall ist und erscheint insofern zielführender für die Entwicklung einer Konzeption des Kundenwissenscontrollings (vgl. Kap. 2.1.2.). Darüber hinaus hat eine Untersuchung von *Hirsch* unter Universitätsprofessoren gezeigt, dass die koordinationsorientierte Controllingtheorie in den Lehrveranstaltungen an deutschsprachigen Universitäten in Deutschland, Österreich und der Schweiz dominiert (vgl. Hirsch (2004), S. 78).

704 Vgl. Horváth (2011), Küpper (2008), Braunstein (2004), Eschenbach/Niedermayr (1996).

705 Ein System stellt eine geordnete Gesamtheit von Elementen dar, zwischen denen Beziehungen bestehen oder hergestellt werden können (vgl. Ulrich (1970), S. 105). Zu den Grenzen und Aussagemöglichkeiten des Systemansatzes als Grundlage des koordinationsorientierten Controllingsverständnisses vgl. Horváth (2011), S. 81 ff.

706 In der Literatur zum koordinationsorientierten Controllingverständnis herrscht kein Konsens über die für das Controlling relevanten Teilsysteme des Führungssystems. Während *Horváth* das Führungssystem in das Planungs-, Kontroll- und Informationsversorgungssystem differenziert (vgl. Horváth (2011), S. 93 ff.), betrachtet *Küpper* darüber hinaus noch das Organisations- und Personalführungssystem (vgl. Küpper (2008), S. 29 ff.).

707 Vgl. Alter (2011), S. 13 f.; Horváth (2011), S. 3 ff.; Küpper (2008), S. 3 ff. Nach *Horváth* handelt es sich bei der Wertorientierung um eine Form der Ergebniszielorientierung (vgl. Horváth (2011), S. 122 ff.).

708 Vgl. Horváth (2011), S. 93 ff., Küpper (2008), S. 25 ff.

709 In der Literatur werden die Begriffe Führungssystem und Managementsystem synonym verwendet (vgl. Küpper (2008), S. 29; Friedl (2003), S. 166; Kirsch (1992), S. 153 ff.).

der Ausführungshandlungen (Primärkoordination) zu unterstützen. „Die Führungsunterstützungsfunktion des Controllings kann dahingehend differenziert werden, dass das Controlling dem jeweiligen Manager sowohl Wissen zur Unterstützung eigener Entscheidungen (Entscheidungsunterstützung) als auch zur Beeinflussung fremder Entscheidungen (Entscheidungsbeeinflussung) liefert.“[710]

Durch die Erweiterung des Systemansatzes um die Prozessorientierung wird zusätzlich eine Bestimmung der funktionalen Aufgabenstellung des abzuleitenden Kundenwissenscontrollings ausgehend von den kundenorientierten Wissensprozessen ermöglicht und somit eine konsequente Ausrichtung sämtlicher Controllingprozesse an den Bedürfnissen der Kunden gewährleistet.[711] Mit Blick auf die Frage, welche Aufgaben des koordinationsorientierten Kundenwissenscontrollings zu unterscheiden sind und welcher Zusammenhang zwischen ihnen besteht, wird in diesem Sinne von Controlling als funktionalem System gesprochen.[712] Vor dem Hintergrund des koordinationsorientierten Controllingverständnisses wird Kundenwissenscontrolling wie folgt definiert:

Das **koordinationsorientierte Kundenwissenscontrolling** kann – funktional gesehen – grundsätzlich definiert werden als dasjenige Subsystem der kundenorientierten Unternehmensführung, das die kundenwissensorientierte Planung und Kontrolle sowie Kundenwissensversorgung systembildend und systemkoppelnd kundenwertorientiert koordiniert und so die Adaption und Koordination des Gesamtsystems unterstützt.[713]

Auf der Grundlage der in den vorangegangenen Kapiteln gewonnenen Erkenntnissen des Wissens- und Kundenwissensmanagements weist das **Kundenwissen** die folgenden **Charakteristika** auf, die von seinen Formen, Kategorien und Komponenten geprägt werden und für die die Wis-

---

710 Lingnau (2010), S. 16 f.
711 Vgl. Horváth (2011), S. 95 ff.
712 Im Unterschied hierzu befasst sich das institutionale Controllingsystem mit der Frage, wer zu welchem Zeitpunkt welche Controllingaufgaben übernehmen soll (vgl. Horváth (2011), S. 93).
713 In Anlehnung an Horváth (2011), S. 129 sowie Kap. 2.1.2.

sensträger und die Herkunft des Kundenwissens eine Rolle spielen:[714] Als **Formen des Kundenwissens** wird das Wissen über, der und für die Kunden angesehen. Die **Kategorien von Kundenwissen** umfassen das explizite und implizite Wissen. Jede Form des Kundenwissens kann in expliziter oder impliziter Ausprägung vorhanden sein, wobei nicht-personelle Wissensträger ausschließlich über explizites Kundenwissen, personelle Wissensträger über explizites und implizites Kundenwissen verfügen. Während das Wissen der Kunden ausschließlich unternehmensexternes Wissen darstellt, stellt das Wissen über und für den Kunden unternehmensinternes und –externes Wissen dar.

Zu den **Komponenten des Kundenwissens** werden im Folgenden die Informationskomponente und die Anreicherungskomponente gezählt (Vgl. Abb. 30).

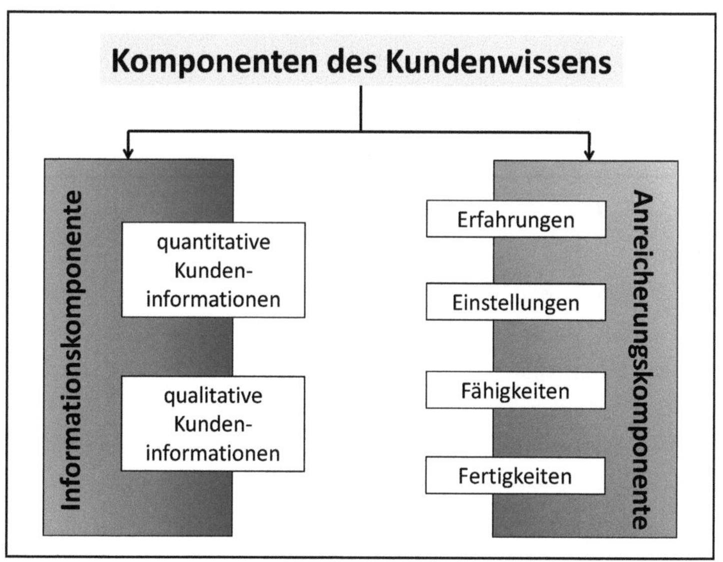

Abb. 30: Komponenten des Kundenwissens

[714] Vgl. Kap. 3.2. und 3.3.

Während die **Informationskomponente** die expliziten quantitativen und qualitativen Kundeninformationen als Elemente umfasst, beinhaltet die **Anreicherungskomponente** die expliziten und impliziten Erfahrungen, Einstellungen, Fähigkeiten und Fertigkeiten der personellen Wissensträger. Der vorliegenden Arbeit liegt das Verständnis zugrunde, das Kundenwissen erst durch die Kombination der Informationskomponente mit der Anreicherungskomponente entsteht. Wird eine der beiden Wissenskomponenten isoliert betrachtet, liegt definitionsgemäß kein Kundenwissen vor.

Aus diesen Annahmen heraus folgt, dass es sich bei dem in nichtpersonellen Wissensträgern der Unternehmung gespeicherten Wissen ausschließlich um quantitative oder qualitative Kundeninformationen handelt, die isoliert betrachtet definitionsgemäß nicht das Betrachtungsobjekt des Kundenwissenscontrollings darstellen. Vergleichbares gilt für die Erfahrungen, Einstellungen, Fähigkeiten und Fertigkeiten der personellen Wissensträger, bei dem es sich definitionsgemäß ausschließlich um die isolierte Anreicherungskomponente des Kundenwissens handelt. Erst aus der Ergänzung der Informationskomponente um die Anreicherungskomponente entsteht das Kundenwissen, das zum **Betrachtungsobjekt des Kundenwissenscontrollings** wird.

Diese Ergänzung erfordert die Umwandlung des in der Anreicherungskomponente vorhandenen impliziten Wissens in explizites Kundenwissen. Erst durch **Externalisierung** werden die Erfahrungen, Einstellungen, Fähigkeiten und Fertigkeiten der Kunden und Mitarbeiter als personelle Wissensträger artikulierbar, transferierbar, archivierbar und reproduzierbar und somit den Aktivitäten des Kundenwissenscontrollings zugängig.[715] Neues explizites Kundenwissen kann durch **Kombination** mit bereits vorhandenem explizitem Kundenwissen entstehen. Die Voraussetzung für die Planung, Kontrolle und Kundenwissensversorgung des Kundenwissenscontrollings stellt die Vorlage von explizitem unternehmensinternem und

[715] Vgl. Kap. 3.2.3.2.1.

unternehmensexternem Wissen über, der und für die Kunden der personellen und nicht-personellen Wissensträger dar. Darüber hinaus unterstützt das Kundenwissenscontrolling die kundenorientierte Unternehmensführung bei der **Sozialisation** von implizitem Kundenwissen, indem es im Rahmen der Kundenwissensversorgungsfunktion die Transparenz über vorhandene Erfahrungen, Einstellungen, Fähigkeiten und Fertigkeiten der Mitarbeiter und Kunden erhöht. Gleichzeitig wird der Lernprozess der Kunden und Mitarbeiter gefördert, indem das explizite Kundenwissen durch **Internalisierung** zu implizitem Kundenwissen gewandelt wird.

Ein **Beispiel** soll dieses grundlegende Verständnis von Kundenwissen als Betrachtungsobjekt des Kundenwissenscontrollings verdeutlichen: Die in den Beschwerdedatenbänke gespeicherten quantitativen und qualitativen Kundeninformationen bspw. über die Anzahl der Beschwerden pro Kunde oder die Art der Beschwerde (z.B. bzgl. der Freundlichkeit der Mitarbeiter oder der unternehmenspezifischen Umtauschregelung) stellen für sich genommen noch kein Kundenwissen dar. Erst wenn diese Beschwerdeinformationen bspw. um die Erfahrungen des Mitarbeiters, die dieser im Verkaufsgespräch mit dem sich beschwerenden Kunden gewonnen hat, angereichert werden, entsteht zunächst **implizites unternehmensinternes Wissen des Mitarbeiters über den Kunden**. Sofern der Mitarbeiter sein Wissen artikuliert, z.B. im Gespräch mit seinem Vorgesetzten, entsteht **explizites Wissen über den Kunden**, das in der organisationalen Kundenwissensbasis gespeichert werden kann. Wenn der Kunde darüber hinaus im Beschwerdegespräch mit dem Mitarbeiter z.B. im Schuheinzelhandel erzählt, dass er den neu gekauften Schuh umtauscht, weil er Blasen bekommen hat und sich somit über die Passform des Schuhs beschwert, entsteht **explizites unternehmensexternes Wissen der Kunden**. Gleichzeitig macht der Mitarbeiter die implizite Erfahrung, dass der Kunde u.a. einen für diesen Schuh zu breiten Fuß hat und wird ihm zukünftig breiter gearbeitete Schuhe anbieten. In diesem Fall führt die Anreicherung der expliziten qualitativen Beschwerdeinformation des Kunden (mangelhafter Tragekomfort des beanstandeten Schuhs) unter Anreicherung der impliziten Erfahrung des Mitarbeiters (Kunde besitzt einen breiten, zu Blasen neigenden Fuß) zu **implizitem unternehmensinternem Wissen über den Kunden.** Wenn der Mitarbeiter dem Kunden daraufhin einen breit gearbeiteten Schuh einer speziellen Firma zeigt und auf seine Erfahrungen über den hiermit verbundenen Tragekomfort aus den Verkaufsgesprächen mit anderen Kunden hinweist, entsteht aus der Anreicherung der qualitativen Beschwerdeinformation mit den nunmehr expliziten, da artikulierten Erfahrungen der Mitarbeiter (hohe Tragekomfort breit gearbeiteter Schuhe) **explizites unternehmensinternes Wissen für den Kunden**. Gleichzeitig kann sich die implizite Einstellung des Kunden zur Unternehmung aufgrund einer kulanten Umtauschregelung und der Freundlichkeit der Mitarbeiter im Beschwerdegespräch verändern, so dass aus der Anreicherung der qualitativen Beschwerdeinformation des Kunden mit seiner impliziten Einstellung zur Umtauschregelung der Unternehmung (freundliche und kulante Beschwerdeabwicklung) **implizites unternehmensexternes Wissen des Kunden** wird. Die Unternehmung kann dieses Wissen erfassen, sobald der Kunde seine Erfahrungen als Element der Anreicherungskomponente artikuliert.

Aus diesen grundlegenden Überlegungen heraus und zur weiteren Eingrenzung des koordinationsorientierten Kundenwissenscontrollings resultiert die im Folgenden dargestellte Problemstellung und Zielsetzung des Kundenwissenscontrollings.

4.2 Problemstellung und Ziele des Kundenwissenscontrollings

Grundsätzlich besteht die spezifische Problemstellung des koordinationsorientierten Controllings in der Koordination des Führungssystems zur Sicherstellung einer zielgerichteten Lenkung des Ausführungssystems durch das Führungssystem.[716] Insofern unterstützt das Kundenwissenscontrolling die kundenorientierte Unternehmensführung dabei, ihre auf den Kunden und das mit ihm verbundene Kundenwissen gerichteten Ausführungs-

[716] Vgl. Küpper (2008), S. 30 f.

handlungen auf das oberste wertorientierte Unternehmensziel auszurichten. In diesem Sinne besteht die **spezifische Problemstellung des Kundenwissenscontrollings** in der Koordination des kundenorientierten Führungssystems zur Sicherstellung einer auf Kundenwissen basierenden kundenwertorientierten Lenkung der Unternehmung durch die kundenorientierte Unternehmensführung.

Dem koordinationsorientierten Controllingverständnis folgend besteht das grundlegende Ziel des Controllings in der Befähigung der Unternehmensführung durch Sekundärkoordination zur Primärkoordination.[717] Entsprechend unterstützt das Kundenwissenscontrolling die kundenorientierte Unternehmensführung durch die Steuerung der Kundenwissensprozesse bei ihren auf die Steigerung der Kundenwerte ausgerichteten Ausführungshandlungen. Das **Ziel** des koordinationsorientierten Kundenwissenscontrollings liegt folglich in der Führungsunterstützung der kundenorientierten Unternehmensführung durch die systembildende und systemkoppelnde Koordination des kundenwissensorientierten Planungs-, Kontroll- und Kundenwissensversorgungssystems zur Steigerung der Kundenwerte aus Unternehmenssicht. Hieraus ergibt sich unmittelbar das Sachziel des Kundenwissenscontrollings, das in der Sicherung und Erhaltung der Koordinations-, Reaktions- und Adaptionsfähigkeit der kundenorientierten Unternehmensführung besteht. Abb. 31 veranschaulicht zusammenfassend die spezifische Problemstellung und Zielsetzung des Kundenwissenscontrollings.

Zur Realisierung der Ziele des Kundenwissenscontrollings lassen sich die nachfolgend beschriebenen Aufgaben des Kundenwissenscontrollings ableiten, zu denen dem koordinationsorientierten Controllingverständnis folgend die Koordinations-, Planungs- und Kontroll- sowie Kundenwissensversorgungsfunktion gezählt werden.

[717] Vgl. Horváth (2011), S. 109; Küpper (2008), S. 28 ff.; Ahlert (1997), S. 61; Küpper/Weber/Zünd (1990), S. 283 f.

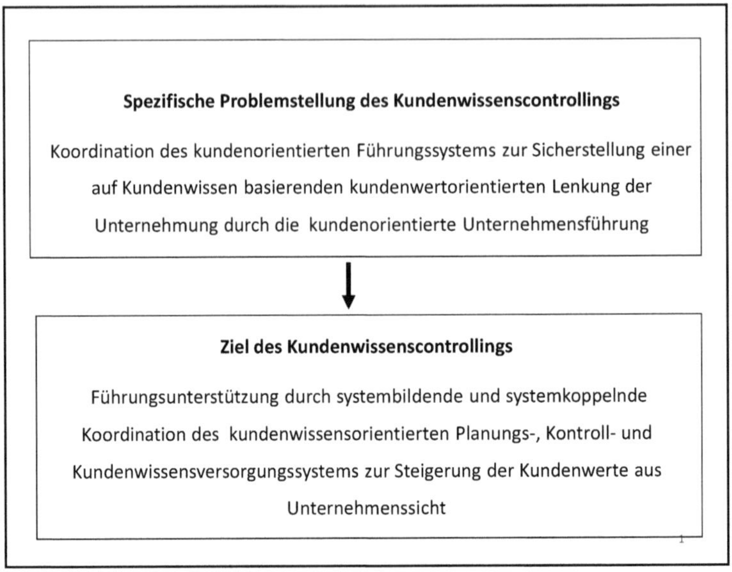

Spezifische Problemstellung des Kundenwissenscontrollings

Koordination des kundenorientierten Führungssystems zur Sicherstellung einer auf Kundenwissen basierenden kundenwertorientierten Lenkung der Unternehmung durch die kundenorientierte Unternehmensführung

↓

Ziel des Kundenwissenscontrollings

Führungsunterstützung durch systembildende und systemkoppelnde Koordination des kundenwissensorientierten Planungs-, Kontroll- und Kundenwissensversorgungssystems zur Steigerung der Kundenwerte aus Unternehmenssicht

Abb. 31: Problemstellung und Ziel des Kundenwissenscontrollings

4.3 Aufgaben des Kundenwissenscontrollings

Zur Ableitung der Aufgaben des Kundenwissenscontrollings sind zusätzlich die Erkenntnisse der wissensbasierten Forschung relevant.[718] Hiernach wird die Ressource Wissen als entscheidendes strategisches Erfolgspotential der Unternehmung betrachtet, so dass die spezifische Wissensausstattung der Unternehmung die wesentliche Voraussetzung zur Generierung von langfristigen Wettbewerbsvorteilen darstellt.[719] „Ein strategisches Wissensmanagement betrachtet Wissen als eine gestaltbare Ressource der Unternehmung und verfolgt die Zielsetzung, die organisationale Wissensbasis zur Grundlage von Wettbewerbsvorteilen zu erheben. Wird daher die Ressource Wissen als ein Mittel verstanden, mit dem Wettbewerbsvorteile aufgebaut werden können, dann muss der strategische Umgang mit der Ressource Wissen auch dort verankert werden, wo

[718] Vgl. Kap. 1.3.
[719] Vgl. Bamberger/Wrona (2012), S. 50 f.; Schmid/Kutschker (2002), S. 1242; Kirsch (1993), Sp. 4096.

die strategischen Grundsatzentscheidungen der Unternehmung getroffen werden."[720] Folglich stellt die konsequente Ausrichtung aller Unternehmensaktivitäten auf den Aufbau und die Pflege einer spezifischen Ausstattung der Unternehmung mit Wissen der, über und für die Kunden die Voraussetzung zur Erzielung langfristiger Wettbewerbsvorteile dar und dient der Steigerung der Kundenwerte aus Unternehmenssicht.[721]

Die Bedeutung des Kundenwissens als strategisches Erfolgspotential liegt in seiner Funktion als Vorsteuergröße für den operativen Unternehmenserfolg, wobei strategische Erfolgspotentiale grundsätzlich als notwendige, aber nicht als hinreichende Bedingung für den operativen Unternehmenserfolg angesehen werden.[722] Die zentrale **Aufgabe** des koordinationsorientierten Kundenwissenscontrollings besteht in der Koordination und Steuerung der Kundenwissensprozesse zum Aufbau und Pflege einer intelligenten Kundenwissensbasis und somit zur Unterstützung der Kundenwertorientierung der Unternehmensführung.[723]

4.3.1 Koordinationsfunktion des Kundenwissenscontrollings

Bedingt durch das wechselseitige Verhältnis von Strategie und Wissen „als Auslöser und als Ziel strategischen Verhaltens wird die Ressource Wissen daher zu einem integralen Bestandteil des gesamten Strategiespektrums der Unternehmung"[724]. Entsprechend liegt der Aufgabenschwerpunkt des Kundenwissenscontrollings zur Führungsunterstützung im strategischen Bereich und kann unmittelbar aus dem prozessualen Grundmodell eines strategischen Controllings abgeleitet werden.[725] Ergänzt wird das strategische Controlling vom operativen Controlling, die

---

720 Al-Laham (2003), S. 292.
721 Vgl. Steins (2010), S. 1 f.; North (2011), S. 18, 50 f. sowie 223 f.; Greve (2010), S. 4; Möller (2004), S. 485; Christofolino (2005), S. 28; Stoi (2004), S. 189 ff.; Möller (2004), S. 485.
722 Vgl. Eschenbach/Kunesch (1993), S. 5; Pümpin/Prange (1991), S. 20 f.
723 Vgl. Horváth (2011), S. 122 ff.
724 Al-Laham (2003), S. 293.
725 Vgl. Alter (2011), S. 24.

beide je einen funktionalen Regelkreis darstellen, der eng miteinander verbunden ist und sich an den übergeordneten Zielsetzungen der Unternehmung orientiert.[726] Entsprechend zählt es zu den Kernaufgaben des Kundenwissenscontrollings, die kundenorientierte Unternehmensführung bei der strategischen Planung methodisch und konzeptionell zu beraten und zu unterstützen, die strategische Planung in operative Pläne umzusetzen sowie die strategische Kontrolle aufzubauen und durchzuführen.[727] Die grundlegende Koordinationsfunktion des Kundenwissenscontrollings besteht in der Abstimmung der Funktionen der strategischen kundenwissensorientierten Planung und Kontrolle mit der Kundenwissensversorgungsfunktion, um die Koordination des Führungssystems zu gewährleisten.[728]

Ausgehend von diesen grundlegenden Überlegungen erfolgt die weitere Differenzierung der Controllingaufgaben unter Bezugnahme auf den Verrichtungs- und Objektaspekt.[729] Im Vordergrund der **systembildenden Koordination** des Kundenwissenscontrollings stehen die Gestaltung und Abstimmung des kundenwissensorientierten Planungs-, Kontroll- und Kundenwissensversorgungssystems als Führungsteilsysteme. Es handelt sich hierbei um einen tätigkeitsorientierten Akt der Systemgestaltung, bei dem die Kompatibilität der Führungsteilsysteme zu berücksichtigen ist. In Bezug auf das Kundenwissensversorgungs-, Planungs- und Kontrollsystem sind die folgenden Aspekte zu berücksichtigen:

Die Entwicklung bzw. Anpassung von **Instrumenten** zur Unterstützung kundenwissensorientierter Planungs- und Kontrollprozesse sind wichtige systembildende Aufgaben des Kundenwissenscontrollings. In diesem Sinne sind der Unternehmensführung Methoden zur Verfügung zu stellen, die eine kundenwissensorientierte Planung und Kontrolle ermöglichen. Je nach Form des Kundenwissens sind unterschiedliche Kundenwissensaus-

---

[726] Vgl. Jung (2011), S. 14.
[727] Zu den Aufgaben des strategischen Controlling vgl. Weber/Schäffer (2011), S. 357 ff.; Steinle (2007), S. 328 ff.; Baum/Coenenberg/Günther (2012), S. 23 ff.
[728] Vgl. Pape (2010), S. 27.
[729] Vgl. Kap. 2.1.3.

prägungen, z.B. Erfahrungen der Kunden als Wissen der Kunden oder Fähigkeiten der Mitarbeiter im Verkaufsgespräch als Wissen über den Kunden, in die Planung und Kontrolle einzubeziehen.

Das Informationsversorgungssystem wird dem Kundenwissensbedarf der Unternehmensführung angepasst und zum **Kundenwissensversorgungssystem** ausgebaut. Die systembildende Koordinationsfunktion beinhaltet diesbezüglich den Aufbau und die Pflege einer organisationalen Kundenwissensbasis, die unternehmensinternes und unternehmensexternes Wissen über, der und für die Kunden beinhaltet. Hierzu zählen bspw. neben reinen Produktinformationen auch die Erfahrungen der Mitarbeiter beim Verkauf des jeweiligen Produktes als Wissen für den Kunden. Gleichsam bedeutet dieses, dass die unternehmensintern vorhandenen Informationen über den Kunden bspw. um dessen unternehmensexterne Erfahrungen oder Einstellungen als Wissen des Kunden ergänzt werden. Die systembildende Aufgabe des Kundenwissenscontrollings besteht darin, die traditionellen Kundeninformationssysteme um die Erfahrungen, Einstellungen, Fähigkeiten, Fertigkeiten der personellen Wissensträger zu ergänzen und zu Kundenwissenssystemen auszubauen.

Der Kern der **systemkoppelnden Koordinationsfunktion** des Kundenwissenscontrollings besteht in der Ausrichtung des Planungs- Kontroll- und Kundenwissensversorgungssystems auf die einzelnen Phasen des Managementprozesses.[730] Art und Umfang der systemkoppelnden Aufgaben hängen vom Grad der bereits durch systembildende Koordination gelösten Koordinationsprobleme ab. Ziel der systemkoppelnden Aufgaben ist sowohl die "optimale Ausrichtung der einzelnen Teilsysteme als auch die Vermeidung von Ineffizienzen in der Abstimmung an den Schnittstellen der Führungsteilsysteme"[731]. Insofern umfasst die systemkoppelnde Koordination des Kundenwissenscontrollings im Rahmen der gegebenen Systemstruktur alle Koordinationsaktivitäten, die das „geplante“ laufende Zusammenwirken der einzelnen Führungsteilsysteme durch generelle Regelun-

[730] Vgl. Küpper (2008), S. 38 ff.
[731] Hoffmann/Niedermayr/Risak (1996), S. 78.

gen sicherstellt sowie durch „ungeplante" Aktivitäten zur Lösung von Problemen als Reaktion auf Störungen erforderlich sind.[732] Zu den Beispielen für eine geplante Mitwirkung in den Führungsteilsystemen zählen die Versorgung der Unternehmensführung zu festgelegten Terminen mit personenbezogenen Umsätzen in Verbindung mit den Beschwerden der Kunden als Wissen über den Kunden oder die quartalsmäßige Bereitstellung von aktualisierten Produktinformationen in Verbindung mit den produktspezifischen Verkaufserfahrungen der Mitarbeiter als Wissen für den Kunden. Zu den ungeplanten Aktivitäten des Kundenwissenscontrollings zählt u.a. die Versorgung der Unternehmensführung mit Kundenwissen außerhalb der Quartalstermine, sofern sich bspw. durch den Eintritt neuer Wettbewerbe in den Markt das Wissen der Kunden aufgrund neuer Erfahrungen mit den Produkten der Wettbewerber verändert.

Innerhalb des Planungs-, Kontroll- und Kundenwissensversorgungssystems betrachtet die systemkoppelnde Koordinationsfunktion des Kundenwissenscontrollings die folgenden Aspekte:

Im Rahmen der **kundenwissensorientierten Planung** unterstützt und berät das Kundenwissenscontrolling die Unternehmensführung bei der Festlegung der auf das Wissen der, über und für die Kunden bezogenen Ziele, der Identifikation von kundenwissensorientierten Potentialen zum Ausbau des Kundenwissens sowie der hiermit verbundenen Formulierung und Bewertung der kundenwissensorientierten Strategien zur Erweiterung der organisationalen Kundenwissensbasis. Ferner zählt die Umsetzung der kundenwissensorientierten Strategien in operative Maßnahmen zu den Planungsaufgaben des Kundenwissenscontrollings.

Innerhalb der **kundenwissensorientierten Kontrolle** erfolgt die Messung und Bewertung des Kundenwissens im Hinblick auf die Zielerreichung der zuvor im Rahmen der Planung festgelegten Kundenwissensziele. Die Führungsunterstützung erfolgt durch die regelmäßige Überprüfung der den

[732] Vgl. Horváth (2011), S. 121.

kundenwissensorientierten Strategien zugrundeliegenden Schlüsselannahmen (Prämissenkontrolle) sowie der Kontrolle der Umsetzung der kundenwissensorientierten strategischen Maßnahmen anhand von Zwischenzielen (Durchführungskontrolle). Mittels Abweichungsanalysen sollen frühzeitig auftretende Abweichungen aufgedeckt, deren Ursachen ermittelt und Vorschläge für Anpassungsmaßnahmen unterbreitet werden. Zusätzlich erfolgt eine kundenwissensorientierte strategische Überwachung, bei der die gesamte interne und externe Umwelt der Unternehmung auf strategierelevantes Kundenwissen analysiert wird.

Bei der **Kundenwissensversorgungsfunktion** des Kundenwissenscontrollings geht es primär um Fragen der Schaffung von Transparenz und Verteilung von relevantem Kundenwissen zur Abstimmung des Bedarfs, Angebots und der Nachfrage nach Wissen über, der und für die Kunden. Das Kundenwissenscontrolling versorgt die Unternehmensführung laufend und bedarfsgerecht mit relevantem Wissens der, über und für die Kunden. Im Einzelnen wird die Identifikation von vorhandenem Kundenwissen, der adressaten- und empfängerspezifischen Kundenwissensbedarf sowie die Aufdeckung von Kundenwissenslücken und die hiermit verbundene Beschaffung und Speicherung von Kundenwissen hinterfragt. Darüber hinaus stehen Fragen nach der Nutzung des Kundenwissens in der Unternehmung und der hiermit verbundenen Kundenwissensverteilung im Mittelpunkt.

Zusammenfassend kann festgehalten werden, dass das koordinationsorientierte Kundenwissenscontrolling ein eigenständiges Führungsteilsystem darstellt, dem eine **systembildende und systemkoppelnde Koordinationsfunktion** innerhalb der Führungsteilsysteme Planung, Kontrolle und Kundenwissensversorgung sowie zwischen diesen zukommt. Das Kundenwissenscontrolling übernimmt dabei eine methodische und konzeptionelle Unterstützungs- und Beratungsfunktion der Unternehmensführung im gesamten Managementprozess, indem es ihr ermöglicht, das Gesamtsystem kundenwertorientiert an verändertes Kundenwissen anzupassen.

4.3.2 Planungsfunktion des Kundenwissenscontrollings

4.3.2.1 Systematisierung der kundenwissensorientierten Planungsaufgaben

Das Kundenwissenscontrolling berät und unterstützt die kundenorientierte Unternehmensführung in allen Phasen des strategischen kundenwissensorientierten Planungsprozesses. Das Ziel besteht darin, die Stärken und Schwächen der eigenen Unternehmung mit den Chancen und Risiken des Unternehmensumfeldes bei der Gewinnung, Gestaltung und Nutzung von Kundenwissen zu ermitteln und hierauf aufbauend geeignete Strategien zur Erlangung nachhaltiger Wettbewerbsvorteile durch den Aufbau und die Pflege von Wissen der, über und für die Kunden zu erlangen.

Dem Planungsprozess vorangestellt ist ein dreistufiger **Zielbildungsprozess**, innerhalb dessen das Kundenwissenscontrolling die kundenorientierte Unternehmensführung bei der Auswahl und Festlegung der Kundenwissensziele berät und unterstützt. Der Zielbildungsprozess beinhaltet die Festlegung der kundenwissensorientierten Vision, des Leitbildes und der strategischen kundenwissensorientierten Ziele der Unternehmung.[733] Beispielsweise kann die kundenwissensorientierte Vision der Unternehmung die Vorstellung beinhalten, dass in der Presse zukünftig von einer „offenen" Unternehmung gesprochen werden soll, in dem aktiv der Dialog zwischen der Unternehmung und dem Kunden gesucht wird. Mit zunehmender Konkretisierung werden hierauf aufbauend Leitbilder formuliert, die Aussagen über die Ergebnis-, Sach- und Sozialziel der Unternehmung beinhalten. Im gewählten Beispiel könnte das Sachziel darin bestehen, sich auf Online-Kommunikationswege zur Gestaltung des Erfahrungsaustausches zu beschränken. Als Ergebnisziel käme die Einhaltung einer angemessenen Steigerung des Kundenwertes aus Unternehmenssicht in Frage. Sofern Sozialziele formuliert werden, könnten diese Erklärungen über den Datenschutz des Kundenwissens beinhalten. Aufbauend auf den Leitbildern werden die Zielsetzungen formuliert, die die Ergebnis-, Sach-

[733] Vgl. Baum/Coenenberg/Günther (2012), S. 10 ff.

und Sozialziele messbar und bzgl. ihrer Zielerreichung bewertbar machen. Beispielsweise könnte eine Steigerung des Kundendeckungsbeitrages oder eine Erweiterung des akuellen Kundenstamms um 10% angestrebt werden.

Im Anschluss an den Zielbildungsprozess beginnt der kundenwissensorientierte **Planungsprozess**, innerhalb dessen das Kundenwissenscontrolling eine Analyse des Unternehmensumfeldes und der Unternehmung durchführt sowie bei der Formulierung und Bewertung von kundenwissensorientierten Strategien unterstützend und beratend wirkt. Das Ziel besteht in der Formulierung eines langfristig orientierten Maßnahmenbündels zum Aufbau und Pflege von internem und externem wertsteigerndem Kundenwissen, das es der Unternehmung ermöglicht, bedrohende oder Chancen eröffnende Umfeld- und Unternehmensentwicklungen aufeinander abzustimmen und die hierauf ausgerichtete Koordination der Führungssysteme zu gewährleisten. An dieser Stelle befindet sich die Schnittstelle zur operativen kundenwissensorientierten Planung, in der die formulierten Strategien in operative Maßnahmenpakete zerlegt und für diese zeitlich abgestufte Meilensteine formuliert werden. Ferner schließt sich die feedback- und feedforward-Schleife der operativen und strategischen Kontrolle an, die zur Zielrevision führen kann.[734] Im Einzelnen übernimmt das Kundenwissenscontrolling im Planungsprozess die folgenden in Abb. 32 dargestellt Aufgaben:[735]

- Analyse des Unternehmensumfeldes und der Unternehmung zur Identifikation von internem und externem wertsteigerndem Kundenwissen zur Erweiterung der organisationalen Kundenwissensbasis (**Strategische kundenwissensorientierte Analyse**),
- Formulierung von kundenwissensorientierten Strategien zum Aufbau und Pflege der organisationalen Kundenwissensbasis **(Strategiefindung)**,

[734] Vgl. Baum/Coenenberg/Günther (2012), S. 24.
[735] Vgl. Baum/Coenenberg/Günther (2012), S. 23 ff.; Al-Laham (2003), S. 295 f.

- Bewertung und Auswahl der kundenwissensorientierten Strategien durch die Ermittlung ihres Beitrags zur Erweiterung der organisationalen Kundenwissensbasis **(Strategiebewertung)**.

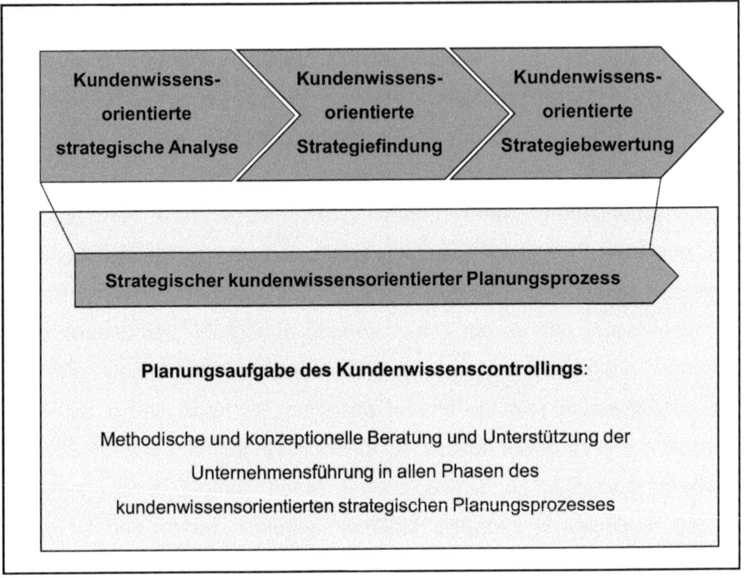

Abb. 32: Planungsaufgaben des Kundenwissenscontrollings

Die dargestellte Einteilung und Reihenfolge der Planungsaufgaben des Kundenwissenscontrollings orientiert sich an den sachlich zu durchlaufenden Phasen des strategischen Planungsprozesses. Allerdings bedeutet dieses nicht, dass die Prozesse und die damit verbundenen Planungsaufgaben stets in dieser Reihenfolge nacheinander durchgeführt werden. Sofern Änderungen der zugrundeliegenden Prämissen, der Kundenwissensbasis oder einzelner Zielvorstellungen erkennbar werden, können Zielüberprüfungen oder Zielrevisionen während des Planungsprozesses notwendig werden.

Letztendlich wählt die Unternehmensführung jene kundenwissensorientierte Strategie unter den zur Verfügung stehenden Alternativen aus, die durch eine Erweiterung der organisationalen Kundenwissensbasis den höchsten Beitrag zur Steigerung des Kundenwertes aus Unternehmenssicht generiert. Im **Umsetzungsprozess** der kundenwissensorientierten Strategien gestaltet das Kundenwissenscontrolling Rahmenbedingungen, die die Integration und den Transfer von Kundenwissen sowie die Nutzung und Weiterentwicklung der vorhandenen Kundenwissensbasis unterstützt. Diese Phase ist gekennzeichnet durch die Einführung eines kundenwissensorientierten Berichtssystems, der Begleitung der eingeleiteten strategischen Maßnahmen mit Kontrollen und der Nutzung der Feedforward-Steuerung.[736] Dabei bedient sich das Kundenwissenscontrolling der Frühwarnsysteme zur frühzeitigen Erkennung von unternehmensinternen und unternehmensexternen auf die Veränderung von Kundenwissen zurückzuführenden Entwicklungstendenzen.[737] Das Kundenwissenscontrolling kontrolliert den Erfolg der eingeleiteten strategischen Maßnahmen, den Zielerreichungsgrad und die Frühwarnindikatoren und induziert daraus strategische Gegensteuerungsmaßnahmen.

Die methodische Voraussetzung für die Planung stellt die Einführung einer allgemeingültigen und für jeden Kundenwissensträger eindeutig verständlichen **Kundenwissenssprache** dar. Diese Aufgabe obliegt dem Kundenwissenscontrolling und beinhaltet die Abgrenzung der relevanten Begriffe der kundenbezogenen Daten, Informationen und Wissen ebenso, wie die Unterscheidung in Wissen der, über und für die Kunden.[738] Die Problematik bei der Definition und Abgrenzung der relevanten Begriffe wurde bereits in den vorangegangenen Kapiteln erörtert. Erst die eindeutige Abgrenzung der Begriffe ermöglicht einerseits eine unmissverständliche Bildung der Kundenwissensziele durch die Unternehmensführung sowie andererseits deren anschauliche Formulierung und Abstimmung mit den betreffenden Kundenwissensträgern durch das Kundenwissenscontrolling.

---

[736] Vgl. Buchholz (2009), S. 60.
[737] Vgl. Kap. 4.3.3.
[738] Zur Abgrenzung der Begriffe Daten, Informationen und Wissen und der hiermit verbundenen Problematik sowie des Wissens der, über und für die Kunden vergleiche Kap. 2.1.1, 3.1.1 sowie 3.2.4.2.

4.3.2.2 Darstellung der kundenwissensorientierten Planungsaufgaben

4.3.2.2.1 Kundenwissensorientierte strategische Analyse

Mit der Auswahl und Festlegung der kundenwissensorientierten Zielinhalte und Zielausprägungen werden die Grundlagen für die anschließende strategische Analyse der Kundenwissensbasis zur Generierung von kundenwissensorientierten Strategien gelegt. Die Aufgabe des Kundenwissenscontrollings im Rahmen der kundenwissensorientierten Analyse besteht in der Identifizierung von unternehmensinternem und unternehmensexternem wertsteigerndem Kundenwissen zur Erweiterung der organisationalen Kundenwissensbasis (Vgl. Abb. 33). Die Analyse der Kundenwissensbasis zielt auf die Schaffung von Transparenz über das in der Unternehmung vorhandene und das unternehmensextern zugängliche Kundenwissen.[739]

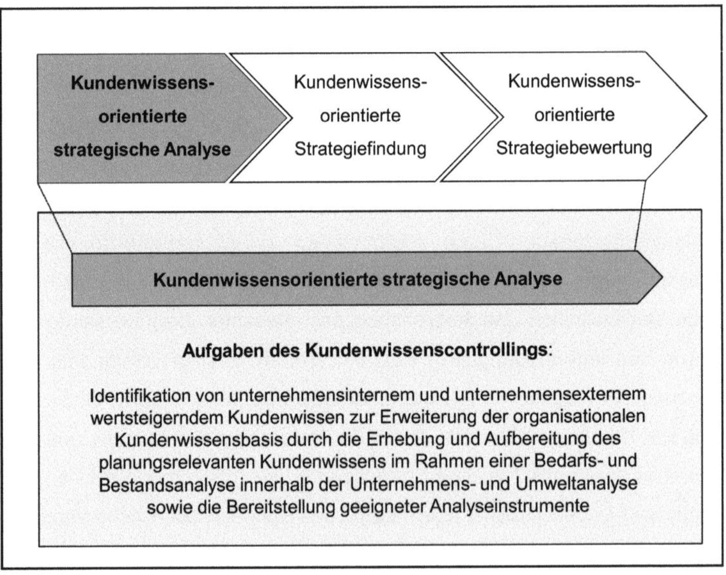

Abb. 33: Kundenwissensorientierte strategische Analyse des Kundenwissenscontrollings

[739] Vgl. Al-Laham (2003), S. 308.

Diese im Grundsatz strategisch ausgerichtete Analyse wird grundsätzlich unterteilt in eine **Umwelt- und Unternehmensanalyse.**[740] Erstere dient zur Bestimmung der Chancen und Risiken, die sich aus dem Unternehmensumfeld für die organisationale Kundenwissensbasis ergeben. Die Auseinandersetzung mit dem externen Wissensumfeld deckt zu schließende Kundenwissenslücken und Fähigkeitsdefizite der Unternehmung auf. Eine Unternehmensanalyse zielt auf eine möglichst objektive Identifikation der Stärken und Schwächen der Kundenwissensbasis ab, indem Transparenz über die Komponenten des Kundenwissens geschaffen wird. Im Ergebnis schafft die strategische Analyse die Voraussetzung, die Stärken und Schwächen der organisationalen Kundenwissensbasis – z.B. in Form von Kernwissen oder Wissenslücken - zu erkennen und hierauf aufbauend geeignete kundenwissensorientierte Strategien zu formulieren, die zu einer Erweiterung der Kundenwissensbasis führen. „Der entscheidungsvorbereitende und informationsgenerierende Charakter dieser Phase macht sie zu einem der wichtigsten Einsatzfelder des strategischen Controllings."[741] Zu den Aufgaben des Kundenwissenscontrollings im Rahmen der kundenwissensorientierten Analyse zählen die Erhebung und Aufbereitung des erforderlichen unternehmensinternen und unternehmensexternen Kundenwissens sowie die zur Verfügungstellung geeigneter Analyseinstrumente.

Die Planungsaufgaben des Kundenwissenscontrollings werden von der besonderen Relevanz der strategischen Analyse der Kundenwissensbasis beeinflusst. Diese zeichnet sich dadurch aus, dass das in der Kundenwissensbasis vorhandene Wissen der Unternehmung und das extern verfügbare Wissen der Kunden im Hinblick auf die strategische Relevanz zu identifizieren und zu bewerten ist. Insofern besteht nicht die Erfassung und Bewertung sämtlicher in der Unternehmung und beim Kunden vorhandener Kundenwissensbestandteile im Vordergrund, sondern die Konzentration auf dasjenige Kundenwissen, das im Sinne des wissensbasierten An-

---

[740] Vgl. Ulrich/Fluri (1995), S. 117 f.; Eine ausführliche Darstellung der strategischen Analyse findet sich u.a. bei Steinmann/Schreyögg (2005), S. 176 ff. oder Bea/Haas (2009), S. 86 ff.

[741] Steinle (2007), S. 330.

satzes zur Fundierung von Wettbewerbsvorteilen beitragen kann.[742] Die **kundenwissensorientierte strategische Analyse der Kundenwissensbasis** erfolgt in drei Schritten:[743]

1. Ableitung des für den Wettbewerbserfolg kritischen Kundenwissens. Im Sinne einer **Bedarfsanalyse** wird vor dem Hintergrund der Wettbewerbsstrategie der Unternehmung ein Soll-Wissensprofil erstellt, das die strategischen Anforderungen an die Kundenwissensbasis zusammenfasst.
2. Im Rahmen der nachfolgenden **Bestandsanalyse** wird das vorhandene explizite und implizite Kundenwissen in Form eines Ist-Wissensprofils erstellt.
3. Den Abschluss bildet die **Bewertung und Gegenüberstellung des Kundenwissensbestandes und Kundenwissensbedarfs**. Die ergebende Unter- bzw. Überdeckung liefert Anhaltspunkte für die sich anschließende Formulierung kundenwissensorientierter Strategien.

Das folgende **Beispiel** soll die dargelegten Zusammenhänge verdeutlichen: Die Unternehmensführung eines Schuheinzelhändlers verfolgt das Ziel der Steigerung des Kundenwertes aus Unternehmenssicht. Vor dem Hintergrund der Fokussierung auf die Kundengruppe der über 60jährigen soll die Marktführerschaft im Marktsegment der Funktionsschuhe[744] als Wettbewerbsstrategie verfolgt werden. Im Rahmen der Bedarfsanalyse wird zunächst dasjenige Wissen der, über und für die Kunden ermittelt, das für den zukünftigen Wettbewerbserfolg der Unternehmung notwendig ist. Dabei sind zur Erstellung des **Soll-Wissensprofils** Referenzgrößen festzulegen, an denen sich der zukünftige Wissensbedarf orientiert. Als beispielhafte nachfrageinduzierte Referenzgrößen können die Beschwerden der über 60jährigen Kunden über Funktionen bestimmter Schuhfabri-

742 Vgl. Al-Laham (2003), S. 309.
743 Vgl. Al-Laham (2003), S. 310.
744 Die Fachzeitschrift „Mode&Sport“ zählt folgende Merkmale eines Funktionsschuhs auf: wasserdicht, atmungsaktiv, versiegelte Nähte, robust und widerstandsfähig, funktionell und vielseitig, antimikrobielle Technologie (geruchshemmend), hoher Tragekomfort (vgl. o.V. 2008a, S. 3). Sie können sowohl in der Freizeit als auch im Beruf getragen werden.

kate oder die Ergebnisse aus Befragungen dieser Kundengruppe zu gewünschten Funktionen herangezogen werden.[745] Ebenso ist im Sinne eines Benchmarking ein wettbewerbsbezogener Vergleich der eigenen Wissenspotentiale mit dem Wissen anderer Unternehmungen verwandter Branchen zur Ableitung des zukünftig notwendigen Wissens denkbar, die überlegene Problemlösungen entwickelt und diese in sichtbare Markterfolge transformiert haben.[746] Im gewählten Beispiel bieten sich Unternehmen des Bekleidungs- oder Sporteinzelhandels an.

In einem zweiten Schritt erfolgt die Erfassung und Strukturierung des expliziten und impliziten im Unternehmen vorhandenen Wissens über den Kunden. Dieses beinhaltet die Erstellung eines **Ist-Wissensprofils** des für die Umsetzung der Wettbewerbsstrategie wertsteigernden Kundenwissens. Insofern werden im Rahmen der strategischen Wissensanalyse im vorliegenden Beispiel nur diejenigen Mitarbeiter befragt oder beobachtet, die durch ihren Kontakt mit den über 60jährigen Kunden über implizites Wissen über diese Kundengruppe verfügen. Gleichsam werden die nichtpersonellen Wissensträger der Unternehmung mittels IuK-technologisch unterstützter Wissensanalyse nach explizitem Kundenwissen über Kunden im Alter von 60 Jahren und aufwärts durchleuchtet. Beispielsweise werden die Kundendeckungsbeiträge oder Verbundkäufe der über 60jährigen Kunden analysiert.

Um zu einer aussagekräftigen Beurteilung der strategischen Wissenspositionierung gelangen zu können, ist eine anschließende **Bewertung** der ermittelten Wissensbestände mittels GAP-Analyse erforderlich.[747] Sie liefert Aussagen über die Ausstattung der Unternehmung mit Basiswissen, strategisch relevantem Wissen und Wissenslücken, die durch nachgelagerte Maßnahmen der Unternehmensführung zu schließen sind. Beispielsweise kann die Befragung der Mitarbeiter ergeben, dass der Umfang des Wissens der Mitarbeiter über Kunden, die älter als 60 Jahre sind, ab-

---

[745] Vgl. Schüppel (1996), S. 241.
[746] Vgl. Güldenberg (1997), S. 262.
[747] Eine ausführliche Darstellung der Merkmale und Funktionen der GAP-Analyse findet sich bei Welge/Al-Laham (2008), S. 353 ff. und der dort angegebenen Literatur.

hängig von der Abteilung ist, in der sie arbeiten. So kann die Anzahl der entsprechenden Kundenkontakte in der Herrenabteilung größer sein als in der Damenabteilung, so dass es zu Wissenslücken bei den Mitarbeitern in der Damenabteilung kommen kann. Gleichsam verfügen die Mitarbeiter in der Herrenabteilung aufgrund einer höheren Anzahl von Kundenkontakten mit Herren im Alter von 60 Jahren und aufwärts über ein höheres Potential an relevantem Wissen als die Mitarbeiter in der Damenabteilung.

Im Anschluss an die Bestandsaufnahme des Kundenwissens und einer groben Bewertung erfolgt in einem nächsten Schritt die **Gegenüberstellung** der Kundenwissensstärken mit der strategischen Relevanz des Kundenwissens.[748] Sie kann auf nominalem Niveau in „hoch" oder „gering" eingeordnet werden. Abb. 34 veranschaulicht die sich ergebende Systematik im Überblick.

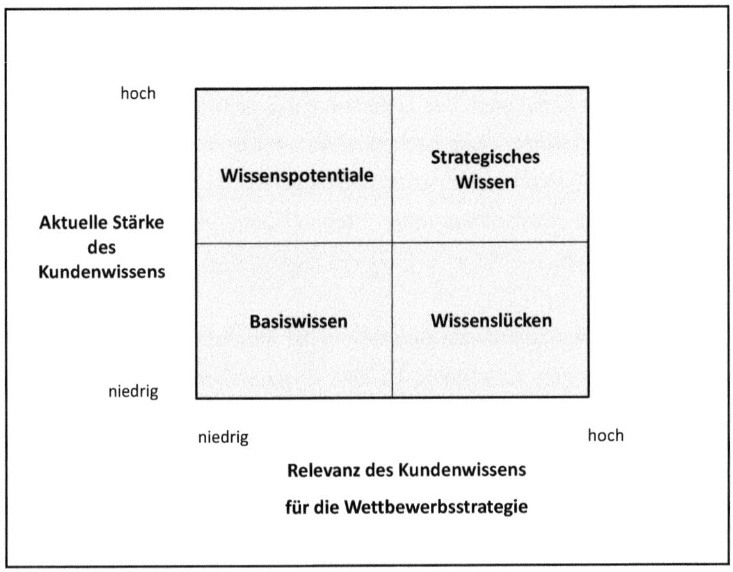

Abb. 34: Einordnung von Kundenwissensbestand und Kundenwissensbedarf (Quelle: Vgl. Al-Laham (2003), S. 340)

---

[748] Vgl. Al-Laham (2003), S. 340 f.

Im Ergebnis können **Wissenslücken** ermittelt werden, bei denen dem strategisch relevanten Wissensbedarf eine geringe Wissensstärke gegenübersteht. Beispielsweise haben die Mitarbeiter der Kinderabteilung durch fehlenden Kundenkontakt Wissenslücken in Form von fehlenden Erfahrungen im Verkauf von Funktionsschuhen mit 60jährigen Herren.

Als **Basiswissen** werden diejenigen Bestandteile des Kundenwissens bezeichnet, die für die gegenwärtige Wettbewerbsstrategie der Unternehmung eine geringe Relevanz aufweisen und in denen eine geringe strategische Wissensstärke vorhanden ist. Beispielsweise kann das in Fachzeitschriften gespeicherte Wissen über Schuhfabrikate, die Funktionsschuhe für ältere Kunden anbieten, nicht vor Imitationen geschützt werden. Gleichzeitig ist es für die meisten Wettbewerber verfügbar und weist ein geringes Transferierungspotential auf.

Wissenspotentiale beziehen sich auf Bestandteile der organisationalen Kundenwissensbasis, die zwar eine hohe Wissensstärke aufweisen, für die gegenwärtige Wettbewerbsstrategie jedoch nicht relevant sind. Beispielsweise zählt das Wissen der Mitarbeiter in der Damenabteilung über die Partnerschaften der über 60jährigen Kunden hierzu. Dieses Wissen kann zukünftig relevant werden, sofern bspw. die zu bearbeitende Zielgruppe auf die über 60jährigen Damen erweitert werden soll.
Als **strategisches Wissen** werden die Bestandteile der organisationalen Kundenwissensbasis bezeichnet, die sowohl für die gegenwärtige Strategie der Marktführerschaft bei Funktionsschuhen in der Zielgruppe der über 60jährigen Herren eine hohe Relevanz aufweisen als auch eine hohe Wissensstärke besitzen. Sie stellen das kritische Kundenwissen für den gegenwärtigen Wettbewerbsvorteil dar, so dass die Unterstützung und Beratung der Unternehmensführung bei der Ableitung von Strategien zur Sicherung und Erhaltung dieser Wissensbestandteile zu den Hauptaufgaben des Kundenwissenscontrollings im Rahmen der kundenwissensorientierten strategischen Analyse zählen.

Im Anschluss an die Kundenwissenspositionierung erfolgt die Formulierung von langfristigen Maßnahmenpaketen in Form von kundenwissensorientierten Strategien, die auf die Ausschöpfung der kundenwissensbezogenen Stärken und die Vermeidung der diesbezüglichen Schwächen gerichtet sind.

4.3.2.2.2 Kundenwissensorientierte Strategiefindung

Im Anschluss an die kundenwissensorientierte Analyse sind **kundenwissensorientierte Strategien** zu **formulieren**, die auf den Aufbau und die Pflege der organisationalen Kundenwissensbasis zielen, um wissensbasierte Wettbewerbsvorteile aufzubauen oder zu erhalten und die im Hinblick auf das Ziel der Kundenwertsteigerung zweckmäßig erscheinen sowie durchführbar sind.[749]

Hierzu sind grundsätzlich zunächst Lösungsideen zu formulieren, durch deren Verdichtung und Kombination mit Handlungsvariablen Handlungsalternativen entstehen. Zunächst sollen möglichst viele Ideen für Handlungsalternativen in einem kreativen Prozess erzeugt und gesammelt werden, da hierdurch die Wahrscheinlichkeit größer ist, zu guten Handlungsstrategien zu gelangen.[750] Die gewonnenen Alternativen sind anschließend auf ihre Sinnhaftigkeit und ihre Durchführbarkeit zu ordnen, zu überprüfen und zu prognostizieren. Hierzu zählen ebenso eine Überprüfung der Vollständigkeit der Alternativen sowie deren Zulässigkeitsprüfung. In diesem Zusammenhang gilt es bspw. zu prüfen, ob die für die Umsetzung der Handlungsalternativen erforderlichen Ressourcen und Fähigkeiten vorhanden sind.[751] Dabei erfolgt die Formulierung von Strategien sowohl auf der Ebene der Gesamtunternehmung als auch auf der der einzelnen Geschäftsbereiche, wobei die inhaltlichen Konzepte durch die Unternehmensführung festgelegt werden.[752] In der anschließenden Prognosephase

---

[749] Vgl. Al-Laham (2003), S. 341; Jakubowicz (2000), S. 131.
[750] Vgl. Wild (1982), S. 71.
[751] Vgl. Jakubowicz (2000), S. 126; Hungenberg (2004), S. 248 f.
[752] Während die Unternehmensführung mit den Strategien auf der Ebene der Gesamtunternehmung die Art und Richtung der langfristigen Entwicklung der Unternehmung als

werden Voraussagen über alle Komponenten der Alternativen, d.h. ihrer beanspruchten Ressourcen, ihrem zeitlichen Vollzug, dem Träger ihrer Durchführung sowie den Prämissen der Prognose ermittelt. Dieses schließt eine Abschätzung der Prognosesicherheit und eine Beurteilung der Prognosen anhand weiterer Gütekriterien ein.

Das Kundenwissenscontrolling wirkt bei der Formulierung und Prognose von kundenwissensorientierten Strategien entlastend, ergänzend und begrenzend, indem es die Prozesse zur Strategiefindung organisiert, bei der Diskussion zur Formulierung der Handlungsalternativen mitwirkt, das erforderliche Kundenwissen sowie geeignete Instrumente zur Ableitung von kundenwissensorientierten Strategien bereitstellt und auf die finanziellen Auswirkungen der Handlungsalternativen auf den Kundenwert eingeht.[753] Diese Unterstützungsfunktion des Kundenwissenscontrollings wird insofern erschwert, da die bislang in der Literatur diskutierten Wissensstrategien nur vereinzelt Referenzgrößen zur Ableitung der Dimensionen der beschriebenen Portfolios angeben sowie weitgehend auf Kriterien zur Bewertung der Wissensbasis verzichten.[754] Eine zusammenfassende Darstellung der Planungsaufgaben des Kundenwissenscontrollings in der Phase der Formulierung von strategischen kundenwissensorientierten Strategien findet sich in Abb. 35.

Im Folgenden wird aufbauend auf dem bereits im vorangegangenen Kapitel dargestellten Modell zur Wissenspositionierung von *Al-Laham* und unter Verwendung des dort dargestellten Beispiels seine hiermit verbundene Systematik von kundenwissensorientierten Strategien unter Beachtung der Aufgaben des Kundenwissenscontrollings **beispielhaft** dargestellt und in Abb. 36 veranschaulicht:[755]

Ganzes festlegt, bestimmen die Geschäftsfeldstrategien die grundlegende Vorgehensweise in den einzelnen Produkt-Markt-Bereichen. Eine ausführliche Darstellung der unterschiedlichen Strategiekonzepte findet sich bei Hungenberg (2004), S. 248 f. sowie Welge/Al-Laham (2008), S. 328 ff.; Weber/Schäffer (2011), S. 359 ff.

[753] Vgl. Weber/Schäffer (2011), S. 376 f.

[754] Eine kritische Würdigung der Wissensstrategien findet sich bei Al-Laham (2003), S. 343 ff.

[755] Vgl. Al-Laham (2003), S. 345 ff.

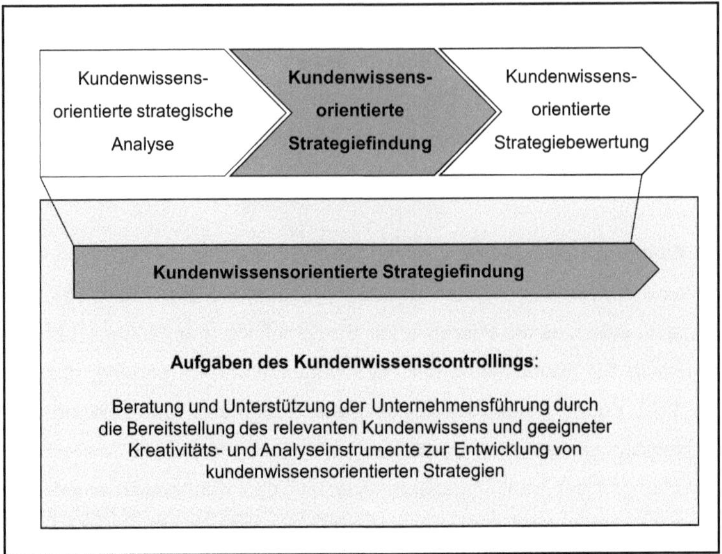

Abb. 35: Kundenwissensorientierte Strategiefindung des Kundenwissenscontrollings

Auf die Schließung von gegenwärtigen, wettbewerbsrelevanten Wissenslücken, die nicht durch die vorhandenen Wissenspotentiale geschlossen werden können, zielen Strategien zur **Akquisition und zum Aufbau von implizitem und explizitem Kundenwissen**. Sofern bspw. festgestellt wurde, dass den Mitarbeitern Erfahrungen im Verkaufsgespräch mit über 60jährigen Herren fehlen, kann dieses primär implizite Wissen über den Kunden durch Qualifizierungsmaßnahmen oder die Einstellung neuer Mitarbeiter aufgebaut werden. Die Aufgabe des Kundenwissenscontrollings besteht u.a. auch darin, vorhandene Wissenslücken durch die Integration expliziten Wissens aus unternehmensexternen Wissensträgern zu schließen und neue Datenbanken aufzubauen.

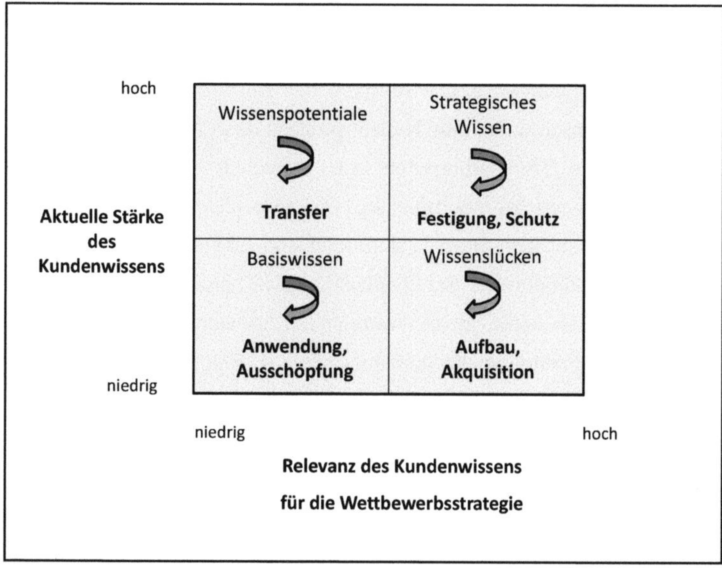

Abb. 36: Systematik der Wissensstrategien nach Al-Laham (Quelle: Al-Laham (2003), S. 346)

Im Rahmen der **Wissensanwendungs- und Wissensausschöpfungsstrategie** geht es primär um eine Explizierung der bislang impliziten Anteile der Wissensbasis, um eine Verbesserung der gegenwärtigen Wissensnutzung zu erreichen. In dieser Phase stellt das Kundenwissenscontrolling insbesondere informations- und kommunikationstechnologische Instrumente zur Verfügung, die primär auf eine Erhebung, Analyse und Speicherung der Anreicherungskomponente des Kundenwissens gerichtet sind. Beispielsweise werden Mitarbeiter der Herrenabteilung nach ihren Erfahrungen im Umgang mit den Herren im Alter von 60 Jahren und aufwärts befragt, um das vorhandene Wissen zunächst in geeigneten Datenbänken zu speichern und anschließend zur Verbesserung der Warenpräsentation oder des Einkaufs auf einer eher operativen Ebene auszuschöpfen.

Die Strategien des **Wissenstransfers** beziehen sich auf Wissenspotentiale, die zwar eine hohe Wissensstärke aufweisen, die aber für die gegenwärtige Wettbewerbsstrategie nicht relevant sind. Das Ziel dieses Strategietyps besteht in der Transferierung des hohen Wissenspotentials in andere Anwendungsbereiche. Die Aufgabe des Kundenwissenscontrollings besteht vornehmlich darin, den Transferprozess des Wissens zu gestalten und vorhandene Transferbarrieren, z.B. zwischen den verschiedenen Controllingsystemen zu überbrücken. Beispielsweise werden die über 60jährigen Herren nach ihren Erfahrungen und Einstellungen gegenüber dem Gesamtsortiment des Schuheinzelhändlers befragt, um die gewonnenen Ergebnisse bspw. in die Werbung zu transferieren und so einen Beitrag für den zukünftigen Wettbewerbserfolg zu liefern.

Das strategische Wissen wird aufgrund seiner hohen Wissensstärke und Relevanz für die Wettbewerbsstrategie im Rahmen von **Sicherungs- bzw. Schutzstrategien** vorrangig geschützt und vor Imitationen durch den Wettbewerber gesichert. Das Kundenwissenscontrolling verhindert bspw. durch die technische Datensicherung dessen unerwünschte unternehmensinterne und unternehmensexterne Nutzung.

Das Ergebnis der Phase der Formulierung von kundenwissensorientierten Strategien stellt einen Katalog von langfristigen prinzipiell durchführbaren Maßnahmen dar, die geeignet erscheinen, die Kundenwissensbasis zu erweitern, um zu einer Steigerung der Kundenwerte beizutragen.

4.3.2.2.3 Kundenwissensorientierte Strategiebewertung

Zur Bewertung der kundenwissensorientierten Strategien werden diese zunächst auf ihre Realisierbarkeit, Wirkung und Bedingtheit durch das Kundenwissenscontrolling analysiert, bevor sie entsprechend ihres Zielerreichungsgrades und Problemlösungspotentials ausgewählt werden. Den Maßstab zur Bewertung und anschließenden Auswahl der Strategiealternativen stellen generell die Ziele der Unternehmensführung dar.[756] „Erfolgspotential und Unternehmenswert sind oberste Zielgrößen des strate-

[756] Vgl. Hungenberg (2004), S. 246; Welge/Al-Laham (2008), S. 492.

gischen Controllings als Subsystem eines integrierten Controllingkonzeptes."[757] Die Bewertung der kundenwissensorientierten Strategien durch das Kundenwissenscontrolling erfolgt anhand ihres Beitrages zur Erweiterung der organisationalen Kundenwissensbasis, der zu einer Steigerung des Kundenwertes aus Unternehmenssicht führt (Vgl. Abb. 37).

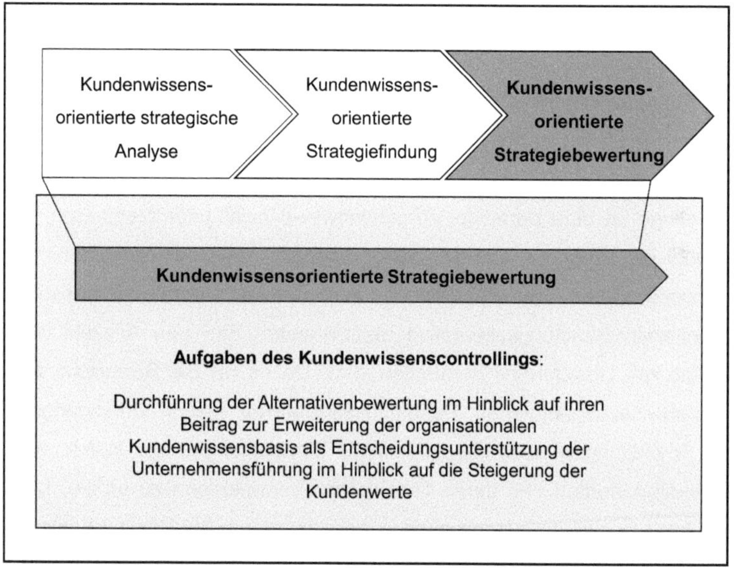

Abb. 37: Kundenwissensorientierte Strategiebewertung des Kundenwissenscontrollings

Die Aufgabe des Kundenwissenscontrollings besteht nun darin, nicht nur den Beitrag der kundenwissensbasierten Handlungsalternativen als Bündel von strategischen Erfolgsfaktoren zur Erweiterung der organisationalen Kundenwissensbasis auszuwählen, sondern sie gleichzeitig nach ihrem Wertbeitrag zur Steigerung des Kundenwertes zu bewerten. Als Beitrag einer Handlungsalternative wird die Veränderung der organisationalen Kundenwissensbasis bezeichnet, die sich aus quantitativ messbaren Veränderungen der Informationskomponente des Kundenwissens ergibt, als auch aus der qualitativ bewertbaren Veränderung der Anreicherungskom-

[757] Vgl. Baum/Coenenberg/Günther (2012), S. 30.

ponente des Kundenwissens. Der Wertbeitrag einer kundenwissensorientierten Handlungsalternative besteht folglich in der Differenz zwischen dem neu ermittelten auf monetär und nicht-monetär messbaren Kundenwissen basierenden strategiebedingten Kundenwert und dem Kundenwert, der sich ohne die Handlungsalternative ergibt. Ist der neue Kundenwert größer als derjenige ohne Berücksichtigung der Handlungsalternative so liegt ein positiver strategieinduzierter Wertbeitrag vor, d.h. durch die Umsetzung der Handlungsalternative kann über eine Veränderung der organisationalen Kundenwissensbasis eine Steigerung des Kundenwertes erzielt werden.

Allerdings ist eine derartige Vorgehensweise nicht unproblematisch, da sowohl die Prognose des Wertsteigerungspotentials der Anreicherungskomponente des Kundenwissens als auch der aus einer kundenwissensorientierten Handlungsalternative resultierenden Ein- und Auszahlungsströme mit Unsicherheit verbunden sind. Da es für die Bewertung von kundenwissensorientierten Handlungsalternativen jedoch unumgänglich ist, Festlegungen über die zukünftigen Entwicklungen der Kundenwissenskomponenten und deren finanziellen Auswirkungen zu treffen, können bei Abweichung der getroffenen Annahmen von der Realität Fehler in der Planung auftreten. Prognose- und Plananpassungen sind die Folge, um eine möglichst realitätskonforme Planung zu realisieren.

„Wichtig ist, dass die Stufe der strategischen Planung eine nachprüfbare Beschreibung der Prämissen, klar definierte Strategien und ergebnisorientierte Eckwerte liefert, damit eine strategische Kontrolle stattfinden kann und die taktischen sowie operativen Planungsstufen geeignete Zielvorgaben erhalten.“[758] Dabei ist die Kontrolle des Kundenwissens als strategisches Erfolgspotential primär zukunftsorientiert sowie vorkoppelnd ausgerichtet und erfolgt parallel zu den Planungs- und Realisationsprozessen der kundenwissensorientierten Strategien.[759] Ihre Inhalte werden im folgenden Kapitel thematisiert.

---

[758] Horváth (2011), S. 231.
[759] Vgl. Hahn (2006), S. 452.

4.3.3 Kontrollfunktion des Kundenwissenscontrollings

4.3.3.1 Systematisierung der kundenwissensorientierten Kontrollaufgaben

Zur Ergänzung der Planungsfunktion im Planungsprozess übernimmt das Kundenwissenscontrolling eine Kontrollfunktion, die als zentrale Steuerungsfunktion im Führungsprozess anzusehen ist.[760] Im Gegensatz zur kundenwissensorientierten Planung, innerhalb derer das Kundenwissenscontrolling in erster Linie unterstützend als Kundenwissens- und Methodenlieferant fungiert, kann die kundenwissensorientierte Kontrolle vom Controlling weitestgehend selbstständig im Sinne einer Führungsunterstützungsfunktion wahrgenommen werden.[761] Dabei kann Controlling als regelkreisorientierte Steuerung im Sinne der Kybernetik verstanden werden mit dem Ziel, aus der Kontrollfunktion festgestellte Abweichungen und deren Ursachen in die Planung einfließen zu lassen, um im Sinne der Zielerreichung in Zukunft zielorientierter handeln zu können.

Die Kontrolle des Kundenwissens als strategisches Erfolgspotential erfordert die primär strategische Ausrichtung der kundenwissensorientierten Kontrollfunktion.[762] Als systematischer Prozess, der parallel zu den Planungs- und Umsetzungsprozessen abläuft,[763] erlaubt die Kundenwissenskontrolle Aussagen darüber, ob die gewählte Strategie sowohl in der Rückbetrachtung (feedback) als auch in der notwendigen Vorausschau (feedforward) zur Erreichung der Kundenwissensziele geeignet ist.[764] Als im Gegensatz zur Planung unselektiv ablaufender Prozess überprüft die Kundenwissenskontrolle die kundenwissensorientierten Pläne und deren Umsetzung fortlaufend auf ihre Tragfähigkeit im Hinblick auf die Erreichung der Kundenwissensziele, um Bedrohungen und dadurch notwendig werdende Veränderungen der strategischen Ausrichtung rechtzeitig zu

[760] Vgl. Baum/Coenenberg/Günther (2012), S. 319.
[761] Vgl. Peemöller (2005), S. 198.
[762] Vgl. Alter (2011), S. 352; Bea/Haas (2009), S. 253 ff.
[763] Vgl. Schreyögg/Koch (2010), S. 126; Hahn (2006), S. 452.
[764] Vgl. Hasselberg (1991), S. 20.

signalisieren.[765] Die Kundenwissenskontrolle wird somit zu einem eigenständigen und neben der Planung gleichbedeutenden Element im kundenwissensorientierten Führungsprozess, die primär zukunftsorientiert und vorkoppelnd ausgerichtet ist.[766]

Die Kundenwissenskontrolle weist gegenüber der strategischen Kontrolle prinzipiell keine anderen Elemente und keine grundsätzlich andere Vorgehensweise auf, so dass die in der deutschsprachigen Literatur dominierende Konzeption einer strategischen Kontrolle von *Schreyögg/Koch* als Grundlage der Kundenwissenskontrolle herangezogen werden kann.[767] Die an sie zu richtenden spezifischen Anforderungen ergeben sich einerseits aus dem langfristigen Bezugszeitraum der Kundenwissensplanung und der damit verbundenen Tatsache, dass sich die strategisch ausgerichtete Planung weniger mit kurzfristigen Erfolgsgrößen, als auf die Entwicklung des Kundenwissens als strategisches Erfolgspotential bezieht.[768] Zum anderen resultieren die Forderungen daraus, dass die Kundenwissensziele im Rahmen der Planung nicht als gegeben angenommen werden, sondern selbst Gegenstand der Planung sind. Demzufolge lassen sich drei **Kontrollaufgaben** des Kundenwissenscontrollings unterscheiden:[769]

- Prämissenkontrolle,
- Durchführungskontrolle und
- die strategisch ausgerichtete kundenwissensorientierte Überwachung.

Mit dem Setzen der ersten Prämissen im Verlauf des Planungsprozesses beginnt die **Prämissenkontrolle**, die sich auf die bewusst gesetzten Annahmen im Planungsprozess konzentriert. Ab diesem Zeitpunkt begleitet sie fortlaufend den gesamten Planungs- und Realisationsprozess. Die **Durchführungskontrolle** beginnt mit dem Zeitpunkt der Umsetzung der kundenwissensorientierten Strategie. Ihre Aufgabe besteht darin, dasjeni-

---

765 Vgl. Schreyögg/Koch (2010), S. 126.

766 Vgl. Schreyögg/Koch (2010), S. 126 f.; Bea/Haas (2009), S. 261; Baum/Coenenberg/Günther (2012), S. 319, Hahn (2006), S. 452; Wild (1982), S. 44.

767 Einen Überblick über Strategische Kontroll-Konzeptionen gibt Baum/Coenenberg-/Günther (2012, S. 321) in Anlehnung an Bea/Haas (2009, S. 261).

768 Vgl. Bamberger/Wrona (2012), S. 246.

769 Vgl. Schreyögg/Koch (2010), S. 127 ff.

ge Kundenwissen zu sammeln, das sich im Zuge der Strategieumsetzung ergibt und das auf Gefahren für eine Realisierung der gewählten kundenorientierten Strategie hindeuten kann. Als Auffangnetz dient eine unspezialisierte und insofern globale strategisch ausgerichtete **kundenwissensorientierte Überwachung**, in die die spezialisierten und damit selektiven Kontrollaktivitäten der Prämissen- und Durchführungskontrolle eingebettet werden. Die kundenwissensorientierte Überwachung ermöglicht es, kritische Ereignisse, die im Rahmen der Prämissenplanung entweder nicht berücksichtigt oder falsch beurteilt worden sind oder deren Wirkungen in den Planungsteilschritten noch nicht einkalkuliert wurden, einzubeziehen. Sie erstreckt sich über den gesamten Planungs- und Umsetzungsprozessprozess. Zusammenfassend veranschaulicht Abb. 38 die Kontrollaufgaben des Kundenwissenscontrollings im kundenwissensorientierten Kontrollprozess.

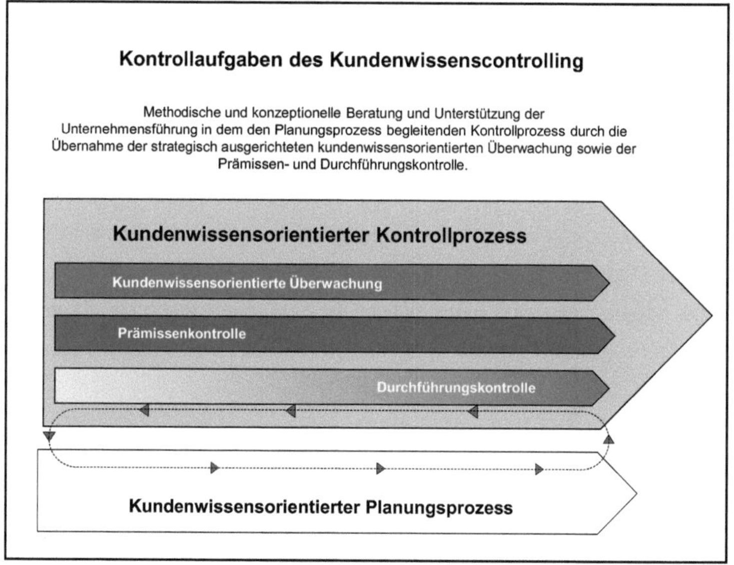

Abb. 38: Kontrollaufgaben des Kundenwissenscontrollings

Aufgrund der Ausrichtung des Kundenwissenscontrollings auf die Erweiterung der organisationalen Kundenwissensbasis besteht die Notwendigkeit, die Aufgaben der strategischen Kontrolle zu spezifizieren und um eine kundenwissensorientierte Sichtweise zu ergänzen. Eine Kundenwissenskontrolle ist darauf ausgerichtet, zu einem umfassenden Verständnis der Abhängigkeiten von kundenwissensorientierter Planung und Kontrolle in der Unternehmung zu gelangen. Diesem Aspekt wird bei der Darstellung der Kontrollaufgaben des Kundenwissenscontrollings im Folgenden Rechnung getragen.

4.3.3.2 Darstellung der kundenwissensorientierten Kontrollaufgaben

4.3.3.2.1 Prämissenkontrolle

Die Formulierung von Strategien zur Erweiterung der organisationalen Kundenwissensbasis basiert auf einer Vielzahl von Annahmen bzw. Prämissen, die sich sowohl auf die Wahl der kundenwissensorientierten Ziele, auf Faktoren aus der Unternehmensumwelt[770] als auch auf die Ressourcensituation[771] der Unternehmung beziehen können. Dabei ist es umso wahrscheinlicher, dass sich diese Ausgangsannahmen ändern, je längerfristig der Planungszeitraum ist. Beispielsweise führen Einstellungen oder Entlassungen von Mitarbeitern zu einer veränderten Ausstattung an personellen Ressourcen der Unternehmung, wodurch u.a. das implizite Wissen der Mitarbeiter über den Kunden beeinflusst wird. Dieses kann zur Folge haben, dass eine ursprünglich als zielführend erachtete Strategie nicht mehr realisiert werden kann oder entsprechende Anpassungen in der Zielformulierung erforderlich werden.

Vor diesem Hintergrund ist es die Aufgabe des Kundenwissenscontrollings, im Rahmen der **Prämissenkontrolle** zu überprüfen, ob sich Ausgangsannahmen der kundenwissensorientierten Planung während der

---

[770] Aus der Unternehmensumwelt ergeben sich die externen Prämissen, die sich auf konjunkturelle, technologische oder politische Entwicklungen, Preisentwicklungen sowie Umweltschutzgesetze beziehen (vgl. Langguth (1994), S. 145 f.).

[771] Die Ressourcensituation als interne Prämisse bezieht sich auf die gegenwärtige und zukünftige finanzielle, personelle und sachliche Ressourcenausstattung der Unternehmung (vgl. Langguth (1994), S. 145 f.).

Planungs- und Umsetzungsaktivitäten dermaßen geändert haben, dass Anpassungen erforderlich werden.[772] Je frühzeitiger Abweichungen identifiziert werden, desto größer ist der Handlungsspielraum für erforderliche Anpassungen. Das Ziel der Prämissenkontrolle besteht in der kritischen Betrachtung der Vorgehensweise innerhalb der strategischen kundenwissensorientierten Analyse, der Strategiefindung und Strategiebewertung.[773]

Eine wirksame Prämissenkontrolle erfordert jedoch operationalisierbare Informationen über die der kundenwissensorientierten Planung zugrundeliegenden expliziten und impliziten Annahmen. Daher zählt es zur Kontrollaufgabe des Kundenwissenscontrollings, alle in die Planung eingehenden Prämissen zum Zeitpunkt der Planerstellung explizit und ausreichend detailliert zu formulieren und in Form eines Prämissenkatalogs, der alle Ausgangsannahmen beinhaltet, zu dokumentieren. Allerdings ist die Erstellung des Prämissenkataloges mit einem hohen Maß an Unsicherheit und der Gefahr von Manipulationen und Fehleinschätzungen verbunden, da nicht alle für die Planung relevanten Entwicklungen der Unternehmens- und Umweltfaktoren zum Zeitpunkt der Planerstellung bekannt oder im Hinblick auf die Zielerreichung richtig interpretiert sein können. Ferner ist es aufgrund der Fülle, der in den Prämissenkatalog eingehenden Prämissen für die Kontrollaufgabe des Kundenwissenscontrollings sinnvoll, die Prämissen in eine Reihenfolge zu bringen und sich vorrangig auf diejenigen Prämissen zu konzentrieren, die für das Erreichen des geplanten Beitrages zur Erweiterung der organisationalen Kundenwissensbasis mittels der in der Planung festgelegten Strategie entscheidend sind.

Um jedoch alle der kundenwissensorientierten Planung zugrundeliegenden Annahmen erfassen zu können, bedarf es der Dokumentation der expliziten *und* impliziten auf Kundenwissen basierenden Prämissen. „Gerade diese impliziten Prämissen bergen eine erhebliche Gefahr, da sie mehr oder minder unbewusst in den Planungsprozess Eingang finden und durch

[772] Zur Prämissenkontrolle vgl. Alter (2011); S. 353 ff.; Schreyögg/Koch (2010), S. 126 ff.; Bea/Haas (2009), S. 247 f.; Steinmann/Schreyögg (2005), S. 279 f.

[773] Vgl. Baum/Coenenberg/Günther (2012), S. 323.

Erfahrungen und allgemein akzeptierte Verhaltensweisen des Managements geprägt sind. Generelle Einstellungen statt Einzelbeurteilungen bestimmen die impliziten Prämissen."[774] Beispielsweise kann eine auf der Erfahrung der Unternehmensführung basierende Annahme darin bestehen, dass die Durchführung von Kundenforen und den hierbei durchgeführten Kundenbefragungen zu einer Erweiterung der organisationalen Kundenwissensbasis führt. Die Befragungsergebnisse teilnehmender Kunden an einem durchgeführten Kundenforum zeigen dann jedoch, dass die Kunden nicht bereit sind, ihr Wissen an die Unternehmung weiterzugeben. Die Diskrepanz zwischen der impliziten und expliziten Prämisse führt zu Diskontinuitäten im Planungsprozess, indem die in die Planung eingeflossene implizite Prämisse nicht zur Zielerreichung beiträgt. Durch die kontinuierliche Überprüfung der zugrundeliegenden impliziten Annahmen auf ihren Realitätsgehalt zur Erweiterung der organisationalen Kundenwissensbasis kann die Manipulationsgefahr verringert werden.

Dieses Vorgehen erfordert eine fortlaufende Messung und Bewertung des expliziten und impliziten Kundenwissens. Die **Messung des Kundenwissens** zielt auf die möglichst vollständige Integration des gesamten verfügbaren und zugänglichen Kundenwissens in die organisationale Kundenwissensbasis.[775] Die **Bewertung von Kundenwissen** gibt Auskunft darüber, inwieweit das gemessene Kundenwissen zur Erreichung der Kundenwissensziele dient und ob die Kundenwissensziele angemessen formuliert wurden.[776] Allerdings erschweren vielfältige Faktoren und Eigenschaften der Ressource Kundenwissen dessen objektive und monetäre Messung und Bewertung, zu denen u.a. die Kontext- und Personenabhängigkeit des Kundenwissens sowie das Fehlen von Marktwerten als Bewertungsmaßstab zählen.[777] Eine Beurteilung der Prämissen im Hinblick auf die Erweiterung der organisationalen Kundenwissensbasis setzt daher voraus, dass die monetären Werte des gemessenen Kundenwissens an

---

774 Baum/Coenenberg/Günther (2012), S. 325.
775 Vgl. Probst/Raub/Romhardt (2010), S. 217; Hopfenbeck/Müller/Peisl (2001), S. 342.
776 Vgl. Lehner (2012), S. 228; Reiche (2004), S. 48.
777 Vgl. Steins (2010), S. 221; Probst/Raub/Romhardt (2010), S. 217; Kalmring (2004), S. 119 ff. sowie Kap. 3.3.1.

die spezifischen Prämissen, in deren Rahmen Wertgewinnungen von Kundenwissen beurteilt werden, gebunden bleiben.[778]

Ist die Voraussetzung der monetären Messung und Bewertung von Kundenwissen erfüllt, übernimmt die Prämissenkontrolle die folgenden Aufgaben:[779]

- Überprüfung der im Rahmen des Zielbildungsprozesses festgelegten Unternehmensvision, der Grundsätze unternehmerischen Handels in Form von Leitbildern und der strategischen kundenwissensorientierten Ziele im Hinblick auf ihre Konkretisierung und Umsetzbarkeit (Leitbild- und Zielkontrolle),
- Überprüfung der inhaltlichen Konsistenz der strategischen Planung durch eine permanente Umfeld- und Unternehmensanalyse unterstützt durch die kundenwissensorientierte strategische Überwachung (Profitabilitätskontrolle),
- Überprüfung der Effizienz und Effektivität des Planungsprozesses (Planungssystemkontrolle),
- Überprüfung der Umsetzbarkeit der strategischen kundenwissensorientierten Planung vor dem Hintergrund des Sach-, Finanz- und übrigen Humankapitals der Unternehmung (interne Machbarkeitskontrolle) und
- Überprüfung der Umsetzbarkeit der strategischen kundenwissensorientierten Planung vor dem Hintergrund von Unternehmensumfeldveränderungen (externe Durchführungskontrolle).

4.3.3.2.2 Durchführungskontrolle

Gefahren für die gewählte kundenwissensorientierte Strategie können sowohl durch Veränderungen der der kundenwissensorientierten Planung zugrundeliegenden Prämissen entstehen, als auch im Verlauf der in der Regel langfristigen Umsetzung der kundenwissensorientierten Strategie. Die Durchführungskontrolle, die zeitlich parallel zur Umsetzung der ge-

---

[778] Vgl. Weide (2004), S. 189.

[779] Vgl. Baum/Coenenberg/Günther (2012), S. 323 ff.

wählten Strategie einsetzt, verfolgt das Ziel, zu kontrollieren, ob sich die Pläne zur Erweiterung der organisationalen Kundenwissensbasis realisieren lassen und somit Kundenwissen als Erfolgspotential zur Steigerung des Kundenwertes generiert wurde.[780] „Sie hat anhand von Störungen wie auch prognostizierter Abweichungen von ausgewiesenen strategischen Zwischenzielen (Meilensteinen) festzustellen, ob der gewählte strategische Kurs gefährdet ist oder nicht."[781]

Die Durchführungskontrolle besteht aus einer Planinhalts- und einer Planrealisationskontrolle.[782] Die **Planinhaltskontrolle** überprüft die Umsetzung der kundenwissensorientierten Maßnahmen, die im Rahmen der Planung verabschiedet worden sind. Die **Planrealisationskontrolle** bewertet den Zielerreichungsgrad der kundenwissensorientierten Strategie. Zu diesem Zweck werden kundenwissensorientierte Zwischenziele, sog. Meilensteine festgelegt, die einen Vergleich mit den bisher erzielten Ergebnissen kundenwissensorientierter Aktivitäten erlauben. Im Rahmen der Durchführungskontrolle bieten sich als Meilensteine einerseits messbare und steuerbare Größen der Informationskomponente des Kundenwissens an, bspw. Zielwerte für den Kundendeckungsbeitrag.[783] Andererseits sind Zwischenziele für die nicht direkt monetarisierbare Anreicherungskomponente des Kundenwissens zu formulieren und direkt mit Maßnahmen zu verknüpfen, „damit strategische Pläne nicht nur lose Worthülsen bleiben, sondern deren Zielerreichung konkret mit Maßnahmenpaketen untersetzt wird"[784].[785] Beispielsweise kann ein Zwischenziel darin bestehen, die Erfahrungen des Kunden im Umgang mit Sicherheitsschuhen zu verbessern, um letztendlich durch die Integration dieses neu entstandenen Wissens

---

[780] Zur strategischen Durchführungskontrolle vgl. Alter (2011), S. 357 ff.; Schreyögg/Koch (2010), S. 126 ff.; Bea/Haas (2009), S. 247 ff.; Baum/Coenenberg/Günther (2012), S. 327 f.; Steinmann/Schreyögg (2005), S. 280 ff.

[781] Schreyögg/Koch (2010), S. 120.

[782] Vgl. Baum/Coenenberg/Günther (2012), S. 327.

[783] *Peemöller* bezeichnet diese monetären Zielkriterien, die aus dem strategischen Plan für die nächste Periode abgeleitet werden, als Meilensteine erster Art (vgl. Peemöller (2005), S. 200 f.).

[784] Baum/Coenenberg/Günther (2012), S. 328.

[785] *Peemöller* spricht in diesem Zusammenhang von Meilensteinen der zweiten Art, die sich inhaltlich auf die strategischen Erfolgsfaktoren der Unternehmung beziehen (vgl. Peemöller (2005), S. 200 f.).

des Kunden in die organisationale Kundenwissensbasis zu ihrer Erweiterung beizutragen. Um dieses Zwischenziel zu erreichen, wird ein Schuheinzelhändler bspw. dem Kunden Sicherheitsschuhe im Berufsalltag zur Probe bereitstellen. Anschließende Befragungen der Kunden erlauben Rückschlüsse über seine Erfahrungen beim Gebrauch der Schuhe, die als Teil seines Wissens zu einer Erweiterung der Kundenwissensbasis und damit zu einer Vergrößerung des Wissens über den Kunden führen.

Darüber hinaus können Zwischenziele auch in Form von konkreten Vorgabewerten für die Durchführung bestimmter, im Rahmen der kundenwissensorientierten Strategie genau definierter Spezialprojekte formuliert werden.[786] Beispielsweise können den Mitarbeitern konkrete Vorgaben für die Durchführung von Messen gegeben werden, die sich einerseits auf den Umsatz zur Gewinnung von Wissen über den Kunden, andererseits auf den Umfang und die Ausarbeitung von Informationsunterlagen als Wissen für die Kunden beziehen.

Diese Zwischenziele bzw. Meilensteine können dann anhand messbarer und steuerbarer Größen, entsprechend ihrer Zielerreichung als Soll/Ist-Vergleiche, kontrolliert werden. Die so durchgeführten Soll/Ist-Vergleiche erlauben dem Kundenwissenscontrolling Aussagen darüber abzuleiten, ob die Ergebnisse der gewählten Aktivitäten zur Umsetzung der Strategie zur Erweiterung der organisationalen Kundenwissensbasis beitragen. Im Mittelpunkt steht dabei der Vergleich des ursprünglich geplanten Zwischenziels zur Erweiterung der Kundenwissensbasis mit dem am Ende der jeweils betrachteten Periode ermittelten Wertes sowie die Analyse der Ursachen, die zu den auftretenden Abweichungen geführt haben. Im vorab gewählten Beispiel ging die Unternehmensführung von der Prämisse aus, dass der Kunde seine Erfahrungen, die er durch das Tragen der Sicherheitsschuhe gemacht hat, an das Unternehmen weitergibt und somit eine Erweiterung der organisationalen Kundenwissensbasis erfolgt. Daher wurde als Zwischenziel vereinbart, dem Kunden die entsprechenden Schuhe

[786] Hierbei handelt es sich nach Peemöller um Meilensteine der dritten Art (vgl. Peemöller (2005), S. 200 f.).

im Alltag zur Verfügung zu stellen. Gibt er sein Wissen anschließend jedoch nicht weiter, stellt sich das gesetzte Zwischenziel nicht mehr als zielführend heraus, da die gewählte Aktivität nicht zur Umsetzung der Strategie beiträgt. Ebenso verhält es sich, wenn das für Messen erarbeitete Informationsmaterial für den Kunden in Form von Katalogen von diesem nicht nachgefragt wird. Folglich führt dieses Zwischenziel nicht zur geplanten Erweiterung des Wissens der Kunden.

Im Gegensatz zu dieser **Feedback-Kontrolle** hat das Kundenwissenscontrolling auch zu beurteilen, welche Konsequenzen sich aus den aktuellen Handlungsergebnissen für die Erreichung der Gesamtstrategieziele aufzeigen (**Feedforward-Steuerung** zur Endergebniskontrolle)[787]. Dabei gilt es im Einzelnen zu untersuchen, inwieweit zielorientierte Anpassungsmaßnahmen erforderlich werden oder notfalls die Umsetzung der kundenwissensorientierten Strategie abgebrochen werden sollte. Im gewählten Beispiel könnte der Kunde bspw. die Schuhe nicht mehr zum alltäglichen Gebrauch zur Verfügung gestellt bekommen, sondern im Rahmen einer Verkaufsveranstaltung. Auf diese Weise können die Kunden im direkten Kundenkontakt nach ihren Gebrauchserfahrungen befragt werden, wodurch die Bereitschaft des Kunden zur Weitergabe seines Wissens gefördert werden kann. Im Falle des Informationsmaterials für den Kunden könnten andere Kommunikationswege, z.B. Werbespots, dazu führen, dass der Kunde das für ihn bestimmte Wissen nachfragt und auf diese Weise das Gesamtstrategieziel der Erweiterung der Kundenwissensbasis erreicht wird.

4.3.3.2.3 Kundenwissensorientierte Überwachung

Die strategisch ausgerichtete kundenwissensorientierte Überwachung unterstützt die Unternehmens- und Umfeldanalyse im Rahmen der strategischen Analyse im Planungsprozess und verläuft parallel zur Prämissen- und Durchführungskontrolle im gesamten Kontrollprozess. Im Gegensatz

[787] Vgl. Hasselberg (1991), S. 21.

zur Prämissen- und Durchführungskontrolle ist das Kontrollobjekt bei der kundenwissensorientierten Überwachung jedoch nicht von vornherein klar definiert. Vielmehr überwacht sie das gesamte für die Planung relevante Entscheidungsfeld der internen und externen Umwelt auf strategiegefährdendes Wissen, ohne sich auf einzelne Alternativen zu beschränken. Insofern ist die ungerichtete Beobachtungsaktivität charakteristisch für die kundenwissensorientierte Überwachung, die zwar die gewählte kundenwissensorientierte Strategie absichern soll (Kompensationsfunktion), die jedoch nicht festlegt, welche Entwicklungen für diese relevant sind.[788] Insofern ist die praktische Durchsetzung derartiger ungerichteter Beobachtungsaktivitäten aufgrund fehlender Kontrollmaßstäbe, die die gesamte Unternehmens- und Umfeldsituation in ihrer Komplexität erfassen, problematisch.[789]

Das Ziel der strategisch ausgerichteten kundenwissensorientierten Überwachung besteht darin, frühzeitig Diskontinuitäten und Strukturbrüche in der Entwicklung von das Kundenwissen beeinflussenden Größen aufzuspüren, um frühzeitige Anpassungen der Annahmen im Rahmen der Prämissenkontrolle zu gewährleisten.[790] „Sie fungiert quasi als ein „strategisches Radar“, das die Umwelt gewissermaßen flächendeckend auf strategiegefährdende Informationen hin überwacht.“[791]

Grundsätzlich lässt sich die kundenwissensorientierte Überwachung „als ein Informationssystem auffassen, das Informationen über zu erwartende Chancen und Risiken des Unternehmensumfeldes mit einem zeitlichen Vorlauf übermittelt und somit das frühzeitige Reagieren auf diese Chancen und Risiken ermöglicht (Vorsteuerfunktion)“[792]. In diesem Sinne bedient sich die kundenwissensorientierte Überwachung der strategischen **Früh-**

---

788 Vgl. Bea/Haas (2009), S. 256.

789 Vgl. Serfling (1992), S. 345.

790 Zur Strategischen Überwachung vgl. Schreyögg/Koch (2010), S. 120 ff.; Steinmann/Schreyögg (2005), S. 279. Im Konzept von Baum/Coenenberg/Günther (2012, S. 325 und 329 ff.) wird die strategische Überwachung als strategische Frühaufklärung bezeichnet.

791 Bea/Haas (2009), S. 256.

792 Baum/Coenenberg/Günther (2012), S. 329.

erkennungssysteme der dritten Generation[793], die Informationen über latente zukünftige Chancen und Risiken liefern. Diese sogenannten Diskontinuitäten und Strukturbrüche treten nicht plötzlich auf, sondern sind das Ergebnis von Entwicklungen in der Unternehmensumwelt und kündigen sich in Form von schwachen Signalen an.[794] Hierbei handelt es sich um „Informationen vorwiegend qualitativer Natur, die relevante Veränderungen frühestmöglich anzeigen sollen“[795]. Der Controllingprozess zur Erkennung, Verarbeitung und Erklärung von schwachen Signalen erfolgt in drei Arbeitsschritten:[796]

1. Scanning: Kontinuierliche Suche nach "schwachen Signalen" im Unternehmen, die als Indikatoren für zukünftige Ereignisse, Sachverhalte bzw. Entscheidungen interpretiert werden können.
2. Monitoring: Zielgerichtete Aufnahme und Verarbeitung von Informationen zur Beschreibung dieser Ereignisse, Sachverhalte bzw. Entscheidungen.
3. Evaluation: Bewertung der mit den antizipierten Ereignissen, Sachverhalten bzw. Entscheidungen verbundenen Chancen und Risiken.

Als **schwache Signale** können u.a. intuitive Urteile, relativ unstrukturierte und qualitative Informationen sowie Hinweisen auf Innovationen, Diskontinuitäten oder Bedarfskategorien (= potentielle Produkte und Dienstleistungen) charakterisiert werden.[797] Ihren Ursprung finden sie u.a. in Diskussionen in privaten und öffentlichen Foren, durch die Verbreitung bislang unbekannter Meinungen, Ideen und Stellungnahmen in nicht-personellen Wissensträgern oder in der Häufung gleichartiger Ereignisse mit Bezug zur Unternehmung. Die Erfassung kundenwissensorientierter schwacher

---

[793] Früherkennungssysteme der ersten Generation basieren auf Kennzahlensystemen und Planhochrechnungen, die der zweiten Generation auf Indikatorensystemen. Aufgrund der zugrundeliegenden Kausalketten und der geringen Vorlaufzeit eignen sich die Früherkennungssysteme der ersten und zweiten Generation nicht zur Erkennung von Diskontinuitäten. Eine ausführliche Darstellung der Früherkennungssysteme findert sich bei Bea/Hass (2009), S, 316 ff.; Horváth (201), S. 339 ff; Steinle (2007), S. 335 ff.; Baum/Coenenber/Günther (2012), S. 329 ff.

[794] Vgl. Steinle (2007), S. 334.; Bea/Haas (2009), S. 316 ff.; Zum Konzept der schwachen Signale vgl. Ansoff (1976), Welge/Al-Laham (2008), S. 432 ff.

[795] Bea/Haas (2009), S. 321.

[796] Vgl. Weide (2004), S. 241.

[797] Vgl. Jung (2011), S. 353; Baum/Coenenberg/Günther (2012), S. 339.

Signale setzt bei der Analyse und Dokumentation der Informations- und Anreicherungskomponente des Kundenwissens an. Als schwaches Signal können bspw. die im Rahmen von Kundenforen erfragten Einstellungen der Kunden gegenüber neuen Modetrends sein, die als Hinweise auf zukünftige Erwartungen der Kunden an die Sortimentsgestaltung dienen können. Ebenso können die Fragen des Kunden im stationären Einzelhandel nach Online-Bestellmöglichkeiten aufgrund seiner Erfahrungen mit einem vergleichbaren Angebot der Wettbewerber als schwaches Signal aufgefasst werden, das den Bedarf nach einem Online-Absatzkanal ankündigt. Auch geben Beschwerden über die Beratungsqualität der Mitarbeiter Hinweise auf veränderte Anforderungen an die Serviceleistungen der Unternehmung aufgrund von Erfahrungen mit dem Serviceangebot der Wettbewerber. Insofern erfolgt im Anschluss an die Erfassung und Dokumentation der schwachen Signale eine Klassifizierung und Evaluation der relevanten Wirkungen auf das Unternehmensgeschehen. Das Ziel besteht darin, unternehmensspezifische Stärken zuzuordnen und Schwächen kritisch zu würdigen, um entsprechende Anpassungen im Planungsprozess durchzuführen.

4.3.4 Kundenwissensversorgungsfunktion des Kundenwissenscontrollings

4.3.4.1 Systematisierung der Kundenwissensversorgungsaufgaben

Dem koordinationsorientierten Controllingverständnis folgend bedürfen die Kundenwissensplanung und Kundenwissenskontrolle als wissensverarbeitende Prozesse einer parallel ablaufenden Versorgung mit relevantem Kundenwissen.[798] Dieses Kundenwissen gilt es mit dem notwendigen Genauigkeitsgrad und Verdichtungsgrad am richtigen Ort und zum richtigen Zeitpunkt dem richtigen Wissensträger zur Verfügung zu stellen. Die Aufgaben des Controllings liegen dabei weniger in der unmittelbaren und all-

[798] Vgl. im Folgenden Horváth (2011), S. 295 ff.; Küpper (2008), S. 180 ff.; Barth/Barth (2008), S. 125 ff.; Wall (1999), S. 33 ff.

umfassenden Kundenwissensversorgung interner und externer Wissensträger, insbesondere der Unternehmensführung und der Kunden, als vielmehr in der Gestaltung und Koordination von Kundenwissensbedarf, Kundenwissensnachfrage und Kundenwissensangebot.[799] Das Ziel der Kundenwissensversorgungsfunktion besteht darin, den Wissensbedarf der kundenorientierten Unternehmensführung zu ermitteln und diesem Bedarf entsprechend das Kundenwissensangebot zu gestalten. Durch den Aufbau von Kundenwissensversorgungssystemen wird das Kundenwissen entsprechend seiner Nachfrage an das Management weitergeleitet. Die Koordinationsfunktion des Kundenwissenscontrollings beinhaltet sowohl die systembildende als auch systemkoppelnde Koordination im Kundenwissensversorgungssystem an sich als auch die Abstimmung dieses mit dem Planungs- und Kontrollsystem.

Während sich die Planungs- und Kontrollfunktion des Kundenwissenscontrollings in erster Linie auf das in der Kundenwissensbasis vorhandene Kundenwissen stützen, und somit der Frage des „Wie" der Kundenwissensverarbeitung nachgehen, zielt die Kundenwissensversorgungsfunktion auf die Frage nach dem „Was" der benötigten Kundenwissensbereitstellung.[800] Dabei besteht das charakteristische Ziel der Kundenwissensversorgungsfunktion darin, die Kundenwissensbasis personeller und nichtpersoneller Wissensträger im Hinblick auf die Erreichung der Kundenwissensziele zu verbessern. Insofern geht die Kundenwissensversorgungsfunktion des Kundenwissenscontrollings über die Informationsversorgungsfunktion des Kundencontrollings hinaus, als dass neben der Versorgung mit kundenbezogenen quantitativen und qualitativen Informationen eine bedarfsgerechte Bereitstellung und Verteilung von explizierten Einstellungen, Erfahrungen, Fähigkeiten und Fertigkeiten erfolgt. „Dabei ist die explizite Personenorientierung, d.h. die Einbeziehung des Faktors

---

[799] Vgl. Steinle (2007), S. 26. In der betrieblichen Praxis lässt sich eine Diskrepanz zwischen Informationsbedarf, -angebot und –nachfrage feststellen, deren Ausprägungen in der Literatur vielfältig diskutiert wurden. Vgl. hierzu Horváth (2011), S. 310 ff; Bea/Haas (2009), S. 287 ff.; Berthel (1992), Sp. 872 ff.

[800] Vgl. Horváth (2011), S. 297.

Mensch, das zentrale Unterscheidungskriterium zwischen (Kunden)-Wissensversorgung und Informationsversorgung."[801]

Aufgrund der strategischen Ausrichtung der Kundenwissensplanung und Kundenwissenskontrolle sind an die Kundenwissensversorgungsfunktion spezifische **Anforderungen** zu stellen:[802]

Das Controlling muss eine Kundenwissensversorgung der Art sicherstellen, dass dem Führungssystem ausreichend bemessene **Reaktionszeiten** ermöglicht werden. Dieses bedeutet, dass die Unternehmensführung frühzeitig über solche Entscheidungen informiert sein muss, welche für die Ressourcenausstattung (Kundenwissensverlustrisiken) oder Ressourcendispositionen (Akte der Kundenwissensnutzung) bedeutsam sind. Die Kundenwissensversorgung ist daher durch die Bereitstellung von Methoden und Instrumenten zur Identifizierung von Chancen und Risiken im Zusammenhang mit der organisationalen Kundenwissensbasis maßgeblich als eine Früherkennungsfunktion zu gestalten. Mit Blick auf die Formen des Kundenwissens können sich die Chancen- und Risikobetrachtungen sowohl auf das Kundenwissen externer Wissensträger als umweltbezogenes Kundenwissen als auch auf die organisationale Kundenwissensbasis als unternehmensbezogenes Kundenwissen angestellt werden.

Um eine adäquate Kundenwissensversorgung mit Blick auf die Wirtschaftlichkeit der kundenorientierten Managementaktivitäten sicherzustellen, besteht eine weitere Aufgabe des Kundenwissenscontrollings darin, geeignete **Mess- und Bewertungssysteme** für die Zuordnung von Kostenverursachungen und Nutzenerwartungen zu den Kundenwissensressourcen sowie deren Durchsetzung bei Entscheidungen zu gewährleisten. Diese Systeme sollen sicherstellen, dass den Prämissen zum Einfluss von Kundenwissensressourcen auf Erfolgsgrössen auch Informationen zur Wertgewinnung von Kundenwissen in Aufgabenkontexten gegenüberstehen,

801 Steins (2010), S. 227; vgl. Seidel (2003), S. 78.
802 Vgl. Weide (2004), S. 191.

die in einen kontinuierlichen Rückkopplungsprozess verknüpft werden können.

Neben den Komponenten des Kundenwissens bestimmt die jeweilige Form des Kundenwissens die Gestaltung der Kundenwissensversorgungsfunktion. Welches Wissen über, der und für die Kunden in welchem Verdichtungs- und Genauigkeitsgrad wann und wo innerhalb und außerhalb der Unternehmung welchem Wissensträger zur Verfügung gestellt wird, sind primäre Fragen zur Sicherstellung einer entscheidungsunterstützenden Kundenwissensversorgung. Der Kunde als unternehmensexterner personeller Wissensträger benötigt u.U. differenzierteres Wissen über die Eigenschaften eines Produktes, den Preis oder Tragekomfort als bspw. der Mitarbeiter, ebenfalls als personeller, aber unternehmensinterner personeller Wissensträger, beim Verkauf des gleichen Produktes. Für ihn sind bspw. Informationen über die vom Kunden bislang gekauften Produkte relevant sowie Wissen in Form von Erfahrungswerten über die Entscheidungsfreudigkeit des Kunden bei der Wahl des Produktes. Gleichsam ist der Mitarbeiter angewiesen auf Wissen über die Wissenslücken des Kunden, bspw. bezogen auf die Produkteigenschaften, um im Verkaufsgespräch das erforderliche Wissen für den Kunden bereitzustellen. Die Aufgabe des Kundenwissenscontrollings besteht nun darin, beide Wissensträger mit dem benötigen Kundenwissen für den Kauf bzw. Verkauf des gleichen Produktes zu versorgen.

Zusammenfassend kann die **Kundenwissensversorgungsfunktion** als ein parallel zur Planung und Kontrolle ablaufender Prozess zur Versorgung der kundenorientierten Unternehmensführung mit relevantem internem, unternehmensbezogenem und externem, umweltbezogenem Kundenwissen verstanden werden (Vgl. Abb. 39). Ihr **Ziel** besteht darin, den Kundenwissensbedarf, das Kundenwissensangebot und die Kundenwissensnachfrage im Rahmen der Planung und Kontrolle derart zu gestalten und zu koordinieren, dass der Nachfrage der kundenorientierten Unternehmensführung ein Früherkennungssystem zur Chancen- und Risikobetrachtung auf der Grundlage von bewertetem und bedarfsgerechtem Kundenwissen angeboten wird.

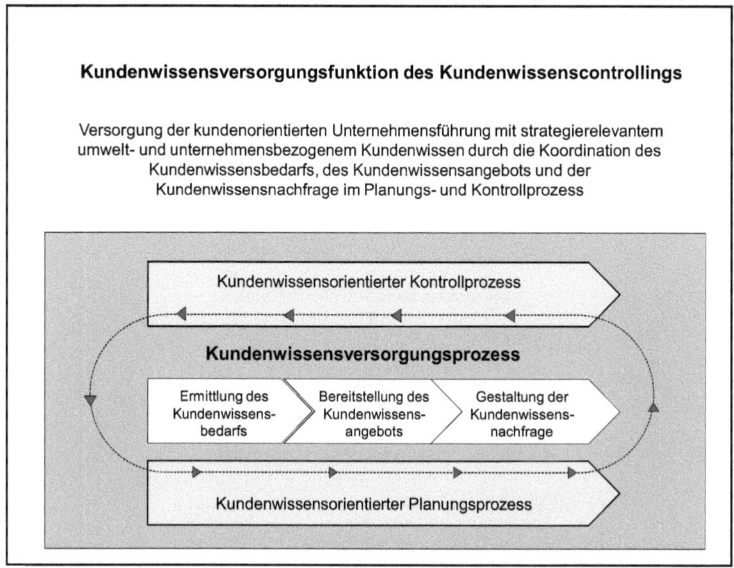

Abb. 39: Kundenwissensversorgungsaufgaben des Kundenwissenscontrollings

4.3.4.2 Darstellung der Kundenwissensversorgungsaufgaben

4.3.4.2.1 Ermittlung des Kundenwissensbedarfs

Der Bedarf an Kundenwissen wird durch den Planungs- und Kontrollprozess an sich ausgelöst, innerhalb dessen einerseits ein phasenspezifischer erkennbarer Wissensbedarf entsteht. Andererseits erfordert die strategische Ausrichtung der Planung und Kontrolle die Bereitstellung von Kundenwissen, das auf die Chancen und Risiken sowie Stärken und Schwächen der Unternehmung im Hinblick auf die Erweiterung der Kundenwissensbasis zur Entscheidungsvorbereitung hinweist. Hierbei geht es primär um die Früherkennung möglicher zukünftiger Wissensbedarfe für noch nicht bekannte Planungsprobleme.[803] Als Kundenwissensbedarf kann in Anlehnung an *Szyperski* grundsätzlich die Art, Menge und Qualität der Kundenwissensgüter definiert werden, die ein Wissensträger im gegebenen Wissenskontext zur Erfüllung einer Aufgabe in einer bestimmten Zeit und innerhalb eines gegebenen Raumgebildes benötigt.[804] Abb. 40 veranschaulicht die Aufgabe der Ermittlung des Kundenwissensbedarfs des Controllings im Kundenwissensversorgungsprozess.

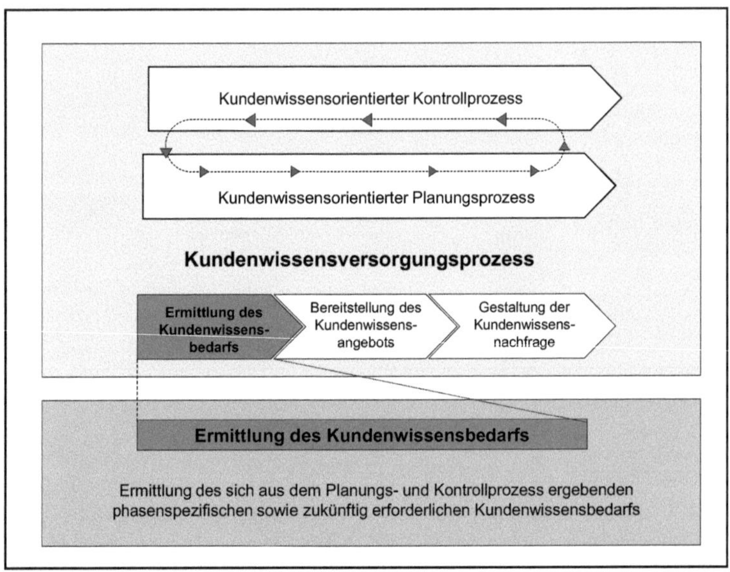

Abb. 40: Ermittlung des Kundenwissensbedarfs im Kundenwissensversorgungsprozess

An die Ermittlung des Kundenwissensbedarfs sind spezifische **Anforderungen** zu stellen, die sich aus den Eigenschaften der Ressource Kundenwissen ergeben:[805] *Erstens* kann sich die Relevanz der jeweiligen Form des Kundenwissens durch Umweltveränderungen schlagartig ändern, so dass der Sach- und Beobachtungsbereich zu Beginn der Planung nicht eingeengt werden darf. *Zweitens* ist das Aggregationsniveau des er-

---

[803] Vgl. Horváth (2011), S. 313.
[804] Vgl. Szyperski (1980), Sp. 904.
[805] Vgl. Bea/Haas (2009), S. 289 ff.; Horváth (2011), S. 311; Küpper (2008), S. 180 ff.

forderlichen Kundenwissens im Planungsprozess hoch. Hierbei geht es um die Gestaltung der gesamten organisationalen Kundenwissensbasis zur Erlangung langfristiger Wettbewerbsvorteile. *Drittens* hängt der Wert des in die Planung und Kontrolle einfließenden Kundenwissens zum Aufbau von Wettbewerbsvorteilen vom Zeitpunkt seiner Verfügbarkeit, dem Grad der Exklusivität und der Sicherheit des Kundenwissens ab. Je weiter das Wissen in die Zukunft reicht, desto schwächer und damit schwieriger wahrzunehmen sind die Signale, desto eher liegt dieses Wissen ebenfalls den Wettbewerbern vor und desto unsicherer wird es. *Viertens* erfordert die Planung und Kontrolle des Kundenwissens die Operationalisierung seiner Informations- und Anreicherungskomponente. Insbesondere der Charakter der impliziten Erfahrungen, Einstellung, Fähigkeiten und Fertigkeiten erschwert die Messung und Bewertung des Wissens der, über und für die Kunden. *Fünftens* stellt Kundenwissen eine Ressource dar, die von Natur aus unbestimmt ist und die oft bereits durch bloßen Zeitablauf erodiert. Insofern bestimmt das Alter bzw. der Aktualitätsgrad des Kundenwissens als zeitliche Distanz zwischen dem Auftreten des bezeichneten Ereignisses und ihrem Vermittlungs- und Verwendungszeitpunkt maßgeblich den Wert des Kundenwissens.[806] Allerdings verursachen kürzere Erhebungszeiträume zwar einerseits einen höheren Aufwand für die Kundenwissenserhebung und für die Aktualität des Wissens.[807] Andererseits finden sie aufgrund ihres Neuigkeitsgrades eine stärkere Beachtung und erlauben eine frühzeitigere Erkennung von schwachen Signalen. Letztendlich ist der Aktualisierungsgrad von dem zugrundeliegenden Planungs- und Kontrollzyklus direkt abhängig.

Die Anforderungen an die Ermittlung des Kundenwissensbedarfs verdeutlichen, dass er von grundlegenden **Bestimmungsgrößen** beeinflusst wird.[808] Während das wertorientierte Zielsystem der Unternehmung die **Struktur** des Kundenwissensversorgungssystems determiniert, beeinflussen das Verhalten des Kundenwissensträgers sowie externe Bedingungen

---

[806] Vgl. Küpper (2008), S. 182.
[807] Vgl. Diller (1975), S. 47 ff.
[808] Vgl. Barth/Barth (2008), S. 127 ff.; Küpper (2008), S. 184 f.

maßgeblich die **Ausprägung** des Kundenwissensbedarfs. Insbesondere Veränderungen der Umwelt, denen die unternehmensinternen und unternehmensexternen personellen Wissensträger gleichermaßen ausgesetzt sind, können zu einem veränderten Kundenwissensbedarf führen und lassen vorhandenes Kundenwissen veraltern. Bspw. kann sich durch das Eintreten eines Konkurrenten auf den Markt einerseits der Bedarf an entscheidungsrelevantem Kundenwissen des Kunden als auch der Unternehmung ändern. Während der Kunde u.a. an Wissen über den Kundenservice des neuen Marktteilnehmers interessiert sein kann, benötigt die Unternehmung u.a. Wissen über die Zielgruppe des Konkurrenten.

Neben den Umweltvariablen beeinflussen zusätzliche Unternehmensvariablen die **Häufigkeit**, **Termindringlichkeit** und **Darstellungsform** des Kundenwissensbedarfs, so dass die kundenorientierte Unternehmensführung von der jeweiligen Situation abhängiges fallweises Kundenwissen nachfragen kann oder mit dem Kundenwissenscontrolling standardmäßig zu erfolgendes Kundenwissen vereinbart.[809] Während im ersteren Fall der Kundenwissensbedarf von der fallweisen Fragestellung abhängig ist, tritt im Falle des standardisierten Kundenwissensbedarfs ein laufender und weitgehend konstanter Kundenwissensbedarf auf. Ein Beispiel hierfür könnten monatliche personenbezogene Kundendeckungsbeitragsrechnungen oder saisonbezogene Auswertungen über das Einkaufsverhalten der Kunden sein. Letztendlich beeinflusst die Art des Kundenwissensbedarfs den Umfang und Zeitpunkt des bereitzustellenden Kundenwissens.

4.3.4.2.2 Bereitstellung des Kundenwissensangebots

Um ein bedarfsgerechtes Angebot an Kundenwissen bereitzustellen, übernimmt das Kundenwissenscontrolling die folgenden Teilfunktionen, die in Abb. 41 veranschaulicht werden:

1. Identifikation des verfügbaren und nicht-verfügbaren Kundenwissens,

---

[809] Vgl. Weber/Schäffer (2011), S. 78.

2. Beschaffung von Kundenwissen aus unternehmensinternen und externen Kundenwissensquellen,
3. Aufbereitung, Bewertung und Speicherung des strategierelevanten Kundenwissens.

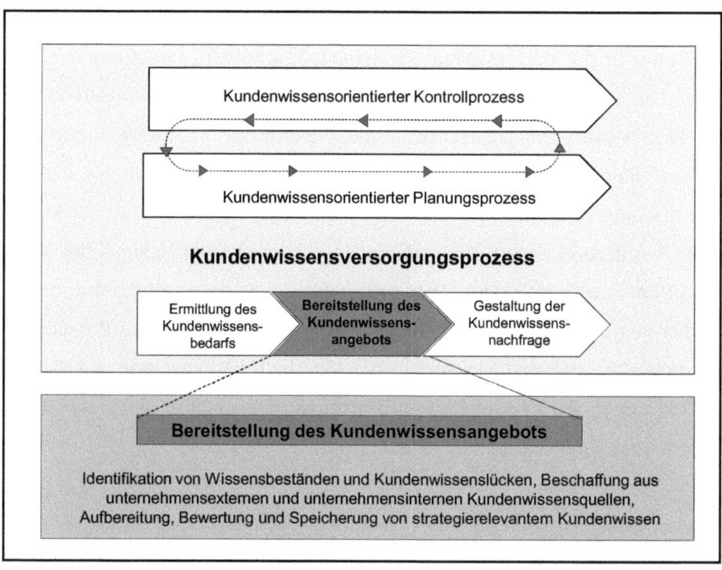

Abb. 41: Bereitstellung des Kundenwissensangebots im Kundenwissensversorgungsprozess

Die **Identifikation** des vorhandenen und nicht vorhandenen Kundenwissens dient einerseits „der Schaffung von Transparenz über die Wissensbasis, also die dem Unternehmung zur Verfügung stehenden Wissensquellen, Wissensfelder und die eigenen Kompetenzen“[810]. Andererseits liegt die „externe Hauptaufgabe der Wissensidentifikation in der systematischen Erhellung des relevanten Wissensumfeldes einer Organisation“[811]. Die Identifikation von Kundenwissen zielt darauf ab, einen Überblick zu schaffen, welches Wissen über und für die Kunden an welchen Stellen innerhalb der Unternehmung vorhanden bzw. nicht vorhanden ist und wo

[810] Lehner (2012), S. 228, vgl. ebenso Weber/Grothe/Schäffer (1999), S. 13.
[811] Probst/Raub/Romhardt (2010), S. 64.

welches fehlendes Kundenwissen benötigt wird. Gleichzeitig werden mit Blick auf den Kunden dessen **Wissensbestände** und **Wissenslücken** sichtbar gemacht. Aus der Sicht der Unternehmung ist es von besonderer Bedeutung herauszufinden, welche Wissensträger über relevantes Kundenwissen zur Erreichung der Kundenwissensziele verfügen und wer dieses Kundenwissen aufgrund von Wissenslücken noch benötigt. Wissenslücken stellen für das jeweilige Entscheidungsproblem fehlendes Wissen dar.[812] Die Identifikation von Wissenslücken ist insofern erforderlich, da das Nichtwissen das Entscheidungsverhalten der Mitarbeiter und das Kaufverhalten der Kunden maßgeblich prägen kann. Die Analyse des im Unternehmen vorhandenen Wissens kann bspw. ergeben, dass der Mitarbeiter X aufgrund eines früheren Beschäftigungsverhältnisses über Wissen für den Kunden verfügt, dass sich auf ein neu in das Sortiment aufzunehmendes Produkt bezieht. Dieses Wissen stellt eine Stärke des Unternehmens dar. Andererseits verfügt der Mitarbeiter Y über eine auf dieses Produkt bezogene Wissenslücke für den Kunden, womit gleichsam eine wissensbezogene Schwäche verbunden ist.

Sofern Wissenslücken identifiziert worden sind, erfolgt in Abhängigkeit von der Art des benötigten Kundenwissens und seinen Komponenten in einem weiteren Schritt die **Beschaffung** des relevanten Kundenwissens aus unternehmensinternen und unternehmensexternen Kundenwissensquellen. Je nach Kundenwissenskomponente erfolgt die Beschaffung des strategisch relevanten Kundenwissens durch den Erwerb des Kundenwissens unternehmensexterner oder unternehmensinterner personeller und nicht-personeller Wissensträger. Durch die Einstellung neuer Mitarbeiter wird zusätzliches Wissen über und für den Kunden gewonnen, dessen Erhebung und Integration in die organisationale Kundenwissensbasis Aufgabe des Controllings darstellt. Käufertypologien der Mafo-Institute, Fachzeitschriften oder Branchenberichte stellen zusätzliche Kundenwissensquellen zur Beschaffung von unternehmensexternem Kundenwissen dar, die in die organisationale Kundenwissensbasis zu integrieren sind. Dem Kun-

[812] Vgl. Probst/Raub/Romhardt (2010), S. 87 f.

denwissenscontrolling obliegt es an dieser Stelle, Kommunikations- und Wissenssysteme aufzubauen und mit den im Unternehmen vorhandenen Systemen abzugleichen, um den Transfer von personengebundenem Wissen systembildend und systemkoppelnd zu koordinieren. „Er (der Wissenstransfer) beinhaltet die gezielte Übertragung von Kenntnissen und Fähigkeiten zwischen Transferpartnern."[813] In dem oben gewählten Beispiel obliegt es dem Kundenwissenscontrolling, den Transfer des Wissens für den Kunden von Mitarbeiter X an Mitarbeiter Y durch den Aufbau geeigneter Wissenssysteme sicherzustellen, um die wissensbezogene Schwäche von Y der Stärke von X anzupassen. Die Voraussetzung für den Erfolg des Wissenstransfers ist dann gegeben, wenn der Empfänger von Wissen ein prinzipiell ähnliches Verständnis über den Inhalt und die Quelle des Wissens hat. In diesem Fall kann das Wissen als kompatibel und damit in die Wissensbasis integrierbar bezeichnet werden. Um die Wissensbeschaffung und damit die Wissensintegration effizient zu gestalten, werden von dem Kundenwissenscontrolling Koordinationsmechanismen in Form von Regeln als Handlungsstandards oder Routinen eingesetzt, die zur Senkung der Kommunikations- und Lernkosten führen.[814]

Bevor das erworbene Kundenwissen im Rahmen der Planung und Kontrolle genutzt werden kann, ist dessen **Aufbereitung** erforderlich. Die Aufbereitung ist ebenso wie diejenige der Beschaffung von Kundenwissen primär auf der Ebene der systembildenden Koordination angesiedelt, so dass Fragen der Systemgestaltung und der Methodenauswahl im Vordergrund stehen.[815]

Eine empfängerorientierte Kundenwissensaufbereitung wirkt durch die Reduktion des beschafften Kundenwissens der Gefahr der Überflutung des Entscheidungsträgers mit Wissen entgegen. Diese Reduktion ist in Abhängigkeit vom aktuellen Wissensstand des jeweiligen Entscheidungsträgers und im Hinblick auf deren Bedeutung zur Erreichung der Kunden-

---

[813] Schaschke (2010), S. 138.
[814] Vgl. Grant (1996), S. 114 f.
[815] Vgl. Horváth (2011), S. 326. Eine Darstellung möglicher Verfahren erfolgt in Kap. 4.4.

wissensziele vorzunehmen.[816] Dieses beinhaltet auch eine Analyse der Beziehungen zwischen dem bereits vorhandenen Kundenwissen und dem neu aufzubereitenden Kundenwissen. Wenn bspw. der Kunde bereits Wissen über die Produkteigenschaften eines Funktionsschuhs besitzt und er aufgrund eigener Erfahrungen keinen Bedarf am Wissen anderer Kunden über den Tragekomfort der Schuhe besitzt, würde dieses zusätzlich für ihn aufbereitete Kundenwissen zu einer Wissensüberflutung des Kunden führen. Ferner sind bei der Aufbereitung des Kundenwissens die Aufbereitungskriterien der Kundenwissensnutzer zu berücksichtigen. Wenn das Unternehmen das gewonnene Wissen über die Erfahrungen aller Kunden über den Tragekomfort der Schuhe bspw. in Form von Berichten in Prospekten aufbereitet, der Kunde jedoch die Wissensversorgung über Apps bevorzugt, ist eine empfängerbezogene Kundenwissensversorgung nicht gewährleistet.

Der wichtigste Aspekt der Kundenwissensaufbereitung aus der Sicht des Controllings ist deren **Bewertung** im Hinblick auf den Grad der Zielerreichung.[817] Nutzt dem Kunden zusätzliches Wissen über den Tragekomfort der Schuhe zur Erweiterung seines Wissensstandes oder benötigt er eher Wissen über spezielle Produkteigenschaften, z.B. die Ausstattung mit einer atmungsaktiven und wasserundurchlässigen Membrane?

Insbesondere im Hinblick auf die strategisch ausgerichtete Planung und Kontrolle von Kundenwissen und der damit verbundenen Unternehmens- und Umweltanalyse ist eine Bewertung des Kundenwissens durch die Gewichtung seiner Bedeutung sinnvoll. Hierzu schlägt *Bircher* eine Reihe von Prüffragen vor, die mit Blick auf das Kundenwissen eine qualitative Beurteilung im Sinne eines kritischen Erfolgsfaktors erlauben.[818] Hierzu zählen Fragen nach der Bedeutung des gewonnenen Kundenwissens für den sozio-ökonomischen Wandel oder als Indikator für wirtschaftliche, soziale, politische, technologische oder rechtliche Entwicklungen. Ebenso

[816] Vgl. Bea/Haas (2009), S. 295 ff.; Bircher (1976), S. 203.
[817] Vgl. Horváth (2011), S. 327.
[818] Vgl. Bircher (1976), S. 168 f.

stellt sich die Frage nach der Bedeutung und Zuverlässigkeit der Kundenwissensquelle sowie dem Vorhandensein von vergleichbarem Kundenwissen in der organisationalen Kundenwissensbasis. Beispielsweise können Fachzeitschriften und Branchenberichte als bedeutende Wissensquelle für anonymes Wissen über den Kunden angesehen werden, während sie als Wissensquelle für Wissen des Kunden eine vergleichsweise geringe Bedeutung aufweisen. Ein besonderes Gewicht wird Kundenwissen in dem Fall zugemessen, in dem es quantitative oder qualitative Hinweise auf strukturelle Veränderungen in der Gesellschaft gibt. Beispielsweise können positive Einstellungen der weiblichen Kunden zu Kindertagesstätten als Indikator für ihre zunehmende Berufstätigkeit bewertet werden.

Die **Speicherung** des bewerteten Kundenwissens in nicht-personellen Wissensträgern rundet die Bereitstellung des Kundenwissensangebotes ab. Da Kundenwissen definitionsgemäß erst dann vorliegt, wenn es die Informations- und Anreicherungskomponente umfasst, setzt eine Speicherung des Kundenwissens einerseits die Externalisierung der Erfahrungen, Einstellungen, Fähigkeiten und Fertigkeiten der personellen Wissensträger sowie andererseits die Erfassung quantitativer und qualitativer Kundeninformationen voraus. Beispielsweise kann das Wissen der Mitarbeiter über den Kunden erst dann gespeichert werden, wenn er seine aus dem Verkauf heraus gemachten impliziten Erfahrungen mit dem Kunden artikuliert und diese externalisierte Anreicherungskomponente des Wissens mit den kundenspezifischen Umsätzen verbunden wird. Sofern die Anreicherungskomponente fehlt, handelt es sich ausschließlich um kundenbezogene Informationen, die definitionsgemäß kein Wissen über den Kunden darstellen.

Darüber hinaus stellt die Kundenwissensspeicherung in Abhängigkeit von der Form des Kundenwissens neben der Auswahl des geeigneten Speichermediums die ordnungsgemäße Verwaltung von Rechten i.S.v. Zugriffsrechten sicher.[819] Die Zugriffsrechte regeln bei in der organisationalen

[819] Vgl. Steins (2010), S. 212; Probst/Raub/Romhardt (2010), S. 196 ff.

Kundenwissensbasis gespeichertem Kundenwissen die Autorisierung für die Nutzung und erforderliche Aktualisierungen. Bei der Auswahl des geeigneten Speichermediums für Kundenwissen kann in einem ersten Schritt eine relationale Kundendatenbank eingeführt werden, deren Zweck in der umfassenden Speicherung des Kundenwissens besteht, um eine universelle Auswertung des Kundenwissensbestandes zu ermöglichen.[820] In einem weiteren Schritt erfolgt der Aufbau einer Kundenwissenspyramide mit unterschiedlichen Kundenwissenssystemen in Form von Planungs-, Entscheidungs- oder Kontrollsystemen sowie Analyse- und Berichtssystemen je nach Art des Kundenwissens zur detaillierten Kundenwissensversorgung des Kundenmanagements. „Die dahinter stehende Idee besteht darin, die interessierende Realität im ersten Schritt möglichst weitgehend zu erfassen ..., die detaillierten Informationen dann aber in einem mehrstufigen Prozess zu konzentrieren, so dass sie für unterschiedliche Entscheidungsebenen in unterschiedlicher Verdichtung vorliegen."[821]

Allerdings sind mit der Bereitstellung des relevanten Kundenwissens noch nicht zwangsläufig auch die Zugriffsmöglichkeiten auf dieses Wissen durch die entsprechenden Kundenwissensträger verbunden. Dieser Aufgabe widmet sich das Kundenwissenscontrolling im Rahmen der Gestaltung der Kundenwissensnachfrage.

4.3.4.2.3 Unterstützung der Kundenwissensnachfrage

Die Kundenwissensnachfrage wird durch die **Weiterleitung** des Wissens über, der und für die Kunden an das Management und die Kunden unterstützt (Vgl. Abb. 42). Diese Übermittlungsvorgänge von Kundenwissen erfolgen innerhalb der Unternehmung sowie zwischen der Unternehmung und dem Kunden und können unter dem Begriff des „Berichtswesens" zusammengefasst werden.[822]

---

[820] Vgl. Barth/Barth (2008), S. 78 ff.
[821] Barth/Barth (2008), S. 79.
[822] Vgl. Horváth (2011), S. 534 ff.; Küpper (2008), S. 194 ff.

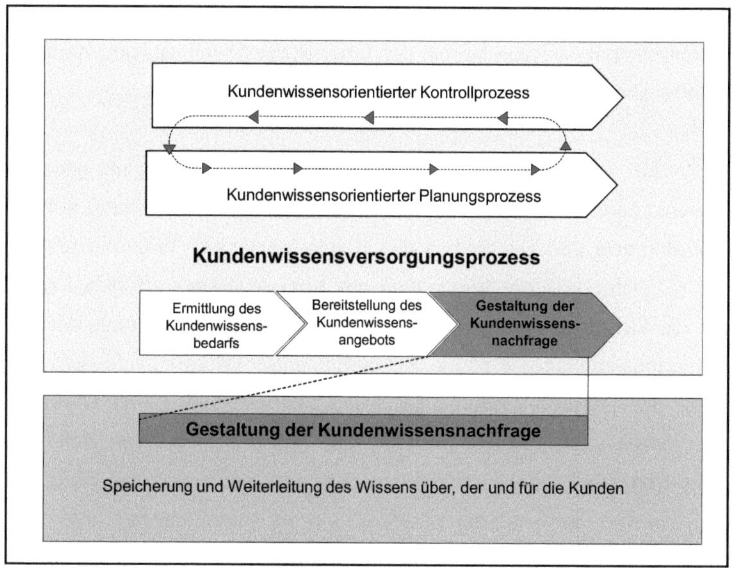

Abb. 42: Gestaltung der Kundenwissensnachfrage im Kundenwissensversorgungsprozess

Das kundenwissensorientierte Berichtswesen umfasst demnach alle personellen und nicht-personellen Wissensträger, Einrichtungen, Regelungen, Wissensbestände und Prozesse, mit denen Berichte als unter einer übergeordneten Zielsetzung, einem Unterrichtungszweck, zusammengefasstes Wissen über, der und für die Kunden, erstellt und weitergegeben werden können.[823] Im Gegensatz zum betrieblichen Berichtswesen, bei dem der Schwerpunkt auf der innerbetrieblichen Weiterleitung von Informationen liegt, richtet sich das kundenwissensorientierte Berichtswesen zusätzlich auf den Kunden als externen Empfänger aus. Für die Gestaltung der Berichte und die Art des übermittelten Kundenwissens ist der sich aus dem Planungs- und Kontrollprozess ergebende Kundenwissensbedarf relevant. Der Berichtszweck (was?) sowie die Nutzungsart des Kundenwissens seitens der Berichtsempfänger (wer?) stellen den Ausgangspunkt der Gestaltung der Berichte dar. Alle weiteren inhaltlichen (was?), formalen (wie?), zeitlichen (wann?) und personalen (wer?) Gestaltungsmerkma-

[823] Vgl. Blohm (1969), S. 728.

le sind hierauf abzustimmen. Die Art des Berichtes sowie die Struktur des Berichtssystems werden hierbei der Struktur des Planungs- und Kontrollsystems angepasst.[824]

Da Wissen eine Ressource darstellt, die sich durch Teilung mit anderen Wissensträgern vermehrt,[825] zielt die Kundenwissensweiterleitung auf die **Multiplikation** und Distribution des Kundenwissens.[826] Während erstere eine möglichst schnelle Verbreitung des Kundenwissens an viele Personen, die Sicherung und Teilung der bereits vorhandener Elemente der Anreicherungskomponente sowie den permanenten Wissensaustausch zum Zweck der erneuten Wissensentwicklung beinhaltet, basiert die **Distribution** von Kundenwissen auf dem Aufbau und der Pflege von elektronischen Kommunikations- und Wissenssystemen. Somit dient die Weiterleitung von Kundenwissen der Unterstützung der Nachfrage nach Kundenwissen und der technischen Unterstützung der Suche nach Kundenwissen.[827] Das Ziel der Wissensweiterleitung besteht darin, organisationale Wissensinseln aufgrund von funktionalen Wissensbarrieren zu verbinden, um den Kundenwissensfluss zwischen den Entscheidungsträgern sicherzustellen.[828] Gleichzeitig wird der Kundenwissensfluss zwischen der Unternehmung und dem Kunden bedarfsgerecht koordiniert.

Die Gestaltung der dargestellten Kundenwissensversorgungsfunktion steht im Spannungsfeld von Kundenwissensbedarf, Kundenwissensnachfrage und Kundenwissensangebot und dient der Unterstützung der kundenorientierten Unternehmensführung und des Kunden zur nachfolgenden Nutzung des Wissens der, über und für die Kunden. Die Qualität der Unterstützungsfunktion hängt maßgeblich von den eingesetzten Instru-

---

[824] Eine ausführliche Darstellung der Arten von Berichten und Berichtssystemen findet sich bei Horváth (2011), S. 537 ff., Küpper (2008), S. 195 ff. und Weber/Schäffer (2011), S. 222 ff.

[825] Vgl. Kap. 3.1.1.

[826] Vgl. Reiche (2004), S. 46.

[827] Vgl. Disterer (2007), S. 178.

[828] Eine detaillierte Darstellung der Erscheinungsformen von organsiationalen Wissensinseln und der für sie relevanten Wissensbarrieren findet sich bei Probst/Raub/Romhardt (2010), S. 160 ff.

menten zur Planung, Kontrolle und Versorgung mit Kundenwissen durch das Kundenwissenscontrolling ab.

4.4 Instrumente des Kundenwissenscontrollings

4.4.1 Systematisierung der Instrumente des Kundenwissenscontrollings

Bei einer Systematisierung der Instrumente des Kundenwissenscontrollings nach deren Einsatzgebiet zur Koordination, Planung, Kontrolle und Versorgung mit Wissen über, der und für die Kunden gilt es zu berücksichtigen, dass eine **aufgabenbezogene Zuordnung** nicht überschneidungsfrei möglich ist. In der Literatur zum Controlling wird diesbezüglich auf den Umstand hingewiesen, dass viele Instrumente sowohl Planungs-, Kontroll- als auch Informationsversorgungsaspekte in sich vereinen und das Einsatzgebiet über ihre Rolle entscheidet.[829] Dem koordinationsorientierten Controllingverständnis folgend handelt es sich bei den Instrumenten des Controllings um Koordinationsinstrumente, die isoliert innerhalb der Führungsteilsysteme oder übergreifend eingesetzt werden können.[830] Während die isolierten Koordinationsinstrumente ihre Aufgaben innerhalb des Planungs-, Kontroll- oder Informationsversorgungssystems wahrnehmen, erfassen übergreifende Controllinginstrumente mehrere Führungsteilsysteme. Beispielsweise kann Führungsteilsystem-übergreifend im Rahmen einer Stärken/Schwächen-Analyse sowohl die Erarbeitung von Informationsgrundlagen als auch die Festlegung von Planungsalternativen das Ziel sein. Ebenso dient die Kundendeckungsbeitragsrechnung vorrangig der Planung und Kontrolle von kundenbezogenen Kosten und Erlösen, liefert jedoch zugleich Informationen für die Entscheidungsträger und fungiert somit als informationsorientiertes Controllinginstrument. Andererseits werden Berichtssysteme isoliert im Informationsversorgungssystem als Instrument zur Darstellung des Informationsangebots und zur Unterstützung der Informationsnachfrage eingesetzt.

---

[829] Vgl. Horváth (2011), S. 309; Buchholz (2009), S. 36; Schweizer/Friedl (1992), S. 158.
[830] Vgl. Küpper (2008), S. 40.

Neben der Schwierigkeit einer aufgabenbezogenen Zuordnung der Instrumente ist bei einer Systematisierung der Instrumente zudem zu berücksichtigen, dass Koordination, Planung, Kontrolle und Versorgung mit Kundenwissen auf Instrumenten gründet, die eine Messung und Bewertung von Kundenwissen gewährleisten. Als Anforderungen an geeignete wissensorientierte Messverfahren werden die Einhaltung der Wirtschaftlichkeit, Zuverlässigkeit und Unabhängigkeit des Instrumentes sowie die Verwendung klar definierter Bewertungsmaßstäbe gestellt.[831] Ferner wird gefordert, dass die Instrumente eine Messung der relevanten Eigenschaften des Wissens sicherstellen, d.h. derjenigen Eigenschaften, die die erforderlichen Informationen liefern. Mit Blick auf die relevanten Eigenschaften des Kundenwissens als Messobjekt müssen die Instrumente daher gewährleisten, dass entsprechend ...

1. der Form des Kundenwissens (Wissen über, der und für die Kunden),
2. die Komponenten des Kundenwissens (Informations- und Anreicherungskomponente) und
3. die Kategorien von Kundenwissen (explizites und implizites Kundenwissen) evaluiert werden.

Bei der Auswahl geeigneter Instrumente kann das Kundenwissenscontrolling auf das Instrumentarium verwandter Wissenschaftsgebiete zurückgreifen, deren Fokus auf der Messung der Ressource Wissen und der Bestimmung des Kundenwertes liegt. Hierzu stehen die Instrumente des Kundencontrollings und Wissenscontrollings zur Verfügung. Zudem zählen alle ideellen (Methoden und Modelle) und realen (technischen) Hilfsmittel, die der kundenorientierten Unternehmensführung für eine wissensorientierte Lenkung der Unternehmung zur Verfügung stehen, zu den geeignet erscheinenden Instrumenten des Kundenwissenscontrollings.[832]

Das **Kundencontrolling** verfügt über heuristische und quasi-analytische Instrumente zur Ermittlung des Kundenwertes aus Unternehmenssicht.[833]

---

[831] Vgl. Kap. 3.3.2.
[832] Vgl. Horváth (2011), S. 129.
[833] Vgl. Kap. 2.2.4.

Das Ziel besteht in der statisch oder dynamisch ausgerichteten Abbildung und Bewertung der Struktur des Kundenportfolios auf der Grundlage von quantitativen und qualitativen Kundeninformationen. Im Kundencontrolling bedarf eine Bewertung der Kunden aus Unternehmenssicht der Messung monetärer, dem Marktpotential des Kunden zuzuordnenden Wertkomponenten und der nicht-monetären Bestandteilen seines Ressourcenpotentials. Während weitgehend Konsens über die Instrumente zur Ermittlung des Marktpotentials anhand monetarisierbarer Kundeninformationen besteht, wird die Messung des nicht-monetären Ressourcenpotentials kritisch beurteilt.[834] Zwar werden Kundenscoring-Modelle, Kundenportfolioanalysen oder Kundenzufriedenheitsanalysen als geeignet zur Erkennung und Bewertung von kundenbezogenen Erfolgspotentialen angesehen, die Integration der nicht-monetarisierbaren Kundeninformationen in die Kundenbewertung wird jedoch nicht abschließend gelöst. Die Vertreter des Kundencontrollings gehen insofern dazu über, das Ressourcenpotential der Kunden nur dann bei der Bewertung der Kunden zu berücksichtigen, wenn es monetär messbar wird.[835] Beispielsweise können Empfehlungen des Kunden nur dann in seine Bewertung einfließen, wenn mit diesen Umsätze von Neukunden verbunden sind, die unmittelbar aus der Empfehlung des vorhandenen Kunden resultieren. Somit erlauben die Instrumente des Kundencontrollings ausschließlich eine Messung der monetarisierbaren quantitativen und qualitativen Elemente der Informationskomponente des Kundenwissens.

Das **Wissenscontrolling** verfügt über ein- und mehrdimensionale Verfahren zur Messung und Bewertung des in der organisationalen Wissensbasis vorhandenen und zu integrierenden Wissens.[836] Da die eindimensionalen Verfahren den immateriellen Vermögensgegenständen einen einzelnen aggregierten Wert zuordnen, sind sie nicht in der Lage, Ursache-/Wirkungszusammenhänge zwischen Interventionen und Veränderungen des immateriellen Vermögens abzubilden. Insofern erlauben sie keine

[834] Vgl. Kap. 2.2.5.
[835] Vgl. Kap. 2.2.4.2 und 2.3.
[836] Vgl. Kap. 3.3.1.

Aussagen darüber, inwieweit eine Veränderungen einer einzelnen Komponente des Kundenwissens zu einer Veränderung des Wertes einer Form des Kundenwissens führt. Beispielsweise können keine Aussagen darüber getroffen werden, ob eine Veränderung der Erfahrungen des Kunden zu einer Veränderung des Wertes des Wissens der Kunden führt. Vielmehr können ausschließlich Aussagen über den Wert des gesamten Wissens unabhängig von der Form, Kategorie oder Komponente des Kundenwissens abgeleitet werden. Insofern sind die eindimensionalen Verfahren des Wissenscontrollings zur Messung von Kundenwissen nur bedingt geeignet.

Die mehrdimensionalen Verfahren des Wissenscontrollings streben eine Messung der immateriellen Vermögensgegenstände mittels Indikatoren und deren Bewertung anhand von Kennzahlen an.[837] Durch die Auswahl der Indikatoren ist eine Gliederung des organisationalen Wissens als immateriellem Vermögensgegenstand nach seinen Formen möglich, so dass eine Messung des Wissens der, über und für die Kunden unterschieden werden kann. Beispielsweise ermöglicht die Balanced Scorecard bei der Betrachtung der Kundenperspektive durch die Festlegung strategischer Ziele die Berücksichtigung verschiedener Zielausprägungen je nach Form des Kundenwissens als Handlungsfelder und Handlungsoptionen.[838] Anschließend werden für diese Indikatoren quantitative oder qualitative Kennzahlen festgelegt, die sich auf die Informations- und Anreicherungskomponente des Kundenwissens beziehen können. Für das Kundenwissenscontrolling stellt sich bei der Verwendung der mehrdimensionalen Verfahren des Wissenscontrollings als problematisch heraus, dass sie zwar Ursache/Wirkungszusammenhänge abbilden können sowie monetäre und nicht-monetäre Größen je nach Form des Kundenwissens berücksichtigen. Aus ihnen aber keine Messvorschriften zur Messung der Komponenten und Kategorien von Kundenwissen abgeleitet werden können.[839] Somit werden auch die mehrdimensionalen Verfahren des Wissenscon-

---

[837] Vgl. Kap. 3.3.1.2.
[838] Vgl. Horváth (2001), S. 146.
[839] Vgl. Horváth (2001), S. 48.

trollings nur bedingt den Anforderungen an die Messung von Kundenwissen gerecht.

Neben den aus dem Wissenscontrolling bekannten Methoden zur Planung und Kontrolle von Wissen stellt das **Wissensmanagement** zusätzlich methodische und technische Hilfsmittel zur Verfügung, die die Dokumentation des Wissensangebots und eine Unterstützung bei der Wissensnachfrage erleichtern. Hierzu zählen Wissensmanagementsysteme und softwaretechnische Systeme sowie Methoden zur Repräsentation von Wissen und Förderung des Wissensaustausches.[840] Diese Instrumente können als isolierte Koordinationsinstrumente zur Kundenwissensversorgung eingesetzt werden, sofern sie die Ermittlung des Bedarfs, Unterstützung der Nachfrage und Bereitstellung des Angebotes an Wissen über, der und für die Kunden unterstützen.

An dieser Stelle bleibt festzuhalten, dass die Instrumente des Kundencontrollings und Wissenscontrollings sowie die des Wissensmanagements eine Messung des Kundenwissens nur bedingt ermöglichen. Erstere erlauben die Messung der quantitativen und qualitativen Informationskomponente des Kundenwissens. Die Evaluierung der Anreicherungskomponente des Wissens über, der und für die Kunden wird bislang nicht berücksichtigt. Die Instrumente des Wissenscontrollings messen das gesamte in der organisationalen Wissensbasis vorhandene und zu integrierende Wissen. Eine differenzierte Messung der Komponenten und Kategorien je nach Form des Kundenwissens erfolgt nicht. Gleiches gilt für die Instrumente des Wissensmanagements. Insofern bedarf die Verwendung der Instrumente der genannten Wissenschaftsgebiete einer Modifikation entsprechend den Anforderungen an die Messung von Kundenwissen. In Abb. 43 sind ausgewählte, für das Kundenwissenscontrolling als geeignet erachtete Instrumente zusammengestellt. Dabei wird aufgrund der Problematik einer aufgabenbezogenen Zuordnung allgemein in Instrumente

[840] Eine detaillierte Darstellung der Instrumente des Wissensmanagements findet sich bei Lehner (2012), S. 177 ff.

des Kundencontrollings, des Wissenscontrollings und des Wissensmanagements gegliedert.

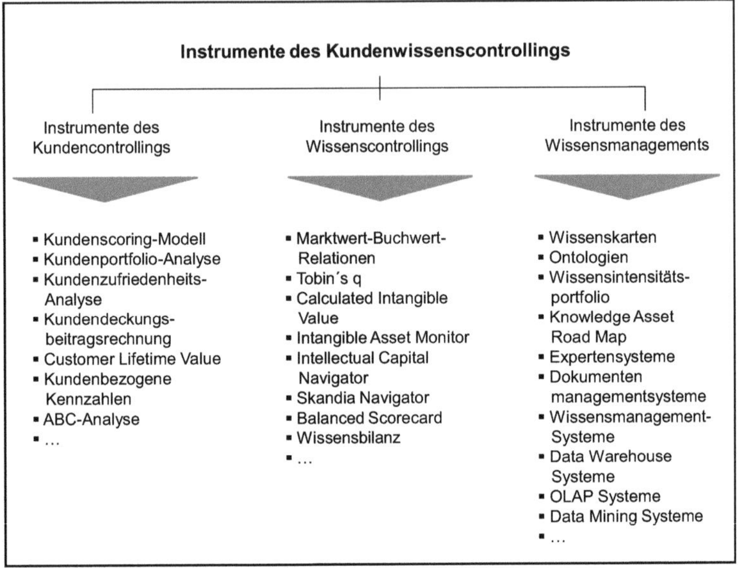

Abb. 43: Instrumente des Kundenwissenscontrollings

Da eine modifizierte Darstellung aller Instrumente der genannten Wissenschaftsgebiete entsprechend den Anforderungen an die Messung von Kundenwissen den Rahmen dieser Forschungsarbeit überschreiten würde, werden im folgenden Kapitel das Kundenwissensattraktivitäts-Portfolio, die Kundenwissens-Scorecard und die Kundenwissenskarten als ausgewählte Instrumente des Kundenwissenscontrollings exemplarisch dargestellt.

4.4.2 Ausgewählte Instrumente des Kundenwissenscontrollings

4.4.2.1 Kundenwissensattraktivitäts-Portfolio

Der Portfolio-Ansatz wurde ursprünglich zur Steuerung von Investitionsentscheidungen im Finanzbereich entwickelt.[841] Auch das Kundencontrolling und Wissenscontrolling verwenden die Portfolio-Analyse als Instrument zur Abbildung und Bewertung der Kundenstruktur sowie der organisationalen Wissensbestände im Hinblick auf deren Investitionswürdigkeit.[842] Werden die Erkenntnisse der Portfoliotheorie auf das Kundenwissen übertragen, so wird ein heuristisches Planungsverfahren zur Identifizierung von unternehmensinternem und unternehmensexternem wertsteigernden Kundenwissenspotentialen je nach Form und inhaltlicher Ausprägung des Kundenwissens geschaffen.[843] Beispielsweise kann herausgefunden werden, ob das Wissen eines Mitarbeiters über die Einkaufgewohnheiten eines Kunden zu einer wertsteigernden Erweiterung der gesamten organisationalen Kundenwissensbasis führt. Ebenso kann die Positionierung des im Verkaufsprospekt für die Sicherheitsschuhe der Marke XY befindlichen Wissens für den Kunden im Portfolio des gesamten organisationalen Kundenwissens betrachtet werden. In einem weiteren Schritt werden für das Kundenwissen gemäß seiner Positionierung im Portfolio kundenwissensorientierte Strategien zur Erweiterung der organisationalen Kundenwissensbasis abgeleitet.

Den Ausgangspunkt der Kundenwissensportfolio-Analyse stellt die Unternehmens- und Umweltanalyse dar, die im Rahmen der strategischen kundenwissensorientierten Analyse durchgeführt wird. Sie führt zu einer Liste zahlreicher Einflussfaktoren von Chancen und Risiken der Umwelt sowie

[841] Vgl. Markovitz (1970), S. 3 ff.

[842] Das Kundenportfolio wird u.a. von Schmöller (2001, S. 138) als Instrument des Kundencontrollings verwendet. Im Wissenscontrolling befassen sich Lehner (2012, S. 216 ff.) und North (2005, S. 21 ff.) mit dem Wissensintensitäts-Portfolio. Güldenberg (2003, S. 383 ff.) entwickelte das Wissensattraktivitäts-Portfolio, das als Grundlage des Kundenwissensattraktivitäts-Portfolios dient.

[843] Eine ausführliche Darstellung des grundsätzlichen Aufbaus und der Ziele der Portfolio-Technik findet sich bei Welge/Al-Laham (2008), S. 471 ff.

Stärken und Schwächen der Unternehmung. Im Rahmen des **Kundenwissensattraktivitäts-Portfolio** wird die Analyse der Einflussfaktoren auf drei strategische Kundenwissensdimensionen begrenzt, zu denen als Stärkenwert der Unternehmung die **organisationale Kundenwissensposition** als inhaltliches Ausprägungsniveau für die Attraktivität und Qualität des Kundenwissens herangezogen wird. Als Chancenwerte der Umwelt werden der **Verbreitungsgrad des Kundenwissens** und der **wirtschaftliche Nutzen** des Kundenwissens herausgegriffen. Die theoretische Basis der Einflussfaktoren stellen die Erkenntnisse der Lerntheorie sowie das Konzept des Wissenslebenszyklus dar. Durch die Verwendung dieser drei Dimensionen entstehen die in Abb. 44 dargestellten Elemente des Kundenwissensattraktivitäts-Portfolios.

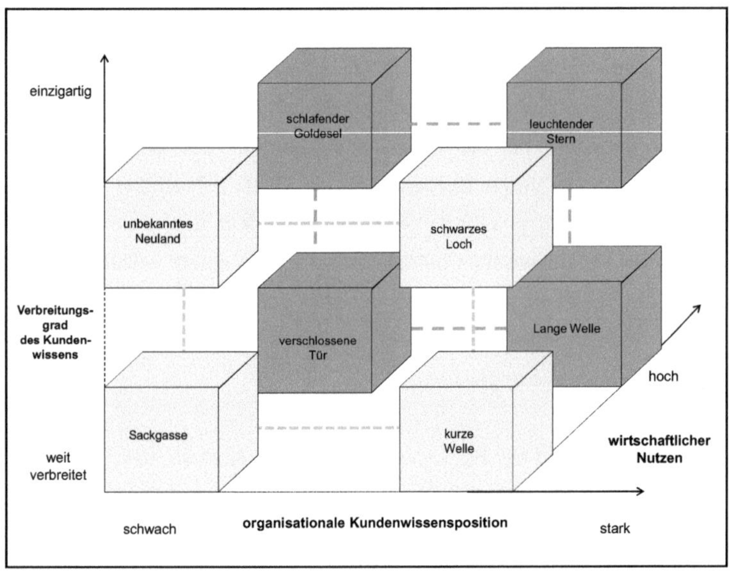

Abb. 44: Elemente des Kundenwissensattraktivitäts-Portfolios (Quelle: Vgl. Güldenberg (2003), S. 385)

Das Instrument des Kundenwissensattraktivitäts-Portfolio wird auf der Grundlage des Wissensattraktivitäts-Portfolios von *Güldenberg* abgeleitet und exemplarisch am Beispiel des Schuheinzelhandels dargestellt:[844]

Schwarze Löcher und verschlossene Türen stellen Bedrohungen für die Unternehmung dar, da mit ihnen keine wertorientierte Erweiterung der organisationalen Kundenwissensbasis verbunden ist. Im **schwarzen Loch** hält die Unternehmung aufgrund einer starken Kundenwissensposition innerhalb der Unternehmung und der Einzigartigkeit des Verbreitungsgrades des Kundenwissens an diesen Wissensbeständen fest, obwohl mit ihnen kein wirtschaftlicher Nutzen verbunden ist. Dieses Kundenwissen kann bspw. aus ehemals **leuchtenden Sternen** resultieren, das aber in der Zwischenzeit keinen wirtschaftlichen Nutzen mehr generiert. Hierzu zählen bspw. die Erfahrungen der Mitarbeiter als Wissen für die Kunden über die Passform der unternehmenseigenen modischen Handelsmarken, mit denen jedoch aufgrund von veränderten Modetrends kein Umsatz mehr erzielt wird.

Im Element der **verschlossenen Türen** liegen weitverbreitete Wissensbestände verbunden mit einem hohen wirtschaftlichen Nutzen vor. Da die eigene organisationale Wissensposition jedoch schwach ausgeprägt ist, erfordert ihr Ausbau eine unnötige Bindung unternehmerischer materieller und immaterieller Ressourcen. Beispielsweise bedarf die Eröffnung einer Kinderabteilung der Schulung der Mitarbeiter in der Anwendung des im Schuheinzelhandel weitverbreiteten Weiten-Maß-Systems[845] zur Messung von Kinderfüßen. Der neu in den Markt der Kinderschuheinzelhändler eintretenden Unternehmung stehen hohe Investitionen in den Ausbau der eigenen organisationalen Wissensposition bevor, wobei diese Wissensbestände in der Branche bereits weit verbreitet sind und dort einen hohen wirtschaftlichen Nutzen für die Konkurrenz haben.

---

844 Vgl. Güldenberg (2003), S. 384 ff.

845 Eine detaillierte Darstellung der Merkmale des Weiten-Maß-Systems findet sich bei Deutsches Schuhinstitut GmbH (2011).

Die übrigen sechs Elemente des Kundenwissensattraktivitäts-Portfolios stellen Bestandteile des **Kundenwissenslebenszyklus** dar und führen zu einer wertorientierten Erweiterung der organisationalen Kundenwissensbasis als Ergebnis von Lernprozessen. Am Anfang des Kundenwissenslebenszyklus wird das Kundenwissen im Element des **unbekannten Neulandes** betrachtet. Dort liegt einzigartiges, d.h. bislang von der Konkurrenz noch nicht imitiertes Kundenwissen vor, mit dem zwar noch ein geringer wirtschaftlicher Nutzen und eine schwache organisationale Wissensposition verbunden sind. Durch hohe Eintritts- und Einarbeitungsbarrieren in dieser Phase ist die Gefahr einer raschen Wissensverbreitung in der Unternehmensumwelt noch als gering einzustufen. Fließt dieses einzigartige Kundenwissen in die Kundenbeziehung ein, kann die Unternehmung einen hohen wirtschaftlichen Nutzen hieraus ziehen (**schlafender Goldesel**). Stellt ein Schuheinzelhändler bspw. Mitarbeiter ein, die aufgrund einer früheren Anstellung in der Schuhindustrie über Erfahrungen im Verkauf von bislang noch nicht im Einzelhandel verkauften Sicherheitsschuhen der Marke XY verfügen, und nimmt gleichzeitig Artikel dieser Marke in sein Sortiment auf, verfügt er über einzigartiges Wissen für den Kunden, verbunden mit einem hohen wirtschaftlichen Nutzen für den Schuheinzelhändler.

Durch die Erhaltung, Modifikation und Weiterentwicklung des einzigartigen Kundenwissens im Element des **leuchtenden Sterns** erfolgt der Ausbau der organisationalen Kundenwissensposition bei gleichbleibend hohem wirtschaftlichem Nutzen. In dieser Phase wird das Kundenwissen im betriebswirtschaftlichen Prozess eingesetzt, so dass durch Lernprozesse die Wissensbestände und sich mit ihnen die organisationale Wissensposition verbessert. Im gewählten Beispiel wird das einzigartige Wissen des neueingestellten Mitarbeiters in der Unternehmung auf weitere Mitarbeiter durch Schulungen übertragen, so dass der Kunde unternehmensweit eine kompetente Beratung bei Sicherheitsschuhen der Marke XY erhält.

Steigt der Verbreitungsgrad des Kundenwissens am Markt, gilt es, neues Kundenwissen zu generieren, mit dem Ziel einer Spezialisierung auf Wissensarten und Wissenskomponenten **(Lange Welle)**. Sinkt gleichzeitig der wirtschaftliche Nutzen, da das Kundenwissen nunmehr am Markt weitverbreitet ist und die organisationale Wissensposition mittlerweile stark ist, wird das Kundenwissen ausgeschöpft **(Kurze Welle)**. Im Fall des gewählten Beispiels folgt hieraus, dass zu dem Zeitpunkt das alte Wissen vergessen und neues Wissen generiert werden muss, sobald sich durch die Aufnahme der Marke XY in das Sortiment der Konkurrenz verbunden mit Schulungen der Mitarbeiter der Verbreitungsgrad des markenspezifischen Wissens für den Kunden steigt und gleichzeitig der wirtschaftliche Nutzen für die betrachtete Unternehmung sinkt. Am Ende des Vergessensprozesses steht die **Sackgasse**, mit der eine sinkende Wissensattraktivität und Wissensverbreitung verbunden ist. Gleichzeitig erhöht sich durch den abnehmenden wirtschaftlichen Nutzen die Wahrscheinlichkeit, dass neue Investitionen und Innovationen das nunmehr veralterte Wissen obsolet machen. Der Kundenwissenszyklus beginnt von neuem.

Je nach Positionierung des Kundenwissens in den einzelnen Elementen des Kundenwissensattraktivitäts-Portfolios lassen sich entsprechend Strategieempfehlungen zur wertorientierten Erweiterung der organisationalen Kundenwissensbasis ableiten, die in Abb. 45 zusammengefasst werden. Allerdings handelt es sich hierbei um globale Handlungsempfehlungen im Sinne von groben Strategietypen und sind damit als erste Annäherungen an die Thematik der Kundenwissensstrategiefindung zu verstehen. Eine inhaltliche Ausdifferenzierung als wertsteigernde Strategien zur Erweiterung der organisationalen Kundenwissensbasis ist unternehmensspezifisch und je nach Art des Kundenwissens vorzunehmen.

Als Modifikationen des Kundenwissensattraktivitäts-Portfolios ist eine Erweiterung der Umweltdimensionen „Verbreitungsgrad des Wissens“ und „wirtschaftlicher Nutzen“ durch Teildimensionen z.B. Investitionsattraktivität in das Wissen über den Kunden oder Wissensposition der Konkurrenz bzgl. des Wissens für den Kunden denkbar. Die Unternehmensdimension

Elemente des Kundenwissensattraktivitäts-Portfolio	Charakteristika des Portfolio-Elements			Strategieempfehlung
	Einzigartigkeit des Kundenwissens	Organisationale Kundenwissensposition	Wirtschaftlicher Nutzen	
unbekanntes Neuland	hoch	gering	gering	Wissen unter Beachtung des wirtschaftlichen Nutzens und der Verbreitung bei der Konkurrenz weiterentwickeln
schlafender Goldesel	hoch	gering	hoch	Wissen auf jede erdenkliche Weise generieren
leuchtender Stern	hoch	hoch	hoch	Wissen erhalten, modifizieren, weiterentwickeln
lange Welle	gering	hoch	hoch	Neues Wissen generieren mit dem Ziel einer weiteren Spezialisierung
kurze Welle	gering	hoch	gering	Wissen anwenden, ausschlachten und vergessen
Sackgasse	gering	gering	gering	Wissen vergessen
verschlossene Türe	gering	gering	hoch	Falls möglich Verkauf, ansonsten Wissen vergessen
schwarzes Loch	hoch	hoch	gering	Verlernen

Abb. 45: Strategieempfehlungen des Kundenwissensattraktivitäts-Portfolio (Quelle: Vgl. Güldenberg (2003), S. 388)

„organisationale Wissensposition“ kann als Konglomerat der Teildimensionen u.a. der warenbezogenen Kundeninformationen und Verkaufserfahrungen der Mitarbeiter als Wissen über den Kunden oder Produktinformationen für den Kunden dargestellt werden. Die Teildimensionen können quantitativer und qualitativer Natur sein, wodurch die Informations- und

Anreicherungskomponente je nach Form des Kundenwissens abgebildet werden kann.

Zur Ermittlung der numerischen Ausprägungen einer strategischen Kundenwissensdimension bezogen auf ihr Erfolgspotential können **Scoring-Modelle** verwendet werden.[846] Sie transformieren die einzelnen Indikatoren in Punktwerte und fassen diese nach einer unternehmensspezifischen Gewichtung durch Addition zu einer Gesamtscore zusammen. Dabei gilt, je höher der ermittelte Punktwert ist, desto wertvoller ist die betrachtete Kundenwissensdimension. Auf Basis der ermittelten Werte ergibt sich dann für jede Kundenwissensdimension eine Position im Portfolio. Allerdings ist bei der Verwendung der Scoring-Modelle zur Bewertung der Kundenwissensdimensionen stets kritisch die Subjektivität bei der Auswahl der Indikatoren, der Gewichtungsfaktoren und der Punktwerte zu berücksichtigen. Diese Modifikation des Kundenwissensattraktivitäts-Portfolios ermöglicht die Ableitung eines „Multifaktoren-Konzeptes" zur Abbildung der zahlreichen Einflussfaktoren auf die Komponenten und Kategorien je nach Art des Kundenwissens.

Das in dieser Form dargestellt Kundenwissensattraktivitäts-Portfolio kann als erster Versuch verstanden werden, eine wertorientierte Bewertung der organisationalen Kundenwissensbasis zu handhaben. Dabei kann die Betrachtungsperspektive auf die verschiedenen Formen des Kundenwissens und seiner Komponenten erweitert werden. Somit wird eine diskussionsfähige Planungsgrundlage, die als Ausgangsbasis für die Ableitung von kundenwissensorientierten Strategien aufzufassen ist, entwickelt. Neben den grundsätzlichen Einwänden gegenüber der Portfolio-Technik,[847] fehlt dem Kundenwissensattraktivitäts-Portfolio eine konzeptionelle Anbindung an die Maßnahmenebene, so dass offen bleibt, welche wissensorientierten Maßnahmen zur Umsetzung der globalen Strategieempfehlung erforderlich sind. Ferner liefert das Kundenwissensattraktivitätsportfolio keine nachvollziehbaren Bewertungs- und Messvorschriften, die den Mess- und

---

[846] Zur Struktur und Kritik an Scoring-Modellen vgl. Rödl (2010), S. 26 ff.
[847] Vgl. Kap.2.2.4.1.

Bewertungsprozess des Kundenwissens transparent und intersubjektiv überprüfbar machen.

4.4.2.2 Kundenwissens-Scorecard

Die Kundenwissens-Scorecard stellt eine Modifikation des von *Kaplan/Norton* entwickelten Modells der Balanced Scorecard dar.[848] Die Kundenwissens-Scorecard kann als mehrdimensionales Instrument zur Integration der Kundenwissensperspektive in organisationale Ziel- und Bewertungssysteme verwendet werden.[849] Sie unterstützt im Rahmen des Planungsprozesses neben dem Schwerpunkt der Strategieumsetzung auch die Phase der Strategieentwicklung. Gleichzeitig kann sie durch die enge Verzahnung von Kundenwissenszielen und Kundenwissensmessung als Kontrollinstrument sowie zur Darstellung der kundenwissensorientierten Strategien und Maßnahmen als Kundenwissensversorgungsinstrument eingesetzt werden. Dabei fungiert die Kundenwissens-Scorecard als ein Kennzahlensystem des Kundenwissenscontrollings und beinhaltet einen strategischen Managementprozess, der die Unternehmensstrategie durch die Unterstützung des Kennzahlensystems operationalisiert. [850] Zudem besitzt die Kundenwissens-Scorecard den Charakter eines Frühwarnsystems, indem sie durch die Übersetzung der Unternehmensstrategie in operative Zielsetzungen diese messbar und damit deren Einhaltung bzw. Nichteinhaltung überprüfbar macht.

Für das **Grundmodell der Balanced Scorecard** ist die Berücksichtigung einer Kunden-, einer internen Prozess- sowie einer Lern- und Entwicklungsperspektive charakteristisch, die den rein finanziellen Blickwinkel der Finanzperspektive ergänzen, so dass vorlaufende, nicht-finanzielle Indikatoren neben den traditionellen finanziellen Ergebniskennzahlen Berücksichtigung finden.[851] Dabei übersetzt die Balanced-Scorecard die strategi-

---

[848] Vgl. Kap. 3.3.2.2.
[849] Vgl. Probst/Raub/Romhardt (2010), S. 223; Hanke (2006), S. 59; Weide (2004), S. 231.
[850] Vgl. Buchholz (2009), S. 276.
[851] Vgl. Kaplan/Norton (1997), S. 8.

schen Zielvorgaben und die Vision der Unternehmung in die vier genannten Perspektiven. Den visuellen Bezugsrahmen für die Integration der Unternehmensstrategie in die vier Perspektiven der Balanced Scorecard zur Illustration ihrer Ursache-/Wirkungsbeziehungen stellt die Strategy Map zur Verfügung.[852] Für jede der vier Perspektiven werden strategische Ziele definiert und durch finanzielle Messgrößen bzw. Kennzahlen und nichtfinanzielle Indikatoren in der Balanced Scorecard operationalisiert. Die Kennzahlen stehen in einer Ursache-/Wirkungskette zueinander und sind auf die Finanzperspektive ausgerichtet, so dass Ergebniskennzahlen einer tiefer gelegenen Perspektive als treibender Faktor für eine Kennzahl einer übergeordneten Perspektive wirken.[853] Ziel des Kennzahlensystems ist es, „die Beziehungen zwischen Zielen aus den verschiedenen Perspektiven deutlich zu machen, damit sie gesteuert und bewertet werden können“[854]. Die Anzahl der strategischen Ziele und Kenngrößen innerhalb einer Perspektive sollte im Gleichgewicht mit der Anzahl der strategischen Ziele und Kenngrößen in den übrigen Perspektiven stehen. Bei der Auswahl der Kennzahlen bzw. Indikatoren ist darauf zu achten, dass diese in einer eindeutigen Beziehung zum perspektiveneigenen Ziel stehen, frei von Mehrdeutigkeiten sind sowie quantifizierbar, zuverlässig und nachhaltig verwendbar.[855] Außerdem sind nur solche Kennzahlen und Indikatoren geeignet, die neben Ist-Werten auch Soll- und Zielwerte abbilden und den einzelnen Verantwortungsträgern zuzuordnen sind.

Durch die nachfolgende Festlegung von operativen Zielwerten wird die Steuerungsrelevanz der Messgrößen und Indikatoren gewährleistet. Zur Umsetzung der strategischen Ziele werden operative Maßnahmen im Aktionsplan festgelegt. Dabei wird das Verständnis von Strategie als Hypothese nach *Kaplan/Norton* zugrundegelegt, so dass die Balanced-Scorecard nur solange Gültigkeit behält, bis neue Erkenntnisse vorliegen. „Der Entwurf der Balanced Scorecard berücksichtigt die Veränderung der Organisation, von ihrer momentanen Position ausgehend, hin zur ge-

[852] Vgl. Hováth/Gaiser (2004), S. 49.
[853] Vgl. Schmeisser/Claussen (2009), S. 80.
[854] Vgl. Kaplan/Norton (1997), S. 28.
[855] Vgl. Niven (2009), S. 226 ff.

wünschten, aber ungewissen, zukünftigen Position. Da sich die Organisation noch nie in der angestrebten Situation befand, bestehen die weiteren Schritte aus einer Reihe verknüpfter Hypothesen. Diese strategischen Hypothesen werden in der Balanced Scorecard als ein Set von Ursache-/Wirkungs-Beziehungen beschrieben, die darstellbar und überprüfbar sind."[856] In Abb. 46 sind die vier Perspektiven, strategischen Ziele und ausgewählte Kennzahlen im Rahmen der Balanced Scorecard dargestellt.

Perspektive	**Grundfrage**	**Ziele**	**Ausgewählte Kennzahlen**
Finanzen	Wie sollen wir gegenüber den Anteilseignern auftreten, um finanziellen Erfolg zu haben?	Wertorientierung	Economic Value Added Return on Capital Employed Cash Flow Return on Investment
		Produktivitätssteigerung	Mitarbeiterproduktivität Kostensenkung Kostenanteile
		Nutzung von Vermögenswerten	Investitionsanteil Kapitalrentabilität Working Capital
Kunden	Wie sollen wir gegenüber unseren Kunden auftreten, um unsere Vision zu verwirklichen?	Identifikation und Durchdringung der Kunden- und Marktsegmente, in denen die Unternehmung tätig ist oder werden will	Kundenzufriedenheit Kundentreue Kundenakquisation Marktanteil
Interne Geschäftsprozesse	In welchen Geschäftsprozessen müssen wir die Besten sein, um unsere Anteilseigner und Kunden zu befriedigen?	Ausrichtung der internen Prozesse auf die Erfordernisse der Kunden und die Ziele der Anteilseigner	Prozesszeit, Prozessqualität, Prozesskosten Innovationszeit, Innovationsqualität, Innovationskosten Kundendienstqualität

[856] Kaplan/Norton (2001), S. 69.

Perspektive	Grundfrage	Ziele	Ausgewählte Kennzahlen
Lernen und Entwicklung	Wie können wir unsere Veränderungs- und Wachstumspotentiale fördern, um unsere Vision zu verwirklichen?	Schaffung der für die Erreichung der Ziele der anderen Perspektiven notwendigen Infrastruktur	Mitarbeiterzufriedenheit Mitarbeitertreue Mitarbeitermotivation Informationsnutzung

Abb. 46: Perspektiven des Grundmodellls der Balanced Scorecard nach *Kaplan/Norton* (Quelle: Vgl. Stockmann (2007), S. 80)

Kennzeichnend für die Balanced-Scorecard ist, dass sie unternehmensindividuell entwickelt wird, so dass die betrachteten Perspektivenarten und Perspektivenanzahl je nach Unternehmensstrategie und Vision flexibel variieren können.[857] Zudem ist sie nicht statisch ausgestaltet, sondern verändert sich im Rahmen eines revolvierenden Strategieüberprüfungsprozesses, der die Grundlage für die Etablierung einer lernenden Unternehmung ist.[858] Für die Entwicklung einer modifizierten **Kundenwissens-Scorecard** sind daher grundsätzlich zwei Formen möglich: Einerseits kann die Anzahl der Perspektiven durch eine Erweiterung der klassischen Perspektivenarten Finanz-, Kunden-, interne Prozess- sowie Lern- und Entwicklungsperspektive um eine Kundenwissensperspektive erweitert werden.[859] Andererseits bieten die klassischen Perspektivenarten Anknüpfungspunkte zur Integration der verschiedenen Formen von Kundenwissenals Steuerungsgrößen in die Balanced Scorecard.[860] Ferner kann sich die Form der Gestaltung der Kundenwissens-Scorecard im Strategieüberprüfungsprozess ändern.[861] Im Folgenden soll beispielhaft eine Kundenwissens-Scorecard entwickelt werden, die auf der Finanz-, Kunden-, Internen Prozess- sowie Lern- und Entwicklungsperspektive der Balanced Scorecard beruht und innerhalb dieser klassischen Perspektiven

---

[857] Vgl. Alter (2011), S. 301, Sure (2009), S. 103 f.; Schmeisser/Claussen (2009), S. 38; Baum/Coenenberg/Günther (2012), S. 370.
[858] Vgl. Sure (2009), S. 103.
[859] Diese Vorgehensweise wählt Kaps (2001), indem sie für jede Aufgabe des Wissensmanagements je eigene Perspektiven mit auf die Ziele des Wissensmanagements abgestimmten Zielen, Kennzahlen, Vorgaben und Maßnahmen in eine Wissensscorecard integriert.
[860] Vgl. Probst/Raub/Romhardt (2010), S. 222; Hanke (2006), S. 61.
[861] Vgl. Sure (2009), S. 103.

Anknüpfungspunkte für ein Controlling der Ressource Wissens über, der und für die Kunden nutzt. Allerdings wird bereits an dieser Stelle darauf hingewiesen, dass innerhalb des von *Kaplan/Norton* entwickelten Konzeptes der Balanced Scorecard eine konkrete Operationalisierung der Wissensperspektive mit entsprechenden Wissensindikatoren nicht zu finden ist.[862] Vielmehr muss für jede Unternehmung ein eigenes, kontextspezifisches und unternehmensindividuelles Indikatorenset entwickelt werden.

Den Ausgangspunkt zur Entwicklung einer Kundenwissens-Scorecard stellt die kundenwissensorientierte Vision und das Leitbild der Unternehmung dar, die anschließend in die vier Perspektiven Finanzen, Kunden, interne Prozesse sowie Lernen und Entwicklung durch die Ableitung von strategischen Zielen, Kennzahlen und Indikatoren sowie operativen Zielwerten und Maßnahmen übersetzt wird. Als mehrzielorientierter Ansatz integriert die **Finanzperspektive** die kundenwertorientierte Ausrichtung der Unternehmung. Im Mittelpunkt steht die Grundfrage: Wie sollen wir gegenüber den Anteilseignern auftreten, um auf Kundenwissen basierenden finanziellen Erfolg zu haben? Als strategische Ziele der Kundenwissens-Scorecard kann die Steigerung des kundenwertorientierten Wachstums neben der Betrachtung der Rentabilitätsentwicklung und Kostenstruktur aufgenommen werden. Daraus abgeleitete Kennzahlen berichten bspw. über die Steigerung des Kundendeckungsbeitrages. Ferner können kundenbezogene Rentabilitäts- oder Kostenkennzahlen, wie Umsatz pro Kunde/Kosten pro Kunde oder Kosten/Kosten pro Kunde verwendet werden.[863] Da finanzwirtschaftliche Ziele eine Art Richtgrößenfunktion für die Ziele der anderen Perspektiven haben, bedeutet dieses, dass jede weitere ausgewählte Kennzahl als Teil einer Ursache-/Wirkungs-Kette dient, die letztendlich zur Steigerung der finanziellen Leistung beiträgt.

Die **Kundenperspektive** symbolisiert die Sichtweise des Kunden auf die Unternehmung. Im Mittelpunkt steht die Grundfrage: Wie sollen wir ge-

---

[862] Vgl. Probst/Raub/Romhardt (2010), S. 223.

[863] Einen Überblick über weitere finanzwirtschaftliche Kennzahlen bieten Niven (2009), S. 207 und Sure (2009), S. 105.

genüber dem Kunden auftreten, um unsere kundenwissensorientierte Vision zu verwirklichen? Mit dieser Perspektive wird der Ansatz der kundenorientierten Unternehmensführung in die Balanced Scorecard integriert. Gleichzeitig bietet sie Anknüpfungspunkte für eine Integration der Wissensperspektive aus Kundensicht, da die Kundenperspektive vom wahrgenommenen Wert und Nutzen des Wissens für den Kunden erschlossen werden kann.[864] Entsprechend gibt die Kundenperspektive das Wertangebot des Wissens an die Kunden und die Wertbeiträge des Wissens der Kunden wieder, so dass die Fragestellung dahingehend modifiziert werden kann: Welches auf Kundenwissen basierende Wertangebot kann die Unternehmung dem Kunden bieten, um von dem Kunden einen Wertbeitrag zu erhalten? Als strategisches kundenwissensorientiertes Ziel der Kundenperspektive kann der Ausbau der Informations- und Anreicherungskomponente des Wissens der Kunden über die Unternehmung und seine Produkte zur Steigerung des Wertbeitrages sowie des Wissens für die Kunden als Teil des Wertangebotes an den Kunden formuliert werden. Als Kenngröße der Informationskomponente kann bspw. die Anzahl der Beschwerden, die Reklamationsbearbeitungszeit, der Kundenzufriedenheitsindex, der Prozentsatz der Stammkunden, die Kundenbetreuungsquote oder das Verhältnis aus neuen und alten Kunden herangezogen werden.[865] Ebenso sind Indikatoren über die Anreicherungskomponente des impliziten Wissens der Kunden über die Produkte und Mitarbeiter der Unternehmung erforderlich, bspw. über den Tragekomfort der Schuhe anhand der Inhalte von Beschwerden oder die Freundlichkeit und Verkaufskompetenz der Mitarbeiter anhand der Anzahl der Kundenkontakte pro Mitarbeiter.

Der ressourcenorientierte Ansatz spiegelt sich in der **internen Prozessperspektive** und der **Lern- und Entwicklungsperspektive** wieder. Im Mittelpunkt steht die Auffassung, dass langfristige Wettbewerbsvorteile durch eine unternehmensspezifische Bündelung vorhandener und neu zu

---

[864] Vgl. Sure (2009), S. 105; Schmeisser/Claussen (2009), S. 40.

[865] Eine Auflistung weiterer Kunden- und Marktkennzahlen findet sich bei Niven (2009), S. 215 und Sure (2009), S. 106.

entwickelnder Ressourcen erlangt werden.[866] In diesem Sinne werden im Rahmen der internen Prozessperspektive die erfolgskritischen bestehenden und neu zu entwickelnden Geschäftsprozesse innerhalb der gesamten Wertkette identifiziert, die zur Erreichung der Ziele der Finanz- und Kundenperspektive erforderlich sind. Grundlage ist die Überlegung, dass aus der Erfüllung der Wertvorgaben von den Kunden Kundentreue resultiert, die zu einer Befriedigung der Erwartungen der Anteilseigner bzgl. der finanziellen Erfolgsgrößen führt.[867] Zur Zufriedenstellung der Kunden bedarf es wettbewerbsfähiger Geschäftsprozesse, die *Kaplan/Norton* in den Innovationsprozess (Schaffung neuer Produkte oder Dienstleistungen zur Erfüllung neuer Wünsche gegenwärtiger oder zukünftiger Kunden), den internen Betriebsprozess (Betrachtung des Produktionsprozesses hinsichtlich Kosten-, Qualität-, Zeit- und Leistungseigenschaften) und den Kundendienstprozess (Garantie- und Wartungsarbeiten, Bearbeitung von Fehlern und Reklamationen sowie Zahlungen) untergliedern.[868] Als strategisches kundenwissensorientiertes Ziel der internen Prozessperspektive kann der Ausbau des Wissens für den Kunden über den Innovations-, Betriebs- und Kundendienstprozess formuliert werden. Als Kennzahlen und Indikatoren der Informations- und Anreicherungskomponente des Wissens für die Kunden im Innovationsprozess kann bspw. die Anzahl von Medienberichten über Produktinnovationen oder über die Erweiterung des Kundenservices sein. Ebenso kann die Anzahl der Schulungen der Mitarbeiter bzgl. neuer Produkte und Dienstleistungen als Indikator für die Anreicherungskomponente des Wissens der Mitarbeiter für die Kunden herangezogen werden. Kennzahlen des Kundendienstprozesses stellen die Dauer der Reklamationsabwicklung oder die durchschnittliche Reaktionszeit des Kundenservice bei Anfragen und Beschwerden dar.[869]

Im Mittelpunkt der **Lern- und Entwicklungsperspektive** steht die Lern- und Innovationsfähigkeit der Unternehmung und seiner Mitarbeiter, die als

---

[866] Vgl. Kap. 1.4.
[867] Vgl. Schmeisser/Claussen (2009), S. 40 f.
[868] Vgl. Kaplan/Norton (1997), S. 92 ff.
[869] Einen Überblick über Kennzahlen der internen Prozessperspektive liefert Sure (2009), S. 106 f. und Niven (2009), S. 219.

Grundlage zur Erreichung der Ziele der ersten drei Perspektiven dienen und zur langfristigen Sicherung des wirtschaftlichen Erfolgs und des Wachstums der Unternehmung beitragen. „Die Innovationsfähigkeit der Mitarbeiter beeinflusst entscheidend, ob die wichtigen und kritischen Prozesse der Unternehmung sich den sich ständig wandelnden Anforderungen der Kunden bedarfsgerecht anpassen und damit letztlich dem Kunden den erwarteten Mehrwert an Qualität, Effizienz und Service zur Verfügung stellen können.“[870] Entsprechend definiert die Lern- und Entwicklungsperspektive die Ziele hinsichtlich der zur Umsetzung der Unternehmensstrategie relevanten Unternehmenspotentiale, zu denen die Mitarbeiter, deren Wissen, Innovationskraft und Kreativität sowie die Technologie und unternehmensinterne und unternehmensexterne Informationssysteme gezählt werden. Sie bilden die Grundlage zur Schaffung von Voraussetzungen für die künftige Wandlungs- und Anpassungsfähigkeit der Unternehmung.[871] Innerhalb dieser Perspektive der Kundenwissens-Scorecard kann als strategisches Ziel der Ausbau des Wissens der Mitarbeiter über und für den Kunden und die Entwicklung der Kundenwissenssysteme formuliert werden. Insofern spielen Kennzahlen zur Operationalisierung der Anreicherungskomponente des Wissens der Mitarbeiter für den Kunden sowie der Informationskomponente des Wissens über den Kunden eine wesentliche Rolle. Die entsprechenden Kennzahlen bilden die Mitarbeiterqualifikation, Mitarbeitermotivation, Mitarbeiterzufriedenheit sowie die Zugangsqualifikation und Nutzung der Kundenwissenssysteme ab. Beispielhafte Kennzahlen für die Anreicherungskomponente des Wissens der Mitarbeiter für den Kunden sind die Kompetenzerfüllungsquote, Weiterbildungsquote pro Mitarbeiter oder der Wertzuwachs pro Mitarbeiter. Demgegenüber spiegelt die Anzahl der Mitarbeiter mit Zugang zu Kundenwissenssystemen oder der Anteil der Mitarbeiter mit direktem Kundenkontakt verbunden mit Online-Zugriff auf Kundendaten die Informationskomponente des Wissens über den Kunden wieder.[872] Neben den genannten Kennzahlen zur Operationalisierung des expliziten Wissens der Mitarbeiter spielen auch

---

[870] Sure (2009), S. 107.
[871] Vgl. Kaplan/Norton (1997), S. 27.
[872] Weitere Kennzahlen der Lern- und Entwicklungsperspektive finden sich bei Niven (2009), S. 226 und Sure (2009), S. 107.

Indikatoren, die das implizite Wissen der Mitarbeiter über und für den Kunden wiederspiegeln, als treibende Faktoren der Lern- und Entwicklungsperspektive eine wesentliche Rolle. Sie sollten bspw. Auskunft über das implizite Kundenberatungswissen oder Kundensegmentierungswissen liefern. In Abb. 47 wird eine beispielhafte Kundenwissens-Scorecard dargestellt, die in der Finanz-, Kunden-, internen Prozess- sowie Lern- und Entwicklungsperspektive auf Anknüpfungspunkte zur Integration der Ressource Kundenwissen durch die Ableitung von kundenwissensorientierten Zielen und ausgewählten Kennzahlen hinweist.

Perspektive	Grundfrage	Kundenwissens-orientierte Ziele	Ausgewählte Kenngrößen
Finanzen	Wie sollen wir gegenüber den Anteilseignern auftreten, um auf Kundenwissen basierenden finanziellen Erfolg zu haben?	Kundenwertorientierung Rentabilität Kostenstruktur	Customer Lifetime Value Kundendeckungsbeitrag Kosten/Kosten pro Kunde Umsatz pro Kunde/Kosten pro Kunde
Kunden	Wie sollen wir gegenüber unseren Kunden auftreten, um unsere kundenwissensorientierte Vision zu verwirklichen?	Ausbau des Wissens der und für die Kunden durch Verbesserung des Kundenwissensportfolios , der Kundenzufriedenheit und Kundenbindung	Anzahl und Inhalt der Beschwerden Reklamationsbearbeitungszeit Kundenzufriedenheitsindex Anteil von Weiterempfehlungen Anzahl und Inhalt der positiven Rückmeldungen Prozentsatz der Stammkunden Kundenbetreuungsquote Verhältnis neuer zu alten Kunden
Interne Geschäftsprozesse	Wie können wir das in unseren Geschäftsprozessen befindliche Kundenwissen verbessern, um unsere Anteilseigner und Kunden zu befriedigen?	Ausrichtung des Innovations-, Betriebs- und Kundendienstprozesses auf den Ausbau des Wissens für die Kunden	Dauer der Reklamationsabwicklung durchschnittliche Servicereaktionszeit Anzahl von Medienberichten über Produktinnovationen oder über die Erweiterung des Kundenservices Durchschnittlicher Aufwand pro Reklamation

Perspektive	Grundfrage	Kundenwissens-orientierte Ziele	Ausgewählte Kenn-größen
Lernen und Ent-wicklung	Wie können wir unsere Verände-rungs- und Wachstumspo-tentiale kunden-wissensorientiert fördern, um un-sere Vision zu verwirklichen?	Ausbau des Wis-sens der Mitarbeiter über und für den Kunden und Ent-wicklung der Kun-denwissenssysteme	Kompetenzerfüllungsquo-te Weiterbildungsquote pro Mitarbeiter Wertzuwachs pro Mitar-beiter Anzahl der Mitarbeiter mit Zugang zu Kundenwis-senssystemen Implizites Kundenbera-tungs- und Kundenseg-mentierungswissen

Abb. 47: Kundenwissensscorecard mit ausgewählten Zielen und Kenngrößen

Im Anschluss an die Formulierung der strategischen kundenwissensorientierten Ziele und der Definition der Kennzahlen und Indikatoren pro Perspektive unterstützt das Kundenwissenscontrolling die kundenorientierte Unternehmensführung bei der unternehmensindividuellen Festlegung von quantitativen **Zielwerten**. Mit ihnen können die tatsächlich erreichten Ist-Werte verglichen werden, wodurch erst ein Feedback i.S. des kybernetischen Controlling-Kreislaufes möglich wird. Eine anschließende Ursachenanalyse zum Grad der Zielerreichung ermöglicht Anstöße für organisationales Lernen in der jeweiligen Unternehmenseinheit und dient als Grundlage zur Beschreibung und Anpassung von Maßnahmen zur Umsetzung der Strategie im operativen Geschäft.

Für die Entwicklung der Kundenwissens-Scorecard wird an dieser Stelle weiterer Forschungsbedarf erkennbar: Sie berücksichtigt zwar grundsätzlich bei der Festlegung der strategischen kundenwissensorientierten Ziele pro Perspektive die Möglichkeit ihrer Messung, ihrer Operationalisierung und ihrer Anbindung an konkrete Maßnahmen. Ferner zielt sie auf eine Operationalisierung der Informations- und Anreicherungskomponente des Wissens über, der und für die Kunden durch die Ableitung geeigneter Kennzahlen und Indikatoren ab und weist auf die Notwendigkeit hin, nicht nur das explizite, sondern auch das implizite Kundenwissen zu erfassen. Allerdings bietet sie keine klar definierten Bewertungsmaßstäbe für das Kundenwissen, so dass nicht abschließend gewährleistet werden kann, dass für beide Komponenten (Informations- und Anreicherungskomponente) die Kategorien (Explizites und implizites Kundenwissen) des Wissens der, über und für die Kunden gemessen werden können.

4.4.2.3 Kundenwissenskarten

Kundenwissenskarten stellen eine Modifikation der Wissenskarten dar.[873] Als aufgabenspezifisches Instrument des Kundenwissenscontrollings eignen sie sich zur Bereitstellung des Kundenwissensangebots und Unterstützung der Kundenwissensnachfrage im Kundenwissensversorgungsprozess. Kundenwissenskarten stellen eine Reihe verschiedener, strukturierter (grafischer) Darstellungen des unternehmensinternen Wissens der Unternehmung über und für den Kunden sowie des unternehmensexternen Wissens der Kunden dar.[874] Als grafische Verzeichnisse von Wissensträgern, Wissensbeständen, Wissensquellen, Wissensstrukturen, Wissensanwendungen oder Wissensentwicklungen tragen sie zur Steigerung der Kundenwissenstransparenz bei. Dabei dienen Kundenwissenskarten der Referenzierung des impliziten und expliziten Kundenwissens der personellen und nicht-personellen Wissensträger, da sie nicht selber das Kundenwissen speichern, sondern je nach Form des Kundenwissens auf die Komponenten des Kundenwissens der Wissensträger hinweisen. Gleichzeitig unterstützen sie die Repräsentation der organisationalen Kundenwissensbasis sowie die Visualisierung der Wissensstrukturen innerhalb der Unternehmung sowie zwischen Unternehmung und Kunde.
Nach ihrer Struktur und dem Inhalt können die folgenden **Arten von Kundenwissenskarten** unterschieden werden:[875]

- Kundenwissensträgerkarten,
- Kundenwissensbestandskarten,
- Gelbe Seiten,
- Blue Pages,

---

[873] Einen Überblick über die Grundlagen der Wissenskarten findet sich bei Tergan (2004); Wiig (2004), S. 283 ff.; Eppler (1997, 1998, 2003); Mandl/Fischer (2000); Huff (1990).
[874] Vgl. Eppler (1997), S. 10.
[875] Vgl. Eppler (1997), S. 11 ff. und (2003), S. 192 ff.; Probst/Raub/Romhardt (2010), S. 67 ff.; Wiig (2004), S. 283 ff.

- Kundenwissensstrukturkarten,
- Kundenwissensanwendungskarten,
- Kundenwissensentwicklungskarten.

Je nach Art der Kundenwissenskarte liegt der Schwerpunkt auf der Visualisierung der Anreicherungskomponente oder Informationskomponente des Kundenwissens der personellen oder nicht-personellen Wissensträger. Um eine möglichst umfangreiche und präzise Dokumentation des relevanten Kundenwissens zu erreichen, werden die Kundenwissenskarten miteinander kombiniert.

Im Vordergrund der **Kundenwissensträgerkarten** steht die Identifizierung der personellen oder nicht-personellen Wissensträger von Wissen der, über und für die Kunden, die mittels unternehmensspezifischer Kriterien grafisch dargestellt werden. Im Mittelpunkt steht die Frage: Wer oder was ist Träger von Kundenwissen? Derartige Kriterien können bspw. die Abteilungen, das Fachgebiet der Mitarbeiter, die von ihnen betreuten Produkte oder die Dauer der Betriebszugehörigkeit sein.[876] Gleichsam können die Kunden nach ihrem beruflichen Know How, dem auf die Abteilungen der Unternehmung bezogenen Inhalt ihrer Beschwerde bzw. ihres Lobs oder den von ihnen gekauften Produkten grafisch eingeordnet werden. Bei Kundenwissensträgerkarten der nicht-personellen Wissensträger handelt es sich um ein grafisches Verzeichnis der unternehmensinternen und unternehmensexternen Wissensquellen, aus denen Kundenwissen gewonnen werden kann, z.B. Kunden- oder Beschwerdedatenbänke.

Kundenwissensträgerkarten werden durch **Kundenwissensbestandskarten** ergänzt, die der Visualisierung der expliziten und impliziten Kundenwissensbestände der personellen und nicht-personellen Wissensträger dienen. Im Mittelpunkt steht die Frage: Welche Form von Wissen steht in welchem Umfang bei welchem Kundenwissensträger zur Verfügung? Kundenwissensbestandskarten der personellen Wissensträger zielen auf die Darstellung der Anreicherungskomponente des Kundenwissens der Mitarbeiter und Kunden durch die Abbildung ihrer Erfahrungen, Fähigkei-

[876] Vgl. Eppler (2003), S. 192 und (1997), S. 11.

ten und Fertigkeiten ab. Zusätzlich verweisen Kundenwissensbestandskarten der nicht-personellen Wissensträger auf die Visualisierung der Informationskomponente des Kundenwissens durch die Abbildung der personenbezogenen quantitativen und qualitativen Kundeninformationen. Der Vorteil von Kundenwissensbestandskarten besteht darin, durch eine einfache grafische Darstellung diejenigen Mitarbeiter oder Kunden aufzuzeigen, die über für die Unternehmung wertvolles Kundenwissen verfügen. Gleichzeitig verweist sie auf personelle Wissensträger mit Wissenslücken, die durch Weiterbildungsmaßnahmen oder die Versorgung mit zusätzlichem entscheidungsrelevanten Kundenwissen geschlossen werden können.

Abb. 48 zeigt beispielhaft den Bestand des Wissens der Mitarbeiter über ausgewählte Fabrikate im Schuheinzelhandel, das sie als Wissen für den Kunden weitergeben können. Dabei wird der Umfang des Bestandes an Kundenwissen durch die Größe und Farbgebung der Balken visualisiert. Es gilt: Je breiter der Balken desto größer ist der Bestand an Kundenwissen bei dem betrachteten Kundenwissensträger. Je dunkler der Balken desto größer ist sein Potential im Rahmen von Weiterbildungsmaßnahmen zur Weitergabe seines Wissens an die Kollegen. Das Beispiel zeigt, dass Frau Rehfisch umfangreiches Wissen über die Fabrikate für die Kunden besitzt und diese speziell für die Fabrikate Meindl und Lowa an ihre Kollegen mit Wissenslücken weitergeben könnte. Statt der Fabrikate können ebenso Kunden in die Kundenwissensbestandskarte aufgenommen werden, um das Wissen der Mitarbeiter über den Kunden grafisch darzustellen. Weitere Variationen der Grafik sind denkbar, z.B. Kunden/Fabrikat oder Kunden/Mitarbeiter als Wissen der Kunden über die Unternehmung oder Mitarbeiter /Abteilungen als Wissen für den Kunden.

Fabrikat / Mitarbeiter	Meindl	Lowa	Lloyd	Ecco	Van Bommel	Dinkel-acker	Adidas
Berges							
Brüske							
Hoch							
Krause							
Ohmann							
Rehfisch							
Richter							
Tuchen							

Abb. 48: Beispielhafte Kundenwissensbestandskarte für den Schuheinzelhandel (Quelle: Vgl. Eppler (2003), S. 196)

In der Praxis stellen sog. **Gelbe Seiten** eine oftmals anzutreffende, praktische Umsetzung von Wissensträger- und Wissensbestandskarten dar. Entsprechend werden in kundenwissensorientierten Gelben Seiten neben den Grunddaten die Fach-, Methoden-, Sozial- und personalen Kompetenzen der Mitarbeiter als personelle Wissensträger erfasst, um das zu einem bestimmten Aufgabengebiet unternehmensintern vorhandene Wissen über und für den Kunden für alle Organisationsmitglieder abrufbar zu machen.[877] Auf diese Weise werden die Fähigkeiten, Fertigkeiten und Erfahrungen der Mitarbeiter dokumentiert, die sie durch ihre Ausbildung und beruflichen Werdegang erworben haben und die zusätzlich Auskunft über ihre Lern-, Problemlösungs- und Teamfähigkeit erlauben. In der praktischen Anwendung ermöglichen kundenwissensorientierte Gelbe Seiten bspw. dem Kunden, bei Reklamationen von Wanderschuhen im Schuheinzelhandel denjenigen Mitarbeiter als Ansprechpartner zu benennen, der aufgrund seines beruflichen Werdegangs oder von Weiterbildungsmaßnah-

[877] Vgl. Lehner (2012), S. 198 f.

men über Erfahrungen und Fähigkeiten im Zusammenhang mit den Produkteigenschaften von Wanderschuhen verfügt. Aus der oben genannten beispielhaften Kundenbestandskarte würde sich Frau Rehfisch für Reklamationen der Wanderschuhfabrikate Meindl und Lowa anbieten, während Frau Krause über Wissen für den Kunden der Firma Adidas verfügt.

Neben den intern ausgerichteten Gelben Seiten können auch kundenwissensorientierte **Blue Pages** angelegt werden, die Auskunft über die Erfahrungen, Fähigkeiten oder Fertigkeiten der Kunden geben, mit dem Ziel, sie aufgrund ihres Wissens in den Unternehmensprozess einzubinden. Neben den Grunddaten spielen qualitative Informationen bspw. über das Lob- und Beschwerdeverhalten der Kunden als Indikator für deren Erfahrungen im Umgang mit den Produkten oder den Mitarbeitern und quantitative Informationen über das Kaufverhalten der Kunden eine wichtige Rolle. Aufgrund dieses Wissens der Kunden können sie bspw. bei der Sortimentsplanung herangezogen werden. Als problematisch bei der Erstellung der Blue Pages erweist sich jedoch der hohe Grad an Vertraulichkeit und Sensibilität der personenbezogenen Informationen und die Subjektivität, mit der die Anreicherungskomponente des Kundenwissens erfasst wird.

Als dritte Form der Kundenwissenskarten bilden **Kundenwissensstrukturkarten** die Struktur eines Wissensgebietes durch eine Gliederung und in Beziehungsetzung seiner Teile ab. Sie dienen vor allem zur Dokumentation der Fähigkeiten und Fertigkeiten eines Wissensträgers, die für die Erfüllung einer bestimmten Aufgabe erforderlich sind.[878] Auf diese Weise können bspw. die Fertigkeiten des Mitarbeiters, die für die Erstellung eines maßangefertigten Bekleidungsstückes für einen bestimmten Kunden erforderlich sind, abgebildet werden oder die Fähigkeit des Kunden, das gewünschte Produkt bei unterschiedlichen Warenpräsentationen zu finden. Andererseits eignen sich Wissensstrukturkarten zur Abbildung von Wissensflüssen des Wissens der, über und für den Kunden zwischen der Unternehmung und dem Kunden.[879] Bspw. wird erkennbar, welche quanti-

[878] Vgl. Eppler (2003), S. 196 f.
[879] Vgl. Bach (1999), S. 57 ff.

tativen und qualitativen Informationen die Unternehmung dem Kunden zum Kauf eines Produktes zur Verfügung stellt und welche Erfahrungen der Kunde der Unternehmung aus der Verwendung des Produktes mitteilt.

Kundenwissensanwendungskarten ordnen visuell den Geschäftsvorfällen das relevante Kundenwissen sowie die dahinter stehenden Wissensprozesse zu. In Erweiterung der Wissensstrukturkarten bilden sie nicht nur die Struktur der Kundenwissensbestände ab, sondern zusätzlich das Vorgehen, die Aufgaben, die einzusetzenden Methoden und Verantwortlichkeiten zur Unterstützung eines Geschäftsprozesses.[880]

Kundenwissensentwicklungskarten stellen eine Visualisierung der notwendigen Schritte in Form eines „Lernpfades" für Individuen und Gruppen dar, die zur Erreichung eines bestimmten Kundenwissensbestandes notwendig sind.[881] Ergänzt werden können sie durch Kundenwissensbeschaffungskarten, die fehlendes Kundenwissen kartographieren und die Schritte zur Schließung der Wissenslücken aufzeigen.

Im Rahmen des Kundenwissensversorgungsprozesses dienen die Kundenwissenskarten als Instrument zur Identifikation des unternehmensintern und unternehmensextern vorhandenen und nicht-vorhandenen Wissens über, der und für die Kunden. Sie bieten die Möglichkeit, explizites und implizites Kundenwissen unter Nutzung der Analogie einer Karte sichtbar und nutzbar zu machen. Dabei liegt der Schwerpunkt auf der Visualisierung der Erfahrungen, Fähigkeiten und Fertigkeiten als Anreicherungskomponente des Kundenwissens. Zudem zeichnen sich Kundenwissenskarten durch ihre flexiblen Gestaltungs- und Anwendungsmöglichkeiten und ihre leichte Verständlichkeit aufgrund der visuellen Form aus. Sie erleichtern den Mitarbeitern die Orientierung in den Wissensbeständen der Unternehmung und der Kunden, indem sie Transparenz über die Wissensbestände der personellen und nicht-personellen Wissensträger schaffen. Allerdings werden die Zweckorientierung der Kundenwissenskar-

---

880 Vgl. Probst/Raub/Romhardt (2010), S. 73.
881 Vgl. Eppler (1997), S. 11.

ten, die Genauigkeit der darin erfassten Kundenwissensbestände und die Verfügbarkeit für die Nutzer als kritische Faktoren angesehen.[882] Einschränkend kommen ihre statische und zweidimensionale Ausrichtung sowie der hohe technische und personelle Aufwand, der bei der Erstellung und Aktualisierung der Kundenwissenskarten erforderlich ist, hinzu. Zwar unterstützen Kundenwissenskarten die Bewertung von Kundenwissen,[883] indem sie auf Kundenwissensbestände der Wissensträger referenzieren. Sie beinhalten aber selber keine Mess- und Bewertungsvorschriften für das Kundenwissen, so dass sie als Instrument des Kundenwissenscontrollings nur bedingt geeignet sind.

4.5 Zwischenergebnisse

Die Grundlage zur Ableitung des Betrachtungsobjektes des Kundenwissenscontrollings stellt ein klar definiertes und abgegrenztes **Begriffsverständnis der Ressource Kundenwissen** und eine einheitliche Sprache über die Formen, Kategorien und Komponenten des Kundenwissens dar. Der in dieser Arbeit entwickelten Konzeption des Kundenwissenscontrollings liegt die Annahme zugrunde, dass das Wissen der, über und für die Kunden als Formen des Kundenwissens erst durch die Kombination der Informationskomponente als quantitative und qualitative Informationen mit der Anreicherungskomponente, zu der die Erfahrungen, Einstellungen, Fähigkeiten und Fertigkeiten der personellen Wissensträger zählen, entsteht. Weder die Informations- noch die Anreicherungskomponente beinhaltet isoliert betrachtet Kundenwissen. Jede Form des Kundenwissens liegt als implizites oder explizites Kundenwissen vor.

Aus diesen grundsätzlichen Annahmen heraus gilt als **Betrachtungsobjekt des Kundenwissenscontrollings** das artikulierbare, archivierbare, transferierbar und reproduzierbare explizite Kundenwissen. Die Umwandlung des impliziten Wissens der Anreicherungskomponente des Kundenwissens durch Externalisierung der Erfahrungen, Einstellungen, Fähigkei-

[882] Vgl. Davenport/Prusak (1999), S. 78.
[883] Vgl. Lehner (2012), S. 202.

ten und Fertigkeiten des Kunden und der Mitarbeiter als personelle Wissensträger stellt eine notwendige Bedingung für das Controlling von Kundenwissen dar. Durch Kombination von explizitem mit explizitem Kundenwissen kann ebenfalls neues Kundenwissen entstehen. Das durch Internalisierung und Sozialisation gewonnene Kundenwissen gilt solange nicht als Betrachtungsobjekt des Kundenwissenscontrollings bis es durch Externalisierung zu explizitem Kundenwissen umgewandelt wurde. Ferner betrachtet das Kundenwissenscontrolling sowohl das unternehmensexterne Wissen der Kunden als auch das unternehmensinterne und unternehmensexterne Wissen über und für die Kunden. Durch Interaktionen zwischen personellen unternehmensexternen und unternehmensinternen Wissensträgern erfolgt die Transformation von individuellem Wissen der Kunden oder Mitarbeiter in organisationales Kundenwissen und wird zum Bestandteil der organisationalen Kundenwissensbasis. Zudem entsteht durch die Kombination von unternehmensexternem mit unternehmensinternem Wissen über und für die Kunden der nicht-personellen Wissensträger neues Kundenwissen, das in die organisationale Kundenwissensbasis integrierbar ist.

Den **konzeptionellen Zugang** ermöglicht das koordinationsorientierte Controllingverständnis. Aus ihm wurde erkennbar, dass nicht das Controlling der Ressource Kundenwissen an sich im Mittelpunkt steht, sondern die Koordination der mit dem Kundenwissen in Verbindung stehenden Wissensprozesse und den dahinter stehenden Aktivitäten und Maßnahmen der kundenorientierten Unternehmensführung, die zum Aufbau und der Pflege einer intelligenten Kundenwissensbasis dienen. Entsprechend unterstützt und berät das Kundenwissenscontrolling die kundenorientierte Unternehmensführung bei ihren auf die Steigerung der Kundenwerte aus Unternehmenssicht ausgerichteten Ausführungshandlungen durch die Koordination des auf Kundenwissen ausgerichteten Planungs-, Kontroll- und Kundenwissensversorgungssystems. Einen konzeptionellen Überblick über die Problemstellung, Ziele und Aufgaben des koodinationsorientierten Kundenwissenscontrollings veranschaulicht Abb. 49.

Die **Ausrichtung der Konzeption** des Kundenwissenscontrollings wird von den Leitgedanken des wissensorientierten Ansatzes maßgeblich beeinflusst. Hiernach wird die konsequente Ausrichtung aller Unternehmensaktivitäten auf den Aufbau und die Pflege von Erfolgspotentialen in Form einer spezifischen Ausstattung der Unternehmung mit Wissen als Voraussetzung zur Erzielung langfristiger Wettbewerbsvorteile angesehen. Aufgrund des aufbaufördernden Charakters von Wissen verankert die wissensorientierte Forschung den Umgang mit der Ressource Wissen in der strategischen Unternehmensführung. Entsprechend kommt dem Kundenwissenscontrolling die Aufgabe zu, die Kundenwissensbasis als Portfolio einzigartiger, strategisch-relevanter Ressourcen des Wissens der, über und für die Kunden aufzubauen und zu pflegen, die ihrerseits als unternehmensspezifisches Ressourcenbündel die Quelle zur Steigerung des Kundenwertes aus Unternehmenssicht als oberstem Unternehmensziel darstellt. Folglich liegt der Aufgabenschwerpunkt des Kundenwissenscontrollings in der strategischen Planung, Kontrolle und Kundenwissensver sorgung und wird zudem in das kybernetische Controllingsystem mit den Teilsystemen des operativen Kundenwissenscontrollings eingebunden. Die hierfür zur Verfügung stehenden **Instrumente** verwandter Wissenschaftsgebiete können jedoch aufgrund fehlender Messvorschriften und Bewertungsmaßstäbe für das Kundenwissen nur bedingt den Anforderungen an die Instrumente des Kundenwissenscontrollings entsprechen.

Im Folgenden wird anhand einer empirischen Studie aus dem Jahr 2008 der Status Quo der praktischen Umsetzung des Kundenwissenscontrollings im deutschen Textil- und Bekleidungseinzelhandel untersucht. Diese Untersuchung fand in Ergänzung zu den aus den Jahren 2001 und 2005 von *Schröder/Schettgen* durchgeführten Studien zum Kundencontrolling statt.

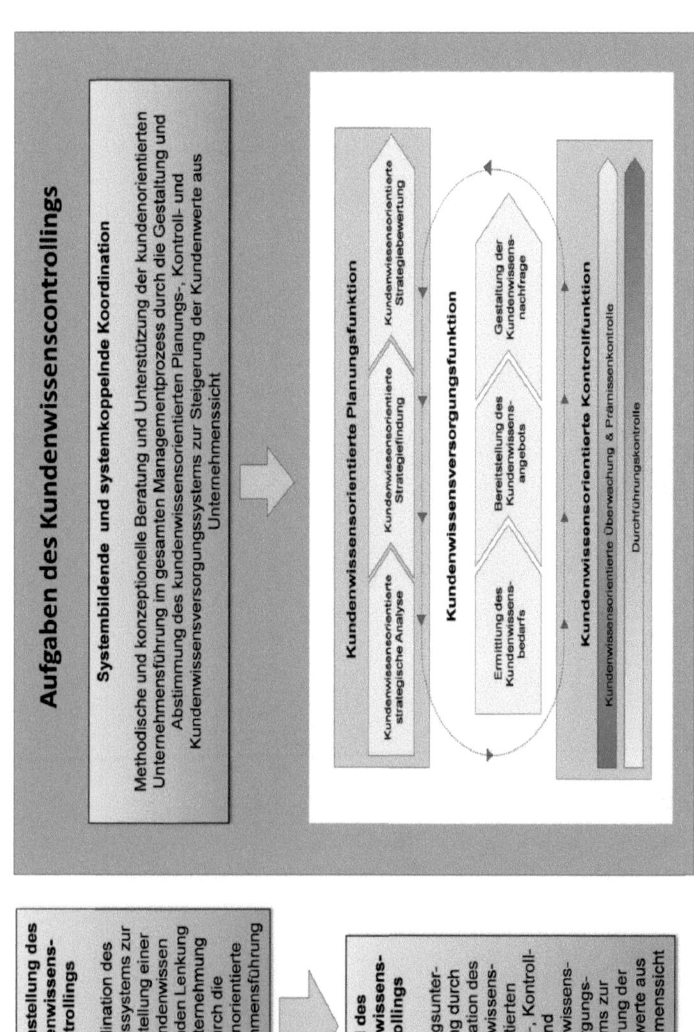

Abb. 49: Problemstellung, Ziele und Aufgaben des koordinationsorientierten Kundenwissenscontrollings

5 Empirische Studie zum Kundencontrolling und Kundenwissenscontrolling im deutschen Textil- und Bekleidungseinzelhandel

Der empirische Teil der Arbeit umfasst eine Befragung der umsatzstärksten Unternehmungen im deutschen Textil- und Bekleidungseinzelhandel zum Themengebiet des informationsorientierten Kundencontrollings und Kundenwissenscontrollings im Jahr 2008. Diese Untersuchung erfolgte in Ergänzung zu den von *Schröder/Schettgen* durchgeführten empirischen Studien zum Kundencontrolling im deutschen Textil- und Bekleidungseinzelhandel aus den Jahren 2001 und 2005.[884] Nachfolgend wird zunächst das Untersuchungsdesign der empirischen Studie des Jahres 2008 näher erläutert, um anschließend auf ihre Ergebnisse einzugehen. Die abschließende kritische Würdigung der Ergebnisse erfolgt unter Berücksichtigung der Erkenntnisse der Untersuchungen aus den Jahren 2001 und 2005.

5.1 Ziele der Untersuchung

Die Untersuchung zum Kundencontrolling und Kundenwissenscontrolling im deutschen Textil- und Bekleidungseinzelhandel im Jahr 2008 verfolgte insgesamt **drei Untersuchungsziele**:

1.) Ermittlung des Status Quo der Aktivitäten des informationsorientierten Kundencontrollings im deutschen Textil- und Bekleidungseinzelhandel im Jahr 2008,
2.) Bestimmung des Verhältnisses von monetären zu nicht-monetären Größen des Kundenwertes und seiner Bedeutung als Steuerungsgröße der Kundenbeziehung im deutschen Textil- und Bekleidungseinzelhandel,
3.) Darstellung der Aktivitäten des Kundenwissenscontrollings im Kundenwissensversorgungsprozess.

[884] Vgl. Kap. 2.2.5.3.

Hierzu wurden die Unternehmungen zunächst zum Umfang ihrer Aktivitäten zur Durchführung der Aufgaben des informationsorientierten Kundencontrollings befragt. Im Mittelpunkt standen Fragen zur Koordinations-, Planungs- und Kontroll- sowie zur Kundeninformationsversorgungsfunktion des Kundencontrollings. Zudem wurden die teilnehmenden Unternehmungen nach ihren Informationsquellen sowie den hieraus gewonnenen Kundendaten, den eingesetzten Instrumenten des Kundencontrollings sowie der verwendeten Kennzahlen zur Analyse der personenbezogenen Kundendaten befragt, um Anhaltspunkte zur Erhebung, Analyse, Speicherung und Nutzung von Kundenwissen zu gewinnen. Die abschließende Würdigung der Befragungsergebnisse erfolgt u.a. vor dem Hintergrund der von *Schröder/Schettgen* in den Jahren 2001 und 2005 durchgeführten Befragungen zum Kundencontrolling im deutschen Textil- und Bekleidungseinzelhandel.

Anschließend wurden die Bewertungskriterien ermittelt, anhand derer die teilnehmenden Unternehmungen ihren Kundenwert ermitteln. In diesem Zusammenhang stand die Gewichtung von monetären Faktoren (z.B. Umsatz oder Deckungsbeitrag) zu nicht-monetärer Faktoren (z.B. Referenz- oder Informationspotential) bei der Berechnung des Kundenwertes zur Diskussion.[885] In Ergänzung hierzu wurden die teilnehmenden Unternehmungen um eine Beurteilung der Bedeutung gebeten, die sie der Ermittlung des Kundenwerts als Steuerungsgröße der Kundenbeziehung beimessen.

Zusätzlich zielte die Untersuchung auf die Darstellung der Kundenwissenswissensversorgungsfunktion des Kundenwissenscontrollings im deutschen Textil- und Bekleidungseinzelhandel ab. Hierzu wurden die Befragungsteilnehmer nach ihren Aktivitäten zur Ermittlung des Kundenwissensbedarfs sowie zur Darstellung des Kundenwissensangebots im Kundenwissensversorgungsprozess befragt.

---

[885] Zum besseren Verständnis der Befragungsteilnehmer wurde im Fragebogen anstatt von nicht-monetären Größen von „weichen Faktoren" gesprochen und definiert.

Um Aussagen über die Bedeutung des Kundencontrollings gewinnen zu können, wurden die teilnehmenden Unternehmungen abschließend um eine Beurteilung der Intensität ihrer gegenwärtigen und zukünftigen Aktivitäten im Kundencontrolling gebeten.

5.2 Vorgehensweise der Untersuchung

5.2.1 Auswahl der Befragungsteilnehmer und Erhebungsverfahren

Um den Einfluss von branchenbedingten Unterschieden zu vermeiden, wurde die Studie auf die im deutschen Textil- und Bekleidungseinzelhandel agierenden umsatzstärksten Unternehmungen beschränkt. Die Auswahl der **Befragungsteilnehmer** basierte auf der Größenstatistik der Zeitschrift TextilWirtschaft, die die 100 umsatzstärksten Handelsunternehmungen der deutschen Textil- und Bekleidungsbranche jährlich in einem Ranking zusammenfasst. In diesem Sinne wurden die 100 umsatzstärksten Unternehmungen des deutschen Textil- und Bekleidungseinzelhandels des Jahres 2006 für die empirische Studie im Jahr 2008 herangezogen.[886] Die Befragungsteilnehmer in den teilnehmenden Unternehmungen kamen überwiegend aus den Abteilungen Marketing und Controlling, so dass von einem grundlegenden Verständnis des Themengebietes Kundencontrolling und Kundenwissenscontrolling ausgegangen werden kann.

Das **Sortiment** der teilnehmenden Unternehmungen umfasste in unterschiedlicher Gewichtung Produkte aus dem Bereich „Bekleidung", zu dem die Damen-, Herren- und Kinderbekleidung, Wäsche, Strümpfe, Accessoires (Tücher, Schals etc.) sowie Pelze gehören. Darüber hinaus umfassten deren Sortimente Produkte aus dem Bereich „Textilien", zu dem Bett- und Tischwäsche, Gardinen, Kurzwaren sowie Handtücher zählen. Bei der Ermittlung des zugrunde liegenden Umsatzes aller teilnehmenden Unternehmungen wurden die Umsätze des „Nicht-Textilen"-Sortiments, zu dem u.a. Porzellan, Haushalts- oder Schreibwaren gehören, ausgeschlossen.

---

[886] Vgl. o.V. (2012d).

Die zugrunde liegenden Umsatzangaben der teilnehmenden Unternehmungen beinhalteten die Textil- und Bekleidungsumsätze des Textil-Fachhandels, zu dem der stationäre Bekleidungseinzelhandel zählt, sowie Teile des nicht-textilen Fachhandels, zu dem der an den Studien teilnehmende Versandhandel sowie die Kauf- und Warenhäusern gezählt werden.[887]

Ausgehend von den zentralen Fragestellungen der Studie wurde auf der Basis des koordinationsorientierten Controllingverständnisses von Kundencontrolling und Kundenwissenscontrolling ein **Fragebogen** mit elf geschlossenen Fragen konzipiert.[888] Die Befragungsteilnehmer besaßen darüber hinaus die Möglichkeit, neben den vorgegebenen Antwortmöglichkeiten eigene Ergänzungen einzufügen. Auf diese Weise konnte sichergestellt werden, dass die theoretische Konzeption des Kundencontrollings und Kundenwissenscontrollings beurteilt wurde und auch jene Merkmale, die durch die theoretische Ableitung der Fragen und Antwortmöglichkeiten unberücksichtigt blieben, aber aus der Sicht der Praxis als relevant beurteilt wurden, bewertet wurden.

Der Fragebogen wurde im Rahmen einer **Online-Befragung** per E-Mail an die Unternehmungen verschickt. Diese Erhebungsform wurde im Hinblick darauf gewählt, dass Online-Befragungen entscheidende Vorteile schriftlicher Befragungen mit den Vorzügen computergestützter, mündlicher Interviews verknüpfen:[889] Interviewereffekte und Interviewerkosten entfallen. Die Antwortdaten lagen ohne Medienbruch elektronisch vor. Die befragten Unternehmungen waren in ihrem Antwortverhalten unabhängig und flexibel. Ferner bestand in der Schnelligkeit der Verfügbarkeit des Fragebogens und dessen Beantwortung durch den Teilnehmer ein erheblicher Vorteil der Online-Befragung.

---

887 Vgl. Erlinger (2005), S. 29.

888 Der Fragebogen aus dem Jahr 2008 befindet sich im Anhang 2 der vorliegenden Arbeit.

889 Vgl. Heidel (2008), S. 38; Zerr (2003), S. 11 f.; Nieschlag/Dichtl/Hörschgen (2002), S. 564 f.

Als nachteilig stellten sich jedoch technische Grenzen bei den befragten Handelsunternehmungen heraus, die u.a. in einer unzureichenden Übertragungsrate, unterschiedlichen Darstellungsweisen verschiedener Browser, heterogener Hardware der Anwender sowie der Zunahme von Fire Walls in den Unternehmungen und dem weit verbreiteten Einsatz von E-Mail-Filtern bestand. Bei der Untersuchung konnte eine Unternehmung erst nach wiederholter telefonischer Rücksprache und manueller Auflösung des E-Mail-Filters den Fragebogen erhalten. Ferner konnte die Kontextsituation und die Identität der antwortenden Person – trotz vorliegender E-Mail-Adresse - nicht eindeutig kontrolliert werden.

5.2.2 Datenerhebung, Datenaufbereitung und Datenanalyse

Vor Beginn der Untersuchung wurde durch eine telefonische Anfrage die Teilnahmebereitschaft der in Betracht kommenden Handelsunternehmungen geprüft, indem das Befragungsdesign und deren Zielsetzung vorgestellt wurde. Auf diese Weise sollte gleichzeitig die Repräsentanz der Befragung verbessert werden und die Befragungsteilnehmer der jeweiligen Unternehmungen persönlich ermittelt werden.

Daraufhin gaben 58 Unternehmungen an, aus diversen Gründen prinzipiell nicht an Befragungen teilzunehmen. Zu den am häufigsten genannten Gründen zählten grundsätzliche Vorbehalte gegenüber der Weitergabe von Firmeninformationen jeglicher Art. Dieser Vorbehalt konnte auch nicht durch die Zusicherung der Anonymität der Daten und der ausschließlichen Verwendung der Informationen für Forschungszwecke entkräftet werden. Zusätzlich wurde die Häufigkeit derartiger Online-Befragungen als Grund für eine Ablehnung genannt.

Daraufhin erhielten im Erhebungszeitraum von **September 2007 bis März 2008** die 42 vorab ermittelten Unternehmungen einen Fragebogen mit 11 überwiegend geschlossenen Fragen im Rahmen einer E-Mail gestützten Online-Befragung zugeschickt. 25 Unternehmungen haben diesen vollständig ausgefüllt per E-Mail zurückgesendet. Dieses entspricht einer für

E-Mail-Befragungen hohen Rücklaufquote von 60%,[890] die nicht zuletzt aufgrund einer mehrmaligen telefonischen Nachfassaktion erreicht werden konnte. Die 25 teilnehmenden Unternehmungen kommen auf einen Umsatzanteil von 26,8% (14,15 Mrd.) des Branchenumsatzes des deutschen Textil- und Bekleidungseinzelhandels incl. Versandhandel sowie Kauf- und Warenhäuser, der im Jahr 2007 bei € 52,81 Mrd. lag.[891] Die Befragungsteilnehmer verfügten über unterschiedliche Absatzkanäle, deren Verteilung Abb. 50 zu entnehmen ist.

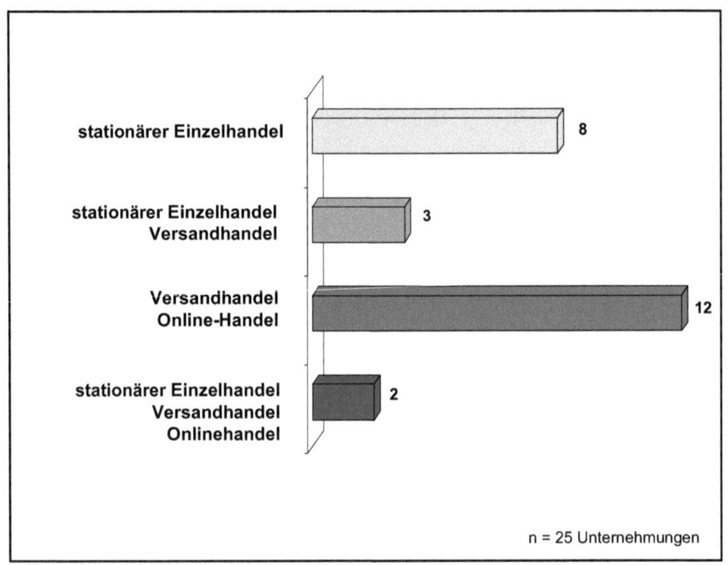

Abb. 50: Absatzkanäle der teilnehmenden Unternehmungen des deutschen Textil- und Bekleidungseinzelhandels

Bei der **Datenaufbereitung** wurden die Fragebögen zunächst im Rahmen der Editierung auf die Vollständigkeit, Lesbarkeit, Verständlichkeit, Konsistenz und Vergleichbarkeit der Angaben überprüft, wobei Rückfragen oder Korrekturen nicht erforderlich waren. Eine Codierung der offenen Antwortmöglichkeiten in den Fragebögen war nicht erforderlich, da die befrag-

---

[890] Vgl. Weis/Steinmetz (2005), S. 110.
[891] Vgl. o.V. (2008b).

ten Unternehmungen nicht von der Möglichkeit Gebrauch machten, eigene Ergänzungen zu den bereits vorhandenen Antwortmöglichkeiten zu tätigen. Die Eingabe der Rohdaten erfolgte über die Tastatur des Bildschirms, wobei Haken hinter den jeweiligen Antwortmöglichkeiten mit der Ziffer „1" als Zustimmung bewertet wurden und leere Antwortmöglichkeiten mit der Ziffer „0" als Verneinungen versehen wurden. Etwaige Tippfehler wurden durch mehrmalige Kontrollen weitgehend ausgeschlossen. Als Ergebnis lag eine in MS Excel 2007 erstellte Datenmatrix vor. Anhand der abschließenden Fehlerkontrolle wurde die logische Konsistenz der Werte überprüft und Ausreißer sowie nicht vorgesehene Werte identifiziert und eliminiert.

Vor der Datenanalyse mußten zunächst die folgenden Voraussetzungen geklärt werden: Die Frage nach der Normalverteilung der Werte, der Abhängigkeit oder Unabhängigkeit der Stichprobe sowie dem Skalenniveau der Variablen:[892] Aufgrund des geringen Stichprobenumfangs kann eine Normalverteilung der Werte bei der Studie nicht vorausgesetzt werden. Da die Befragungsteilnehmer aus unterschiedlichen Unternehmungen kommen, handelt es sich um eine unabhängige Stichprobe. Im Hinblick auf das Skalenniveau liegen nominal skalierte Messwerte vor.

Bei der **Datenanalyse** wurden zunächst die in der Datenmatrix vorliegenden nominal skalierten Daten geordnet und mit ihrer relativen Häufigkeit erfasst. Anschließend wurden die Häufigkeitsverteilungen in Säulendiagrammen dargestellt, um die in den dargestellten Daten enthaltene natürliche Ordnung und ihre Entwicklungen abzubilden. Diese Vorgehensweise wurde gewählt, um einen leicht nachvollziehbaren Überblick über den Stand der Gestaltung der Kundencontrolling-Konzeption im Jahr 2008 zu schaffen sowie Antworten auf die Untersuchungsziele nach der Bedeutung und den Bewertungskriterien des Kundenwertes sowie den Aktivitäten zur Kundenwissensversorgung durch das Kundenwissenscontrolling zu erhalten.

---

[892] Vgl. Bortz/Döring (2006), S. 105 ff.; Bühl/Zöfel (2002), S. 105 ff.

5.3 Ergebnisse der Untersuchung

5.3.1 Stand des Kundencontrollings

5.3.1.1 Aktivitäten des Kundencontrollings

Die teilnehmenden Unternehmungen führten Aktivitäten des informationsorientierten Kundencontrollings im Planungs-, Kontroll- und Informationsversorgungsprozess entsprechend der in Abb. 51 veranschaulichten Häufigkeiten durch.

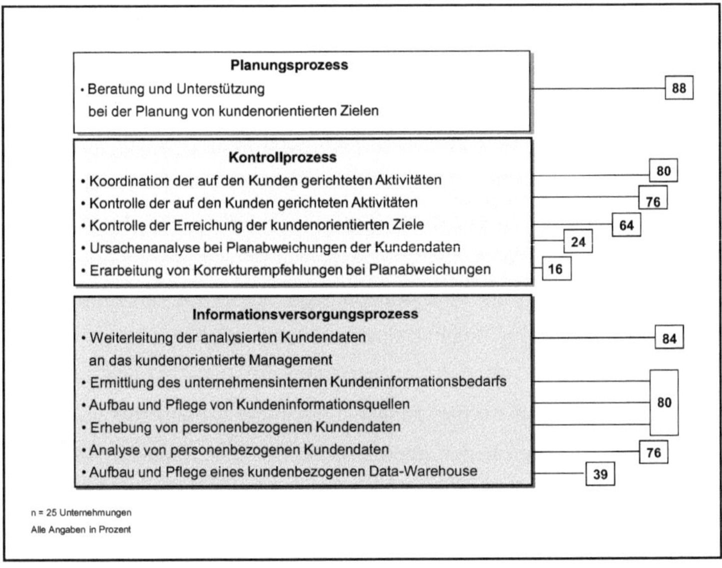

Abb. 51: Aktivitäten des Kundencontrollings im Planungs-, Kontroll- und Informationsversorgungsprozess

Innerhalb des **Planungsprozesses** gaben 88% der Befragungsteilnehmer an, das Kundenmanagement im Planungsprozess bei der Planung von kundenorientierten Zielen zu beraten und zu unterstützten. Eine anschließende Kontrolle des Erreichungsgrades der kundenorientierten Ziele innerhalb des **Kontrollprozesses** wurde jedoch nur bei 64% der Unternehmungen durchgeführt, so dass rund jede fünfte Unternehmung keine Aussagen über ihren kundenorientierten Zielerreichungsgrad treffen konnte. Verfeinerte Ursachenanalysen bei Planabweichungen oder die Erarbeitung von Korrekturempfehlungen fehlten nahezu vollständig. Demgegenüber koordinierte das Kundencontrolling in rund 80% der Fälle die auf den Kunden gerichteten Aktivitäten und führte eine entsprechende anschließende Kontrolle durch, wobei Aussagen über die Kontrollmaßstäbe für die auf den Kunden gerichteten Aktivitäten nicht abgeleitet werden konnten.

Innerhalb des **Informationsversorgungsprozesses** gaben rund vier Fünftel der befragten Unternehmungen an, systembildende und systemkoppelnde Aktivitäten durchzuführen. Hierzu zählten neben dem Aufbau und der Pflege von Kundeninformationsquellen als systembildende Aktivitäten insbesondere die Erhebung, Analyse und Weiterleitung von personenbezogenen Kundendaten an das Kundenmanagement auf der Grundlage seines zuvor ermittelten Kundeninformationsbedarfs. Lediglich der Aufbau und die Pflege eines kundenbezogenen Data Warehouses fielen mit 40% der befragten Unternehmungen niedriger aus.

5.3.1.2 Informationsquellen des Kundencontrollings

Abb. 52 veranschaulicht die Informationsquellen, die den Befragungsteilnehmern in ihren Unternehmungen kundenbezogene Daten zur Verfügung stellten.

Bei der Auswertung der Befragungsergebnisse zeichnete sich ein hoher Anteil an Informationsquellen ab, die zur Erhebung, Speicherung und Nutzung von überwiegend **qualitativen Kundendaten** zur Verfügung stehen: Vier Fünftel der Unternehmungen konnten qualitative Kundendaten aus Kundenbefragungen (80%), Beschwerdedatenbänken (80%) sowie über die Homepage der Unternehmung (76%) gewinnen. Ferner verfügte mehr als ein Drittel der Unternehmungen über qualitative Kundendaten aus Mitarbeitergesprächen (44%).

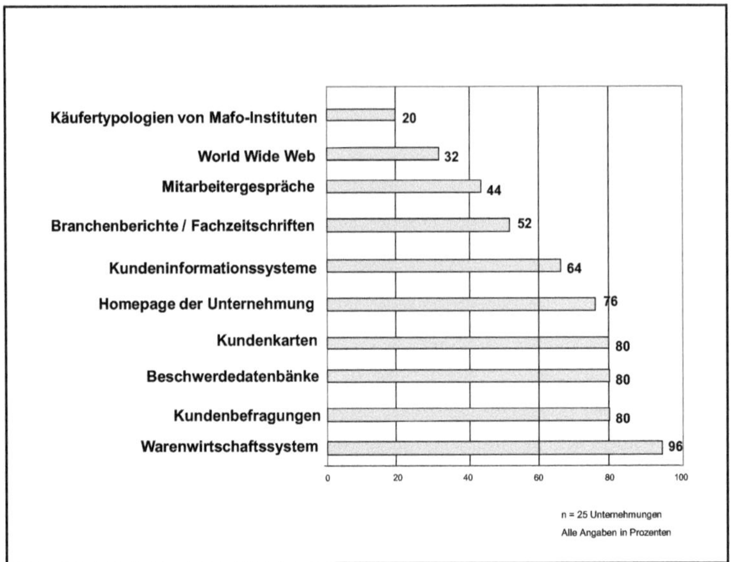

Abb. 52: Informationsquellen des Kundencontrollings

Als Informationsquelle für überwiegend **quantitative Kundendaten** dominierte bei 96% der befragten Unternehmungen das Warenwirtschaftssystem. Hinzu kommen die Käufertypologien von Mafo-Instituten (20%), das World Wide Web (32%) und die Branchenberichte und Fachzeitschriften (52%), die sowohl **quantitative** als auch **qualitative Kundendaten** vorhalten. Diesen Informationsquellen ist darüber hinaus gemein, dass sie überwiegend **anonyme**, d.h. dem einzelnen Kunden nicht direkt zurechenbare Kundendaten liefern.

Es zeigte sich jedoch, dass die teilnehmenden Unternehmungen bevorzugt diejenigen Informationsquellen aufbauten, die überwiegend **personenbezogene**, d.h. dem einzelnen Kunden direkt zurechenbare **Kundendaten** lieferten: Bis zu vier Fünftel der befragten Unternehmungen nutzten Kundeninformationssysteme (64%) sowie Kundenkarten (80%) zur Erhebung, Speicherung und Nutzung von quantitativen personenbezogenen Kundendaten. Schließt man die bereits erwähnten Beschwerdedatenbänke (80%), die Kundenbefragungen (80%) sowie die Homepage der Unternehmung (76%) in diesen Pool an Informationsquellen ein, konnten rund vier Fünftel der befragten Unternehmungen auf dem einzelnen Kunden direkt zurechenbare quantitative oder qualitative Daten zurückgreifen.

Die Befragungsergebnisse zeigten, dass dem Kundencontrolling eine Vielzahl von Informationsquellen zur Erhebung, Speicherung und Nutzung personenbezogener quantitativer und qualitativer Kundendaten zur Verfügung stand. Darüber hinaus sind mit den Kundenbefragungen, Mitarbeitergesprächen und Beschwerdedatenbänken bereits vielfältig genutzte Quellen vorhanden, die das Kundenwissenscontrolling zur Versorgung des Kundenmanagements mit Kundenwissen einsetzen kann.

Abschließend kann jedoch keine Aussage über die Qualität der eingesetzten Informationsquellen abgeleitet werden, da nicht von einer einheitlichen Gestaltung bei den teilnehmenden Unternehmungen auszugehen ist. Insbesondere die Kundenbefragungen und Mitarbeitergespräche werden in den Befragungsteilnehmern nicht nach einheitlichen Kriterien durchgeführt.

5.3.1.3 Kundendaten des Kundencontrollings

Wird von der Prämisse ausgegangen, dass die teilnehmenden Unternehmungen die Erhebung ausschließlich personenbezogener Kundendaten angaben, so verfügten sie über die in Abb. 53 dokumentierten quantitativen und qualitativen, dem einzelnen Kunden zurechenbaren Daten.

Dabei überwogen die personenbezogenen **quantitativen Kundendaten** gegenüber den qualitativen Kundendaten. Insbesondere die umsatzbezogenen Daten lagen bei nahezu 90% der teilnehmenden Unternehmungen vor: Umsatz (96%), Werbeumsatz (88%), Sonderangebots-Umsatz (92%). Demgegenüber war der Anteil der kostenbezogenen Kundendaten deutlich geringer. Lediglich gut die Hälfte der Unternehmungen verfügten über Daten ihrer Umtausch-, Reklamations- oder Garantie-Kosten (56%) sowie

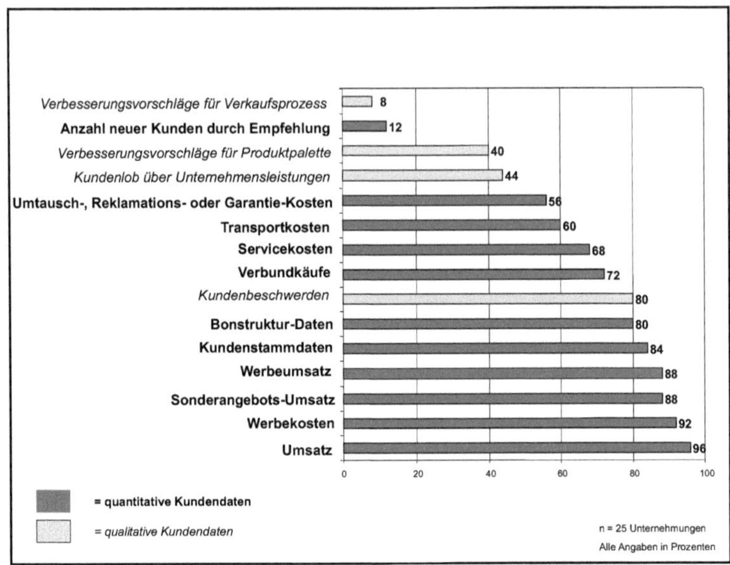

Abb. 53: Personenbezogene Kundendaten des Kundencontrollings

ihrer Transportkosten (60%) und Servicekosten (68%). Einzige Ausnahme stellten die Werbekosten dar, die mit 92% der Unternehmungen häufiger vorlagen, als der entsprechende Werbeumsatz (88%).

Im Vergleich zu den quantitativen Kundendaten, die durchschnittlich bei 80% der Unternehmungen vorlagen, konnte gerade einmal die Hälfte der teilnehmenden Unternehmungen auf personenbezogene **qualitative Kundendaten** zurückgreifen. Mit Ausnahme der Beschwerdedaten, die bei 80% der Unternehmungen vorkamen, verfügten gut 40% der teilnehmenden Unternehmungen über Daten aus dem Kundenlob (44%) sowie über Verbesserungsvorschläge bezogen auf die Produktpalette der Unternehmung (40%). Verbesserungsvorschläge, die sich auf den Verkaufsprozess bezogen, lagen nur bei jeder zehnten Unternehmung vor. Die Befragungsergebnisse verdeutlichen, dass die Befragungsteilnehmer ihre Informationsquellen zur Gewinnung qualitativer Kundendaten nur rudimentär einsetzten.

5.3.1.4 Instrumente des Kundencontrollings

Zur Analyse der personenbezogenen Kundendaten standen den Unternehmungen die in Abb. 54 illustrierten heuristischen und quasi-analytischen Instrumente zur Verfügung, die monetäre oder nicht-monetäre Größen berücksichtigen und eine statischen oder dynamische Ausrichtung aufweisen.[893]

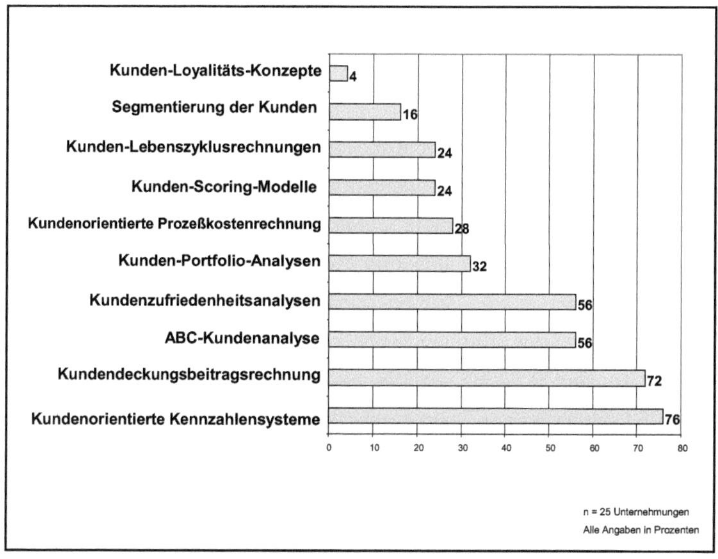

Abb. 54: Instrumente des Kundencontrollings

Die Befragungsergebnisse ergaben, dass im Jahr 2008 die **heuristischen Verfahren** gegenüber den **quasi-analytischen Verfahren** dominierten. Mit Ausnahme der quasi-analytischen Kundendeckungsbeitragsrechnung, die von knapp drei Viertel der Unternehmungen als zweitwichtigstes Instrument insgesamt angegeben wurde, dominierten die heuristischen kundenorientierten Kennzahlensysteme (76%), die ABC-Kundenanalyse (56%) sowie die Kundenzufriedenheitsanalysen (56%). Lediglich jede vier-

[893] Zur Systematisierung der Instrumente des Kundencontrollings nach *Bruhn et al.* vgl. Kap. 2.2.4.1.

te Unternehmung setzte Kunden-Scoring-Modelle als weiteres quasi-analytisches Verfahren zur Kundenbewertung ein.

Die Verwendung der **statischen Instrumente** überwog den Einsatz der **dynamischen Verfahren** zur Kundenbewertung. Während Kundenloyalitäts-Konzepte eine vergleichsweise geringe Rolle im Instrumenten-Pool spielten, gab gerade einmal jede vierte Unternehmung an, eine dynamische Kundenlebenszyklusrechnung etabliert zu haben. Die restlichen eingesetzten Instrumente zählten zur Gruppe der statischen Verfahren.

Ein vergleichbares Bild zeichnete sich bei der Anwendung innovativer Instrumente ab, die gleichsam **nicht-monetäre Kundendaten** berücksichtigen. Lediglich die Kundenzufriedenheitsanalyse als heuristisches, nicht-monetäres, statisches Instrument wurde von rund der Hälfte der Befragungsteilnehmer eingesetzt und damit vergleichsweise häufiger als die ebenfalls nicht-monetäre Größen berücksichtigende Kundenportfolio-Analyse (32%) oder Kunden-Scoring-Modelle (24%). Das Kunden-Loyalitäts-Konzept (4%) als einziges heuristisches **nicht-monetäres** und gleichzeitig **dynamisches** Instrument spielte keine Rolle im Kundencontrolling.

Demgegenüber wurden kundenorientierte Kennzahlen (76%), die Kundendeckungsbeitragsrechnung (72%) und die ABC-Kundenanalyse (56%) als Instrumente des Kundencontrollings am häufigsten genannt. Ihnen gemein ist eine **statische** Ausrichtung mit der Verwendung ausschließlich **monetärer Kundendaten**.

Insgesamt wurde im Jahr 2008 der Umfang der zur Verfügung stehenden Instrumente zur Analyse der personenbezogenen Kundendaten nicht ausgeschöpft. Vielmehr beschränkte sich der Großteil der Unternehmungen auf statische Instrumente zur Analyse monetärer Kundendaten.

5.3.1.5 Kennzahlen des Kundencontrollings

Die Auswertung der Befragungsergebnisse kam bei der Ermittlung der in den Unternehmungen verwendeten kundenorientierten Kennzahlen zu den in Abb. 55 visualisierten Ergebnissen.

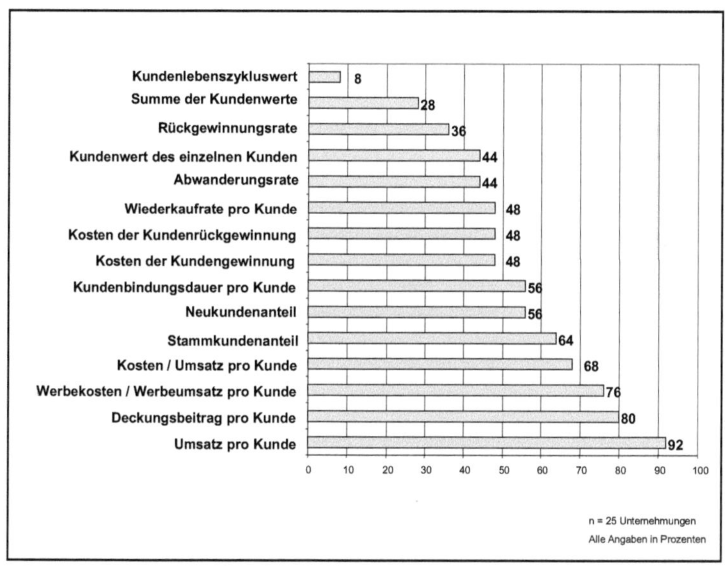

Abb. 55: Kennzahlen des Kundencontollings

Die **umsatzbezogene Kennzahl** „Umsatz pro Kunde“ (92%) dominiert die **rentabilitätsorientierte Kennzahl** „Deckungsbeitrag pro Kunde“ (82%) als zweitwichtigste Kennzahl der teilnehmenden Unternehmungen. Dennoch gaben nahezu drei Viertel der Unternehmungen an, dass drei der vier am häufigsten gebildeten Kennzahlen zur Gruppe der kostenbezogenen und positive sowie negative Erfolgskomponenten umfassenden Kennzahlen gehörten. Neben dem „Deckungsbeitrag pro Kunde“ (92%) gehören hierzu die Kennzahlen „Werbekosten/Werbeumsatz pro Kunde“ (76%) und „Kosten/Umsatz pro Kunde“ (68%).

Weiterhin verwendete gut die Hälfte der Unternehmungen quantitative Kennzahlen zur **Analyse ihrer Kundenstruktur**. Sie sollten nicht nur Auskunft über die aktuellen und neugewonenen Kunden geben, indem die Höhe des Stammkundenanteils (64%) im Verhältnis zum Neukundenanteil (56%) ermittelt wurde sowie die Kundenbindungsdauer (56%) und deren Widerkaufrate (48%). Darüber hinaus lieferten die Abwanderungsrate (44%) sowie die Rückgewinnungsrate (36%) Informationen über die verlorenen und wiedergewonnenen Kunden. Anhand der ermittelten Kosten der Kundengewinnung (48%) sowie der Kundenrückgewinnung (48%) standen den Unternehmungen kostenbezogene Kennzahlen über neue und zurückgewonnene Kunden zur Verfügung. Durch die Ermittlung der genannten Kennzahlen stehen im Schnitt der Hälfte der Unternehmungen Indikatoren zur Messung der Kundenzufriedenheit zur Verfügung.[894] Aus den ebenfalls zur Verfügung stehenden personenbezogenen qualitativen Kundendaten wurden keine Kennzahlen gebildet.

Knapp die Hälfte der Befragungsteilnehmer gab an, den Kundenwert des einzelnen Kunden zu ermitteln. Zusätzlich standen knapp einem Drittel der Unternehmungen mit der Summe der Kundenwerte Angaben über den Wert von Kundengruppen zur Verfügung. Lediglich knapp 10% der Unternehmungen verwendeten den Kundenlebenzykluswert als Kennzahl. Allerdings lassen die Antworten keinen Rückschluss darauf zu, anhand welcher Bewertungskriterien in Form von monetären oder nicht-monetären Größen der Wert des einzelnen Kunden bzw. der Kundengruppen berechnet wurde und insofern welche Kundendaten in die Ermittlung des Kundenwertes eingegangen sind.

Die Ergebnisse zeigen, dass die Befragungsteilnehmer mehrheitlich personenbezogene quantitative Kundendaten zur Bildung überwiegend rentabilitätsorientierter Kennzahlen verwenden. Die Bildung qualitativer Kenngrößen zur Bewertung des Kundenwissens wird vollständig vernachlässigt.

[894] Vgl. Homburg/Rudolph (1995), S. 43 f.

5.3.1.6 Intensität der gegenwärtigen und zukünftigen Aktivitäten des Kundencontrollings

Die in Abb. 56 veranschaulichten Befragungsergebnisse ergaben, dass 56% der teilnehmenden Unternehmungen die Intensität ihrer gegenwärtigen Aktivitäten im Kundencontrolling als intensiv bewerteten. Der überwiegende Rest der Befragungsteilnehmer (36%) stufte ihre Aktivitäten als geringfügig ein. Knapp jede zehnte Unternehmung führte im Jahr 2008 keine Aktivitäten im Kundencontrolling durch.

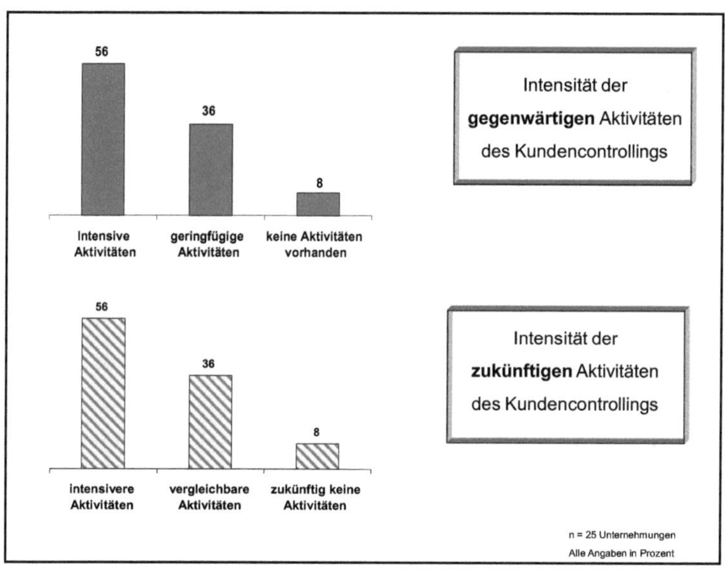

Abb. 56: Intensität der gegenwärtigen und zukünftigen Aktivitäten des Kundencontrollings

Mit Blick auf die zukünftigen Aktivitäten im Kundencontrolling wollte gut die Hälfte der teilnehmenden Unternehmungen ihre Aktivitäten weiter ausbauen und intensivieren. Ein gutes Drittel beabsichtigte, das derzeitige Niveau beizubehalten, wobei es sich hierbei zu vier Fünftel um jene Unternehmungen handelte, die bereits gegenwärtig ihre Aktivitäten als intensiv bewertet hatten. Die 8% der Unternehmungen, die bereits gegenwärtig keine Aktivitäten im Kundencontrolling durchführten, wollten an diesem Status auch zukünftig festhalten.

Insgesamt misst die Mehrheit der Unternehmungen den Aktivitäten des informationsorientierten Kundencontrollings sowohl gegenwärtig als auch zukünftig einen hohen Stellenwert bei.

5.3.2 Ermittlung und Bedeutung des Kundenwertes im Kundencontrolling

Ein weiteres Ziel der Untersuchung bestand darin, das Verhältnis von monetären und nicht-monetären Größen des Kundenwertes zu ermitteln sowie Aussagen über seine Bedeutung als Steuerungsgröße der Kundenbeziehung im deutschen Textil- und Bekleidungseinzelhandel zu erhalten.

Die Befragungsergebnisse zeigten, dass 92% der teilnehmenden Unternehmungen einen Kundenwert bildeten. Dieser Kundenwert wurde bei rund 20% dieser Befragungsteilnehmer ausschließlich auf der Basis von monetären Größen berechnet. Demgegenüber gaben knapp 80% der einen Kundenwert bildenden Unternehmungen an, monetäre und nicht-monetäre Größen zu berücksichtigen (Vgl. Abb. 57). Die Mehrheit dieser Unternehmungen (61%) gewichtete die monetären Größen stärker als die nicht–monetären Größen. Lediglich 17% dieser Unternehmungen bildeten ihren Kundenwert zu gleichen Teilen aus monetären und nicht-monetären Größen. Keines der Unternehmungen gab an, den Kundenwert ausschließlich oder mehrheitlich auf der Basis von nicht-monetären Größen zu bilden.

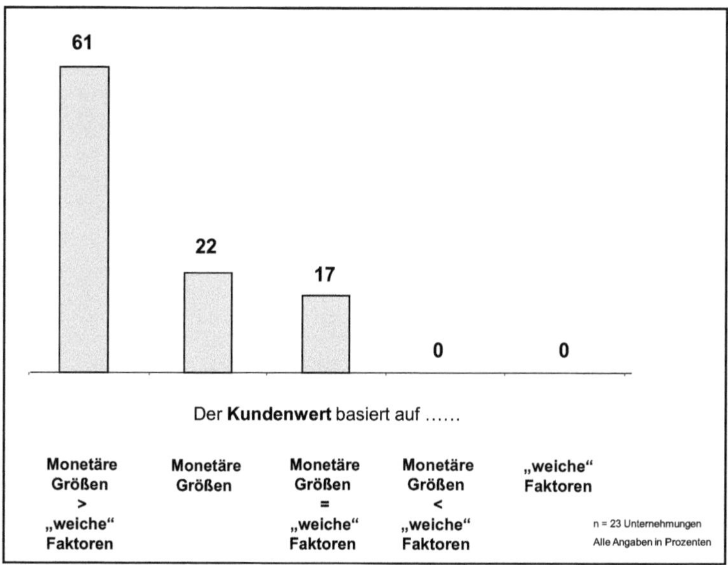

Abb. 57: Bewertungsgrößen zur Ermittlung des Kundenwertes

Befragt nach der Bedeutung des Kundenwertes als Steuerungsgröße der Kundenbeziehung maßen die 92% der Befragungsteilnehmer, die einen Kundenwert bildeten, diesem nahezu ausgewogen eine mittlere bis hohe Bedeutung zu (vgl. Abb. 58). Der Kundenwert stellte für sie entweder die wichtigste Steuerungsgröße der Kundenbeziehung dar, so dass sie seine Bedeutung als hoch bewerteten (44%), oder aber der Kundenwert war nur eine von vielen Steuerungsgrößen, so dass ihm eine mittlere Bedeutung zukam (48%). Jede zehnte befragte Unternehmung maß dem Kundenwert keine Bedeutung zu, so dass sie ihn in der Konsequenz nicht bildete.

Auch wenn an dieser Stelle offen bleibt, welche spezifischen Berechnungsparameter die Unternehmungen zur Ermittlung ihres Kundenwertes verwenden und was genau sie unter dem Begriff „Kundenwert" verstehen, können mit Blick auf die bereits gewonnenen Erkenntnisse erste **Zwischenergebnisse** abgeleitet werden:

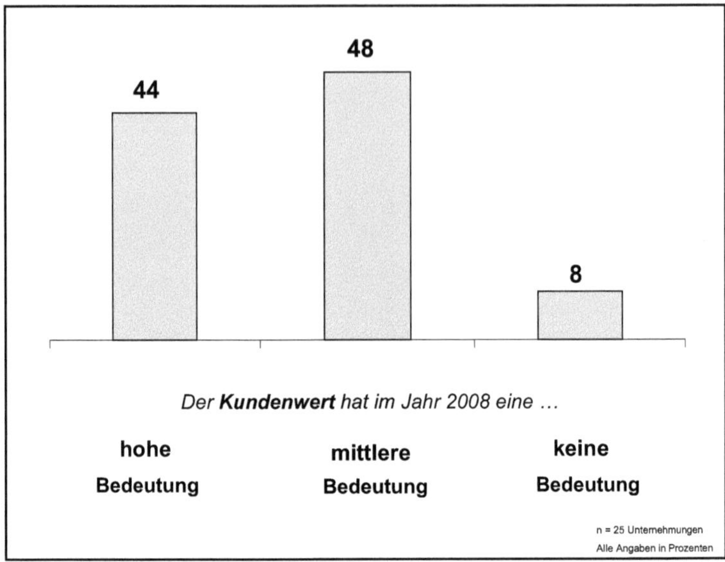

Abb. 58: Bedeutung des Kundenwertes

Obwohl im Jahr 2008 vier Fünftel der teilnehmenden Unternehmungen angaben, Kundenbefragungen als Informationsquelle zur Generierung von nicht-monetären personenbezogenen Kundendaten einzusetzen, lagen bei nur knapp der Hälfte der Unternehmungen nicht-monetäre Kundendaten als eine Grundlage zur Bewertung der Kunden vor. Einzig die Beschwerdedatenbänke wurden bei 80% der Unternehmungen zur Gewinnung von Beschwerden als kundenwertbeeinflussende Größe genutzt. Nicht einmal jede dritte Unternehmung setzte innovative und anspruchsvolle Instrumente zur Kundenbewertung ein und gleichzeitig nutzte lediglich jede fünfte Unternehmung die nicht-monetären Kundendaten, um einen gleichermaßen auf monetären und nicht-monetären Kundendaten basierenden Kundenwert zu ermitteln. Folglich maßen die Befragungsteilnehmer den monetären Kundendaten zur Bewertung der Kunden einen vergleichsweise höheren Stellenwert bei als den nicht-monetären Kundendaten, obwohl Informationsquellen zur Erhebung und Nutzung von nicht-monetären Kundendaten in den Unternehmungen verbreitet waren.

5.3.3 Die Kundenwissensversorgungsfunktion des Kundenwissenscontrollings

Die aktuellen Diskussionen in Theorie und Praxis veranschaulichen die wachsende Bedeutung des Kundenwissens zur Steuerung der Kundenbeziehungen.[895] Hieraus folgt unmittelbar die Aufgabe des Kundenwissenscontrollings, die kundenorientierte Unternehmensführung mit entscheidungsrelevantem Kundenwissen zu versorgen.

Dennoch wird bislang ein effektives Kundenwissenscontrolling durch die Problematik der Messbarkeit des Faktors Kundenwissen erschwert.[896] Während die Informationskomponente des Kundenwissens problemlos in Zahlen transferiert und gespeichert werden kann, ist dasselbe mit der Anreicherungskomponente der Kundenwissens nicht ohne weiteres möglich. Aufgrund der Personen- und Kontextgebundenheit repräsentiert diese Kundenwissenskomponente die Erwartungen der Individuen über Ursache-Wirkungszusammenhänge auf der Basis ihrer Einstellungen, Erfahrungen, Fähigkeiten und Fertigkeiten. Kundenwissen hat somit einen eindeutig subjektiven Charakter und erlangt seinen Wert kontextgebunden. Die Kundenwissensversorgungsfunktion des Kundenwissenscontrollings besteht nun darin, beide Kundenwissenskomponenten zu erheben, aufzubereiten, in der organisationalen Kundenwissensbasis zu speichern und an die Unternehmensführung bedarfsgerecht weiterzuleiten.[897]

In diesem Zusammenhang sollte die Befragung Aufschluss darüber geben, welche Aktivitäten das Kundenwissenscontrolling im deutschen Textil- und Bekleidungseinzelhandel durchführt, um die kundenorientierte Unternehmensführung mit Wissen über den Kunden zu versorgen. Insgesamt gab mit vier Fünftel (84%) der teilnehmenden Unternehmungen die überwiegende Mehrheit der Befragungsteilnehmer an, Aktivitäten zur Versorgung der kundenorientierten Unternehmensführung mit Wissen über den Kunden durchzuführen. Entsprechend verzichtet knapp ein Fünftel der Un-

---

[895] Vgl. Kap. 1.1.
[896] Vgl. Kap. 3.3.
[897] Vgl. Kap. 4.3.4.

ternehmungen (16%) auf die Kundenwissensversorgungsfunktion. Abb. 59 beleuchtet die Aktivitäten im Kundenwissensversorgungsprozess im Einzelnen.

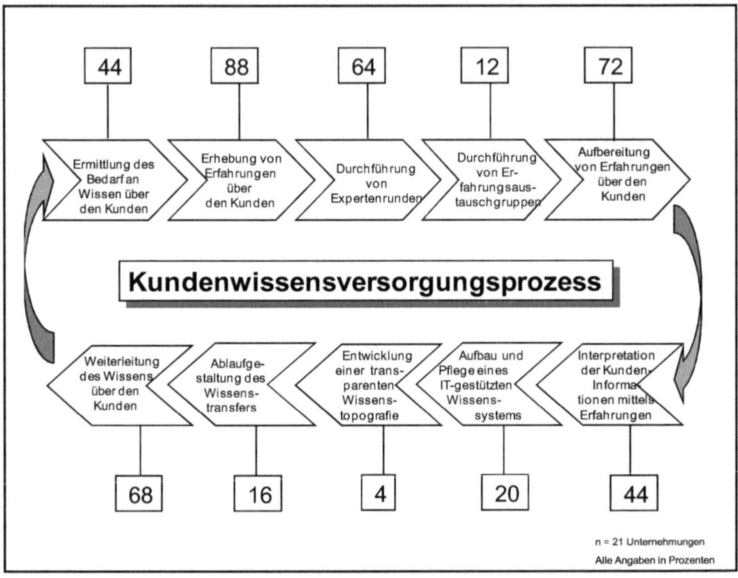

Abb. 59: Aktivitäten im Kundenwissensversorgungsprozess

Die Befragung ergab, dass nahezu alle Unternehmungen, die Aktivitäten im Kundenwissensversorgungsprozess ausübten, Erfahrungen über den Kunden erhoben (95%) und aufbereiteten (85%), aber nur die Hälfte von ihnen (52%) vorab den Bedarf an Wissen über den Kunden ermittelte und die gewonnenen Erfahrungen zur Anreicherung der Kundeninformationen verwendete (52%). Dennoch gaben 68% der eine Kundenwissensversorgungsfunktion durchführenden Unternehmungen an, Wissen über den Kunden an die kundenorientierte Unternehmensführung weiterzuleiten, wobei der Wissenstransfer zwischen den Mitarbeitern gerade einmal bei jeder fünften Unternehmung gestaltet wurde (16%). Hieraus kann Folgendes zusammengefasst werden:

1. Da 68% der Unternehmungen Wissen über den Kunden weiterleiteten, aber nur 52% vorab den Bedarf an Kundenwissen ermittelten, lag bei einem Viertel der Unternehmungen kein bedarfsgerechtes Angebot an Wissen über den Kunden vor.
2. Aufgrund dessen, dass rund 80% der Unternehmungen Erfahrungen über den Kunden erhoben und aufbereiteten, aber nur 44% diese Erfahrungen zur Anreicherung der Kundeninformationen verwendeten, schöpften rund die Hälfte der Unternehmungen ihre erhobenen Erfahrungen als Anreicherungskomponente des Kundenwissens nicht aus, um Wissen über den Kunden zu gewinnen.
3. Da 44% der Unternehmungen die gewonnenen Erfahrungen zur Interpretation der Kundeninformationen und somit zur Gewinnung von Wissen über den Kunden verwendeten, aber 68% angaben, Wissen über den Kunden an die kundenorientierte Unternehmensführung weiterzuleiten, erhielt jede dritte Unternehmungsführung Kundenwissen, das entweder die Informations- oder die Anreicherungskomponente, nicht aber beide umfasste. Folglich lag definitionsgemäß kein Kundenwissen vor.
4. Indem 68% der Unternehmungen angaben, Wissen über den Kunden an die kundenorientierte Unternehmensführung weiterzuleiten, aber nur 16% den Wissenstransfer zwischen den Mitarbeitern gestalteten, erfolgte die Kundenwissensversorgung bei vier Fünftel der Unternehmungen ohne funktionalen Gestaltungsrahmen.

Zur Erhebung der Anreicherungskomponente des Wissens über den Kunden dominierten die Expertenrunden (64%) als Kundenwissensquellen vor den Erfahrungsaustauschgruppen (12%). Ferner baute gerade einmal jede fünfte Unternehmung ein IT-gestütztes Wissenssystem zur Speicherung und Nutzung des gewonnenen Kundenwissens (20%) auf. Wissenstopografien zur Dokumentation des Kundenwissens spielten eine zu vernachlässigende Rolle (4%). Wird davon ausgegangen, dass die Befragungsteilnehmer auch tatsächlich Wissen über den Kunden als mittels Erfahrungen angereicherte Kundeninformationen verstehen und somit Kundenwissen über beide Komponenten verfügt,[898] dann folgt hieraus zusätzlich:

5. Weil 68% der Unternehmungen Wissen über den Kunden weiterleiteten, aber nur 20% ein IT-gestütztes Wissenssystem aufbauten, wird gut zwei Drittel des weitergeleiteten Kundenwissens nicht in der organisationalen Kundenwissensbasis gespeichert.
6. Dadurch dass 68% der Unternehmungen Wissen über den Kunden weiterleiteten, aber nur 4% eine Wissenstopografie aufbauten, dokumentierte selbst unter Berücksichtigung der bei 20% der Unternehmungen vorhandener Wissenssysteme eine zu vernachlässigende Minderheit der Befragungsteilnehmer ihr Kundenwissen.

Zusätzlich gab keines der Unternehmung an, das gewonnene Wissen über den Kunden im Rahmen eines Kontrollprozesses zur Kontrolle von Problemlösungen zu verwenden (0%).

5.3.4 Zusammenfassung der Ergebnisse

Die im Jahr 2008 durchgeführte Befragung zum informationsorientierten Kundencontrolling im deutschen Textil- und Bekleidungseinzelhandel lieferte Erkenntnisse über den Stand des Kundencontrollings im Jahr 2008. Da sie zusammen mit den Befragungen von *Schröder/Schettgen* aus den Jahren 2001 und 2005 Teil einer auf drei Zeitpunkte angesetzten Querschnittsanalyse war, erlauben ihre Ergebnisse Rückschlüsse über Veränderungen der praktizierten Aufgaben des informationsorientierten Kundencontrollings.[899]

Darüber hinaus wurde die Befragung durch die wissenschaftliche Diskussion einer zunehmenden Bedeutung des Kundenwertes als Steuerungsgröße der kundenorientierten Unternehmensführung geprägt. Die Ergebnisse sollten Rückschlüsse über das praktizierte Verständnis des Kun-

---

[898] Eine entsprechende Defintion von Kundenwissen wurde zum besseren Verständnis der Fragestellung im Fragebogen vorangestellt.

[899] Vgl. im Folgenden Kap. 2.2.5.3 sowie Schröder/Schettgen (2002, 2003, 2006a).

denwertes auf der Basis seiner Bewertungskriterien sowie seiner Bedeutung für die Steuerung der Kundenbeziehung erlauben.

Erstmals wurden darüber hinaus empirische Erkenntnisse über die Aktivitäten des Kundenwissenscontrollings zur Versorgung der kundenorientierten Unternehmensführung mit Wissen über den Kunden gesammelt. Im Mittelpunkt stand die Frage, inwieweit die Unternehmungen die erhobenen quantitativen und qualitativen Kundeninformationen in den Kontext ihrer Erfahrungen mit dem Kunden setzen, um Wissen über den Kunden zu gewinnen, aufzubereiten und in der Unternehmung zur Nutzung zugänglich zu machen.

Im Hinblick auf den Stand des informationsorientierten Kundencontrollings im Jahr 2008 sind die folgenden Ergebnisse festzuhalten:

- Rund vier Fünftel der Befragungsteilnehmer gab an, die Koordinations-, Planungs- und Kontroll- sowie Kundeninformationsversorgungsfunktion des informationsorientierten Kundencontrollings durchzuführen. Nachholbedarf bestand insbesondere bei vertiefenden Aktivitäten zur Ursachenanalyse und der Erarbeitung von Korrekturempfehlungen bei Planabweichungen im Kontrollprozess sowie dem Aufbau von Informationsspeichersystemen im Informationsversorgungsprozess.
- Zwei der drei am häufigsten vorhandenen Informationsquellen stellten Beschwerdedatenbänke und Kundenbefragung zur Erhebung, Speicherung und Nutzung von personenbezogenen qualitativen Kundendaten dar. Allerdings wurden diese bevorzugt zur Erhebung von Beschwerden und nur bei knapp der Hälfte der Unternehmungen zur Gewinnung weiterer qualitativer Kundendaten verwendet.
- Das Warenwirtschaftssystem lieferte in nahezu jeder Unternehmung quantitative Kundendaten, die zur Bildung überwiegend rentabilitätsorientierter Kennzahlen umfangreich eingesetzt wurden. Kennzahlen, die Aussagen über die Zufriedenheit der Kunden als Indikator für deren Wert ermöglichen, wurden bei weniger als der Hälfte der Befragungsteilnehmer gebildet.

- Im informationsorientierten Kundencontrolling dominierten die monetär statischen und überwiegend heuristischen Instrumente. Mit Ausnahme der Kundenzufriedenheitsanalyse verwendeten weniger als ein Drittel der Befragungsteilnehmer nicht-monetäre oder dynamische Instrumente zur Analyse der Kundendaten.
- Die Bedeutung des Kundencontrollings wurde gegenwärtig wie zukünftig mehrheitlich als hoch bewertet, so dass die bereits heute als intensiv angesehenen Aktivitäten zukünftig weiter ausgebaut werden sollten.

Hinzu kommt, dass 90% der teilnehmenden Unternehmungen dem Kundenwert als Steuerungsgröße des Kundencontrollings eine mittlere bis hohe Bedeutung beimaßen, wobei er überwiegend anhand monetärer Größen ermittelt wurde. Nicht-monetäre Größen wurden bei der Ermittlung des Kundenwertes in deutlich geringerem Umfang berücksichtigt, obwohl zahlreiche Informationsquellen zur Gewinnung nicht-monetärer Kundendaten in den Unternehmungen vorhanden waren.

Zusätzlich ergab die Untersuchung, dass nur bei knapp der Hälfte der Unternehmungen die Kundeninformationen in den Kontext der gewonnenen Erfahrungen mit dem Kunden gesetzt wurden und somit Wissen über den Kunden vorlag. Ferner lief der Kundenwissensversorgungsprozess des Kundenwissenscontrollings in den Unternehmungen bislang eher lückenhaft ab. Die Kundenwissensversorgungsfunktion beschränkte sich auf die Erhebung, Aufbereitung und Weiterleitung von Wissen über den Kunden, wobei diese nur bei rund der Hälfte der Unternehmungen auch bedarfsgerecht erfolgte. Aktivitäten zur Speicherung des gewonnenen Kundenwissens als grundlegende Voraussetzung zur Kontrolle und Nutzung des Wissens über den Kunden spielten bislang eine untergeordnete Rolle.

Stellt man diese Ergebnisse zum informationsorientierten Kundencontrolling der Untersuchung aus dem Jahr 2008 in Bezug zu den Erkenntnissen der Befragungen von *Schröder/Schettgen* aus den Jahren 2001 und 2005 so lassen sich die folgenden Aussagen festhalten:

- Die Aufgaben des Kundencontrollings wurden zwischen 2001 und 2008 differenzierter. Es dominierten die Aktivitäten im Informationsversorgungsprozess und Planungsprozess, vor den im Verlauf der Jahre deutlich ausgebauten Aktivitäten im Kontrollprozess.
- Das Kundencontrolling erweiterte seine Palette an Informationsquellen zur Gewinnung personenbezogener quantitativer und insbesondere qualitativer Kundendaten.
- Die quantitativen Kundendaten überwogen die qualitativen Kundendaten, wobei sich deren Anteile im Datenpool annäherten.
- Die quasi-analytischen Instrumente gewannen gegenüber den nach wie vor dominierenden heuristischen Instrumenten zunehmend an Bedeutung.
- Die Verwendung von kostenbezogenen sowie positive und negative Erfolgskomponenten berücksichtigenden Kennzahlen wurde gegenüber den umsatz- und absatzbezogenen Kennzahlen deutlich ausgebaut.
- Die Befragungsteilnehmer bewerteten die Intensität ihrer Aktivitäten im Kundencontrolling in den Jahren 2001, 2005 und 2008 kontinuierlich besser und planten mehrheitlich einen weiteren Ausbau des Aufgabenspektrums des Kundencontrollings.

Der Vergleich der Ergebnisse der drei Befragungen aus den Jahren 2001, 2005 und 2008 veranschaulicht die zeitpunktbezogenen Veränderungen, die bei den Befragungsteilnehmern im informationsorientierten Kundencontrolling stattgefunden haben. Gleichzeitig dürfen bei der Betrachtung der Ergebnisse die Grenzen der Untersuchungen nicht unberücksichtigt bleiben, auf die im Folgenden separat eingegangen wird.

5.4 Grenzen der Untersuchung

Eine entscheidende Grenze der drei Untersuchungen ist deren geringer Stichprobenumfang, so dass bei allen drei Untersuchungen nicht von einer Allgemeingültigkeit der Ergebnisse ausgegangen werden kann. Ferner gehen mit dem gewählten Untersuchungsdesign methodische und inhaltliche Einschränkungen einher, die in weiteren Untersuchungen reduziert werden können.

Außerdem handelt es sich bei den drei Befragungen um eine auf drei Zeitpunkte begrenzte Betrachtung der Aktivitäten zum Kundencontrolling im deutschen Textil- und Bekleidungseinzelhandel im Rahmen einer Querschnittsanalyse. Insofern soll nicht der Eindruck einer Entwicklung des Kundencontrollings vermittelt werden, sondern vielmehr zeitpunktbezogene Veränderungen aus den Jahren 2001, 2005 und 2008 im Rahmen einer Bestandsaufnahme aufgezeigt werden.

Gleichzeitig kann nicht eindeutig bejaht werden, dass in den Unternehmungen, die an mehreren Befragungen teilgenommen haben, auch tatsächlich die gleichen Ansprechpartner die Fragebögen beantwortet haben. Sofern dieses nicht der Fall ist, können ein unterschiedliches Verständnis der abgefragten Sachverhalte sowie ein unterschiedliches Fachwissen zu variierenden Ergebnissen führen. Dieser Aspekt ist bei der vergleichenden Darstellung der Ergebnisse der Studien stets kritisch zu berücksichtigen.

Ferner verfügten im Jahr 2008 70% der teilnehmenden Unternehmungen über den Versandhandel und/oder Online-Handel als Absatzkanäle. In den Jahren 2001 und 2005 lag dieser Anteil bei 14% bzw. 50%. Aufgrund des kanalspezifischen Distanzprinzips sind diese Unternehmungen in der Lage, ihre Kunden zu unterschiedlichen Zeiten und an unterschiedlichen Orten anzusprechen und zu analysieren. Anhand der hierbei gewonnenen personenbezogenen Kundendaten bietet sich ihnen ein differenzierteres Bild des gesamten Kaufprozess als dieses im stationären Einzelhandel der Fall ist.

Bei der Betrachtung der Ergebnisse aus dem Jahr 2008 muss stets kritisch hinterfragt werden, ob die Unternehmungen auch tatsächlich Erfahrungen als Anreicherungskomponente des Kundenwissens betrachten, die erst zusammen mit der Informationskomponente des Kundenwissens zu Wissen über den Kunden führt, oder ob die Befragungsteilnehmer „Erfahrungen“ mit „Wissen über den Kunden“ gleichsetzen und somit keine Unterscheidung zwischen den Wissenskomponenten vornehmen. In diesem Fall käme es zu abweichenden Ergebnissen, da es sich im Sinne der wissenschaftlichen Definition nicht um Wissen über den Kunden handelt, sondern lediglich um eine einzelne Komponente des Kundenwissens.[900]

[900] Vgl. Kap. 4.1.

6 Zusammenfassung

Den Ausgangspunkt der vorliegenden Arbeit bildet die seit der Jahrtausendwende festzustellende grundlegende Neuausrichtung der Marketing- und Controllingwissenschaft, die sich zunehmend mit den Anforderungen einer wissensorientierten Unternehmensführung an die kunden- und wertorientierte Ausrichtung der Managementaktivitäten konfrontiert sieht. Mit ihr geht der Ruf aus Forschung und Praxis nach Steuerungsmechanismen einher, die die Koordination der auf den Kunden gerichteten wissensorientierten Managementaktivitäten durch die Versorgung mit entscheidungsrelevanten Kundenwissen über den Wert und somit die Profitabilität der Kunden gewährleistet sowie im gesamten Managementprozess beratend und unterstützend wirkt. Der wissenschaftlichen Einordnung und konzeptionellen Thematisierung dieser Forderung nach einer kundenorientierten Controllingkonzeption zur Führungsunterstützung mit dem Kundenwissen als ihrem Betrachtungsobjekt widmet sich die vorliegende Arbeit. Dieser kommt eine hohe Bedeutung bei der Ermittlung der Kundenwerte aus Unternehmenssicht als Steuerungsgröße der Kundenbeziehung zu sowie bei der Ausrichtung aller Unternehmensaktivitäten auf den Kunden zur Steigerung der Kundenwerte aus Unternehmenssicht als oberstem Unternehmensziel. Vor diesem Hintergrund bestand das Ziel des Forschungsvorhabens darin, auf der Grundlage der Erkenntnisse der kunden- und wissensorientierten Controlling- und Managementliteratur eine koordinationsorientierte Konzeption des Kundenwissenscontrollings zu erarbeiten, um Voraussetzungen für die Koordination und Steuerung der Kundenwissensprozesse zur Erreichung der obersten Unternehmensziele einer kundenorientierten Unternehmensführung zu schaffen. Die zu untersuchenden Fragestellungen gliederten sich in die Bereiche Begriffe, konzeptionelle Merkmale der kunden- und wissensorientierten Controlling- und Managementliteratur sowie Empirie.

Zur Beantwortung der **begrifflichen Fragestellung** wurden zunächst die relevanten Begriffe „Daten“, „Informationen“ und „Wissen“ betrachtet. Es zeigte sich, dass in der betriebswirtschaftlichen Literatur zur Begriffsabgrenzung zumeist auf die Erkenntnisse der Semiotik zurückgegriffen wird. Demnach baut Wissen auf Informationen auf, die ihrerseits auf in einen Kontext gesetzte Daten basieren. Können diese Informationen einem einzelnen Kunden zugeordnet werden, wird von kunden- bzw. personenbezogenen Informationen gesprochen. Durch die Verarbeitung der Informationen durch das Bewusstsein des Individuums entsteht Wissen. Die **Entstehung von Wissen** ist stets personengebunden und vollzieht sich in den Köpfen der personellen Wissensträger. Sie basiert auf der Gesamtheit der Einstellungen, Fähigkeiten und Fertigkeiten des Individuums sowie seiner zuvor gemachten Erfahrungen über Ursache-Wirkungszusammenhänge. Wissen stellt somit eine wechselseitige Verbindung aus personengebundenen Einstellungen, Erfahrungen, Fertigkeiten und Fähigkeiten sowie operationalisierten Kontextinformationen dar, die in ihrer Gesamtheit einen Strukturrahmen zur Beurteilung und Eingliederung neuer menschlicher Erfahrungen und Informationen bietet. Wissen kann demnach nicht ohne zugrundeliegende Informationen entstehen. Für die **Speicherung von Wissen** wird der Auffassung der jüngeren Wissensmanagementliteratur gefolgt, die ein individualisiertes Wissensverständnis als zu eng ansieht. Vielmehr kann externalisiertes Wissen als strukturierte, sinnvoll vernetzte Information in entpersonalisierter Form auch in nicht-personellen Wissensträgern der Unternehmung gespeichert werden, wodurch es eine Einbettung in die organisatorische Routine, Prozesse und Normen erfährt.

Entsprechend entsteht dem in der vorliegenden Arbeit entwickelten Begriffsverständnis folgend das Wissen der, über und für die Kunden als relevante Formen des **Kundenwissens** erst dann, wenn quantitative oder qualitative Informationen personeller und nicht-personeller Wissensträger (Informationskomponente) um Erfahrungen, Einstellungen, Fähigkeiten oder Fertigkeiten der personellen Wissensträger (Anreicherungskomponente) angereichert werden. Sofern nur eine Komponente des Wissens der, über und für die Kunden vorliegt, handelt es sich definitionsgemäß nicht um Kundenwissen. Jede Form des Kundenwissens kann in expliziter oder impliziter Ausprägung vorhanden sein, wobei nicht-personelle Wissensträger ausschließlich über explizites Kundenwissen, personelle Wissensträger über explizites und implizites Kundenwissen verfügen. Während das Wissen der Kunden ausschließlich unternehmensexternes Wissen darstellt, stellt das Wissen über und für den Kunden unternehmensinternes und unternehmensexternes Wissen dar. Dem erweiterten Wissensverständnis folgend kann Kundenwissen in personellen und nicht-personellen Wissensträgern gespeichert werden.

Bei der Beantwortung der **merkmalsbezogenen Fragestellungen** der kunden- und wissensorientierten Controlling- und Managementliteratur konnten die Ausführungen zeigen, dass Informationen das **Betrachtungsobjekt** des in der wissenschaftlichen Diskussion vorherrschenden Verständnisses eines koordinationsorientierten **Kundencontrollings** darstellen. Demzufolge stellt Kundencontrolling die koordinierende Informationsversorgung zur Unterstützung der kundenorientierten Unternehmensführung dar, das zur Planung, Steuerung und Kontrolle kundenbezogener Aktivitäten im Wertschöpfungsprozess dient. Das grundlegende **Ziel** des Kundencontrollings wird in der Unterstützung der kundenorientierten Unternehmensführung im Rahmen einer kundenwertorientierten Koordination und Steuerung der **Kundenprozesse** gesehen. Hieraus ergibt sich unmittelbar das Sachziel des Kundencontrollings, das in der Sicherung und Erhaltung der Koordinations-, Reaktions- und Adaptionsfähigkeit der kundenorientierten Unternehmensführung zur Steigerung des Kundenwertes aus Unternehmenssicht als oberstem Unternehmensziel besteht. Insofern kommt dem Kundencontrolling die **Aufgabe** zu, die Aktivitäten des kundenorientierten Managements kundenwertorientiert zu koordinieren und dieses bei der Planung, Steuerung und Kontrolle der profitablen Kundenbeziehungen zu beraten und zu unterstützen. Dabei besteht die Versorgung des kundenorientierten Managements mit kundenbezogenen quantitativen und qualitativen Informationen im Fokus der derzeitigen Aktivitäten des Kundencontrollings.

Die **Instrumente** des Kundencontrollings zielen auf die Erhebung und Analyse kundenbezogener Informationen zur Bestimmung des aktuellen und zukünftigen Wertes einer Kundenbeziehung ab. Dabei gilt im Sinne eines gerundiven Wertverständnisses ein Kunde dann als vorziehenswürdig und ihm wird ein hoher Wert beigemessen, wenn er einen direkten und indirekten Beitrag zur Zielerreichung der Unternehmung leistet. Dieses auf monetären und nicht-monetären Größen basierende Wertverständnis findet seine wissenschaftliche Umsetzung in der Bestimmung des Markt- und Ressourcenpotentials des Kunden als direkte und indirekte Wertkomponenten des Kundenwertes. Auch wenn die Autoren des Kundencontrollings die Bedeutung der indirekten, nicht-monetarisierbaren Wertkomponenten des Ressourcenpotentials für die Bewertung der Kunden erkannt haben, werden bislang überwiegend monetarisierbare Wertkomponenten des Marktpotentials zur Kundenbewertung berücksichtigt. Dieses führt dazu, dass das Kundencontrolling der kundenorientierten Unternehmensführung vornehmlich auf quantitativen und qualitativen Informationen basierende Steuerungsgrößen der Kundenbeziehung zur Verfügung stellt, die insbesondere implizites Wissen als nicht-monetarisierbaren Bestandteil des Ressourcenpotentials nicht berücksichtigt. Als Grund hierfür wird ein vermeintlich fehlendes Instrumentarium zur Messung und Bewertung der nicht-monetären Bestandteile des Ressourcenpotentials angeführt. An diesem Punkt stößt die Aussagekraft des Kundencontrollings an seine Grenzen.

Das **Wissenscontrolling** versucht an dieser Stelle durch eine Ergänzung des koordinationsorientierten Controllingverständnisses um verhaltenswissenschaftliche Aspekte der Sozial- und Verhaltensforschung ein Steuerungssystem für wissensintensive Prozesse und Strukturen durch die Integration der Dimensionen des organisationalen Wissens, der organisationalen Intelligenz und der organisationalen Lernprozesse zu entwickeln. In diesem Sinne wird von einem koordinationsorientierten und lernprozessualen Wissenscontrolling als ein Führungsteilsystem für die lernende Unternehmung als wissensbasiertes System gesprochen. Als **Betrachtungsobjekt** des Wissenscontrollings fungiert die ganzheitlich betrachtete Ressource Wissen, ohne auf die Charakteristika der verschiedenen Ausprägungen von Wissen, wie z.B. Mitarbeiterwissen oder Kundenwissen, einzugehen. Das **Ziel** des Wissenscontrollings besteht in der Unterstützung der wissensorientierten Unternehmensführung im Rahmen einer ergebniszielorientierten Koordination und Steuerung der **Wissensprozesse**. Hieraus ergibt sich das Sachziel des Wissenscontrollings, das in der Sicherung und Erhaltung der Reaktions-, Koordinations-, Lern- und Innovationsfähigkeit der Unternehmensführung zur Verbesserung des organisationalen Lernprozesses besteht, die zur Erreichung der obersten Unternehmensziele beitragen. Die **Aufgaben** des Wissenscontrollings werden im Aufbau und Pflege einer intelligenten Wissensbasis und in der Gestaltung und Pflege von Rahmenbedingungen für den organisationalen Lernprozess gesehen. Als ausschlaggebend für die Unterstützung der Unternehmensführung durch das Wissenscontrolling bei der Planung und Kontrolle der Wissensprozesse wird die quantitative Messung und Bewertung des Wissens hinsichtlich des Beitrages zur Wertschöpfung angesehen. Erschwert wird die Identifikation und Bewertung des Wissens als Grundlage zur Koordination und Steuerung der Wissensprozesse durch die Problematik bei der exakten Abgrenzung der relevanten Eigenschaften von Wissen und deren individuellen Bewertung anhand geeigneter Indikatoren, die die Aussagekraft vorhandener **Instrumente** des Wissenscontrollings einschränkt.

Der Literaturüberblick zum **Wissensmanagement** verdeutlichte die Heterogenität der Begriffsdefinitionen von Wissen sowie der konzeptionellen Auslegung von **Wissensmanagement** in der deutschen Literatur sowie der damit verbundenen Zielsetzungen und Aufgabenstellungen. Ein ähnliches Bild zeigte sich auch bei der Betrachtung der kundenwissensorientierten Managementliteratur und des Kundenwissens als Betrachtungsobjekt. Einig waren sich die Autoren jedoch hinsichtlich des Aspekts, dass **Kundenwissensmanagement** als Teilbereich des Wissensmanagements über das Management von Kundeninformationen hinausgeht, indem es neben dem Transfer von Kundeninformationen die personellen und nichtpersonellen Wissensträger berücksichtigt und deren Möglichkeiten zum problemlösungsorientierten Handeln zur Erreichung der obersten Unternehmensziele verbessert. Ferner wurde ersichtlich, dass nicht das direkte

Management von Kundenwissen der Stellhebel ist, sondern die mit dem Kundenwissen in Beziehung stehenden Kundenwissensprozesse und die dahinter stehenden Aktivitäten und Maßnahmen, die initiiert, gestaltet, gesteuert, koordiniert und optimiert werden. Ein so verstandener prozessorientierten Ansatz des Kundenwissensmanagements umfasst die Gesamtheit aller Konzepte, Strategien und Methoden zur Schaffung einer lernenden Unternehmung. Zu den **Aufgaben** des Kundenwissensmanagements zählt die Gestaltung einer intelligenten organisationalen Kundenwissensbasis durch die Erfassung, Entwicklung, Bereitstellung, Kommunikation Speicherung, Bereitstellung und Nutzung des Wissens der, über und für die Kunden.

Auf der Grundlage der Merkmale des Wissens- und Kundenwissensmanagements sowie des Kunden- und Wissenscontrolling wurde anschließend eine Konzeption des Kundenwissenscontrollings mit dem **Betrachtungsobjekt** Kundenwissen entwickelt. Dem koordinationsorientierten Controllingverständnis folgend wurde **Kundenwissencontrolling** als dasjenige Subsystem der kundenorientierten Unternehmensführung definiert, das die kundenwissensorientierte Planung und Kontrolle sowie Kundenwissensversorgung systembildend und systemkoppelnd kundenwertorientiert koordiniert und so die Adaption und Koordination des Gesamtsystems unterstützt. Das grundlegende **Ziel** des koordinationsorientierten Kundenwissenscontrollings liegt in der Führungsunterstützung der kundenorientierten Unternehmensführung durch die kundenwertorientierte Koordination und Steuerung der **Kundenwissensprozesse**. Hieraus ergibt sich unmittelbar das Sachziel des Kundenwissenscontrollings, das in der Sicherung und Erhaltung der Koordinations-, Reaktions- und Adaptionsfähigkeit der kundenorientierten Unternehmensführung zur Steigerung des Kundenwertes als obersten kundenorientierten Unternehmensziel besteht. Da Kundenwissen im Sinne des wissensbasierten Ansatzes als ein strategisches Erfolgspotential zur Erlangung nachhaltiger Wettbewerbsvorteile verstanden wird, zählt der Aufbau und die Pflege einer intelligenten Kundenwissensbasis als spezifische Ausstattung der Unternehmung mit Wissen der, über und für die Kunden zu den grundlegenden **Aufgaben** des

Kundenwissenscontrolling. Das Kundenwissenscontrolling bedient sich der **Instrumente** des Kunden- und Wissenscontrolling, wobei deren Modifikationen entsprechend den Charakteristika der Ressource Kundenwissen nicht die Probleme bei der Messung und Bewertung des Wissens der, über und für die Kunden lösen können.

Die **empirische Fragestellung** wurde im Rahmen einer empirische Untersuchung zum Kundencontrolling und Kundenwissenscontrolling im deutschen Textil- und Bekleidungseinzelhandel im Jahr 2008 beantwortet. Sie zeigte, dass sich in der unternehmerischen Praxis zunehmend die Entwicklung eines auf Kundeninformationen basierenden kundenwertorientierten Steuerungssystems der Kundenprozesse im Rahmen des Kundencontrollings durchsetzt. Es stößt allerdings dann an seine Grenzen, wenn es um die Entwicklung komplexer und auf monetären und nicht-monetarisierbaren Wertkomponenten basierender Instrumente zur Versorgung der kundenorientierten Unternehmensführung mit relevantem Wissen über, der und für die Kunden geht. Entsprechend ist das Kundenwissenscontrollings in der betrieblichen Praxis noch in den Anfängen begriffen.

Durch die Beantwortung der begrifflichen, merkmalsbezogenen und empirischen Fragestellungen konnte die Arbeit einen **Beitrag** zur aktuellen wissenschaftlichen Diskussion im Bereich des Managements und Controllings von Kundenwissen leisten. Die Ausführungen geben einen **systematischen Überblick** über das in der deutschen **Literatur** vorherrschende Verständnis von Wissensmanagement und Kundenwissensmanagement sowie von Kundencontrolling und Wissenscontrolling. Durch die Darstellung der Ziele, Aufgaben und Instrumente sowie ausgewählter Ansätze der kunden- und wissensorientierten Management- und Controllingliteratur werden die Merkmale der für das zu entwickelnde Kundenwissenscontrolling relevanten Wissenschaftsgebiete systematisch herausgearbeitet. Ein Schwerpunkt der Ausführungen liegt in der gezielten Abgrenzung und Definition von Informationen, Wissen und Kundenwissen als spezifische Betrachtungsobjekte, um überschneidungsfreie begriffliche Grundlagen für das Kundenwissenscontrolling zu erhalten und der Heterogenität der in der Literatur verwendeten Begriffsdefinitionen zu begegnen.

Mit der **Entwicklung** einer koordinationsorientierten **Konzeption des Kundenwissenscontrollings** auf der Grundlage der Erkenntnisse und Anforderungen der oben genannten Wissenschaftsgebiete liegt nunmehr eine Konzeption vor, die neben der spezifischen Problemstellung und den Zielen des Kundenwissenscontrolling dessen Aufgaben und Instrumente umfasst. Eine derartige ganzheitliche kundenorientierte Controllingkonzeption mit dem Kundenwissen als spezifischem Betrachtungsobjekt existierte bislang in der Literatur noch nicht. Sie leistet einen Beitrag zur Verringerung des Wissensdefizits einer auf das Kundenwissen ausgerichteten kundenorientierten Unternehmensführung hinsichtlich einer kundenwertorientierten Steuerung von Kundenbeziehungen.

Die Ergebnisse der **empirischen Untersuchung** aus dem Jahr 2008 erlauben erstmals Aussagen über den Umfang an Aktivitäten im Kundenwissenscontrolling im deutschen Textil- und Bekleidungseinzelhandel. Gleichzeitig machen die gewonnenen Erkenntnisse zur konzeptionellen Gestaltung des Kundencontrollings aus dem Jahr 2008 unter Betrachtung der vorangegangenen Studien aus dem Jahr 2001 und 2005 von *Schröder/Schettgen* die zeitpunktbezogenen Veränderungen in der konzeptionellen Ausrichtung und Bedeutung des Kundencontrollings für die Praxis sichtbar.

Die weiterführende wissenschaftliche Behandlung von Fragestellungen zum Kundenwissenscontrolling ist insofern von großer Wichtigkeit, da die Ressource Kundenwissen für die Erlangung nachhaltiger Wettbewerbsvorteile von erheblicher und zunehmender Bedeutung für die Unternehmung ist. Wissenschaft und Theorie sind sich einig, dass eine spezifische Ausstattung der Unternehmung mit Wissen über, der und für die Kunden einen wesentlichen Treiber zur Steigerung des Kundenwertes aus Unternehmenssicht als oberstem Unternehmensziel darstellt. Nur ein im Controllingsystem verankertes Kundenwissenscontrollingsystem kann die

Unternehmensführung durch eine wertorientierte Koordination und Steuerung der Kundenwissensprozesse nachhaltig unterstützen. Voraussetzung hierfür ist das Vorhandensein geeigneter Messgrößen und Bewertungsvorschriften für explizites und implizites Kundenwissen. Es ist die Aufgabe der zukünftigen Kundenwissensforschung, entsprechende Voraussetzungen zu schaffen. Zudem müssen zukünftige empirische Untersuchungen auf dem Gebiet des Kundenwissenscontrollings das gemeinsame Ziel haben, einen Nachweis für die praktische Umsetzbarkeit und Nützlichkeit des entwickelten Ansatzes unabhängig von der Branche zu erbringen.

Literaturverzeichnis

Ackerschott, H. (2001): Wissensmanagement für Marketing und Vertrieb – Kompetenz steigern und Märkte erobern, Wiesbaden

Ackerschott, H. (2006): Wissensmanagement in Vertrieb, Handel und Unternehmensnetzwerken, in: Ahlert, D./Olbrich, R./Schröder, H. (Hrsg.): Wissensmanagement in Vertrieb, Handel und Unternehmensnetzwerken, Frankfurt a.M., S. 37-60

Aebi, R. (2000): Kundenorientiertes Knowledge Management, Erfolg durch Wissen über Markt und Unternehmen, München

Ahlert, D. (1997): Warenwirtschaftsmanagement und Controlling in der Konsumgüterdistribution – Betriebswirtschaftliche Grundlegung und praktische Herausforderungen aus der Perspektive von Handel und Industrie, in: Ahlert, D./Olbrich, R. (Hrsg.), Integrierte Warenwirtschaftssysteme und Handelscontrolling, 3. Aufl., Stuttgart, S. 3–112

Ahlert, D./Blaich, G. (2004): Wissensmanagement in Handelssystemen, in: Trommsdorff, V. (Hrsg.): Handelsforschung 2004, Köln, S. 271–291

Ahlert, D./Blut, M. (2006): Wissensmanagement: Ausweg aus der Downtrading-Spirale?!, in: Ahlert, D./Olbrich, R./Schröder, H. (Hrsg.): Wissensmanagement in Vertrieb, Handel und Unternehmensnetzwerken, Frankfurt a.M., S. 17-35

Ahlert, D./Becker, J./Knackstedt, R./Wunderlich, M. (2002, Hrsg.): Customer Relationship Management im Handel, Berlin

Ahn, H. (1999): Ansehen und Verständnis des Controllings in der Betriebswirtschaftslehre – Grundlegende Ergebnisse einer empirischen Studie unter deutschen Hochschullehrern, in: Controlling, 11. Jg., Nr. 3, S. 109-114

Al-Laham, A. (2003): Organisationales Wissensmanagement, München

Albrecht, F. (1993): Strategisches Management der Unternehmensressource Wissen: Inhaltliche Ansatzpunkte und Überlegungen zu einem konzeptionellen Gestaltungsrahmen, Frankfurt a.M.

Allweyer, Th. (1998): Modellbasiertes Wissensmanagement, in: Information Management, 1. Jg., Nr. 1, S. 37-45

Alter, R. (2011): Strategisches Controlling – Unterstützung des strategischen Managements, München

Alwert, K. (2005): Wissensbilanzen – Im Spannungsfeld zwischen Forschung und Praxis, in: Mertins, K./Alwert, K./Heisig, P. (Hrsg.): Wissensbilanzen – Intellektuelles Kapital erfolgreich nutzen und entwickeln, S. 19-40

Amelingmeyer, J. (2004): Wissensmanagement – Analyse und Gestaltung der Wissensbasis von Unternehmen, 3. Aufl., Wiesbaden

Amshoff, B. (1994): Controlling in deutschen Unternehmungen: Realtypen, Kontext und Effizienz, 2. Aufl., Wiesbaden

Anderson, J./Narus, J.A. (1998): Business Marketing: Understand What Customers Value, in: Harvard Business Review, 76. Jg., Nr. 6, S. 53–65

Ansoff, H.I. (1976): Managing Surprise an Discontinuity – Strategic Response to Weak Signals, in: Zeitschrift für betriebswirtschaftliche Forschung, 28. Jg., Nr. 3, S. 129-152

Asenkerschbaumer, St. (1987): Analyse und Beurteilung von technischem Know-How: Ein Beitrag zum betrieblichen Innovationsmanagement, Göttingen

Bach, N./Homp, Ch. (1997): Wissensmanagement als Querschnittsaufgabe des Kernkompetenzen Managements, Arbeitspapier, Universität Gießen

Bach, V. (1999): Business Knowledge Management: Von der Vision zur Wirklichkeit, in: Bach, V./Vogler, P./Österle, H. (Hrsg.): Business Knowledge Management, Berlin, S. 37 - 84

Backhaus, K. (1999): Investitionsgütermarketing, 6. Aufl., München

Backhaus, K./Schneider, H. (2007): Marketing: Ein Interpretationsversuch aus Münsteraner Perspektive, in: Bruhn, M./Kirchgeorg, M./ Meier, J. (Hrsg.): Marktorientierte Fürhung im wirtschaftlichen und gesellschaftlichen Wandel, Wiesbaden, S. 13-29

Backhaus, K. /Weiber, R. (1989): Entwicklung einer Marketing-Konzeption mit SPSS/PC+, Berlin

Baecker, D. (1998): Zum Problem des Wissens in Organisationen, in: Zeitschrift für Organisationsentwicklung, 17. Jg., Nr. 3, S. 4-21

Bäppler, E. (2008): Nutzung des Wissensmanagements im strategischen Management, 1. Aufl., Wiesbaden

Bamberg, G./Coenenberg, A.G. (2012): Betriebswirtschaftliche Entscheidungslehre, 15. Aufl., München

Bamberger, I./Wrona, Th. (1996a): Der Ressourcenansatz und seine Bedeutung für die Strategische Unternehmensführung, in: ZfbF, 48. Jg., Nr. 2, S. 130-153

Bamberger, I./Wrona, Th. (1996b): Der Ressourcenansatz im Rahmen des Strategischen Managements, in: WiST, 25. Jg., Nr. 8, S. 386-391

Bamberger, I./Wrona, Th. (2012): Strategische Unternehmensführung, 2. Aufl., München

Barth, Th./Barth, D. (2008): Controlling, 2. Aufl., München

Bauer, H.H./Hammerschmidt, M./Brähler, M. (2002): Kundenwertbasierte Unternehmensbewertung – Das Customer Lifetime Value Konzept und sein Beitrag zu einer marktingorientierten Unternehmensbewertung, in: Jahrbuch für Absatz- und Verbrauchsforschung, 48. Jg., Nr. 4, S. 324-344

Bauer, H.H./Hammerschmidt, M./Brähler, M. (2003): The customer lifetime value concept and its contribution to corporate valuation, in: Yearbook of Marketing and consumer Research, 1. Jg., Nr. 1, S. 47-97

Bauer, H.H./Stokburger, G./Hammerschmidt, M. (2006): Marketing Performance; Messen – Analysieren – Optimieren, Wiesbaden

Baum, H.-G./Coenenberg, A.G./Günther, T. (2012): Strategisches Controlling, 5. Aufl., Stuttgart

Bea, F.X./Haas, J. (2009) : Strategisches Management, 5. Aufl., Stuttgart

Bea, F.X./Dichtl, E./Schweitzer, M. (2009): Allgemeine Betriebswirtschaftslehre, Bd. 1, Grundfragen, 10. Aufl., Stuttgart

Becker, W. (1990): Funtkionsprinzipien des Controllings, in: Zeitschrift für Betriebswirtschaft, 60. Jg., Nr. 3, S. 295-318

Becker, J. (1999): Marktorientierte Unternehmensführung: Messung – Determinanten – Erfolgsauswirkungen, Wiesbaden

Becker-Flügel, J. (1998): Qualitätsmanagement für die Entwicklung in Unternehmen mit Einzel- und Kleinserienfertigung, Aachen

Berekoven, L./Eckert, W./Ellenrieder, P. (2009): Marktforschung: Methodische Grundlagen und praktische Anwendungen, 12. Aufl., Wiesbaden

Berger, P.D./Nasr, N.I. (1998): Customer Lifetime Value: Marketing Models and Applications, in: Journal of Interactive Marketing, 12. Jg., Nr. 1, S. 17-30

Berry, L.L. (1983): Relationship Marketing, in: Berry, L.L./Shostack, G.L./Upah, G.D. (Hrsg.): Emerging Perspektives on Services Marketing, Chicago, S. 25–28

Berthel, J. (1992): Informationsbedarf, in: Handwörterbuch der Organisation, 3. Aufl., Sp. 872-886

Berthel, J./Becker, F.G. (2010): Personalmangement, 9. Aufl., Stuttgart

Bircher, B. (1976): Langfristige Unternehmensplanung – Konzepte, Erkenntnisse und Modelle auf systemtheoretischer Grundlage, Bern

Bischof, J. (2008): Controlling immaterieller Vermögenswerte, in: Bischof, J./Fredersdorf, F. (Hrsg.): Controlling immaterieller Vermögenswerte – Intangible Assets erkennen, bewerten und steuern, Düsseldorf, S. 13-54

Bischoff, J. (1994): Das Shareholder Value-Konzept. Darstellung – Probleme – Handhabungsmöglichkeiten, Wiesbaden

Bischop, J. (2002): Die Balanced Scorecard als Instrument einer modernen Controllingkonzeption, Wiesbaden

Blackwell, R.D./Miniard, P.W./Engel, J.F. (2001): Consumer behavior, 9. Aufl., Mason (Ohio)

Blaich, G. (2004): Wissenstransfer in Franchisenetzwerken – Eine lerntheoretische Analyse, Wiesbaden

Blattberg, R.C./Deighton, J. (1996): Manage Marketing by the Customer Equity Test, in: Harvard Business Review, 74. Jg., July/August, S. 136-144

Bleicher, K. (1999): Das Konzept Integriertes Management: Visionen – Missionen – Programme, 5. Aufl., Frankfurt am Main

Blohm, H. (1969): Informationswesen, in: Grochla, E. (Hrsg.): Handwörterbuch der Organisation, Stuttgart, Sp. 727-734

Bode, J. (1997): Der Informationsbegriff in der Betriebswirtschaftslehre, in: ZfbF, 49. Jg. , Nr. 5, S. 449-468

Böhl, S. (2006): Wertorientiertes Controlling – Eine ganzheitliche führungsprozessorientierte Konzeption zur Unterstützung der Implementierung einer wertorientierten Unternehmensführung, Hamburg

Böhrs, S. (2005): Customer Value Management: Die Integration von Kundenwert und Kundennutzen als Marketingansatz im Verkehrsdienstleistungsbereich, Berlin

Bornemann, M./Reinhardt, R. (2008): Handbuch Wissensbilanz, Berlin

Bortz, J./Döring, N. (2006): Forschungsmethoden und Evaluation für Human- und Sozialwissenschaften, 4. Aufl., Berlin

Braunstein, R. (2004): Beiträge zur Geschichte des deutschsprachigen Controlling, Die Controllingpioniere, hrsg. vom österreichischen Controllinginstitut anlässlich des 25. österreichischen Controllingtages, Wien

Bredenkamp, J. (1998): Lernen, Erinnern, Vergessen, München

Brockhaus (2006): Enzyklopädie, 21. Aufl., Mannheim

Bruhn, M. (2001): Relationship Marketing: Das Management von Kundenbeziehungen, München

Bruhn, M. (2002): Controlling von Kundenbeziehungen, in: Böhler, H. (Hrsg.): Marketing-Management und Unternehmensführung: Festschrift für Professor Dr. Richard Köhler zum 65. Geburtstag, Stuttgart, S. 185–208

Bruhn, M. (2003): Kundenorientierung. Bausteine für ein erfolgreiches Customer Relationship Management (CRM), 2. Aufl., München

Bruhn, M. (2009): Das Konzept der kundenorientierten Unternehmensführung, in: Hinterhuber, H.H./Matzler, K. (Hrsg.): Kundenorientierte Unternehmensführung. Kundenorientierung – Kundenzufriedenheit – Kundenbindung, 6. Aufl., Wiesbaden, S. 33-68

Bruhn, M./Homburg, Chr. (2010): Handbuch Kundenbindungsmanagement: Strategien und Instrumente für ein erfolgreiches CRM, 7. Aufl., Wiesbaden

Bruhn, M./Georgi, D./Treyer, M./Leumann, S. (2000): Wertorientiertes Relationship Marketing – Vom Kundenwert zum Customer Lifetime Value, in: Die Unternehmung, 54. Jg., Nr. 3, S. 167-187

Bruhn, M./Meffert, H./Wehrle, F. (1994): Marktorientierte Unternehmensführung im Umbruch. Effizienz und Flexibilität als Herausforderungen des Marketings, Stuttgart

Brune, J.W. (1995): Der Shareholder-Value-Ansatz als ganzheitliches Instrument strategischer Planung und Kontrolle. Eine Untersuchung unter Beachtung besonderer Rahmenbedingungen in der Bundesrepublik Deutschland, Köln

Buchholz, L. (2009): Strategisches Controlling – Grundlagen – Instrumente – Konzepte, Wiesbaden

Bühl, A. /Zöfel, P. (2002): SPSS 11 – Einführung in die moderne Datenanalyse unter Windows, 8. Aufl., München

Bühler, M. (2005): Die besten Management-Tools - Strategie und Marketing, Bd. 8, Frankfurt a.M.

Bühner, R. (1990): Das Management-Wertkonzept. Strategien zur Schaffung von mehr Wert im Unternehmen, Stuttgart

Bundesministerium für Wirtschaft und Technologie (2006): Wissensmanagement, in: e-f@cts – Innovationspolitik, Informationsgesellschaft, Telekommunikation, Ausgabe 10, Februar 2006, S. 1-8

Bundesministerium für Wirtschaft und Technologie (2007): Wissensmanagement in kleineren und mittleren Unternehmen und öffentlicher Verwaltung, Fundort: http://www.bmwi.de/BMWi/Navigation/-Service/Publikationen/wissensmanagement-leitfaden, Abrufdatum: 26. Januar 2012

Bundesministerium für Wirtschaft und Technologie (2008): Wissensbilanz – Made in Germany. Leitfaden 2.0 zur Erstellung einer Wissensbilanz. Dokumentation: Nr. 574, Berlin

Bungard, W./Fleischer, J./Nohr, H. (2003): Customer Knowledge Management. Integration und Nutzung von Kundenwissen zur Steigerung der Innovationskraft, Stuttgart

Burckhardt, W. (1992): Schlank, intelligent und schnell. So führen Sie Ihr Unternehmen zur Hochleistung, Wiesbaden

Burgartz, Th. (2005): Kunden-Controlling, in: Controlling, 17. Jg., Nr. 12, S. 757-759

Campbell, A./Sommers-Luchs, K. (1997, Hrsg.): Core Competency – Based Strategy, London

Chen, L. Y. (2007): Kundencontrolling - Analyse von kundenbezogenen Kennzahlen und Kennzahlensystemen, Saarbrücken

Chmielewicz, K. (1994): Forschungskonzeptionen der Wirtschaftswissenschaften, 3. Aufl., Stuttgart

Christmann-Jacoby, H./Maas, R. (1997): Wissensmanagement im Projektumfeld auf Basis von Internet-Technologien, in: Information Management, 10. Jg., Nr. 3, S. 16-26

Coenenberg, a.G./Salfeld, R. (2003): Wertorientierte Unternehmensführung. Vom Strategieentwurf zur Implementierung, Stuttgart

Collis, D.J./Montgomery, C.A. (1995): Competing on Ressources, in: Harvard Business Review, 73. Jg., Nr. 4, July-August, S. 118 – 128

Collis, D.J./Montgomery, C.A. (1998): Corporare Strategy. A Ressource-Based Approach. Boston, MA

Conner, K.R. (1991): Historical Comparison of Ressource-based Theory and Five Schools of Thought Within Industrial Organization Economics: Do we have a New Theory of the Firm?, in: Journal of Management, 17. Jg., Nr. 1, S. 121-154

Cornelsen, J. (2000): Kundenwertanalysen im Beziehungsmarketing, Diss., Nürnberg

Cornelsen, J. (2006): Kundenbewertung mit Referenzwerten, in: Günter, B./Helm, S. (Hrsg.): Kundenwert – Grundlagen – Innovative Konzepte – Praktische Umsetzungen, 3. Aufl., Wiesbaden, S. 155-187

Corsten, H. (1982): Der nationale Technologietransfer: Formen – Elemente – Gestaltungsmöglichkeiten – Probleme, Berlin

Crispino, B.M. (2007): Eine Evaluation wissensbasierter Organisationsstrukturen Interner Unternehmensberatungen, Diss., Kassel

Cristofolini, M. (2005): Wissenstransfer im Marketing, Diss., Bamberg

Davenport, T. (1998): Managing Customer Knowledge, in : CIO-Magazine, Nr. 1, Juni, S. 1-6

Davenport, T.H./Klahr, P. (1998): Managing Customer Support Knowledge, in: California Management Review, 40. Jg., Nr. 3, S. 195-208

Davenport, T./Prusak, L. (1998): Working Knowledge. How Organizations Manage What They Know, Harvard Business School Press, Boston

Davenport, T./Prusak, L. (1999): Wenn Ihr Unternehmen wüsste, was es alles weiss: Das Praxishandbuch zum Wissensmanagement, 2. Aufl., Landsberg/Lech

Davenport, T./Harris, J.G./Kohli, A.K. (2001): How Do They Know Their Customers So Well?, in: MIT Sloan Management Review, 42. Jg., Nr. 2, S. 63-73

Deshpandé, R./Farley, J./Webster, F. (1993): Corporate Culture, Customer Orientation and Innovativeness in Japanese Firms: A Quadrad Analysis, in: Journal of Marketing, 57. Jg., Nr. 1, S. 23-37

Deutsches Schuhinstitut GmbH (2011): WMS – Das Qualitätssiegel für passende Kinderschuhe, Fundort: www.wms-schuhe.de, Abrufdatum: 24.04.2012

Deyhle, A. (1986): Kundencontrolling, in: Controller Magazin, Nr. 3, S. 111-118

Deyhle, A. (2008): Controller-Handbuch, 6. Aufl., München

Diller, H. (1975): Produkt-Management und Marketing-Informationssysteme, Berlin

Diller, H. (1995a): Beziehungs-Marketing, in: WiST, 24. Jg., Nr. 9, S. 442–447

Diller, H. (1995b): Kundenbindung als Zielvorgabe im Beziehungs-Marketing, Arbeitspapier Nr. 40 des Lehrstuhls für Marketing der Universität Erlangen-Nürnberg, Nürnberg

Diller, H. (1995c): Kundenmanagement, in: Köhler, R./Tietz, B./Zentes, J. (Hrsg.): Handwörterbuch des Marketing, Stuttgart, S. 1363-1376.

Diller, H. (1995d): Beziehungsmanagement, In: Köhler,R./Tietz, B./Zentes, J. (Hrsg.): Handwörterbuch des Marketing, Stuttgart, S. 265-300.

Diller, H. (2001): Vahlens großes Marketing- Lexikon, 2. Aufl., München

Diller, H./Kusterer, M. (1988): Beziehungsmanagement, in: Marketing ZFP, 10. Jg., Heft 3, S. 211-220

Diller, H./Bauer, T./Bonakdar, A. (2008): Customer Lifetime Value (CLV) – Modelle für den Einzelhandel – Ein empirischer Vergleich konkurrierender Modelle, Arbeitspapier Nr. 162, Lehrstuhl für Marketing, Universität Erlangen-Nürnberg

Diller, H./Haas, A./Ivens, B. (2005): Verkauf und Kundenmanagement, Stuttgart

Disterer, G. (2007): Betriebliches Wissensmanagement, in: Steinle, C./-Daum, A. (Hrsg.): Controlling, 4. Aufl., Stuttgart, S. 169-189

Dittmar, D. (2004): Knowledge Warehouse, Wiesbaden

Domrös, Chr. (1994): Innovation und Institution: Eine transaktionskostenökonomische Analyse unter besonderer Berücksichtigung strategischer Allianzen, Berlin

Dornoik, D. (2010): Fehlendes Wissen – Chance oder Risiko? Defizite und Entwicklungsmöglichkeiten der Forschung, in: Behrends, S./Boemen, A./Mokwinski, B./Schröder, W. (Hrsg.): Wissen und Wissensmanagement, Oldenburg, S. 181-204

Dous, M./Salomann, H./Kolbe, L./Brenner, W. (2006): Customer Knowledge Management: Wissen für, von und über Kunden erfolgreich einsetzen, in: Ahlert, D./Olbrich, R./Schröder, H. (Hrsg.): Wissensmanagement in Vertrieb, Handel und Unternehmensnetzwerken, Frankfurt a.M., S. 115–134

Duncan, R.B./Weiss, A. (1979): Organizational Learning: Implications for Organizational Design, in: Staw, B. (Hrsg.): Research in Organizational Behaviour, Greenwich, S. 75-123

Dutka, A. (1994): AMA Handbook of Customer Satisfaction, Lincolnwood

Dwyer, F.R. (1989): Customer Lifetime Valuation to Support Marketing Decision Making, in: Journal of Direct Marketing, 3. Jg., Nr. 4, S. 8-15

Dwyer, F.R. (1997): Customer Lifetime Valuation to Support Marketing Decision Making, in: Journal of Direct Marketing, 11. Jg., Nr. 4, S. 6-13

Eberling, G. (2002): Kundenwertmanagement – Konzept zur wertorientierten Analyse und Gestaltung von Kundenbeziehungen, Darmstadt

Edvinsson, L./Malone, M. (1997): Developing intellectual capital at Skandia, in: Long Range Planning, 30. Jg., Nr. 3, S. 366-373

Eggert, A. (2006): Die zwei Perspektiven des Kundenwerts: Darstellung und Versuch einer Integration, in: Günter, B./Helm, S. (Hrsg.): Kundenwert, 3. Aufl., Wiesbaden, S. 41-59

Engelhardt, W.H./Reckenfelderbäumer, M. (1997): Gestaltungsperspektiven des Erlösmanagement, in: Becker, W./Weber, J. (Hrsg.): Kostenrechnung, Wiesbaden, S. 127-166

Engels, W. (1962): Die Betriebswirtschaftliche Bewertungslehre im Licht der Entscheidungstheorie, Köln

Enkel, E. (2005): Management von Wissensnetzwerken, Diss., Wiesbaden

Eppler, M.J. (1997): Führer durch den Wissensdschungel, in: Gablers Magazin, 8. Jg., S. 10-13

Eppler, M.J. (2003): Making Knowledge Visible through Knowledge Maps, in: Holsapple C.W. (Hrsg.): Handbook on Knowledge Management, Heidelberg, Bd. 1, S. 189-205

Erlinger, M. (2000): Viel Sturm und hohe Wellen, in: TextilWirtschaft, v. 16.11.2000, Nr. 46, S. 60-67

Erlinger, M. (2005): Die Größten im deutschen Textileinzelhandel 2004 – Aldi schwächelt, in: TextilWirtschaft, vom 01.12.2005, Nr. 48, S. 25-29

Eschenbach, R./Kunesch, H. (1993): Strategische Konzepte: Managementansätze von Ansoff bis Ulrich, Stuttgart

Eschenbach, R./Niedermayr, R. (1996): Die Konzeption des Controllings, in: Eschenbach, R. (Hrsg.): Controlling, 2. Aufl., Stuttgart

Eulgem, S. (1998): Die Nutzung des unternehmensinternen Wissen, Frankfurt a.M.

Ewald, A. (1989): Organisation des Strategischen Technologie-Management: Stufenkonzept zur Implementierung einer integrierten Technologie- und Marktplanung, Berlin

Felbert, D. von (1998): Wissensmanagement in der unternehmerischen Praxis, in: Pawlowsky, P. (Hrsg.): Wissensmanagement: Erfahrungen und Perspektiven, Wiesbaden, S. 119-141

Fengler, J. (2000): Strategisches Wissenmanagement: Die Kernkompetenzen des Unternehmens entdecken, Berlin

Fischer, Th. M. (2001): Geleitwort, in: Schmöller, P.: Kunden-Controlling – Theoretische Fundierung und empirische Erkenntnisse, Diss., Wiesbaden, S. V-VI

Fleischer, G./Klinkel, S. (2003): Kundenorientierte Innovation und Management von Kundenwissen, in: Bungard, J./Fleischer, G./Nohr, H./Spath, D./Zahn, E. (Hrsg.): Customer Knowledge Management, Stuttgart, S. 89-104

Franz, K.P. (2004): Die Ergebniszielkoordination des Controllings als Unterstützungsfunktion, in: Scherm, E./Pietsch, G. (Hrsg.): Controlling – Theorien und Konzeptionen, München, S. 271-288

Freiling, J. (2001): Ressourced-based View und ökonomische Theorie: Grundlagen und Positionierung des Ressourcenansatzes, Wiesbaden

Friedl, B. (2003): Controlling, Stuttgart

Friedrichs-Schmidt, S. (2003): Wertorientierte Kundensegmentierung - State of the Art, Arbeitspapier zur Schriftenreihe Schwerpunkt Marketing, Bd. 140, FGM e.V. an der Ludwig-Maximilians-Universität München, München

Gale, B.T. (1994): Managing Customer-Value: Creating Quality and Service that Customers Can See, New York

Gälweiler, A. (2005): Strategische Unternehmensführung, 3. Aufl., Frankfurt a.M.

Garcia-Murillo, M./Annabi, H. (2002): Customer Knowledge Management, in: Journal of the Operational Research Society, 53. Jg., Nr. 8, S. 875-884

Gebert, H./Geib, M./Kolbe, L./Riempp, G. (2002): Towards Customer Knowledge Management – Integration Customer Relationship Management and Knowledge Management Concepts, in: Proceedings of the Second International Conference on Electronic Business, Taipei/Taiwan,10.-13.12.2002, Fundort:http:/verdi.unisg.ch/org/iwi/-iwi_pub.nsf/wwwPublRecentGer/BB5F2639B23D0B61C1256C3900 2F6F85/$file/f262.pdf, Abrufdatum: 30.01.2012

Geib, M./Riempp, G. (2002): Customer Knowledge Management, in: Abecker, A./Hinkelmann, K./Maus, H./Müller, H.-J. (Hrsg.): Geschäftsprozessorientiertes Wissensmanagement – Effektive Wissensnutzung bei der Planung und Umsetzung von Geschäftsprozessen, Berlin, S. 393–417

Gelbrich, K. (2001): Kundenwert: Wertorientierte Akquisition von Kunden im Automobilbereich, Diss., Göttingen

Gemünden, H.G. (1981): Innovationsmarketing – Interaktionsbeziehungen zwischen Hersteller und Verwender innovativer Investitionsgüter, Tübingen

Georgi, D. (2008): Kundenbindungsmanagement im Kundenlebenszyklus, in: Bruhn, M./Homburg, Chr. (Hrsg.): Handbuch Kundenbindungsmanagement, 6. Aufl., Wiesbaden, S. 249–269

Geschka, H. (1979): Technologietransfer, in: Kern, w. (Hrsg.): Handwörterbuch der Produktionswirtschaft, Stuttgart, Sp. 1917-1930

Gibbert, M./Leibold, M./Probst, G. (2002a): Five Styles of Customer Knowledge Management and How Smart Companies Use Them To Create Value, in: European Management Journal, 20. Jg., Nr. 5, S. 459–469

Gibbert, M./Leibold, M./Probst, G. (2002b): Five Styles of Customer Knowledge Management and How Smart Companies Use Them To Create Value, in: Leibold, M./Probst, G./Gibbert, M. (Hrsg.): Strategic Management in the Knowledge Economy, Erlangen, S. 271-285

Goetze, R. (2009): Kundenwissen erschließen, Marburg

Gouthier, M.H.J./Schmid, S. (2001): Kunden und Kundenbeziehungen als Ressourcen von Dienstleistungsunternehmungen – Eine Analyse aus der Perspektive der ressourcenbasierten Ansätze des Strategischen Managements, in: DBW, 61. Jg., Nr. 2, S. 223- 239.

Grabner-Kräuter, S./Schwarz-Musch, A. (2006): CRM – Grundlagen und Erfolgsfaktoren, in: Hinterhuber, H.H./Matzler, K. (Hrsg.): Kundenorientierte Unternehmensführung – Kundenorientierung – Kundenzufriedenheit – Kundenbindung, 5. Aufl., Wiesbaden, S. 173–192

Graßhoff, J./Krey, A./Marzinzik, Ch./Niederhausen, P.S. (2000): Stand und Perspektiven des Handelscontrolling, in: Graßhoff, J. (Hrsg.): Handelscontrolling: Neue Ansätze aus Theorie und Praxis zur Steuerung von Handelsunternehmen, Hamburg, S. 1–54

Graßhoff, J./Krey, A./Marzinzik, Ch./Niederhausen, P.S. (2003): Stand und Perspektiven des Handelscontrolling, in: Krey, A. (Hrsg.): Handelscontrolling: Neue Ansätze aus Theorie und Praxis zur Steuerung von Handelsunternehmen, 2. Aufl., Hamburg, S. 1-53

Grant, R.M. (1991): The Ressource-based Theory of Competitive Advantage: Implications for Strategy Formulation, in: California Management Review, 33. Jg., Nr. 3, S. 114-135

Grant, R.M. (1996): Toward a knowledge-based theory of the firm, in: Strategic Management Journal, 17. Jg., Winter Special Issue, S. 109-122

Grant, R.M. (1997): The Knowledge-based View of the Firm: Implications for Management Practice, in: Long Range Planning, 30. Jg., Nr. 3, S. 450-454

Gregutsch, M. (2004): Relationship-Marketing, Düsseldorf

Greschner, J. (1996): Lernfähigkeit von Unternehmen

Greve, G. (2010): Kundenorientierte Unternehmensführung als Managementherausforderung in: Greve, G./Benninger-Rohnke, E. (Hrsg.): Kundenorientierte Unternehmensführung, Konzept und Anwendung des Net Promoter® Score in der Praxis, Wiesbaden, S. 3-32

Gries, W. (1997): Von der Information zum Wissen: Die Wissensgesellschaft, in: Wissensmanagement, Nr. 4, S. 190-193

Grochla, E. (1976): Praxeologische Organisationstheorie durch sachliche und methodische Integration – Eine pragmatische Konzeption, in: ZfbF, 28. Jg., Nr. 10/11, S. 617–637

Grönroos, C. (1994): From Marketing Mix to Relationship Marketing: Towards an Paradigm Shift in Marketing, in: Management Decision, 32. Jg., Nr. 2, S. 4-20

Güldenberg, St. (2003): Wissensmanagement und Wissenscontrolling in lernenden Organisationen – Ein systemtheoretischer Ansatz, 4. Aufl., Wiesbaden

Güldenberg, St. (2004): Elemente des Wissenscontrollings im Überblick, in: Knowledge Management-Journal, Nr. 1, S. 1-4

Günther, T. (1997): Unternehmenswertorientiertes Controlling, München

Günther, T. (2003): Theoretische Einbettung des Controllings in die Methodologie der Unternehmensüberwachung und –steuerung, in: Zeitschrift für Planung und Unternehmenssteuerung, 14. Jg., Nr. 4, S. 327-352

Günther, T./Kirchner-Khairy, S./Zurwehme, A. (2004): Measuring Intangible Ressources for Managerial Accounting Purposes, in: Horváth, P./Möller, K. (Hrsg.): Intangibles in der Unternehmenssteuerung – Strategien und Instrumente zur Wertsteigerung der immateriellen Kapitals, München, S. 159-185

Günter, B./Helm, S. (2006): Kundenwert: Grundlagen – Innovative Konzepte – Praktische Umsetzungen, 3. Aufl., Wiesbaden

Gust, E.M. (2001): Customer Value Management in Franchisesystemen – Konzeptionelle Grundlagen der Franchisenehmer-Bewertung, Münster

Hahn, D. (2006): Strategische Kontrolle, in: Hahn, D./Taylor, B. (Hrsg.): Strategische Unternehmensplanung – Strategische Unternehmensführung, 9. Aufl., Heidelberg, S. 451-464

Hahn, D./Hungenberg, H. (2001): PuK – Wertorientierte Controllingkonzepte, 6. Aufl., Wiesbaden

Handlbauer, G. (1999): Kundenorientiertes Wissensmanagement, in: Hinterhuber, H.H./Matzler, K. (Hrsg.): Kundenorientierte Unternehmensführung – Kundenorientierung, Kundenzufriedenheit, Kundenbindung, 6. Aufl., Wiesbaden, S. 129-147

Handlbauer, G./Renzl, B. (2009): Kundenorientiertes Wissensmanagement, in: Hinterhuber, H.H./Matzler, K. (Hrsg.): Kundenorientierte Unternehmensführung – Kundenorientierung, Kundenzufriedenheit, Kundenbindung, 6. Aufl., Wiesbaden, S. 147-174

Hanke, Th. (2006): Controlling wissensintensiver Strukturen und Prozesse, Dissertation, Köln

Harbert, L. (1982): Controlling – Begriffe und Controlling-Konzeption. Eine kritische Betrachtung des Entwicklungsstandes des Controllings und Möglichkeiten seiner Fortentwicklung, Bochum

Hasenkamp, U./Roßbach, P. (1998): Wissensmanagement; in: WISU, 27. Jg., Nr. 8-9, S. 959 – 964

Hasselberg, F. (1991): Strategische Kontrolle von Gesamtunternehmensstrategien, in: Die Unternehmung, 45. Jg., Nr. 1, S. 16-31

Haun, M. (2002): Handbuch Wissensmanagement – Grundlagen und Umsetzung, Systeme und Praxisbeispiele, Heidelberg

Heidel, B. (2008): Lexikon Konsumentenverhalten und Marktforschung, Frankfurt a. M.

Heigl, A. (1989): Controlling – Interne Revision, 2. Aufl., Stuttgart

Heinrich, L.J. (2001): Wirtschaftsinformatik: Einführung und Grundlegung, 2. Aufl., München

Heinrich, L.J./Roithmayer, F. (1998): Wirtschaftsinformatik-Lexikon, 6. Aufl., München

Heinen, E. (1976): Grundlagen betriebswirtschaftlicher Entscheidungen, Das Zielsystem der Unternehmung, 3. Aufl., Wiesbaden

Heiss, S. (2010): Kundenwissen für Forschung und Entwicklung in der Automobilindustrie, Diss., Augsburg

Helm, S./Günter, B. (2006): Kundenwert – Eine Einführung in die theoretischen und praktischen Herausforderungen der Bewertung von Kundenbeziehungen, in: Günter, B./Helm, S. (2006): Kundenwert: Grundlagen – Innovative Konzepte – Praktische Umsetzungen, 3. Aufl., Wiesbaden, S. 3-38

Hennemann, C. (1997): Organisationales Lernen und die lernenden Organisationen, München

Henseler, J./Hoffmann, T. (2003): Kundenwert als Baustein zum Unternehmenswert, Hamburg

Herzwurm, G./Mellis, W. (1998): Benchmarking der Kundenorientierung von Softwareunternehmen, in: BFuP, 50. Jg., Nr. 4, S. 438-450

Hettich, S./Hippner, H./Wilde, K.D. (2001): Customer Relationship Management – Informationstechnologien im Dienste der Kundeninteraktion, in: Bruhn, M./Stauss, B. (Hrsg.): Dienstleistungsmanagement Jahrbuch 2001, Interaktionen im Dienstleistungsbereich, Wiesbaden, S. 167-201

Hill, W. (1988): Betriebswirtschaftsleher als Managementlehre, in: Wunderer, R. (Hrsg.): Betriebswirtschaftslehre als Management- und Führungslehre, Stuttgart, S. 133-151

Hinterhuber, H.H./Matzler, K. (2009): Kundenorientierte Unternehmensführung – Kundenorientierung, Kundenzufriedenheit, Kundenbindung, 6. Aufl., Wiesbaden

Hippner, H./Wilde, K.D. (2002): CRM – Ein Überblick, in: Helmke, S. /Uebel, M.F./Drangelmaier, W. (Hrsg.): Effektives Customer Relationship Management, 2. Aufl., Wiesbaden, S. 3–37

Hippner, H./Wilde, K.D. (2011): Grundlagen des CRM – Konzepte und Gestaltung, 3. Aufl., Wiesbaden

Hirsch, B. (2004): Die Controllingausbildung an Universitäten – Empirische Erkenntnisse, in: Zeitschrift für Controlling & Management, 48. Jg., Nr. 2, S. 78-80

Hoffmann, W./Niedermayr, R./Risak, J. (1996): Führungsergänzung durch Controlling, in: Eschenbach, R. (Hrsg.): Controlling, 2. Aufl., Stuttgart, S. 3-48

Hoitsch, H.-J. (2000): Meinungsspiegel – Balanced Scorecard, in: Betriebswirtschaftliche Forschung und Praxis, 52. Jg., S. 72-83

Homburg, Chr./Bruhn, M. (2008): Kundenbindungsmanagement – Eine Einführung in die theoretischen und praktischen Problemstellungen, in: Bruhn, M./Homburg, Chr. (Hrsg.): Handbuch Kundenbindungsmanagement, 6. Aufl., Wiesbaden, S. 3–39

Homburg, Chr./Krohmer, H. (2006): Marketingmanagement: Strategie – Instumente – Umsetzung – Unternehmensführung, 2. Aufl., Wiesbaden

Homburg, Chr./Rudolph, B. (1995): Theoretische Perspektive zur Kundenzufriedenheit, in: Simon, H./Homburg, Chr. (Hrsg.): Kundenzufriedenheit, Konzept – Methoden – Erfahrungen, Wiesbaden, S. 29-49

Homburg, Chr./Schnurr, P. (1999): Was ist Kundenwert?, erschienen in der Reihe Management Know How, Nr. M41, Institut für Marktorientiere Unternehmenführung, Universität Mannheim

Homburg, Chr./Sieben, F.G. (2008): Customer Relationsship Management (CRM) – Strategische Ausrichtung statt IT-getriebenem Aktivismus, in: Bruhn, M./Homburg, Chr. (Hrsg.): Handbuch Kundenbindungsmanagement, 6. Aufl., Wiesbaden, S. 501-529

Homburg, Chr./Werner, H. (1998): Kundenorientierung - Mit System, mit Customer Orientation Management zu profitablem Wachstum, Frankfurt a.M.

Hopfenbeck, W./Müller, Th./Peisl, T. (2001): Wissensbasiertes Management: Ansätze und Strategien zur Unternehmensführung in der Internet-Ökonomie. Landsberg/Lech

Horvath, P. (1979): Controlling, München

Horváth, P. (2001): Balanced Scorecard umsetzen, 2. Aufl., Stuttgart

Horváth, P. (2011): Controlling, 12. Aufl., München

Horváth, P./Gleich, R. (2000): Controlling als Teil des Risikomanagements, in: Dörner, D./Horváth, P./Kagermann, H. (Hrsg.): Praxis des Risikomanagements, Stuttgart, S. 99-126

Horváth, P./Herter, R.N. (1992): Benchmarking – Vergleich mit den Besten der Besten, in: Controlling, 4. Jg., Nr. 1, S. 4-11

Horváth, P./Kaufmann, L. (2006): Beschleunigung und Ausgewogenheit im strategischen Managementprozess – Strategieumsetzug mit Balanced Scorecard, in: Hahn, D./Taylor, B. (Hrsg.): Strategische Unternehmensplanung – Strategische Unternehmensführung, 9. Aufl., Berlin, S. 137-150

Horváth, P./Gaiser, B. (2004): Strategy Maps, Stuttgart

Horváth, P./Möller, K. (2004): Intangibles in der Unternehmenssteuerung, München

Horváth, P./Gaiser, B./Vogelsang, P. (2006): Quo vadis Balanced Scorcard? Implementierungserfahrungen und Anregungen zur Weiterentwicklung, in: Hahn, D./Taylor, B. (Hrsg.): Strategische Unternehmensplanung – Strategische Unternehmensführung, 9. Aufl., Berlin, S. 152-171

Huber, G. P. (1991): Organizational Learning: The Contributing Processes and the Literatures, in: Organzation Science, 2. Jg., Nr. 1, S. 88-115

Hungenberg, H. (2004): Strategisches Management im Unternehmen, 3. Aufl., Wiesbaden

ILOI (Internationales Institut für lernende Organisation und Innovation) (1997): Knowledge Management: Ein empirisch gestützter Leitfaden zum Management des Produktionsfaktors Wissen, Studienbericht, München

Iten, P. (2002): Management des Wissens über Kundenbedürfnisse in den frühen Phasen des Innovationsprozesses, Diss., Zürich

Jakobsen, R. (1992): Semiotik. Ausgewählte Texte 1919 – 1982, Frankfurt a.M.

Jakubowicz, V. (2000): Wertorientierte Unternehmensführung. Ökonomische Grundlagen – Planungsansatz – Bewertungsmethodik, Wiesbaden

Jaspers, W. (2008): Wissensmanagement heute, München

Jennings, K./Westfall, F. (1992): Benchmarking for strategic action, in: Journal of Business Strategy, 13. Jg., Nr. 3, S. 22–25

Jung, H. (2011): Controlling, 3. Aufl.,München

Justus, A. (1999): Wissenstransfer in strategischen Allianzen – Eine verhaltenstheoretische Analyse, Frankfurt a.M.

Kalmring, D. (2004): Performance Measurement von wissensintensiven Geschäftsprozessen, Diss., Wiesbaden

Kamenz, U. (2001): Marktforschung, Einführung mit Fallbeispielen, Aufgaben und Lösungen, 2. Aufl., Stuttgart

Kant, I. (1781): Critik der reinen Vernunft, Riga

Kaplan, R.S../Norton, D.P. (1996): Using the Balanced Scorecard as a Strategic Management System, in: Harvard Business Review, 74. Jg., Nr. 1, S. 75-85

Kaplan, R.S../Norton, D.P. (1997): Balanced Scorecard – Strategien erfolgreich umsetzen, Stuttgart

Kaplan, R.S./Norton, D.P. (2001): Die strategiefokussierte Organisation: Führen mit der Balanced Scorecard, Stuttgart

Katenkamp, O. (2011): Implizites Wissen in Organisationen – Konzepte, methoden und Ansätze des Wissensmanagements, Wiesbaden

Kaufmann, L./Schneider, Y. (2006): Intangible Unternehmenswerte als internationales Forschungsgebiet der Unternehmensführung, Literaturübersicht, Schwerpunkte, Forschungslücken, in: Matzler, K./Hinterhuber, H./Renzl, B./Rothenberger, S. (Hrsg.): Immaterielle Vermögenswerte – Handbuch der Intangible Assets, Berlin, S. 23-42

Keuper, F. (2009): Wissens- und Informationsmanagement , Wiesbaden

Kirchner, J. (2003): Wertorientierte Ausrichtung der Neukundengewinnung, in: Helmke, S:/Uebel, M.F./Dangelmaier, W. (Hrsg.): Effektives Customer Relationship Management, 3. Aufl., Wiesbaden, S. 267-289

Kirsch, W. (1971): Betriebswirtschaftliche Logistik. In: ZfB, 41. Jg., Nr. 4, S. 221-234

Kirsch, W. (1992): Kommunikatives Handeln, Autopsie, Rationalität – Sondierungen zu einer evolutionären Führungslehre, München

Kirsch, W. (1993): Strategische Unternehmensführung, in: Handwörterbuch der Betriebswirtschaftslehre, 5. Aufl., Sp. 4094-4111

Kirsch, W./Lutschewitz, H./Kutschker, M. (1978): Ansätze und Entwicklungstendenzen im Investitionsgütermarketing, München

Kleinhans, A. M. (1989): Wissensverarbeitung im Management: Möglichkeiten und Grenzen wissensbasierter Managementunterstützungs-, Planungs- und Simulationssysteme, Diss., Frankfurt a.M.

Kley, T./Schwering, M. G./Striewe, F. (2005): Wissensmanagement an der Schnittstelle zum Kunden, in: Meyer, J.-A. (Hrsg.): Wissensmanagement in KMU und bei Freiberuflern, Lohmar, S. 223-240

Knaese, B. (1996): Kernkompetenzen im strategischen Management von Banken, Wiesbaden

Knoblich, H. (1972): Die typologische Methode in der Betriebswirtschaftslehre, in: WiSt, 1. Jg., Nr. 4, April 1972, S. 141- 47

Knöbel, U. (1995): Was kostet ein Kunde?, Kundenorientiertes Prozesskostenmanagement, in: Kostenrechnungspraxis, Nr. 1, S. 713

Knorren, N. (1998): Wertorientierte Gestaltung der Unternehmensführung, Wiesbaden

Köhler, R. (1998): Marketing-Controlling: Konzepte und Methoden, in: Reinecke, S./Tomczak, Th./Dittrich, S. (Hrsg.): Marketingcontrolling, St. Gallen, S. 10–21

Köhler, R. (2001): Erfolgreiche Markenpositionierung angesichts zunehmender Zersplitterung von Zielgruppen, in: Köhler, R./Majer, W./Wiezorek, H. (Hrsg.): Erfolgsfaktor Marke, München, S. 45-61

Köhler, R. (2005): Innovative Ansätze und Perspektiven des Marketingcontrolling, in: Haas, A./Ivens, B.S. (Hrsg.): Innovatives Marketing: Entscheidungsfelder – Management – Instrumente, Wiesbaden, S. 433– 454

Köhler, R. (2006): Marketingcontrolling: Konzepte und Methoden, in: Reinecke, S./Tomczak, T. (Hrsg.): Handbuch Marketingcontrolling – Effektivität und Effizienz der marktorientierten Unternehmensführung, 2. Aufl., Wiesbaden, S. 39–61

Köhler, R. (2008): Kundenorientiertes Rechnungswesen als Voraussetzung des Kundenbindungsmanagements, in: Bruhn, M./Homburg, Chr. (Hrsg.): Handbuch Kundenbindungsmanagement, 6. Aufl., Wiesbaden, S. 467-500

Kolbe, L.M./Österle, H./Brenner, W./Geib, M. (2003): Grundlagen des Customer Knowledge Management, in: Kolbe, L.M./Österle, H./Brenner, W. (Hrsg.): Customer Knowledge Management: Kundenwissen erfolgreich einsetzen, Berlin, S. 3-21

Korell, M (2007a): Customer Knowledge Management – Ein Überblick, in: Korell, M./Schaschke, M. (Hrsg.): Customer Knowledge Management – Durch systematische Integration von Kundenwissen die Innovationskraft steigern, Stuttgart, S. 1-48

Korell, M (2007b): Wissenserschließung – Neues Kundenwissen systemarisch erschließen, in: Korell, M./ Schaschke, M. (Hrsg.): Customer Knowledge Management – Durch systematische Integration von Kundenwissen die Innovationskraft steigern, Stuttgart, S. 113-154

Korell, M./Spath, D. (2003a): Customer Knowledge Management –Ein neues Thema für Forschung und Praxis, in: Bungard, W./Walter, B./Fleischer, J./Nohr, H./Spath, D./Zahn, E. (Hrsg.): Customer Knowledge Management – Erste Ergebnisse des Projekts Customer Knowledge Management – Integration und Nutzung von Kundenwissen zur Steigerung der Innovationskraft, Stuttgart, S. 8-12

Korell, M./Spath, D. (2003b): Customer Knowledge Management – Überblick über ein neues Forschungsfeld, in: Bungard, W. /Walter, B./Fleischer, J./Nohr, H./Spath, D./Zahn, E. (Hrsg.): Customer Knowledge Management – Erste Ergebnisse des Projekts Customer Knowledge Management – Integration und Nutzung von Kunden-wissen zur Steigerung der Innovationskraft, Stuttgart, S. 13-36

Korell, M./Spath, D. (2003c): Customer Relationship Managment, in: Bungard, W./Walter, B./Fleischer, J./Nohr, H./Spath, D./Zahn, E. (Hrsg.): Customer Knowledge Management – Erste Ergebnisse des Projekts Customer Knowledge Management – Integration und Nutzung von Kundenwissen zur Steigerung der Innovationskraft, Stuttgart, S. 52-67

Korell, M./Rüger, M. (2004): Vom Management der Kundenbeziehungen zum Customer Knowledge Management, Fundort: http://www.customerknowledgemanagement.de/Content/Literatur/artikel_ckm_in_wirtschaftspsychologie_neu1.pdf, Abrufdatum: 08. Februar 2012

Korell, M./Schaschke, M. (2007): Customer Knowledge Management – Durch systematische Integration von Kundenwissen die Innovationskraft steigern, Stuttgart

Kortzfleisch, H. von (1973): Information und Kommunikation in der industriellen Unternehmung, in: Zeitschrift für Betriebswirtschaft, 43. Jg., Nr. 8, S. 549-560

Kosiol, E. (1966): Die Unternehmung als wirtschaftliches Aktionszentrum, Reinbek

Krafft, M. (2007): Kundenbindung und Kundenwert, 2. Aufl., Heidelberg

Krafft, M./Marzian, S. (1997): Dem Kundenwert auf der Spur, in: Absatzwirtschaft, 40. Jg., Juni, S. 104-107

Kraiff, U. (2007): Duden – Das Fremdwörterbuch, 4. Aufl., Mannheim

Krebs, M. (1998): Organsiation von Wissen in Unternehmungen und Netzwerken, Wiesbaden

Kriegbaum, C. (2001): Marketingcontrolling, München

Kroeber-Riel, W./Weinberg, P./Gröppel-Klein, A. (2009): Konsumentenverhalten, 9. Aufl., München

Krogh, von G./Venzin, M. (1995): Anhaltende Wettbewerbsvorteile durch Wissensmanagement, in: DU, 49. Jg., Nr. 6, S. 117-135

Krüger, W./Homp, C. (1997): Kernkompetenzmanagement. Steigerung von Flexibilität und Schlagkraft im Wettbewerb, Wiesbaden

Krüger-Stromayer, S. (2000): Profitabilitätsorientierte Kundenbindung durch Zufriedenheitsmanagement. Kundenzufriedenheit und Kundenwert als Steuerungsgröße für die Kundenbindung in marktorientierten Dienstleistungsunternehmungen, 2. Aufl., Diss., München

Kubicek, H. (1977): Heuristische Bezugsrahmen und heuristisch angelegte Forschungsdesigns als Elemente der Konstruktionsstrategie empirischer Forschung, in: Köhler, R. (Hrsg.): empirische und handlungstheoretische Forschungskonzeptionen in der Betriebswirtschaftslehre, Stuttgart, S. 3–36

Küpper, H.-U./Weber, J./Zünd, A. (1990): Zum Verständnis und Selbstverständnis des Controllings – Thesen zur Konsensbildung, in: Zeitschrift für Betriebswirtschaft, 60. Jg., Nr. 3, S. 281-293

Küpper, H.-U. (2008): Controlling, 5. Aufl., Stuttgart

Kuß, A. (2006): Sicherstellung von Effektivität und Effizienz der Marktforschung, in: Reinecke, S./Tomczak, T. (Hrsg.): Handbuch Marketingcontrolling – Effektivität und Effizienz marktorientierter Unternehmensführung, 2. Aufl., Wiesbaden, S. 871-890

Lange, S./Kraemer, St. (2009): Bilanzierung von immateriellen Ressourcen, in: Keuper, F./Neumann, F. (Hrsg.): Wissens- und Informationsmanagement, Wiesbaden, S. 440-463

Lange, Ch./Schaefer, S. (2003): Perspektiven der Controllingforschung. Weiterentwicklung des informationsorientierten Controllinganssatzes. In: Controlling, 15. Jg., Nr. 7/8, S. 399-404

Langguth, H. (1994): Strategisches Controlling, Ludwigsburg

Lattwein, J. (2002): Wertorientierte strategische Steuerung. Ganzheitlich-integrativer Ansatz zur Implementierung, Wiesbaden

Lehner, F. (2000): Organisational Memory. Konzepte und Systeme für das organisatorische Lernen und das Wissensmanagement, München

Lehner, F. (2012): Wissensmanagement. Grundlagen, Methoden und technische Unterstützung, 4. Aufl., München

Leonard, D./Sensiper, S. (1998): The Role of Tacit Knowledge in Group Innovation, in: California management Review, 40. Jg., Nr. 3, S. 112-132

Leußer, W./Hippner, H./Wilde, K.D. (2011): CRM - Grundlagen, Konzepte, Prozesse, in: Hippner, H./Hubrich, B./Wilde, K.D. (Hrsg.): Grundlagen des CRM – Strategie, Geschäftsprozesse und IT-Unterstützung, Wiesbaden, S. 15-54

Lev, B. (2001): Intangibles Management, Measurement and Reporting, Washington

Lingnau, V. (2010): Forschungskonzept des Lehrstuhls für Unternehmensrechnung und Controlling, in: Lingnau, V. (Hrsg.): Beiträge zur Controlling-Forschung, Nr. 15, Lehrstuhl für Unternehmensrechnung und Controlling, Technische Universität Kaiserslautern, Kaiserslautern

Link, J. (2001): CRM: Erfolgreiche Kundenbeziehungen durch integrierte Informationssysteme, Berlin

Link, J. (2004): Präzisierung und Ergänzung der Koordinationsorientierung: Der kontributionsorientierte Ansatz, in: Scherm, E./Pietsch, G. (Hrsg.): Controlling, S. 409-431

Link, J./Weiser, Chr. (2011): Marketingcontrolling: Systeme und Methoden für mehr Markt- und Unternehmenserfolg, 3. Aufl., München

Link, J./Hildebrand, V. (1997): Databased Marketing und Customer Aided Selling, München

Lippmann, H. (1992): Kennzahlen und Steuerungssysteme, in: Brockmann, G. (Hrsg.): Erfolgreiches Verkaufsmanagement, Loseblatt-Sammlung, München, Teil VII/2, S. 1-19

Lissautzki, M. (2005): Kundenwert-Controlling: Telekommunikationsdienstleister kundenorientierte steuern, in: Zeitschrift für Controlling und Management, 49. Jg., Sonderheft 2, S. 84-92

Littow, E.D. (1978): Die Planung des Technologietransfers bei Produktionsverlagerungen in der Investitionsgüterindustrie, Diss., Technische Hochschule Aachen, Aachen

Lube, M.M. (1997): Kundenmanagement – Die Kundenbeziehung als neue Bezugsgröße des Controllings, in: Controller Magazin, 22. Jg., Nr. 3, 1997, S. 183-189

Mahoney, J./Pandian, J.R. (1992): The Ressource-Based View Within the Conversation of Strategic Management, in: SMJ, 13. Jg., Heft 13, S. 363-380

Maier, R. (2004): Knowledge Management Systeme, Berlin

Maier, R./Hädrich, Th./Peinl, R. (2009): Enterprise knowledge infrastructures, 2. Aufl., Berlin

Mandl, H./Fischer, F. (2000): Wissen sichtbar machen - Wissensmanagement mit Mapping-Techniken, Göttingen

Mann, R. (1973): Praxis des Controllings, München

Mann, R. (1987): Praxis des strategischen Controlling, Landsberg a. L.

Markovitz, H.M. (1970): Portfolio Selection – Efficient Diversification of Investments, 2. Aufl., New Haven/ London

Mertins, K./Alwert, K./Heisig, P. (2005): Wissensbilanzen – Intellektuelles Kapital erfolgreich nutzen und entwickeln, Berlin

Mödritscher, G.J. (2008): Customer Value Controlling - Hintergründe, Herausforderungen, Methode, Diss., Wiesbaden

Möller, K. (2004): Intangibles als Werttreiber, in: Horváth, P./Möller, K. (Hrsg.): Intangibles in der Unternehmenssteuerung, München, S. 483-497

Morris, Ch. (1972): Grundlagen der Zeichentheorie: Ästhetik und Zeichentheorie, Regensburg

Mowery, D.C./Oxley, J.E./Silverman, B.S. (1996): Strategic Alliances and Interfirm Knowledge Transfer, in: Strategic Management Journal, 17. Jg., Winter Special Issue, S. 77-91

Müller, W. (1974): Die Koordination von Informationsbedarf und Informationsbeschaffung als zentrale Aufgabe des Controllings , in: Zeitschrift für betriebswirtschaftliche Forschung, 26. Jg., S. 683-693

Müller-Stewens, G./Osterloh, M. (1996): Kooperationsinvestitionen besser nutzen: Interorganisationales Lernen als Know-How-Transfer oder Kontext-Transfer?, in: ZfO, 65. Jg., Nr. 1, S. 18-23

Nelson, R.P./Winter, S.G. (1982): An evolutionary theory of economic change, Cambridge

Neuweg, H.G. (2001): Könnerschaft und implizites Wissen: zur lehr- und lerntheoretischen Bedeutung der Erkenntnis- und Wissenstheorie Michale Polanyis, 2. Aufl., Münster

Nicklas, M. (1998): Unternehmenswertorientiertes Controlling im internationalen Industriekonzern, Gießen

Nieschlag, R./Dichtl, E./Hörschgen, H. (2002): Marketing, 19. Aufl., Berlin

Nissen, Ph. (2006): Wissenscontrolling – Möglichkeiten und Grenzen, Fachhochschule Kiel, Fachbereich Wirtschaft, Kiel

Niven, P.R. (2009): Balanced Scorecard, 2. Aufl., Weinheim

Nohr, H. (2004): Strategie- und Geschäftsprozessorientiertes Kundenwissensmanagement, in: Nohr, H./Roos, A. (Hrsg.): Customer Knowledge Management – Erschließung und Anwendung von Kundenwissen, Berlin, S. 11-24

Nohr, H. (2006): Informations- und Kommunikationssysteme für das Management von Kundenwissen, in: Ahlert, D./Olbrich, R./Schröder, H. (Hrsg.): Wissensmanagement in Vertrieb, Handel und Unternehmensnetzwerken, Frankfurt a.M., S. 135-156

Nolte, H. (1998): Aspekte ressourcenorientierte Unternehmensführung, München

Nonaka, I./Takeuchi, H. (1997): Die Organisation des Wissens; Wie japanische Unternehmen eine brachliegende Ressource nutzbar machen, Frankfurt a.M.

North, K. (1999): Mehr als nur Datenverwaltung. Grundbegriffe des Wissensmanagement (Teil 1), in: BDU Depesche, 3. Jg., S. 1-2

North, K. (2011): Wissensorientierte Unternehmensführung: Wertschöpfung durch Wissen, 5. Aufl., Wiesbaden

North, K./Probst, G./Romhardt, K. (1998): Wissen messen: Ansätze, Erfahrungen und kritische Fragen, in: ZfO, 67. Jg., Nr. 3, S. 158-166

Oberschulte, H. (1994): Organisatorische Intelligenz: Ein integrativer Ansatz des organisatorischen Lernens, München

Oelsnitz, von der D./Hahmann, M. (2003): Wissensmanagement – Strategien und Lernen in wissensbasierten Unternehmen, Stuttgart

Ostertag, A. (2004): Management von Kundenwissen – Grundlagen, Ansätze und Modelle, in: Nohr, H./Ross, A. (Hrsg.) Customer Knowledge Management. Erschließung und Anwendung von Kundenwissen, Berlin, S. 25-102

o.V. (2008a): Das ist Sache, in: Sport & Mode, Beihefter, Ausgabe 09/08, Wiesbaden

o.V. (2008b): Textil- und Bekleidungsumsatz im Einzelhandel (inkl. MWST) nach Branchen und Vertriebsformen, Fundort: www.bte.de/-statistiken/4branchen.htm, Abrufdatum: 10.12.2008

o.V. (2012a): Erfahrungen, Fundort: http://www.sign-lang.uni-hamburg.de-/Projekte/PLex/PLex/lemmata/E-Lemma/Erfahrung.htm, Abrufdatum: 25. Januar 2012

o.V. (2012b): Wahrnehmung, Fundort: http://www.sign-lang.uni-hamburg.-de/Projekte/PLex/PLex/lemmata/E-Lemma/Wahrne00.htm, Abrufdatum: 25. Januar 2012

o.V. (2012c): Lernen, Fundort: http://www.sign-lang.uni-hamburg.de/Projekte/PLex/PLex/lemmata/E-Lemma/Lernen.htm, Abrufdatum: 25. Januar 2012

o.V. (2012d): Die größten Textileinzelhändler in Deutschland 2007, Fundort: www.textilwirtschaft.de/business/TW-Ranglisten-Einzelhandel, Abrufdatum: 05.03.2012

Palli, M.C. (2004): Wertorientierte Unternehmensführung. Konzeption und empirische Untersuchung zur Ausrichtung der Unternehmung auf den Kapitalmarkt, Wiesbaden

Panzer, J. (2006) : Dynamische Kundenbewertung zur Steuerung von Kundenbeziehungen, Lohmar

Pape, U. (2010): Wertorientierte Unternehmensführung und Controlling, 4. Aufl., Berlin

Pautzke, G. (1989): Die Evolution der organisatorischen Wissensbasis – Bausteine zu einer Theorie des organisatorischen Lernens, München

Pawlowsky, O. (1994): Wissensmanagement in der lernenden Organisation, Habilitationsschrift, Universität Paderborn, Paderborn

Payne, A. (2003): Handbuch Relationship-Marketing, 2. Aufl., München

Peemöller, V. (2005): Controlling – Grundlagen und Einsatzgebiete, 5. Aufl., Herne/Berlin

Penrose, E. (1959): The Theory of the Growth of the Firm, New York, Wiley

Pfau, W. (1999): Wissenscontrolling in lernenden Organisationen, in: Wissenschaftliches Studium, 28. Jg., Nr. 11, S. 599-601

Pfeiffer, W. (1965): Absatzpolitik bei Investitionsgütern der Einzelfertigung: Möglichkeiten und Grenzen des Einsatzes absatzpolitischer Instrumente im Sondermaschinenbau, Stuttgart

Picot, A./Neuburger, R. (2005): Controlling von Wissen, in: Zeitschrift für Controlling & Management, Sonderheft 3/2005, S. 76-84

Picot, A./Fiedler, M. (2000): Der ökonomische Wert des Wissens, in: Boos, M./Goldschmidt, N. (Hrsg.): Wissenswert!? Ökonomische Perspektiven der Wissensgesellschaft, Baden-Baden, S. 15-37

Pietsch, G./Scherm, E. (2000): Die Präzisierung des Controllings als Führungs- und Führungsunterstützungsfunktion, in: Die Unternehmung, 54. Jg., S. 395-412

Pietsch, G. /Scherm, E. (2001a): Reflexionsaufgabe im Zetnrum des Controllings, in: Kostenrechungspraxis, 45. Jg., S. 307-313

Pietsch, G./Scherm, E. (2001b): Neue Controlling-Konzeption, in: Das Wirtschaftsstudium, 30. Jg., S. 206-213

Pietsch, G. /Scherm, E. (2001c): Controlling – Rationalitätssicherung versus Führungs- und Führungsunterstützungsfunktion, in: Die Unternehmung, 55. Jg., S. 81-84

Pietsch, G./Scherm, E. (2004): Reflexionsorientiertes Controlling, in: Scherm, E./Pietsch, G: (Hrsg.): Controlling – Theorie und Konzeptionen, S. 529-553, München

Pietsch, G./Scherm, E. (2007): Organisation – Theorie, Gestaltung, Wandel, München

Plinke, W. (1989): Die Geschäftsbeziehung als Investition, in: Specht, G./Silberer, G./Engelhardt, W.H. (Hrsg.): Marketing-Schnittstellen – Herausforderungen für das Management, Stuttgart, S. 305-325

Plinke, W. (1997): Bedeutende Kunden, in: Kleinaltenkamp, M./Plinke, W. (Hrsg.): Geschäftsbeziehungsmanagement, Berlin, S. 113-159

Pohl, T. (2003): Die Integration von Kundenwissen in den Innovationsprozess, in: Nohr, H./Roos, A..W. (Hrsg.): Customer Knowledge Management. Aspekte des Managements von Kundenwissen, Berlin, S. 67-99

Polanyi; M. (1967): The Tacit Dimension, New York

Polanyi, M. (1985): Implizites Wissen, Frankfurt a.M.

Polanyi, M./Prosch, H. (1975): Meaning, London

Popper, K.R. (2005): Logik der Forschung, 11. Aufl., Tübingen

Prahalad, C. K./Hamel, G. (1990): The Core Competence of the Corporation, in: Harvard Business Review, 68. Jg., Nr. 3, S. 79-92

Prahalad, C. K./Ramaswany, V. (2000): Coopting Customer Competence, in: Harvard Business Review, 78. Jg., Nr. 1, (January-February), S. 79-87.

Preißner, A. (2000): Die Kunden im Griff haben – Kundencontrolling hilft, profitabler zu arbeiten, in: de, Nr. 23, S. 60-63

Preißner, A. (2003): Kundencontrolling – Erfolgreiche Steuerung der Kundenbeziehung, München

Preißner, A. (2008): Praxiswissen Controlling, 5. Aufl., München

Probst, G.J./Büchel, B.S.T. (1998): Organisationales Lernen – Wettbewerbsvorteil der Zukunft, 2. Aufl., Wiesbaden

Probst, G./Raub, St./Romhardt, K. (2010): Wissen managen, 6. Aufl, Wiesbaden

Probst, G./Romhardt, K. (1997): Bausteine des Wissensmanagement – Ein praxisorientierter Ansatz, in: Wieselhuber, N. (Hrsg.): Handbuch lernende Organistion, Wiesbaden, S. 129-144

Pümpin, C./Prange, J. (1991): Management der Unternehmensentwicklung: Phasengerechte Führung und der Umgang mit Krisen, Frankfurt a.M.

Quintas, P./Lefrere, P./Jones, G. (1997): Knowledge Management: A Strategic Agenda, in: Long Range Planning, 30. Jg., Nr. 3, S. 385–391

Raab, G. (2009): Customer-Relationship-Management, 3. Aufl., Frankfurt a. M.

Rapko, P. (2001): Kunden-Controlling, Konzeption und Abgrenzung, Marburg

Rapp, R. (2005): Customer Relationship Management, 3. Aufl., Frankfurt a.M.

Rappaport, A. (1986): Creating Shareholder Value: The New Standard for Business Performance, New York/London

Rappaport, A. (1998): Creating Shareholder Value: A Guide for Managers and Investors, 2. Aufl., New York

Rasche, C. (1994): Wettbewerbsvorteile durch Kernkompetenzen. Ein ressourcenorientierter Ansatz, Wiesbaden

Rath, V. (2008): Kundennahe Institutionen als Träger innovationsrelevanten Kundenwissens – Vertrieb und Handel als potenzielle Integratoren bei Produktinnovationen, Diss., Wiesbaden

Rehäuser, J./Krcmar, H. (1996): Wissensmanagement im Unternehmen. Arbeitspapier Nr. 98 des Lehrstuhls für Wirtschaftsinformatik, Universität Hohenheim, Stuttgart

Reiche, M. (2004): Wissensmangement als Modul umfassender Organisationsentwicklung, in: Winzer, P. (Hrsg.): Wissensbasierte Unternehmensorganisation, Aachen, S. 35-54

Reichheld, F./Sasser, E.W. (1990): Zero Defections: Quality Comes to Services, in: Harvard Business Review, 68. Jg., Nr. 5, September-Oktober, S. 105-111

Reichmann, Th. (2011): Controlling mit Kennzahlen und Managementberichten, 8. Aufl., München

Reinartz, W.J./Krafft, M. (2001): Überprüfung des Zusammenhangs von Kundenbindungsdauer und Kundenertragswert, in: ZfB, 71. Jg., Nr. 11, S. 1263–1281

Reinartz, W.J./Kumar, V. (2000): On the Profitability of Long-life Customers in a Noncontractual Setting: An Empirical Investigation and Implications for Marketing, in: Journal of Marketing, 64. Jg., Nr. 4, S. 17-35

Reinecke, S. (2004): Marketing Performance Management: Empirisches Fundament und Konzeption für ein integriertes Marketingkennzahlensystem, Wiesbaden

Reinecke, S./Janz, S. (2007): Marketingcontrolling – Sicherstellen von Marketingeffektivität und Marketingeffizienz, Stuttgart

Reinecke, S./Keller, J. (2006): Strategisches Kundenwertcontrolling, in: Reinecke, S./Tomczak, T. (Hrsg.): Handbuch Marketingcontrolling – Effektivität und Effizienz marktorientierter Unternehmensführung, 2. Aufl., Wiesbaden, S. 253-282

Reinecke, S./Reibstein, D.J. (2002): Performance Measurement in Marketing und Verkauf, in: Kostenrechnungspraxis, 46. Jg., Nr. 1, S. 18-25

Reinhardt, R. (2002): Wissen als Ressource, Theoretische Grundlagen, Methoden und Instrumente zur Erfassung von Wissen, Habilitationsschrift, Fakultät der Wirtschaftswissenschaften, Technische Universität Chemnitz, Chemnitz

Reinmann-Rothmeier, G./Mandl, H./Erlach, C./Neubauer, A.. (2001): Wissensmanagement lernen, Beltz

Remus, U. (2002): Prozessorientiertes Wissensmanagement, Konzepte und Modellierung, Diss., Onlineressource

Renzl, B. (2004): Zentrale Aspekte des Wissensbegriffs – Kernelemente der Organisation von Wissen, in: Wyssuek, B. (Hrsg.): Wissensmanagement komplex, Berlin, S. 27-42

Reyes, G. (1996): Wider der Vergesslichkeit – Wissensmanagement im Unternehmen, in: Cogito, Jg. 12, Nr. 1, S. 42-44

Riedl, J.B. (2000): Unternehmenswertorientiertes Performance Measurement: Konzeption eines Performance-Measure-Systems zur Implementierung einer wertorientierten Unternehmensführung, Wiesbaden

Rieker, S.A. (1995): Bedeutende Kunden: Analysen und Gestaltung von langfristigen Anbieter-Nachfrager-Beziehungen auf industriellen Märkten, Wiesbaden

Riempp, G. (2003): Von den Grundlagen zu einer Architektur für Customer Knowledge Management, in: Kolbe, L.M./Österle, H./Brenner, W. (Hrsg.): Customer Knowledge Management. Kundenwissen erfolgreich einsetzen, Berlin, S. 23-55

Roccasalvo, G.P. (2003): Der Kunde als Gegenstand des Wissensmanagements – Bedeutung und Verwendungsmöglichkeiten von Kundenwissen, in: Nohr, H./Roos, A. (Hrsg.): Customer Knowledge Management – Aspekte des Managements von Kundenwissen, Berlin, S. 25-65

Rödl, A. (2010): Kundenbewertung im Lebensmitteleinzelhandel – Die Analyse von Kundenpotenzialen mit Haushaltspaneldaten, Diss., Köln

Roehl, H. (2001): Instrumente der Wissensorganisation – Perspektiven für eine differenzierende Interventionspraxis, Wiesbaden

Rohracher, H. (1971): Einführung in die Psychologie, Wien

Romhardt, K. (1998): Die Organisation aus der Wissensperspektive, Wiesbaden

Roos, G./Pike, St./Fernström, L. (2004): Intellectual Capital Management, Measurement and Disclosure, in: Horváth, P./Möller, K. (Hrsg.): Intangibles in der Unternehmenssteuerung – Strategien und Instrumente zur Wertsteigerung des immateriellen Kapitals, München, S. 127-158

Ropohl, G. (1979): Eine Systemtheorie der Technik: Zur Grundlegung der allgemeinen Technologie, München

Rose, Ch. (2007): Wissensmanagement und Wissenscontrolling, Diss., Dortmund

Rudolf-Sipötz, E. (2001): Kundenwert, St. Gallen

Rudolf-Sipötz, E./Tomczak, Th. (2001): Kundenwert in Forschung und Praxis, In: Belz, Chr./Tomczak, Th. (Hrsg.): Thexis-Fachbericht für Marketing 2001/2, St. Gallen

Rühli, E. (1995): Ressourcenmanagement, in: Die Unternehmung, 49. Jg., Nr. 2, S. 91-105

Rust, R.T./Lemon, K.N./Zeithaml, V. (2004): Return on Marketing: Using Customer Equity to Focus Marketing Strategy, in: Journal of Marketing , 68. Jg., Nr. 1, January, S. 109-127

Rust, R.T./Zeithaml, V./Lemon, K.N. (2000): Driving Customer Equity, New York

Sackmann, S. (1992): Culture and Subcultures: An Analysis of Organizational Knowledgement, in: Administrative Science Quarterly, 37. Jg., Nr. 1, S. 140-161

Schaeffer, U. (1996): Controlling für selbsabstimmende Gruppen?, Wiesbaden

Schaefer, S. (2008): Controlling und Informationsmanagement in strategischen Netzwerken, Habilitationsschrift, Wiesbaden

Schaefer, S./Lange, Ch. (2004): Informationsorientierte Controlling-Konzeptionen - Ein Überblick und Ansatzpunkte der Weiterentwicklung, in: Scherm, E./Pietsch, G. (Hrsg.): Controlling: Theorien und Konzeptionen, München 2004, S. 104-123.

Schanz, G. (2004): Wissenschaftsprogramme der Betriebswirtschaftslehre, in: Bea, F.X./Dichtl, E./Schweitzer, M. (Hrsg.): Allgemeine Betriebswirtschaftslehre, Bd. 1, Grundfragen, 8. Aufl., Stuttgart, S. 83-164

Schaschke, M. (2007): Transparenz schaffen – Kundenwissen identifizieren, Wissenslücken erkennen, in: Korell, M./Schaschke, M. (Hrsg.): Customer Knowledge Management, Stuttgart, S. 77-112

Schaschke, M. (2010): Kultivierung von Kundenwissen – Ein Systematisierungsrahmen für das Customer Knowledge Management, Diss., Stuttgart

Schendel, D. (1996): Introduction to the Summer 1996 Special Issue on „Evolutionary Perspectives on Strategy“, in: Summer Special Issue, 17. Jg., Nr. 1, S. 1-14

Scherm, E./Pietsch, G. (2003): Die theoretische Fundierung des Controllings: Kann das Controlling von der Organsiationstheorie lernen?, in: Weber, J./Hirsch, B. (Hrsg.): Zur Zukunft der Controllingforschung, Wiesbaden, S. 27-62

Scherm, E./Pietsch, G. (2004): Theorien und Konzeptionen in der Controllingforschung, in: Scherm, E./Pietsch, G. (Hrsg.): Controlling: Theorien und Konzeptionen, München, S. 3-19

Schermuth, J. (1996): Möglichkeiten und Grenzen der Bestimmung des Wertes von Kunden für ein Unternehmen der Automobilindustrie, München

Schiffmann, L.G./Kanuk, L.L: (2004): Consumer Behavior, 8. Aufl., New York

Schimmel, A. (2002): Wissen und der Umgang mit Wissen in Organisationen, Versuch einer Systematisierung nach Arten des Wissens, Trägern des Wissens und Prozessen des Umgangs mit Wissen im Rahmen einer wissensorientierten Unternehmensführung, Diss., Dresden

Schischkoff, G. (1969): Philosophisches Wörterbuch, 18. Aufl., Stuttgart

Schloen, T./Aslanidis, S./Korell, M. (2004): Customer Knowledge Management. Kundenwissen in der Produktentwicklung gezielt nutzen, Braincon, S. 1-8

Schmeisser, W./Claussen, L. (2009): Controlling und Berliner Balanced Scorecard Ansatz, München

Schmid, St./Kutschker, M. (2002): Zentrale Grundbegriffe des strategischen Managements, in: Das Wirtschaftsstudium, 31. Jg., Nr. 10, S. 1238-1248

Schmidl, P. (2005): Das Finanzmanagement in einer wissensorientierten Unternehmensführung, Diss., Graz

Schmidt, A. (1986): Das Controlling als Instrument zur Koordination der Unternehmensführung, Frankfurt a.M.

Schmied, C. (2008): Controlling des Wissensmanagements am Beispiel eines KMU der Medizintechnik, Fachhochschule Ansbach, Fachbereich Wirtschaft, Ansbach

Schmitt, S. (2005): Die Existenz des hybriden Konsumenten – Verhaltenstheoretische Analyse und empirische Untersuchung der Preisbereitschaft von Konsumenten, Diss., Wiesbaden

Schmidt, C. (2007): Kundenwissen im Innovationsprozess – eine unternehmens- und raumbezogene Analyse am Beispiel der Regionen Rhein-Neckar-Pfalz und Halle-Leipzig-Dessau, Diss., Frankfurt a.M.

Schmöller, P. (2001): Kunden-Controlling - Theoretische Fundierung und empirische Erkenntnisse, Diss., Wiesbaden

Schneider, U. (1996): Wissensmanagement. Die Aktivierung des intellektuellen Kapitals, Frankfurt a. M.

Schneider, Y. (2007): Die wertorientierte Planung von Intangibles – eine Untersuchung am Beispiel des Kundenwerts, Diss., Hamburg

Schomann, M. (2001): Wissensorientiertes Perfomance Measurement, Wiesbaden

Schreyögg, G. (1991): Der Managementprozeß – neu gesehen, in: Staehle, W./Sydow, J. (Hrsg.): Managementforschung, Berlin, S. 255-289

Schreyögg, G./Koch, J. (2010): Grundlagen des Managements, 2. Aufl., Wiesbaden

Schröder, H. (2002): Handelsmarketing – Methoden und Instrumente im Einzelhandel, München

Schröder, H. (2005): Multichannel-Retailing – Marketing in Mehrkanalsystemen des Einzelhandels, Berlin

Schröder, H. (2006): Handelscontrolling in Theorie und Praxis - Konzeptionelle Grundlagen und Umsetzung, in: Reinecke, S./Tomczak, T. (Hrsg.): Handbuch Marketingcontrolling, Wiesbaden, S.1047-1076

Schröder, H./Schettgen, G. (2002): Kundencontrolling im Bekleidungs-Einzelhandel – Eine empirische Analyse im stationären Einzelhandel und im Versandhandel, Arbeitspapier Nr. 11 des Lehrstuhls für Marketing und Handel an der Universität Duisburg/Essen, Essen

Schröder, H./Schettgen, G. (2003): Zur Bedeutung des Kundencontrollings im deutschen Bekleidungseinzelhandel, in: Controller Magazin, 28. Jg., Nr. 1, S. 4-6

Schröder, H./Schettgen, G. (2004a): Kundencontrolling in Mehrkanalsystemen des Einzelhandels, in: Controller Magazin, 29. Jg., Nr. 4, S. 373-377

Schröder, H./Schettgen, G. (2004b): Kundenbezogene Erfolgsrechnung im Multichannel Retailing, in: Controlling, 16. Jg., Juli, S. 377–384

Schröder, H./Schettgen, G. (2006a): Zur Entwicklung des Kundencontrollings im deutschen Bekleidungseinzelhandel, in: Controller Magazin, 31. Jg., Nr. 3, S. 274–278

Schröder, H./Schettgen, G. (2006b): Multi-Channel-Retailing und kundenbezogene Erfolgsrechnung, in: Thexis, Nr. 4, S. 43-47

Schröder, H./Feller, M./Oversohl, Ch./Holch, J. (2002): Customer Relationship Management – Strategie und Erfolg, Ergebnisse einer empirischen Untersuchung, Essen

Schüppel, J. (1994): Organisationslernen und Wissensmanagement, Hochschule St. Gallen, Institut für BWL, Diskussionsbeiträge Nr. 12, St. Gallen

Schüppel, J. (1997): Wissensmanagement: Organisatorisches Lernen im Spannungsfeld von Wissens- und Lernbarrieren, Wiesbaden

Schweitzer, M. (1992): Gegenstand der Betriebswirtschaftslehre, in: Bea, F.X./Dichtl, E./Schweitzer, M. (Hrsg.): Allgemeine Betriebswirtschaftslehre, Bd.1: Grundfragen, 6. Aufl., Stuttgart, S. 17-56

Schweitzer, M. (2004): Gegenstand und Methoden der Betriebswirtschaftslehre, in: Bea, F.X./Friedl, B./Schweitzer, M. (Hrsg.): Allgemeine Betriebswirtschaftslehre, Band 1: Grundfragen, Stuttgart, S. 23 - 82

Schweizer, M./Friedl, B. (1992): Beitrag zu einer umfassenden Controlling-Konzeption, in: Spremann, K./Aeberhard, K. (Hrsg.): Controlling – Grundlagen, Informationssysteme und Anwendungen, Wiesbaden, S. 141-168

Seidel, M (2003): die Bereitschaft zur Wissensteilung - Rahmenbedingungen für ein wissensorientiertes Management, Wiesbaden

Serfling, K. (1992): Controlling, 2. Aufl., Stuttgart

Shaw, R./Reed, D. (1999): Measuring and valuing customer relationship: How to develop the measures that drive profitable CRM strategies, London

Sonntag , K. (1996): Lernen in Unternehmen: Effiziente Organisation durch Lernkultur, München

Spender, J.-C./Grant, R.M. (1996): Knowledge and the Firm: Overview; in: Strategic Management Journal, 17. Jg., Winter Special Issue, S. 5-9

Staehle, W. (1999): Management: Eine verhaltenswissenschaftliche Perspektive, 8. Aufl., München

Stahl, H. (2000): Modernes Kundenmanagement, 2. Aufl., Renningen

Stahl, H./Matzler, K./Hinterhuber, H.H. (2003): Linking customer lifetime value with shareholder value, in: Industrial Marketing Management, 32. Jg., Nr. 4, S. 267-279

Stauss, B. (2000): Perspektivenwandel: Vom Produkt-Lebenszyklus zum Kundenbeziehungs-Lebenszyklus, in: Thexis – Fachzeitschrift für Marketing, 17. Jg., Nr. 2, S. 15-18

Stauss, B. (2002): Kundenwissens-Management (Customer Knowledge Management), in: Böhler, H. (Hrsg.): Marketing-Management und Unternehmensführung, Stuttgart, S. 273–296

Stauss, B. (2006): Grundlagen und Phasen der Kundenbeziehung – Der Kundenbeziehungs-Lebenszyklus, in: Hippner, H./Wilde, K.D. (Hrsg.): Grundlagen des CRM, Wiesbaden, S. 421-442

Stauss, B./Seidel, W. (2007): Beschwerdemanagement, 4. Aufl., München

Steinle, C. (2007): Strategisches Controlling und strategische Planung im Zusammenwirken, in: Steinle, C./Daum, A. (Hrsg.): Controlling – Kompendium für Ausbildung und Praxis, 4. Aufl., Stuttgart, S. 328-358

Steins, J. (2010): Wissensorientierte Unternehmenssteuerung - Entwicklung einer systematischen Management- und Controllingperspektive, Diss., Hamburg

Steinmann, H./Schreyögg, G. (2005): Management. Grundlagen der Unternehmensführung. Konzepte, Funktionen, Fallstudien, 6. Aufl., Wiesbaden

Stewart, T. (1997): Intellectuel Capital. The New Wealth of Organizations, London

Steward, Th. A. (1998): Der vierte Produktionsfaktor: Wachstum und Wettbewerbsvorteile durch Wissensmanagement, München

Stickel, G. (2001): Informationsmanagement, Oldenbourg

Stoi, R. (2004): Management und Controlling von Intangibles auf Basis der immateriellen Werttreiber des Unternehmens, in: Horváth, P./Möller, K. (Hrsg.): Intangibles in der Unternehmenssteuerung, München, S. 187-202

Strasser, G. (1994): Wandel, Lernen von Organisationen, Wissensmanagement: Zur Wirkung organisatorischen Wissens im Wandelprozess, St. Gallen

Stüker, D. (2008): Evaluierung und Steuerung von Kundenbeziehungen aus Sicht des unternehmenswertorientierten Controlling, Diss., Wiesbaden

Stützel, W. (1976): Wert und Preis: in: Grochla, E. (Hrsg.): Handwörterbuch der Betriebswirtschaftslehre, Bd. 3, 4. Aufl., Stuttgart, S. 4404-4426

Sümmerer, Th. (2004): Die Größten im deutschen Textileinzelhandel 2003 – 50% für die Top 20, in: TextilWirtschaft, Nr. 34, v. 19.08.2004, S. 22-27

Sure, M. (2009): Moderne Controlling-Instrumente, München

Sveiby, K. E. (1997): The New Organizational Wealth – Managing and measuring knowledge-based assets, San Francisco

Sveiby, K.E. (1998): Wissenskapital – das unentdeckte Vermögen: Immaterielle Vermögenswerte aufspüren, messen und steigern, Landsberg/Lech

Szyperski, N. (1980): Informationsbedarf, in: Grochla, E. (Hrsg.): Handwörterbuch der Organisation, Stuttgart, Sp. 904-913

Tergan, S.-O. (2004): Wissensmanagement mit Concept Maps, in: Reichmann, G./Mandl, H. (Hrsg.): Psychologie des Wissensmanagements, Göttingen, S. 259-266

Tewes, M. (2003): Der Kundenwert im Marketing – Theoretische Hintergründe und Umsetzungsmöglichkeiten einer wert- und marktorientierten Unternehmensführung, Diss., Wiesbaden

Treml, M.K. (2009): Controlling immaterieller Resourcen im Krankenhaus, Diss., Wiesbaden

Trommsdorff, V. (2011): Konsumentenverhalten, 8. Aufl., Stuttgart

Ulrich, H. (1970): Die Unternehmung als produktives soziales System - Grundlagen der allgemeinen Unternehmenslehre, 2. Aufl., Bern, Stuttgart

Ulrich, P. (1998): Organisatorisches Lernen durch Benchmarking, Wiesbaden

Ulrich, P./Fluri, E. (1995): Management, Eine konzentrierte Einführung, 7. Aufl., Bern

Vogt. A. (2004): Wissensbasiertes Qualitätsmanagement – Ansatz für ein „Quality Knowledge Management“, in: Nohr, H./Roos, A. (Hrsg.): Customer Knowledge Management – Erschließung und Anwendung von Kundenwissen, Berlin, S. 195-298

Wall, F. (1999): Planungs- und Kontrollsysteme: Informationstechnische Perspektive für das Controlling; Grundlagen – Instrumente – Konzepte, Wiesbaden

Wangenheim, von F. (2003): Weiterempfehlung und Kundenwert – ein Ansatz zur persönlichen Kommunikation, Wiesbaden

Weber, J. (1989): Einführung in das Controlling, Stuttgart

Weber, J. /Lissautzki, M. (2004): Kundenwert-Controlling, Vallendar

Weber, J./Lissautzki, M. (2006): Erfolgsorientierte Unternehmenssteuerung mit Kundenwerten, in: Controlling, 18. Jg., Nr. 6, S. 277-282

Weber, J./Schäffer, U. (1998): Controlling-Entwicklung im Spiegel von Stellenanzeigen 1990-1994, in: Kostenrechnungspraxis, 42. Jg., Nr. 4, S. 227-233

Weber, J./Schäffer, U. (2011): Einführung in das Controlling, 13. Aufl., Stuttgart

Weber, J./Grothe, M./Schäffer, U. (1999): Wissensmanagement für Controller, Vallendar

Weber, J. /Kaufmann, L./Schneider, Y. (2006): Controlling von Intangibles – Nicht-monetäre Vermögenswerte aktiv steuern, Weinheim

Wehrli, H.P. (1994): Beziehungsmarketing – Ein Konzept, in: Der Markt, 33. Jg., Nr. 4, S. 191–199

Weiber, R./Weber, M.R. (2000): Customer Lifetime Value als Entscheidungsgröße im Customer Relationship Management, in: Weber, R. (Hrsg.): Handbuch Electronic Business – Informationstechnologien – Electronic Commerce – Geschäftsprozesse, S. 473-504

Weide, Th. (2004): Operatives und strategisches Controlling zur Unterstützung des Wissensmanagements in Banken, Diss., Bamberg

Weis, H./Steinmetz, P. (2005): Marktforschung, 6. Aufl., Ludwigshafen

Weissenberger-Eibl, M. (2000): Wissensmanagement als Instrument der strategischen Unternehmensführung in Unternehmensnetzwerken, München

Welge, M. (1988): Unternehmensführung, Band 3: Controlling, Stuttgart

Welge, M.K./ Al-Laham, A. (2008): Strategisches Management – Grundlagen, Prozess, Implementierung, Wiesbaden

Werner, H./Beutin, N. (2000): Effektives Kundencontrolling durch Kundenportfolio und Customer Lifetime Value, in: Kostenrechnungspraxis – Zeitschrift für Controlling, Sonderheft 3, S. 23–28

Wernerfeld, B. (1984): A resource-based theory of the firm, in: Strategic Management Journal, 5. Jg., Nr. 1, S. 171-180.

Wiig, K.M. (2004): People-Focused Knowledge Management. How Effective Decision Making Leads to Corporate Success, Burlington

Wild, J. (1982): Grundlagen der Unternehmensplanung, 4. Aufl., Opladen

Willke, H. (2001): Systemisches Wissensmanagement, 2. Aufl., Stuttgart

Wissel, G. (2000): Konzeption eines Managementsystems für die Nutzung von internen und externen Wissen zur Generierung von Innovationen, Diss., Göttingen

Witt, F.-J. (2000): Controlling, Stuttgart

Wittmann, W. (1956). Der Wertbegriff in der Betriebswirtschaftslehre, Köln

Wittmann, W. (1959): Unternehmung und unvollkommene Information: Unternehmerische Voraussicht – Ungewissheit und Planung, Köln

Wittmann, W. (1979): Wissen in der Produktion, in: Kern, W. (Hrsg.): Handwörterbuch der Produktionswirtschaft, Stuttgart, Sp. 2261-2272

Wittner, M. (2009): Wissenscontrolling, in: Hens, St. (Hrsg.): Wirtschafts- und Rechtswissenschaftliche Ausarbeitungen – Sammelband I 2008/2009, Norderstedt, S. 171-186

Wöhe, G. (2010): Einführung in die allgemeine Betriebswritschaftslehre, 24. Aufl., München

Wolf, E. (2006): Kundenbindungs-Controlling, in: Zerres, Chr./Zerres, M. P. (Hrsg.): Handbuch Marketing-Controlling, 3. Aufl., Berlin, S. 201-225

Wortmann, A. (2012): Der Entwicklungsstand des Kundencontrollings in der Unternehmenspraxis – Ergebnisse einer empirischen Studie im B2B-Bereich und Herausforderungen für die Zukunft, in: Klebl, M./Lindenmeier, J./Nguyen, T./Pütz, M./Reckenfelderbäumer, M./Remmele, B./Schöning, St. (Hrsg.): Schriften der Wissenschaftlichen Hochschule Lahr, Nr. 30, Lahr

Zack, M.H. (1999): Knowledge and Strategy, Boston

Zelewski, St. (2008): Grundlagen, in: Corsten, H. /Reiß, M. (Hrsg.): Betriebswirtschaftslehre, Band 1, 4. Aufl., Oldenbourg, S. 1 - 98

Zerr, K. (2003): Online-Marktforschung – Erscheinungsformen und Nutzenpotentiale, in: Theobald, A./Dreyer, M./Starsetzki, Th. (Hrsg.): Online-Marktforschung – Theoretische Grundlagen und praktische Erfahrungen, 2. Aufl., Wiesbaden, S. 7-26

Ziegenbein, K. (2007): Controlling, 9. Aufl.; Ludwigshafen

Zünd, A. (1979): Zum Begriff des Controllings – ein umweltbezogener Erklärungsversuch, in: Goetzke, W./Sieben, G. (Hrsg.): Controlling – Integration von Planung und Kontrolle, Köln, S. 15-26

Anhang

Autoren	Zielsetzung
Beziehungsmanagement	
Diller (1995a, b) *Weitere Autoren:* Kirsch/Lutschewitz/Kutschker (1978), Gemünden (1981), Backhaus (1999)	*Beziehungsmanagement stellt* „... die aktive und systematische Analyse, Selektion, Planung, Gestaltung und Kontrolle von Geschäftsbeziehungen im Sinne eines ganzheitlichen Konzeptes von Zielen, Leitbildern, Einzelaktivitäten und Systemen"[901] dar.
Beziehungsmarketing	
Bruhn (2002) *Weitere Autoren:* Berry (1983), Wehrli (1994), Diller (1995a),Köhler (2001), Payne (2003), Gregutsch (2004), Bruhn (2008)	*Relationship Marketing* umfasst „sämtliche Maßnahmen der Analyse, Planung, Durchführung und Kontrolle, die der Initiierung, der Stabilisierung, der Verbesserung und der Wiederaufnahme von Geschäftsbeziehungen zu den Anspruchsgruppen – insbesondere zu den Kunden – des Unternehmens mit dem Ziel gegenseitigen Nutzens dienen"[902]
Kundenbeziehungsmanagement	
Leußer/Hippner/Wilde (2011) *Weitere Autoren:* Shaw/Reed (1999), Grabner-Kräuter/Schwarz-Musch (2006), Dous/Salomann/Kolbe/ Brenner (2006), Homburg/Sieben (2008)	*„Customer Relationship Management (Kundenbeziehungsmangement) umfasst den Aufbau und die Festigung langfristig profitabler Kundenbeziehungen durch abgestimmte und kundenindividuelle Marketing-, Sales- und Servicekonzepte mit Hilfe moderner Informations- und Kommunikationstechnologien."*[903]
Kundenbindungsmanagement	
Homburg/Bruhn (2008) *Weitere Autoren:* Reichheld/Sasser (1990), Diller (1995b), Georgi (2008)	*Kundenbindungsmanagement* „... die systematische Analyse, Planung, Durchführung sowie Kontrolle sämtlicher auf den aktuellen Kundenstamm gerichteten Maßnahmen mit dem Ziel, dass diese Kunden auch in Zukunft die Geschäftsbeziehung aufrechterhalten oder intensiver pflegen."[904]

Anhang 1: Abgrenzung kundenorientierten Begriffe und ihrer ausgewählten Vertreter

[901] Diller (1995a), S. 442.
[902] Bruhn (2002), S. 187.
[903] Leußer/Hippner/Wilde (2011), S. 18.
[904] Homburg/Bruhn (2008), S. 8.

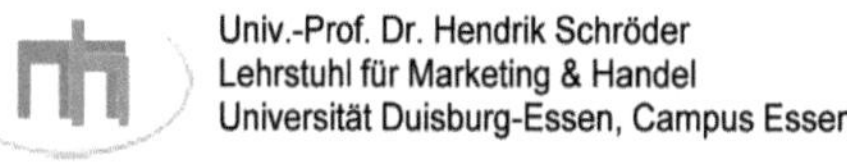

Sehr geehrte Damen und Herren,

zum dritten Mal nach 2001 und 2005 bitten wir Sie um Ihre Teilnahme an dieser Befragung, die unter dem spannenden und aktuellen Thema **"Trends im Kundencontrolling des deutschen Textil- und Bekleidungseinzelhandels"** steht.

Die Ergebnisse der ersten beiden Befragungen sind kostenlos unter www.marketing.uni-essen.de abrufbar. Um eine hohe Repräsentativität und damit Aussagekraft der Ergebnisse zu erhalten, ist es wesentlich, dass Sie im Namen Ihres Unternehmens zum dritten Mal an unserer Befragung teilnehmen.

Klicken Sie dazu bitte das Kästchen vor der von Ihnen gewählten Antwortmöglichkeit an. Die roten Ecken an den Antwortmöglichkeiten beinhalten Kommentare zu den jeweiligen Statements. Die 11 Fragen des Fragebogens lassen sich auf diese Weise sehr schnell und einfach beantworten. Ihre Daten werden selbstverständlich absolut vertraulich behandelt und anonym ausgewertet.

Für Ihre Teilnahme bedanken wir uns bereits an dieser Stelle recht herzlich.

---

1. Frage: Welche **Aktivitäten** führt das Kundencontrolling in Ihrem Unternehmen durch? (Mehrfachnennungen möglich)

- o Beratung und Unterstützung bei der Planung von kundenorientierten Zielen
- o Kontrolle der Erreichung der kundenorientierten Ziele
- o Ursachenanalyse bei Planabweichungen der Kundendaten
- o Erarbeitung von Korrekturempfehlungen bei Planabweichungen
- o Koordination der auf den Kunden gerichteten Aktivitäten
- o Kontrolle der auf den Kunden gerichteten Aktivitäten
- o Ermittlung des unternehmensinternen Kundeninformationsbedarfs
- o Aufbau und Pflege von Kundeninformationsquellen
- o Erhebung von personenbezogenen Kundendaten
- o Analyse von personenbezogenen Kundendaten
- o Weiterleitung der analysierten Kundendaten an das kundenorientierte Management
- o Aufbau und Pflege eines kundenbezogenen Data-Warehouses
- o Sonstiges

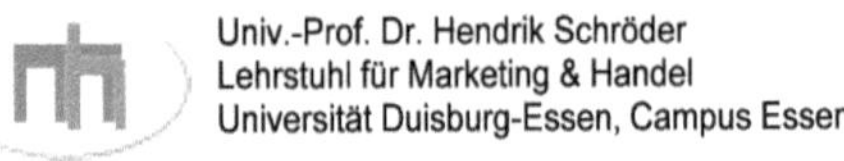

2. Frage: Welche **Informationsquellen** liefern in Ihrem Unternehmen kundenbezogene Daten? (Mehrfachnennungen möglich)

o World Wide Web
o Homepage des Unternehmens
o Warenwirtschaftssystem
o Kundenkarten
o Kundenbefragungen
o Kundeninformationssysteme
o Mitarbeitergespräche
o Beschwerdedatenbänke
o Käufertypologien von Mafo-Instituten
o Branchenberichte/Fachzeitschriften
o Sonstiges

____

3. Frage: Welche **personenbezogenen Kundendaten** liegen Ihrem Unternehmen zur Analyse vor? Unter personenbezogenen Kundendaten sind solche Daten zu verstehen, die dem einzelnen Kunden direkt zurechenbar sind. Bitte beantworten Sie nur dann die Frage, sofern Ihnen die angesprochenen Kundendaten pro Kunde vorliegen. (Mehrfachnennungen möglich)

o Kundenstammdaten (z.B. Name, Adresse, Alter)
o Bonstruktur-Daten
o Verbundkäufe
o Umsatz
o Sonderangebots-Umsatz
o Werbeumsatz (z.B. Umsätze nach Mailings, Verkaufsveranstaltungen)
o Werbekosten (z.B. Kosten für Mailings und Kataloge)
o Servicekosten (z.B. Kosten für Kundendienst, Änderungen, Reservierungen)
o Transportkosten (z.B. Kosten für Warenauslieferungen nach Hause)
o Kosten für Umtausch, Reklamation oder Garantie
o Anzahl neuer Kunden durch Empfehlungen eines vorhandenen Kunden
o Kundenlob über Unternehmensleistungen jeglicher Art
o Beschwerden der Kunden über Sortiment, Mitarbeiter und Serviceangebote
o Verbesserungsvorschläge hinsichtlich der Produktpalette
o Verbesserungsvorschläge hinsichtlich des Verkaufsprozesses
o Sonstiges

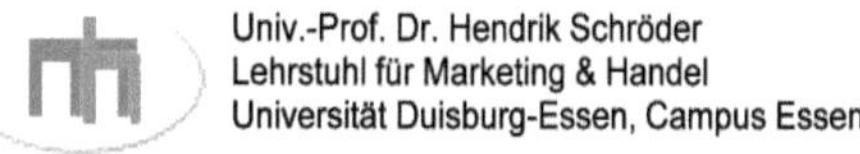

Frage 4: Welche **kundenorientierten Instrumente** verwendet Ihr Unternehmen, um die personenbezogenen Kundendaten zu analysieren (Mehrfachnennungen möglich)

- o ABC-Analyse
- o Kundendeckungsbeitragsrechnung
- o Kundenorientierte Prozesskostenrechnung
- o Kundenorientierte Kennzahlensysteme
- o Kunden-Portfolio-Analysen
- o Kunden-Scoring-Modelle
- o Kunden-Lebenszyklusrechnungen
- o Kunden-Loyalitäts-Konzepte
- o Kundenzufriedenheitsanalysen
- o Segmentierung der Kunden
- o Sonstiges

____

5. Frage: Welche **Kennzahlen** verwendet Ihr Unternehmen, um die personenbezogenen Kundendaten zu analysieren? (Mehrfachnennungen möglich)

- o Umsatz pro Kunde
- o Deckungsbeitrag pro Kunde
- o Kosten/Umsatz pro Kunde
- o Stammkundenanteil
- o Neukundenanteil
- o Abwanderungsrate
- o Rückgewinnungsrate
- o Kosten der Kundengewinnung
- o Werbekosten/Werbeumsatz pro Kunde
- o Wiederkaufrate pro Kunde
- o Kundenwert der einzelnen Kunden
- o Wert des einzelnen Kunden über seine gesamte Lebensdauer
- o Summe der Werte der Kunden
- o Sonstiges

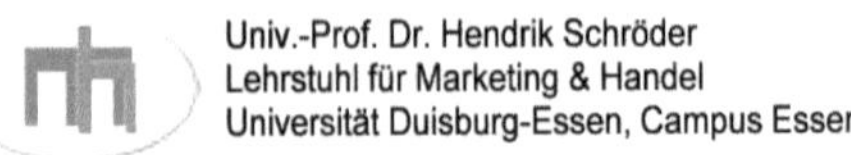
Univ.-Prof. Dr. Hendrik Schröder
Lehrstuhl für Marketing & Handel
Universität Duisburg-Essen, Campus Essen

Der Begriff des **Kundenwertes** ist derzeit in aller Munde. Dennoch zeigen die Diskussionen, dass ein allgemein gültiges Verständnis insbesondere in den Unternehmen derzeit nicht vorhanden ist. Vielmehr wird der Kundenwert einerseits ausschließlich anhand **monetärer Größen** (z.B. Umsatz oder Deckungsbeitrag) berechnet, die andererseits teilweise oder gar nicht durch **„weiche" Faktoren**, z.B. das Referenz- oder Informationspotential des Kunden, ergänzt werden.

Wir haben Sie bereits in Frage 5 gefragt, ob Sie den Kundenwert als Kennzahl ermitteln. Nun bitten wir Sie in Frage 6 Ihr unternehmensindividuelles Verständnis des Kundenwertes anhand der gegebenen Antwortmöglichkeiten zu spezifizieren.

Frage 6: Auf der Basis welcher **Bewertungskriterien** ermittelt Ihr Unternehmen den Wert des einzelnen Kunden? Bitte geben Sie nur eine Antwortmöglichkeit an.

- o Der Kundenwert basiert in unserem Unternehmen ausschließlich auf monetären Größen.
- o Der Kundenwert basiert in unserem Unternehmen ausschließlich auf sogenannten „weichen" Faktoren.
- o Der Kundenwert basiert bei uns schwerpunktmäßig auf monetären Größen. „Weiche" Faktoren werden ebenfalls berücksichtigt, spielen bei der Bewertung jedoch eine untergeordnete Rolle.
- o Der Kundenwert basiert bei uns schwerpunktmäßig auf „weichen" Größen. Monetäre Faktoren werden ebenfalls berücksichtigt, spielen bei der Bewertung jedoch eine untergeordnete Rolle.
- o Der Kundenwert setzt sich zu gleichen Teilen aus monetären und „weichen" Faktoren zusammen.

---

7. Frage: Welche **Bedeutung** hat die Ermittlung des Kundenwertes durch das Kundencontrolling für Ihr Unternehmen? Bitte geben Sie nur eine Antwortmöglichkeit an.

- o Die Ermittlung des Kundenwertes hat für uns eine **hohe Bedeutung**, da er die wichtigste Steuerungsgröße des Kundenmanagements ist.
- o Die Ermittlung des Kundenwertes hat für uns eine **mittlere Bedeutung**, da er nur eine von vielen kundenorientierten Steuerungsgrößen darstellt.
- o Die Ermittlung des Kundenwertes hat für uns **keine Bedeutung**, da er nicht ermittelt wird.

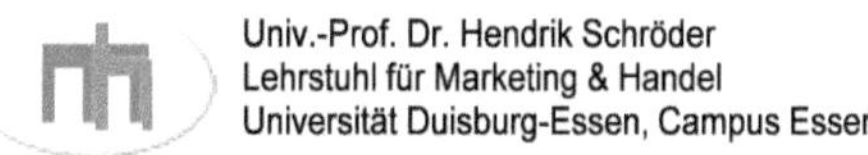
Univ.-Prof. Dr. Hendrik Schröder
Lehrstuhl für Marketing & Handel
Universität Duisburg-Essen, Campus Essen

Die aktuelle Diskussion in Theorie und Praxis lässt Vermutungen laut werden, dass es im Kundencontrolling gegenwärtig/zukünftig nicht mehr nur alleine um die Ermittlung von reinen Kundeninformationen geht, sondern darüber hinaus das Wissen über den einzelnen Kunden im Mittelpunkt des Interesses steht/stehen wird.

Die Unterscheidung der Begriffe **Daten – Informationen – Wissen** soll kurz anhand eines Beispiels erfolgen:
„08-2007" ist zunächst ein **Datum**, das z.B. durch Beobachtung gewonnen wurde.
„08-2007; Gültigkeit der Kundenkarte des Kunden XY läuft ab" wird zu einer **Information**, da dem Datum eine Bedeutung beigemessen wird.
„08-2007: Gültigkeit der Kundenkarte des Kunden XY läuft ab, aber die bisherigen Erfahrungen mit diesem Kunden haben gezeigt, dass er seine Karte verlängern wird und damit auch weiterhin für eine direkte Kundenansprache erreichbar ist" wird zu **Wissen über den Kunden**, indem die erhaltenen Informationen vor dem Hintergrund der persönlichen Erfahrungen interpretiert werden und anschließend zur Lösung von Problemen aktiv das Handeln beeinflussen.

Die Herausforderung des **Kundencontrollers** besteht darin, diese Erfahrungen als sog. „weiche" Faktoren zu erfassen und in geeigneter Wissenssystemen aufzubereiten, um das kundenorientierte Management mit relevantem Wissen über den Kunden zu versorgen.

Im Folgenden bitten wir Sie daher, uns einen Einblick in Ihre Aktivitäten zu geben, die Sie in Richtung der Versorgung des kundenorientierten Managements mit Wissen über den Kunden eingeschlagen haben.

8. Frage: Welche **Aktivitäten** führt das Kundencontrolling in Ihrem Unternehmen durch, um das kundenorientierte Management mit **Wissen über den Kunden** zu versorgen?

- o Ermittlung des Wissensbedarfs über den Kunden
- o Organisation und Durchführung von Erfahrungsaustauschgruppen
- o Organisation und Durchführung von Expertenrunden
- o Sammlung von Erfahrungen über den Kunden
- o Aufbereitung der Erfahrungen über den Kunden
- o Interpretation der Kundeninformationen anhand der Erfahrungen
- o Weiterleitung des Wissens über den Kunden an das kundenorientierte Management
- o Ablaufgestaltung des Wissenstransfers zwischen den Mitarbeitern
- o Aufbau und Pflege eines IT-gestützten Wissenssystems
- o Entwicklung einer transparenten Wissenstopografie
- o Kontrolle der Problemlösung anhand von vorhandenem Wissen

- o Sonstiges
- o Unser Unternehmen führt *keine der angesprochenen Aktivitäten* im Kundencontrolling durch.

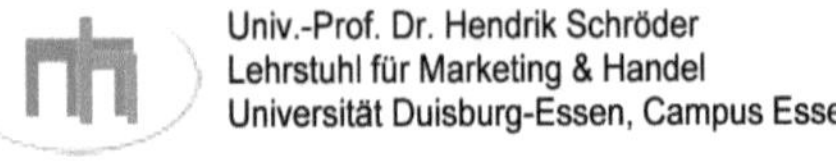

Frage 9: Wie intensiv schätzen Sie die **derzeitigen Aktivitäten** Ihres Unternehmens im Kundencontrolling ein?

- o Die Aktivitäten im Kundencontrolling werden derzeit als intensiv eingeschätzt.
- o Die Aktivitäten im Kundencontrolling werden derzeit als geringfügig eingeschätzt.
- o Wir führen derzeitig keine Aktivitäten im Kundencontrolling durch.

Frage 10: Wie beurteilen Sie die **Intensität Ihrer zukünftigen Aktivitäten** im Kundencontrolling im Vergleich zur Gegenwart?

- o Die Aktivitäten im Kundencontrolling werden zukünftig intensiviert.
- o Die Aktivitäten im Kundencontrolling werden zukünftig vergleichbar mit denjenigen von heute sein.
- o Wir werden auch zukünftig keine Aktivitäten im Kundencontrolling durchführen.

Frage 11: Über welche **Absatzkanäle** verfügt Ihr Unternehmen? (Mehrfachnennungen möglich)

- o Stationäre Einzelhandel
- o Versandhandel (Katalogversand)
- o Online-Shop (Elektronischer Absatzkanal)
- o Sonstige

Vielen Dank für Ihre Zusammenarbeit!

Wir senden Ihnen gerne die Auswertung der Befragung per E-Mail zu, wenn Sie es wünschen. Die Auswertung erfolgt selbstverständlich anonym!

Anhang 2: Fragebogen zum „Kundencontrolling im deutschen Textil- und Bekleidungseinzelhandel" im Jahr 2008

KUNDENORIENTIERTE UNTERNEHMENSFÜHRUNG

Herausgegeben von Prof. Dr. Hendrik Schröder, Essen

Band 1
Nadine Berghaus
Eye-Tracking im stationären Einzelhandel – Eine empirische Analyse der Wahrnehmung von Kunden am Point of Purchase
Lohmar – Köln 2005 ♦ 310 S. ♦ € 52,- (D) ♦ ISBN 3-89936-366-3

Band 2
Silvia Zaharia
Multi-Channel-Retailing und Kundenverhalten – Wie sich Kunden informieren und wie sie einkaufen
Lohmar – Köln 2006 ♦ 424 S. ♦ € 57,- (D)
ISBN-13: 978-3-89936-508-5 ♦ ISBN-10: 3-89936-508-9

Band 3
Annette Bohlmann
Multi-Channel-Retailing und Kaufbarrieren – Wie Kunden Kaufrisiken wahrnehmen und überwinden
Lohmar – Köln 2007 ♦ 464 S. ♦ € 59,- (D) ♦ ISBN 978-3-89936-580-1

Band 4
Gregor Zimmermann
Videobeobachtung im stationären Einzelhandel – Eine empirische Analyse zum Kundenverhalten am Point of Purchase
Lohmar – Köln 2008 ♦ 320 S. ♦ € 52,- (D) ♦ ISBN 978-3-89936-654-9

Band 5
Andreas Rödl
Kundenbewertung im Lebensmitteleinzelhandel – Die Analyse von Kundenpotenzialen mit Haushaltspaneldaten
Lohmar – Köln 2010 ♦ 344 S. ♦ € 63,- (D) ♦ ISBN 978-3-89936-936-6

Band 6
Gabriele Schettgen
Kundenwissenscontrolling – Wissenschaftliche Einordnung, konzeptionelle Grundlagen und empirische Ergebnisse im deutschen Textil- und Bekleidungseinzelhandel
Lohmar – Köln 2013 ♦ 452 S. ♦ € 69,- (D) ♦ ISBN 978-3-8441-0249-9

JOSEF EUL VERLAG